国外城市设计丛书

# 适应气候变化的城市与建筑

## ——21世纪的生存指南

### （原著第二版）

[英] 休·罗芙　戴维·克莱顿　　著
　　　弗格斯·尼克尔

徐　燊　张晋庆　黄　靖　　译
廖　维　韩秉宸　杨基炜

中国建筑工业出版社

著作权合同登记图字：01-2012-3613号

**图书在版编目（CIP）数据**

适应气候变化的城市与建筑——21世纪的生存指南（原著第2版）/（英）罗芙等著；徐燊等译.—北京：中国建筑工业出版社，2014.12
（国外城市设计丛书）
ISBN 978-7-112-17160-6

Ⅰ.①适… Ⅱ.①罗…②徐… Ⅲ.①气候变化-影响-城市规划-研究②气候变化-影响-建筑设计-研究 Ⅳ.①TU984②P467③TU2

中国版本图书馆CIP数据核字（2014）第189158号

Adapting Buildings and Cities for Climate Change, 2ed/David Crichton, Fergus Nicol, Sue Roaf

责任编辑：程素荣 张鹏伟　责任设计：张 虹　责任校对：李欣慰 赵 颖

国外城市设计丛书
**适应气候变化的城市与建筑**
**——21世纪的生存指南**
（原著第二版）
［英］ 休·罗芙　戴维·克莱顿
　　　弗格斯·尼克尔　著
　　　徐 燊　张晋庆　黄 靖
　　　廖 维　韩秉宸　杨基炜　译

\*
中国建筑工业出版社出版、发行（北京西郊百万庄）
各地新华书店、建筑书店经销
北京嘉泰利德公司制版
北京中科印刷有限公司印刷
\*
开本：787×1092毫米 1/16 印张：22¼ 字数：452千字
2015年10月第一版 2015年10月第一次印刷
定价：79.00元
ISBN 978-7-112-17160-6
　　　（25941）
**版权所有 翻印必究**
如有印装质量问题，可寄本社退换
（邮政编码 100037）

# 目 录

第二版序言 ⋯⋯⋯⋯⋯⋯⋯⋯⋯⋯⋯⋯⋯⋯⋯⋯⋯⋯⋯⋯⋯⋯⋯⋯⋯⋯⋯ v

第二版感谢信 ⋯⋯⋯⋯⋯⋯⋯⋯⋯⋯⋯⋯⋯⋯⋯⋯⋯⋯⋯⋯⋯⋯⋯⋯⋯⋯ viii

关于作者 ⋯⋯⋯⋯⋯⋯⋯⋯⋯⋯⋯⋯⋯⋯⋯⋯⋯⋯⋯⋯⋯⋯⋯⋯⋯⋯⋯⋯ ix

第一版序言 ⋯⋯⋯⋯⋯⋯⋯⋯⋯⋯⋯⋯⋯⋯⋯⋯⋯⋯⋯⋯⋯⋯⋯⋯⋯⋯⋯ xii

第一版感谢信 ⋯⋯⋯⋯⋯⋯⋯⋯⋯⋯⋯⋯⋯⋯⋯⋯⋯⋯⋯⋯⋯⋯⋯⋯⋯⋯ xiv


第1章 气候变化：战斗的开始 ⋯⋯⋯⋯⋯⋯⋯⋯⋯⋯⋯⋯⋯⋯⋯⋯⋯ 1

第2章 风险、远景与保险 ⋯⋯⋯⋯⋯⋯⋯⋯⋯⋯⋯⋯⋯⋯⋯⋯⋯ 29

第3章 气候将变得有多热？ ⋯⋯⋯⋯⋯⋯⋯⋯⋯⋯⋯⋯⋯⋯⋯⋯ 47

第4章 降水量的变化？ ⋯⋯⋯⋯⋯⋯⋯⋯⋯⋯⋯⋯⋯⋯⋯⋯⋯⋯ 70

第5章 风暴 ⋯⋯⋯⋯⋯⋯⋯⋯⋯⋯⋯⋯⋯⋯⋯⋯⋯⋯⋯⋯⋯⋯⋯ 97

第6章 海平面上升 ⋯⋯⋯⋯⋯⋯⋯⋯⋯⋯⋯⋯⋯⋯⋯⋯⋯⋯⋯⋯ 109

第7章 人口的迁徙与脆弱性的暴露 ⋯⋯⋯⋯⋯⋯⋯⋯⋯⋯⋯⋯ 124

第8章 气候变化对健康的影响 ⋯⋯⋯⋯⋯⋯⋯⋯⋯⋯⋯⋯⋯⋯ 132

第9章 气候变化与热舒适度 ⋯⋯⋯⋯⋯⋯⋯⋯⋯⋯⋯⋯⋯⋯⋯ 142

第10章 传统建筑和城市适应环境的潜力 ⋯⋯⋯⋯⋯⋯⋯⋯⋯ 161

第11章 "现代建筑"的失败 ⋯⋯⋯⋯⋯⋯⋯⋯⋯⋯⋯⋯⋯⋯⋯ 186

第12章 高层建筑时代的终结 ⋯⋯⋯⋯⋯⋯⋯⋯⋯⋯⋯⋯⋯⋯⋯ 216

第13章 化石燃料危机 ⋯⋯⋯⋯⋯⋯⋯⋯⋯⋯⋯⋯⋯⋯⋯⋯⋯⋯ 243

第14章 燃料安全：灯光何时熄灭？ ⋯⋯⋯⋯⋯⋯⋯⋯⋯⋯⋯ 267

第15章 参与者 ⋯⋯⋯⋯⋯⋯⋯⋯⋯⋯⋯⋯⋯⋯⋯⋯⋯⋯⋯⋯⋯ 290

第16章 基于3℃气候变化的建筑和城市设计 ⋯⋯⋯⋯⋯⋯⋯ 315


缩略语表 ⋯⋯⋯⋯⋯⋯⋯⋯⋯⋯⋯⋯⋯⋯⋯⋯⋯⋯⋯⋯⋯⋯⋯⋯⋯⋯ 335

译后记 ⋯⋯⋯⋯⋯⋯⋯⋯⋯⋯⋯⋯⋯⋯⋯⋯⋯⋯⋯⋯⋯⋯⋯⋯⋯⋯⋯ 338

# 第二版序言

自 2004 年的第一版序言之后，风云变幻，世界范围内的洪水、火灾、饥荒及经济危机等预测，都成为触目惊心的现实。我们到底错在哪里？这个问题却无人回答。

最令我震惊的还是周围的剧变。之前在 2003 年的时候，我们根据当时最前沿的科技预测南极冰川将在 2070 年之前完全融化。但最近的研究却显示这场灾难将在十年之内到来。无独有偶，有报道指出，内华达州的米德湖也将在数十年之内干涸，这一热带沙漠水体一直在为拉斯维加斯供给水和能源。2003 年的时候，我们认为地球能承受的最大二氧化碳浓度为 550ppm，但最近的研究表明，此浓度限额应该为 350ppm，而我们大气现在的二氧化碳浓度已经远超 350ppm。

毫无疑问，这个世界的资源正被无情地挥霍，处于濒临崩溃的边缘。城市无序扩张，人们建造世界第一高楼之心不死，却没有发现正是这些城市与建筑在毁灭我们的未来。这些处于极其恶劣环境中的建筑在十年后还会有市场吗？难道这些人都没有意识到我们所处的气候窘境么？

一方面，我们看到由于气候变化而逐代增多的气候难民，从缅甸、马尔代夫到赫尔、图克斯伯里，许多人因此失去了他们挚爱的家园甚至亲人。我们种下的气候苦果却连累了他人，由于炎热和干旱，当地居民不得不远离家乡，投资者也开始因为无力支出制冷降温费用而为房产的出售而头疼。

另一方面，由于政府及官员等领导者的无能与不作为，政府没有办法为他们建立组织和建造房屋的新标准，越来越多的普通人和团体站了出来被迫成为"领导者"，为保卫生活质量而战。事实上，地球上的所有人都应该为 21 世纪新目标而奋斗——低碳建筑与气候适应性建筑，谋求全球的共同利益。

本书最终的结论是令人觉得无奈的。据科学研究，我们仅仅只有数年时间来减少二氧化碳的排放量，使二氧化碳浓度降至正常值，否则气候将会大乱。我们相信在面对灾难性的气

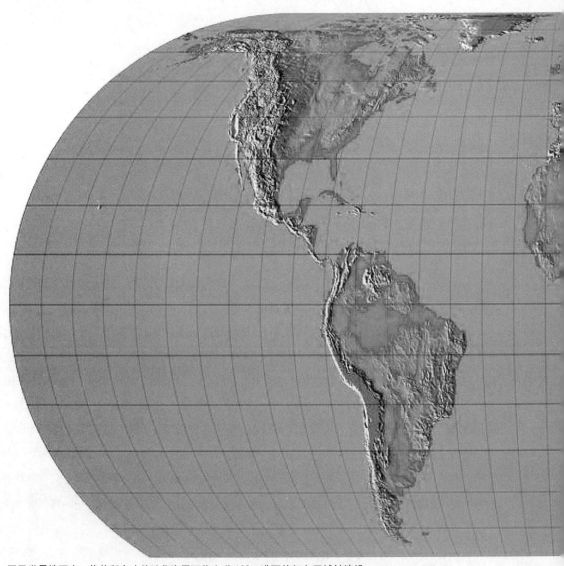

**图 1**　图示世界地图中，倘若所有冰盖融化海平面将上升 100m 进而使红色区域被淹没。
资料来源：Laurence Williams (2002) *An End to Global Warming*. Pergamon. Reproduced with permission.

候剧变时，最大的挑战在于，我们必须在一代人的时间里加快自身发展以应对气温上升 3°（原文未标明是摄氏度还是华氏度，据推理应与后文统一为摄氏度——本书责编注）而带来的气候变化。从目前的种种迹象看来，大部分人显然没有意识到问题的严重性，很多人寄希望于单纯的技术方案，认为新技术可以解决一切问题，但技术只是问题中很小的一部分，只有当我们从根本上重视气候问题，认真考虑我们未来的抉择，才能创造出一个社会、经济和物质和谐发展的环境，让现代人继续生存，繁衍，至少在 21 世纪末不会有生存之危。

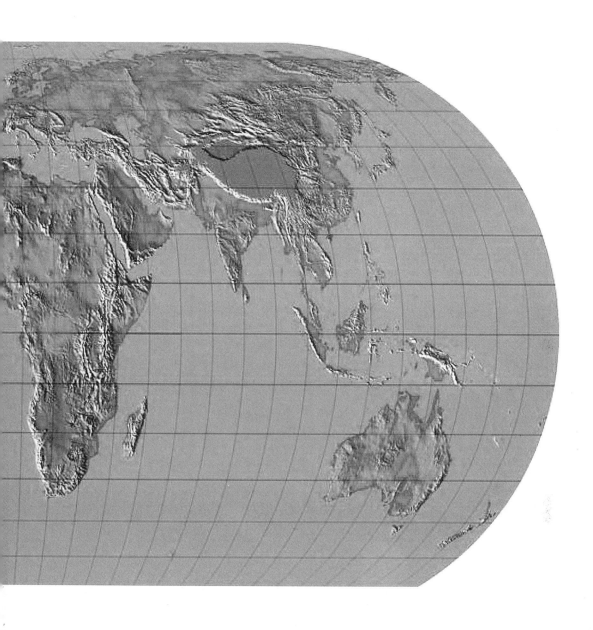

　　这是一个伟大而艰辛的目标，但我们周围急剧恶化的环境与气候状况不等人。就让我们共同期望，期望我们可以发现新的途径来及时调整我们的建筑和城市、经济和社会。但显然，仅凭一方之力这是无法做到的，这需要你我的共同努力。

Sue Roaf

2009 年 4 月

# 第二版感谢信

David Crichton Fergus Nicol 和 Sue Roaf 向为本书第二版作出贡献的诸位致以诚挚感谢：

感谢完成第八章的 Janet Rudge 和 Sari Kovats；感谢完成文本的 Aubrey Meyer、Fiona Mullins 和 Peter Reid；感谢其他所有在思想和行动上提供帮助的人。

感谢提供插图的 UKCIP、Laurence Williams、Adrian Arbib、Aubrey Meyer、Claire Palmer、Mary Hancock、Charles Knevitt、Louis Hellman 和 Bill Bordass 等。

感谢建筑出版社的 Hannah Shakespeare 和 Mike Travers。

必须指出的是，本书中所有观点均由本书作者独立提出。

# 关于作者

## Sue Roaf

Sue Roaf 是爱丁堡赫瑞瓦特大学的建筑工程学教授，英国公开大学的客座教授，拥有曼彻斯特大学、建筑协会和牛津工学院的学历。她的研究领域广泛，涉及生态建筑设计、碳排放计量和适应气候变化的建筑与城市设计，以及传统技术和可持续发展的低碳建筑等。Sue Roaf 曾与他人合作设计并拥有英国第一座有光伏屋顶的建筑——牛津生态住宅。她以研究、教学、出版和会议等方式，在太阳能城、低碳计算、建筑学教育、热舒适度和职位评估中进行了多项工作，并以此来推广她的气候适应性、微影响的低碳建筑。Sue Roaf 的博士学位是在亚兹德的温德卡丘取得的，她曾作为一名建筑师、景观设计师、考古学家、人类学家和讲师在伊朗和伊拉克生活了 10 年。她有两个儿子，克里斯托弗和里查德。Sue Roaf 出版及参编了 10 本书，包括《Ecohouse：A Design Guide》、《Closing the Loop：Benchmarks for Sustainable Buildings》和《The Ice-Houses of Britain》。她在世界各地举行过各种巡讲。

## Fergus Nicol

在 20 世纪 60 年代与 70 年代初，Fergus Nicol 在建筑研究机构和医疗研究协会的人类生理学小组致力于建筑物理学和人类热舒适的研究。同时，他也执教于位于库马西迦纳的科技大学的建筑学院和伦敦建筑协会，并在管理书店一段时间后，于 1992 年回到了教学和研究。

Fergus 与 Michael Humphreys 教授共同研究以最 "合适" 的方式达到人类热舒适，并以与其相关的项目而闻名。在过去的 15 年中，他主持了多项由英国工程与自然研究理事会

（EPSRC）和其他基金机构赞助的项目，以及欧盟（EU）赞助的"智能控制和热舒适（SCATS）"项目。他是伦敦都市大学的教授，并任该校低能源建筑学研究机构（LEARN）的副主任。他还是赫瑞瓦特大学的附属教授和牛津布鲁克斯大学的名誉教授。

Fergus 是英国和欧洲与舒适议题相关的协商委员会的成员。他正在帮助英国皇家屋宇设备工程师学会（CIBSE）编写《Guide A》的新版本，并且是学会"气候过热问题处理小组"的积极分子。

2008 年 7 月，他主持了在英国温莎堡召开的"空调和低碳降暑挑战"的会议。许多国际专家参与此会议并共同讨论了关于热舒适和热舒适标准的议题。他也是"建筑物中舒适能源使用"网络会议的召集人。该网络会议在全世界各式各样的学院教学队伍、咨询和政府团体中拥有将近 300 个成员。

## David Crichton

David 是一位在保险行业中拥有 30 年工作经验的经济学者。他是一位资深的保险业从业者，从事责财产保险与意外保险业务。他已赢得许多保险业的奖项，包括第一次被颁发给保险开业者的工商业保险及风险管理人员协会（AIRMIC）危险管理奖。他是气候变化冲击保险的自由顾问和研究员。他已在保险和气候变化的议题上出过许多著作、报告和论文。

David 为四大洲的政府和保险公司提供建议，曾在英国保险公司协会，英国特许保险学会（CII）、英国贸易工业部（DTI）、欧盟（EU）、北大西洋公约组织（NATO）、国家海洋和大气管理署（NOAA），经济合作与发展组织（OECD）、联合国的各种不同部门和世界自然保护基金会（WWF）工作，他还是一些英国学术研究机构的成员。他是伦敦大学本菲尔德灾害研究中心的客座教授，这个中心专议自然灾害和保险（http://www.benfieldhrc.org/），是领先欧洲的灾害学术研究中心。他也是英国密德萨斯大学洪水危险研究中心的客座教授，苏格兰丹地大学受特许保险学会和受特许保险开业者组织的荣誉研究伙伴。他在减少自然灾害的议题上是英国顾问委员会的成员，同时也是联合国国际减灾战略（ISDR）的发起者之一。

## Janet Rudge

Janet Rudge 现在是格林尼治自治区委员会的官员，主要负责关于燃料危机的项目。她是一位注册建筑师，并曾为政府和私人工作。1992 年以来，她在伦敦都市大学的低能源建筑学研究机构（LEARN）研究教学环境和能源的课题。她也曾帮助在建筑中建立可以舒适使用又节约能源的网络。她的个人研究专注于燃料危机和健康，拥有多项发表，包括刊登在《生物气象学国际杂志》、《公众健康杂志》、《能源》和《建筑物》中的论文。她与 Fergus Nicol 共同编写了《减少采暖费用：提供可负担的温暖给更健康的家》，在研究低温住宅对健康的冲击中提供了参考资料。在世界卫生组织欧洲计划对估定不适宜住宅带来的疾病负担的项目中，Rudge 博士被邀请作为主持的专家。

## Sari Kovats

Sari Kovats 是伦敦卫生和热带医学学院环境传染病学的一位讲师。她感兴趣的领域是关于气候变化下的健康议题，她有许多出版物关于热浪对健康的冲击和相关公共健康的影响，温度对食物传染病、生水传染病传播的影响，温度、降雨、城市人口死亡率之间的关系和洪水对健康的影响。她是政府间气候变化专门委员会（IPCC）第四次评估报告中的一位主要作者。

图 2　在这变化的时代，社会平等是社区安全的必要条件：圣地亚哥保罗，巴西。
资料来源：Photobucket.com

# 第一版序言

这是一本我思考了 25 年而作的书，在那些年里，我进行的每一项研究都是这本书的重要基础，我希望它的出版可以为未来建筑指明方向。那些年的旅程始于遥远的过去，始于那些古老的村庄和伊拉克城市——文明的摇篮。我们曾经进行了长达七年的考古挖掘，接触到了那些数千年前的古老文明，在那些曾经肥沃富饶却经历多次战争而变得满目疮痍的土地上，先祖们用钵盛食，使用着原始工具，驾驶着战车，用古老的方法建造建筑。写作本书时，我经过了各部落游牧民族的帐篷，并穿过了广阔的沙漠，在那些我们认为气候极端且无法生存的地方，许多家庭仅需要数根柴火的能耗便能煮食，满足生活所需，过着相对舒适的生活。

有人认为只有在农业为主的地区，人们的生存才会依赖气候，但是，我的研究却让我惊讶地发现气候影响波及范围之广，气候不仅影响沙漠里的建筑，还影响着与此似乎遥不可及的英国，影响着我们那一座座蓄冰建筑。随着冰箱产业的崛起，古老的建筑蓄冰技术被人们遗忘了，在 20 世纪 80 年代后的全球升温中被逐渐淘汰。同时，如果全球温度升高，哪怕是零点几度，只要超过了临界热阈值，如冰融化时的温度，却可以轻松地让世界陷入绝境。

图 1 表明了简单的物质——冰如何对我们的生存起到重要作用，以及它在全球气候、海洋和陆地的重构中担任的关键角色。

20 世纪 80 年代后期，不断严重的臭氧层破坏和气候变化的全球问题开始成为人们关注的焦点。我对那些不公平现实的担忧也在不断增加——在发展中国家，气候变化已经使大量人口死亡，而西方的发达国家却依然排放着让全球变暖的二氧化碳。

发展并不一定会使气候变化，为了验证这个想法，我修建了牛津的第一个光伏住宅。在那里我的家庭一直舒适地居住着。这幢简单的建筑每年只排放几百公斤二氧化碳，而不是五六千公斤，并且它比高污染的建筑使用起来更加舒适。我们减少温室气体的排放，而我们的生活品质并没有下降，那么，为什么我们每人不都这样做呢？为什么我们的建筑师依然整天沉迷于设计玻璃盒子式的建筑，为什么不建造气候适应性建筑来取代那些劣质的胶合板建筑？如果我们能建造更多的气候适应性建筑，我们在未来的几十年里或许有更多的生存希望。

这个问题可难倒了我！但我能确定的是，从20世纪70年代的能源危机到现在，不断恶化的气候变化、化石燃料消耗和可持续发展问题伴随着我们走到现在，留给我们一个不怎么光明的未来，这条道路与人类历史走过的任何道路都不相同。对此，许多人不愿正视这个问题，因为这个问题已经不仅关乎我们的生活是否舒适，它关系到人类未来能否生存下去！人们不愿意相信这条道路的终点是我们的末日。

如果20世纪70年代的人们看见了前方的挑战，国际团体能有更坚定的行动的话，也许我们现在就不用面对四周的困境！但不可避免的事实是，这些已出现的难题已经完全留给了我们这一代，我们必须面对这些可怕的挑战——重新设计世界以适应后化石燃料年代、减缓的经济增长、气候变化和全球人口暴增。

周围环境灾难规模巨大，使我们很难抓住问题的核心，我们仍然保持着陈旧的思考方式，误以为我们所选择的总体发展道路是前程光明的。但是那些数年来一直观察，并努力研究以控制20世纪后期发展的先驱者们已经发现，并对我们所犯的错误之大感到震惊。大部分人只看到了表面的问题，很多人甚至错误地认为可持续发展只不过是可有可无的噱头，对此我想说的是，这本书所叙述的内容对于很多读者来说可能难以置信，或者令人不快。这些先驱者中的部分是这本书的合作作者——David Crichton 和 Fergus Nicol 和思想先驱者 Edward Mazria[1]——他们能够越过那些狭隘的表象，看到问题的核心。

我们曾经认为的光明大道已不复存在，未来的道路是错综复杂的，我们必须跳出目前的建筑模式，重新为建筑打开一扇窗，去拥抱未来的建筑设计，引领新的城市规划、发展政策。未来的道路是艰辛的，而我们的行动是未来的关键，这关乎到我们未来子孙的生存环境。

在过去的数十年里，我们是不是都在错误的地方寻找着危机的踪迹？请大家看看现在气候变化的恶果吧，如此明显的危机征兆为什么许多人之前却看不到呢？

Sue Roaf

注
[1] 访问 <http://www.metropolismag.com/html/content_1003/glo/index.html>

# 第一版感谢信

衷心感谢我的合作者 David Crichton 和 Fergus Nicol，他们两人都在各自的领域里有着卓识远见。同时，也对这些本书内容作出众多贡献的 Janet Rudge、Sari Kovats、Fiona Mullins、Aubrey Meyer、Colin Campbell 和其他所有在思想和言行上提供帮助的人们表示衷心感谢。

对于那些令人赞美的插图，我要感谢：UKCIP、Laurence Williams、Richenda Connell、Jacquelyn Harman、Adrian Arbib、Mark Lynas、Paul Eugene Camp、Aubrey Meyer、Claire Palmer、Fergus Nicol、Jane Matthews、Gavin Kenny、Mary Hancock、David Crichton、Edward Mazria、Rob Wilby、Isaac Meir、Charles Knevitt、Bryan Lynas、Tim Helweg、Rodrigo Leal、John Mardaljevic、Bill Hughes、Colin Campbell、Louis Hellman、Steve Sharples、Cliff Wassman、Janet Rudge、Sari Kovats、Russell C. Schnell、Mark Watham、Alex Hollingsworth、Rosanna Salbashian、Bill Bordass、Catherine Streater、David Infield、Emma Perry and Frances Bergmann.

对本书在建筑出版社发行，我要感谢：Alison Yates、Catharine Steers、Elaine Leek and Margaret Denley.

我们深深感谢以下赞助者，正因有他们才使本书得以彩印，他们的支持对我们意义重大。感谢：

生态建筑协会（The Ecology Building Society）
地球之友（Friends of the Earth）

必须指出的是，本书中所有观点均由本书的各作者独立提出。

# 第1章 气候变化：战斗的开始

## 战斗的警钟已经敲响

和恐怖主义以及夺去无数无辜生命的战争相比，气候变化给人类带来的将是更具威胁的全球性灾难。在气候变化的影响下，战争和地域冲突更频繁，大量物种灭绝，气候变暖将使海平面上升，土地沙漠化将吞噬我们有限的土地和生存空间。更糟糕的是，我们也许只剩一两代人的时间来拯救地球。

从花期异常、雨雪、暴风、强降雨这些微观事件中，我们已经可以察觉到全球气候正在发生变化，这些事实让我们意识到威胁的存在。以前看起来滑稽可笑的问题正变得越来越现实：

- 当停电之后我该怎么办？
- 明年会遭遇洪水吗？
- 今年夏天家里会不会热得待不下去？
- 如果房子里没有空调我可以撑多久？
- 我们该去哪里？
- 我们可以活下来吗？

本书旨在为读者清晰地讲述气候变化，以及这些变化将对你的生活、工作所产生的影响。只有认识层面上产生共鸣，并清醒地认识到眼前的全球性灾难，我们才有可能有足够的决心采取补救行动。

我们不仅要迅速地采取行动，而且要齐心协力团结起来，我们每一个人都呼吸着同样的空气，我们每一个人的命运都是相互联系的，人类的命运和所有人都息息相关。

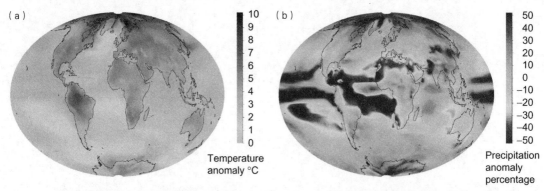

(a)

Temperature
anomaly °C

10
9
8
7
6
5
4
3
2
1
0

(b)

Precipitation
anomaly
percentage

50
40
30
20
10
0
-10
-20
-30
-40
-50

图 1.1　科学家们已经证明了气候确实在发生着变化，并且能在一定程度上决定未来的气候。图中显示的是 2080 年左右的年均气温（图 a）和年均降水量（图 b）预测，正负数值代表的是与 1961—1990 的实测平均值相比的差异。此预测采用的气候模型为 HadCM3，根据 A2 远景获得。
资料来源：UKCIP02 Scientific Report，p.19

　　从这本书中你可以得知这么一个事实：人类知道并掌握了气候变化的相关科学知识，也知道现存的诸多问题，但却没能对此采取有效的实际行动。我们现在认识到，化石燃料燃烧产生的多种温室气体正在影响着气候的变化。

　　每个学生都会在课堂上学习到相关知识：气体如何在大气层上部聚集，形成温室气层，这种气层能吸收太阳辐射，当其厚度越大，就能阻碍越多的热量反射回宇宙中，从而使得大气层下部升温，进而改变整个地球的气候。

　　气候变化的征兆已经愈来愈明显。2003 年和 2005 年的酷暑让许多专家大为震惊，气候变暖的速度比他们先前的假设要快得多。然而有些人不但没有拿出行动减少温室气体的排放，反而肆意地反其道而行之。建筑的温室气体排放量占总量的一半以上，但年复一年，那些所谓现代建筑的温室气体排放量有增无减，他们毁掉了我们子孙后代的未来。气候变化是我们这一代人的事，但是它的影响将波及我们的后代。

　　在伦敦，人们对于城市影响气候变化的意识比其他所有地区的都要强烈。伦敦当局以及当时的副总理曾提出泰晤士河河口（Thames Gateway）地区的发展计划。该区坐落在首都东边的泰晤士河河口的洪涝区，常年受到洪水的侵袭。当时的前沿建筑师在明知道增加该区的建筑及人口密度会带来巨大风险，竟然还建议说该地区的密度太低。他们自己会选择住在那里吗？他们到底是无知还是只想促成一笔交易呢？这些建筑师和开发商到底知道什么？

　　在 2003 年，美国环境保护局由于未能采取行动应对气候变化，被美国 12 个州政府起诉，然而尽管如此，美国的前总统乔治·布什却仍然拒绝承认气候变化的存在。

　　2003 年，美国国防部的一份报告表示，气候变化将导致地区冲突和战争，此后，美国政

（a）

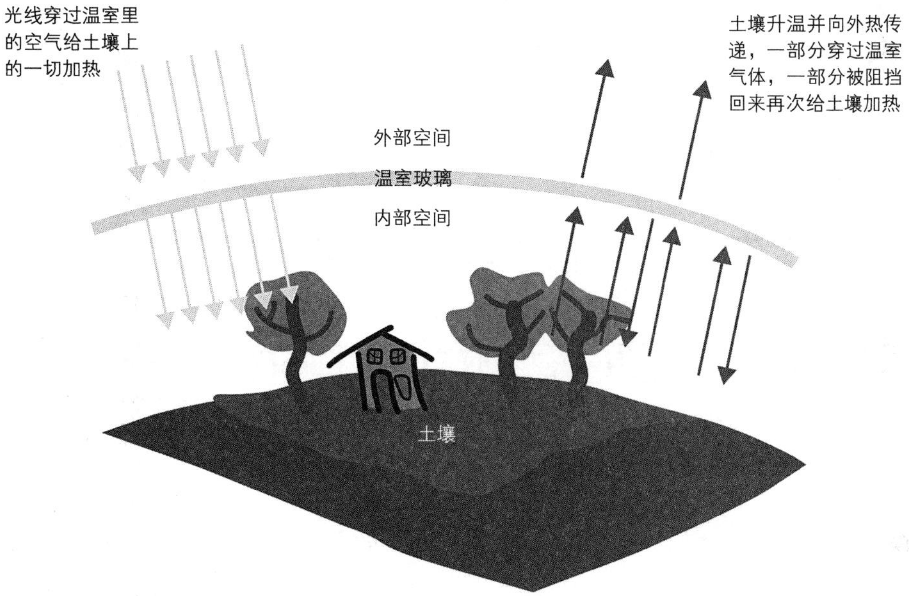

光线穿过温室里
的空气给土壤上
的一切加热

土壤升温并向外热传
递，一部分穿过温室
气体，一部分被阻挡
回来再次给土壤加热

外部空间

温室玻璃

内部空间

土壤

（b）

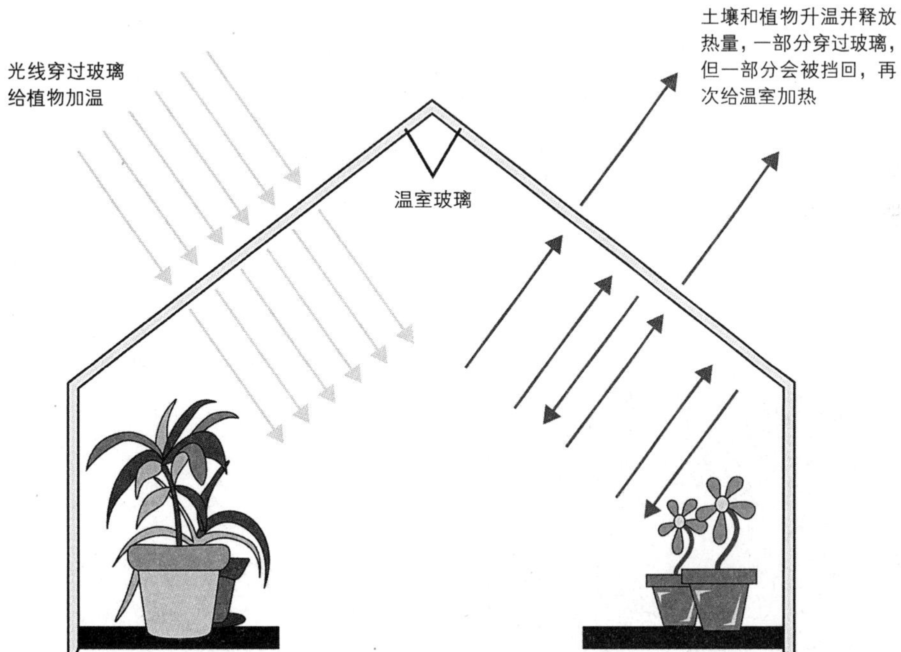

光线穿过玻璃
给植物加温

土壤和植物升温并释放
热量，一部分穿过玻璃，
但一部分会被挡回，再
次给温室加热

温室玻璃

图 1.2 几乎所有的英国学校都会教授有关气候变化的基础知识，图（a）、（b）表示了温室和地球大气层工作原理的类似性，7、8 岁的英国小孩对这类图片都很熟悉。

资料来源：http://www.defra.gov.uk/environment/climatechange/schools/12-16/info/cause.htm.

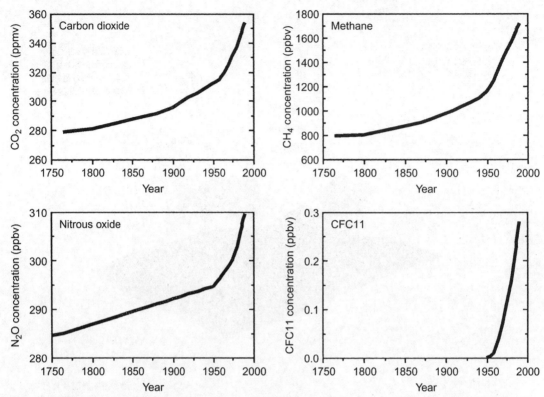

图 1.3　20世纪中叶，世界上越来越多的人购买了汽车，使用了空调来降温采暖，导致主要的温室气体含量不断上升，如二氧化碳（$CO_2$）、一氧化二氮（$N_2O$）、甲烷（$CH_4$）以及氟利昂。

资 料 来 源：Houghton J.T.、Jenkins，G.J.、Ephraums，J.J.《Climate Change：The IPCC Scientific Assessment》，Cambridge University Pressp.xvi.

发达国家化石燃料使用比例

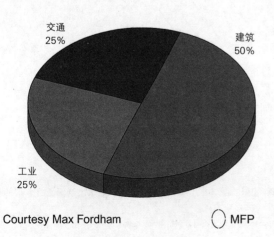

图 1.4　如图所示，在发达国家，建筑活动排放的温室气体所占的比例较大。

资料来源：Max Fordham and Partners.

Courtesy Max Fordham

MFP

府才逐渐认识到气候变化的危害，布什在 2007 年改变了态度，公开承认气候变化的存在。但是，美国政府仍然保持着对延缓气候变化行动不支持的姿态。而作为他的接班人，奥巴马在 2009 年 6 月提出气候变化议案，并很快得到了国会的通过。

年复一年，澳大利亚的图瓦卢岛（Tuvalu）被海水淹没的频率越来越高，而澳大利亚政府却无视岛民的请求，拒绝为他们提供庇护。面对全球变暖的危机，澳大利亚将是最大的受害者，但是其国民不仅拒绝为岛民提供避难处，也没有减少温室气体排放量的意识。也许，将温室气体排放与遥远岛屿的命运联系起来，对澳大利亚的本土居民来说十分困难。可如今，澳大利亚本土的部分地区开始受到严重的旱灾，现实的教训让本土居民真切地体会到了气候变化的危害。最近的一份报告表示，澳大利亚正隐藏着社会与经济动荡的危机，对此，澳大利亚政府在压力下不得不最终正视气候变化，并最终对此给予足够的重视。

毫无疑问，很多人认为自己生活在一个疯狂的世界里，这是为什么呢？我们真的是理性的种族吗？这种疯狂与气候变化的过程、程度和速度，以及我们是否敢于采取行动密切相关。

1958 年 J.K. 加尔布雷思曾说过，传统观念让人们不愿意改变想法，他引用了约翰·梅纳德·凯恩斯的名言：

> 传统观念保障了一个社会意识和行为的连续性，但是这种思维系统也有弱点甚至潜在的危险，这是因为观念的本质和方式决定了只有危机迫在眉睫的时候，人们才会通过改变来适应新的环境。只有在永恒不变的环境下，观念的规律才是万能的。观念天生就具有保守性，它对于其他思想不具有攻击性，但是一旦遇到新的环境他就会拼命反击。

传统观念或认识也正是我们面对气候变化危机的最大挑战。本书介绍了在现在和未来的十几年里，环境变化与建筑、住区、生活方式的关系。在阅读的过程中，读者会慢慢发现，应对气候变化的影响、面对扭转社会思想和行为方式的挑战，以及重新为传统观念定位，将是极具挑战性的任务。

因此，作为读者的你们是问题的关键，本书的目的就是希望读者能转变观念，从而带动身边的人，将新的思潮一层层地向外传递扩散，最终达到转变社会观念的目的。每个人都不希望全球气候变暖，不希望眼前发生不幸，甚至都希望自己能出生在另一个时代，但是，在人类历史的长河中，只有我们这一代人必须肩负应对气候变化的责任，为我们的生存而并肩奋斗。

可是为什么采取行动要花这么长时间？气候变化的抗战已经逼近，我们该如何行动？

## 很久以前就注意到的敌人

早在 20 世纪 60 年代，人们便第一次认识到了气候变化的可能性，从那时起，人类同气候变化以及其"主谋"——二氧化碳的战争就正式开始了。

自 20 世纪 50 年代，人类便获得了测量二氧化碳排放量的物理方法。目前，连续测量二氧化碳浓度的最长时间记录是在冒内罗亚火山（Mauna Loa Volcano）观测站获得的。冒内罗亚火山坐落在太平洋的夏威夷岛上，它是世界上测量静态气体最合适的地点之一，因为当地大气的二氧化碳浓度受植物或者人类活动的影响很小，火山活动影响的部分也可以很容易除去。

在 50 年的测量过程中，大部分的设备和测量方法都没有改变，从而保证了其连续性。正是因为有着绝佳的测量地点、不间断的观测、仔细的取舍以及数据的监控，才成就了冒内罗亚火山观测站这样一份宝贵的数据，它的监测对地区性大气对流层的二氧化碳浓度变化趋势有指导性意义。数据显示，二氧化碳年平均浓度由 1959 年的 316ppmv（按体积计算百万分之一），2001 年的 373ppmv，再到 2009 年的 389ppmv，共增长了 18%。自 1958 年启动观测起，年度二氧化碳浓度涨幅最大的一次出现在 1997 ～ 1998 年。

气候模拟模型可以利用这些数据作为参考或验证的依据，从而模拟出过去、现在以及未来的气候情况，其分辨能力可达 5 ～ 50 平方千米。国际上的知名科学家及气象学家们已经达成共识：因类似二氧化碳这样对远红外线吸收量大的温室气体的浓度不断攀升，导致了全球性的气候变化，而且这对地球上每一个人都产生了深远的影响。上述的气候模型的模拟结果与真实值十分接近，也证实了科学家的这一判断。

这些科学家通过记录和模拟，找出了威胁人类生存的敌人——温室气体。但是像气候变化、生物多样性的丧失、陆地及大气污染、资源匮乏这些都只是危机的外在表现，殊不知，我们自己才是生态系统中最大的敌人。

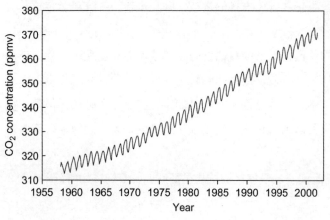

图 1.5　冒内罗亚火山大气二氧化碳含量记录，1958 ～ 2002 年。
资料来源：Climate Monitoring and Diagnostics Laboratory of the US National Oceanic and Atmospheric Administration，Mauna Loa，Hawaii.

## 警钟已经敲响

在 1970 年"罗马俱乐部"(Rome Club)的第一次会议上,全球性的环境危机被第一次提出。会议旨在探讨环境现状以及建立全球性的电脑模拟模型,从全球的视角把握人口、资源以及环境问题。

在 1970 ~ 1971 年,大尺度的全球环境模型研究开始出现,这些研究特别提到气候变化的微妙性与可变性。这些研究被 1972 年的联合国人类环境会议收录并作为重要的参考与基础。《紧急环境问题研究》(SCEP) 关注的是污染引发的问题,如气候变化、海洋生态、陆地生态系统问题。在人为因素对于气候影响的研究中,全球气候模型是不可或缺的。

1971 年出版的权威书籍《人类气候影响研究》(SMIC) 也承认了气候模型的科学性。上述的两本书提出了全球性数据收集计划、建议采用新的环境评估指标以及基于目前的研究成果整合建立全球性的监控网络。这些报告被公认为是研究人为因素导致的气候变化与公共政策的鼻祖,被人们广泛引用。而这些前期的研究均预测出同样的结果:环境过载与崩溃。

1972 年,爱德华·戈德史密斯和他的四个同事出版了《A Blueprint for Survival》一书,气候变化才真正上升成为环境问题,并受到类似该书作者等的非专业人士的关注和重视。面对当前越来越明显的环境问题,该书呼吁人们保持高度的环境气候意识。

该书提出,人类对待环境的方式必须有根本性的改变,如果我们想保住自己以及地球上其他生物生存的根本,这是非常必要的。如果我们不采取行动,人口过度增长、人均消费增长、生态系统的破坏、资源极度匮乏这些问题将不可避免地导致社会崩溃。有趣的是他们还预言,政客总会让问题更加恶化,而不是采取行动解决它们,他们说:在社会大萧条或者混乱的时期,政府往往会不顾后果地采取行动,为了争夺正在耗尽的能源,用战争威胁邻国。

这本书关注的核心问题是资源过度开采对全球的影响,同时也是如今让人类进退两难的问题。该书提供了有效的标准,我们可以利用这些来衡量我们消耗了多少地球上的资源,以及生态系统遭到污染的程度。除此以外,其作者还提到二氧化碳的排放导致气候变化的可能性,文中说:自从 1985 年以来,大气二氧化碳浓度每年以 0.2% 的速率增长。在此数据基础上,我们可以推断,在 2000 年二氧化碳浓度将增长 18%,由原来的 320ppm 增长到 379ppm。《关键环境问题的研究》认为这将导致全球温度上升 0.5℃。如果二氧化碳浓度在此基础上再增加一倍,表面温度至少升高 2℃。

这些预测与后来的真实情况不谋而合,1947 年和 1997 年温度分别升高 0.25℃ 和 0.5℃。

20 世纪 70 年代早期,也出现了其他的一些备受人们关注的大气问题,其中包括酸雨问题、超音速运输工具导致的大气层上部的污染问题以及平流层臭氧枯竭等问题。然而真正难以捉摸的是，谁才是这场环境斗争的敌人，根本问题是什么？我们如何跟地球大气作斗争。

## 第一次遭遇

当科学人士还在为气候变化和资源枯竭的理论问题绞尽脑汁时，1970年突如其来的能源危机让世人感到震惊，这场遭遇让人们明白20世纪资源取之不尽用之不竭的观念只是空想。同时，人们也意识到石油这种可以带来财富的神奇资源，总有一天会消耗殆尽，一桶油能抵540个小时的人类劳动力也将成为过去。有学者曾表示，石油储量只够我们使用30年的时间，这也许不完全正确。但是，人们已经开始将石油与其他可用能源作比较，并投资开发新能源。

上述的这一切如同给人类的当头一棒，人们开始意识到自己的脆弱。在这场战斗中，人类的敌人不是空气，而是时间和对化石燃料的依赖性。很讽刺的是，越是富裕的国家往往越脆弱。

## 利器在手

1971年，SMIC曾建议启动全球数据收集计划、采用新的环境评估指标以及基于目前的研究成果整合建立全球性的监控网络。而臭氧层空洞这项挑战为我们提供了一次很好的机会，以检验人类能否迅速地应对即将到来的灾难。

在1956年，人类第一次在南极哈雷湾观测站测量了臭氧含量，最后在70年代早期开始使用卫星测量臭氧层。但第一次全球范围的测量始于1978年的云雨7号（Nimbus-7）卫星。除物理测量外，M.J.莫琳纳和F.S.罗兰在1974的化学研究证明，在高频紫外线的辐射下，氟氯烃（CFCs）能加速臭氧层的分解。进一步研究表明，在之后的60年内，空气中的氟氯烃将会使臭氧含量减少7%。

基于这些研究，美国于1978年禁止使用含氟氯烃的喷雾剂。此举充分体现了美国在该领域的领导地位，以及当时政府的勇气。其他的许多国家也渐渐废除氟氯烃的喷雾剂使用，但是工业领域十分抵触这项禁令，他们认为氟氯烃可以用于其他生产。或许只有一场浩劫才能让人们意识到氟氯烃问题的严重性。1985年，法尔曼、加德纳和尚克林将英国南极洲研究数据进行整理后，得出南极洲上方的臭氧含量已经比一月正常值减少了10%。

迫于全球臭氧层快速萎缩的危机，联合国政府于1987年赞助了一项名为蒙特利尔协议的计划。在此之前，北欧国家已经就氟氯烃问题在 1983 年与美国方面进行了磋商，在新的科学技术支持下，协议通过了一系列草案，每个草案都是以拟定地点所在的城市命名。在 1992 年 11 月的哥本哈根会议上，来自世界各地 100 个国家出席并签署了有史以来最严格的氟氯烃分期淘汰计划：自 1993 年 4 月后，未签署哥本哈根协议的国家被强制对含有氟氯烃、卤代烃的贸易产品进行处罚与制裁。1993 年 5 月时，氯甲烷和四氯化碳也被划定在出口禁令范围内。该协议计划在 2030 年逐步淘汰氟氯烃及相关卤代烃制品的使用。除此以外，协议还授权相关科学技术的使用，以迅速普及氟氯烃的替代品。

1988 年，瑞典成为第一个立法实施氟氯烃淘汰的国家，并制定了在 1994 年完全淘汰氟氯烃的分期计划。1989 年 3 月，欧洲议会环保部门宣布将在 2000 年前在欧洲范围内彻底淘汰氟氯烃。这次的臭氧层危机向我们证明了，当人类面临类似问题时，是可以靠科学技术、战略、意念以及经济、法律、政策等来化解危机的。在将来更严峻的气候问题来临之前，这次危机可以作为我们学习研究的范例。而从这次臭氧危机的化解中我们也欣慰地看到，只要我们众志成城，就有成功的曙光。

在过去的十几年时间里，臭氧层空洞的大小明显有了变化。2003 年 8 月，南极上方的臭氧值下降至历史最低值的 200 多布森单位（DU），然而在 2006 年时突然开始回升，到 2007 年，臭氧值已经恢复到十年前的平均值。科学人士预计，随着氟氯烃排放量的减少，臭氧层空洞会在 2070 年消失，但是臭氧空洞的具体科学细节问题和面积减小对气候的影响并没有人们想象的那样简单，科学界正在展开进一步的研究。

## 专业人士齐探讨

19 世纪 80 年代中期，早年科学家们对于气候变暖的预言与实际情况不谋而合，而且，随着气温的明显上升，极端天气的频率和强度也渐渐引起了人们的警觉。世人不得不面对这样一个事实：气候变化的程度已经超过了自然界能调节的范围。气候变化的影响越来越明显，人们不得不开始为气候灾害购买保险，死于气候灾难的人数也不断上升，动物迁徙变得越来越频繁，土地沙漠化日益严重。

1988 年，在世界各国政府的呼吁下，联合国环境保护计划和世界气象组织的领导队伍成立了政府间气候变化专门委员会（IPCC），以应对气候变化。专家组由上百个全球变暖领域的科学界人士和专家组成，旨在评估气候变化领域的科学进展，对潜在的环境和社会经济的影响作出判断，并制定实际可用的对策。

两年后，也就是 1990 年，IPCC 发表了一篇报告称人类活动产生的温室气体的积累会加

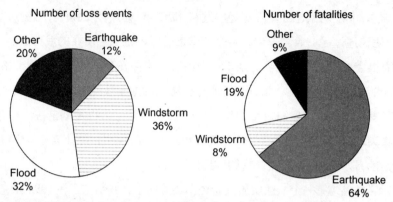

图1.6  图展示了不同类型的自然灾害所引发保险赔偿事件次数比例和灾难发生次数比例。
资料来源：Munich Re，Topics：Annual Review of Natural Catastrophes 2001；2002 年的一篇评论称（见 http：//www.munichre.com/pdf/topics_2002_e.pdf），这些数据低估了气候伤亡程度。

剧温室效应。如果我们不采取行动减少排放量，到下个世纪地球表面的温度会升高更多。

1992 年的里约热内卢地球峰会通过成立联合国气候变化框架公约（UNFCCC），而 IPCC 的报告对此起到了决定性的作用。该公约自 1994 年 3 月 21 号起生效，工业化国家承诺在 2010 年之前将温室气体排放量减少到 1990 年的水平。

IPCC 与 UNFCCC 之间的关系需要澄清。后者成立了一个附属科学与技术咨询机构（SBSTA），1995 年 2 月在柏林举行的第一届 UNFCCC 缔约方年度会议（COP），明确提出了 SBSTA 的职责：

1. 总结国际最前沿的科学研究技术，评估目标和承诺的科学性。

2. 评估下列研究的价值并提出改进方法与意见：

● 对各国温室气体的排放与减排量进行清单统计

● 制定国家温室气体排放及消除的规范，并分别比较不同气体对气候的影响程度。

● 分析行动解决方案的单一效果以及综合效力。

● 进行影响与敏感性分析。

● 对适应性反馈进行评估。

自里约热内卢会议后，又陆续举行了多次 COP 会议，会议争论的焦点在于如何评估温室气体的排放量，以及温室气体对气候的具体影响程度，并协商如何制定标准并进行推广。

1997 年 11 月，在日本京都举行的第三届 COP 会议上，共 150 个国家采纳了京都议定书。这次协议的签署是史无前例的，工业化国家终于站在了同一条战线上，共同努力减少温室气体的排放。京都议定书规定的温室气体包括：

- 二氧化碳

- 甲烷

- 一氧化氮

- 氟烃（HFCs）

- 全氟化碳（PFCs）

- 六氟化硫（SF6）

尽管每个国家的减排量不同，但全球将在 2008 ～ 2012 年内将排放量降低至 1990 年水平的 95%。美国承诺排放量减少 7%，日本减少 6%，欧盟共减少 8%。美国之所以会接受如此有挑战性的目标是因为有一个并行的碳排放交易计划。合约国内部可以相互买卖温室气体的排放量指标。

直到 2003 年的 12 月，包括加拿大在内的 84 个国家和地区签署了京都议定书，有另外 113 个国家和地区认可京都议定书。2003 年 12 月，第九届 COP 会议在米兰召开，会议讨论了碳汇及碳排放交易的问题，以及它们与京都议定书的协调问题。但是，这个问题却越来越棘手，许多国家尽量避免过多地限制本国的碳排放量，取而代之的是在国外投资低价的"碳汇"。2004 年，COP 第十次会议在布宜诺斯艾利斯召开，会议盘点了过去十年里在减排策略上取得的成绩。第十一届 COP 会议于 2005 年在加拿大的蒙特利尔举行。随后的两年分别在内罗毕和巴厘岛举行。

2007 年 12 月 15 日，在巴厘岛举行的第 13 届 COP 会议上，京都议定书的所有合约国以及犹豫不决的美国在谈判的最后一刻终于达成一致，并通过巴厘岛行动计划和路线图。本着缓和和适应气候变化的目的，该提案要求签署国履行以下行动：

- 达到 UNFCCC 的标准，切实降低温室气体排放量。

- 将经济、社会发展以及消除贫困作为优先考虑的问题。

- 回应第四次评估报告（AR4）的结果，即全球变暖是确凿的事实，我们必须立刻行动。

- 充分认识到京都议定书目标的最终实现（避免气候紊乱）必须建立在大幅降低碳排放的基础之上。

巴厘岛会议上弥漫着紧张的气氛，会议对以下四个主要内容进行了细节性探讨：

- 针对碳排放清单制定新框架，为森林退化问题和土地利用状况制定新的报告机制。

- 建立基金与资金补助机制，帮助各国更快得实现减排目标

- 技术转移机制及经济支援与开发的细节。

- 成立长期合作行动（Long Term Cooperative Action）Ad Hoc Working 工作小组，为 2009 年的哥本哈根会议准备行动计划展示，作为"后京都议定书"的基础。

COP 会议的另一职能是及时汇报目标的完成进度，为了促进目标的完成，COP 提出了"清洁发展机制"（Clean Development Mechanism，简称 CMD），即发达国家可以通过在发展中国家实施节能减排的发展项目，将这些项目的减排量算作发达国家的减排目标量，以履行发达国家在《京都议定书》中所承诺的限排或减排义务。2006 ~ 2007 年度，共有 825 个 CMD 项目实施，项目减排总量达 840 万亿个排放单位，并且在这个过程中开发推广了 32 项控制指标与监控方法。

IPCC 上曾撰写过 4 份关于气候变化的现状报告。2007 年，IPCC 以其在气候变化方面的成就被授予诺贝尔和平奖。这四份报告警示了人们气候变化的惊人速度。发表于 2007 年的 AR4 确切地指明了气候变化的机制与成因。

AR4 的第一部分内容于 2007 年 2 月在巴黎发表，它证明了全球变暖的事实。第二部分于同年 4 月在布鲁塞尔发表，其集中阐述了全球变暖对人类和其他物种的影响。

第三部分在随后的一个月发表，它提出了缓解全球变暖的策略和方法，重点强调了对经济的影响和应对气候变化的技术手段。文中指出，为防止全球温度比工业化前升高 2℃，人类必须在 2015 年之前大幅降低排放量。此外，报告还表示，目前应对气象灾难的低成本保险在未来数十年将带来严重的问题，而我们只需要利用现有的技术，每年只需花费全球 0.1% 的 GDP，就能避免灾难的发生。

第四次 IPCC 评估报告明确的说明了人类活动导致的温室气体排放与气候变化的关系，并预估了不同程度的气候变化造成的影响。许多国家此前所诉求的中期减排目标一直没有得到落实，但我们可以预感到在美国政府的支持下，在哥本哈根举行的第 15 届 COP 会议将会提出切实的减排目标。

## 日程 21：整装待发

要上战场，首先必须要征兵买马，这个任务从里约热内卢那里正式开始的。

1992 年在里约热内卢举行的地球峰会——也就是 1992 年的联合国发展与环境会议——是一个里程碑式的会议，并为今后带来了深远的影响。

1972 年在瑞典召开了全球环境会议，联合国试图帮助各国政府重新考虑经济发展与环境的关系问题，并寻求方法制止不可再生资源的挥霍，解决地球的各种污染问题。共 108 位国家代表出席了会议，会议成果包括"环境与发展里约宣言"、"21 世纪议程"、"气候变化框架公约"和"生物多样性公约"。尽管这些文件在后来并没有得到很好的落实，但是他们依然为未来推广实施可持续发展措施做了良好的铺垫。

**框图1.1 IPCC四次报告的表述逐渐发生了改变（见 http://www.ipcc.ch/）**

第一次报告—1990："我们已经了解全球升温的幅度与气候模型的预测相一致，但不排除可能是气候自然变化的可能"。

第二次报告—1995："实际观察说明人类活动对气候有一定的影响"。

第三次报告—2001："近期观察确切证实了过去5年的全球升温是人为造成的"。

第四次报告—2007："气候变化确实是事实。据观察，自20世纪中叶，一半以上的升温现象是人类活动释放出的温室气体所致"。

**框图1.2 巴厘岛行动计划（见 http://unfccc.int/meetings/cop_13/items/4049.php）**

COP 的各国成员们：

**决议** 立即采取行动履行公约以实现公约的最终目标和承诺，

**明确** 将经济、社会发展以及消除贫困作为优先解决问题的原则，

**回应** 第四次评估报告的成果。报告指出，气候变化是确凿的事实，延后减排只会严重降低控制温室气体水平的能力，让人类遭受更多极端气候的影响。

**认识到** 达到公约的最终目标必须要大幅减排，重视解决气候变化问题的迫切性，

1. 建立一套综合机制，从而在 2012 年甚至以后的长期合作中促进充分、高效、可持续地实现公约的目标，以此在第 15 次会谈中达成如下的共识：

(a) 达成长期合作计划的共识，包括全球长期减排目标，从而实现公约的最终目标，做到与公约的最初原则与规定相一致，尤其是同一目标方向下的不同责任和各自的任务……

(b) 加大国内外缓解气候变化的行动力度……

(c) 加强气候适应性措施……

(d) 加强技术的发展交流，以支撑气候变化下的缓解能力和适应能力……

(e) 加大资金供给与投资的力度，以支持缓解与适应气候变化的行动及技术合作项目，包括：

    (i) 降低各国获得充足的、可控制的、可持续的经济支援和技术支撑的门槛，提供额外的资源，包括为发展中国家提供官方或者优惠的援助资金……

    (ii) 在缓解气候变化策略和适应性计划方面给予发展中国家积极的鼓励和刺激……

    (iii) 针对在气候敏感区域的发展中国家，即最容易受气候变化影响的发展中国家，采用创新性的经济支援方式……

    (iv) 在可持续发展政策的原则下，鼓励推动气候适应性的改革计划……

    (v) 调动公共和私人的赞助和投资，包括低碳投资项目……

    (vi) 在建设改革方面，根据情况给予发展中国家经济支援与技术支持，尤其是最容易受气候变化影响的国家……

2. 该机制由公约下属的长期合作行动（Long Term Cooperative Action）Ad Hoc 工作小组机构负责。在 2009 年前，该机构应该完成上述任务，并向 COP 呈交最终结果，结果将被提交至第 15 次会议讨论。

3~7. 为 2008 年的第 14 届 COP 会议制定参考文献资料，编制财务安排。

**框图 1.3　碳交易**（Fiona Mullins）

在联合国气候变化框架公约（UNFCCC）[i]、京都议定书和新兴的温室气体排放交易计划中，排放量均按照单位——吨（$CO_2$，$CH_4$，$N_2O$，氢氟碳化物，全氟化碳，六氟化硫）进行计算。各国温室气体的排放量经过计算，需上报并达到 UNFCCC 要求（若未来"京都议定书"生效，则需同时遵守）。温室气体的吨位总数以实际气体（$CO_2$，$CH_4$，$N_2O$，氢氟碳化物，全氟化碳，六氟化硫）的总量以及总 $CO_2$ 当量进行计算，利用全球变暖潜能值（GWP），我们可以将非 $CO_2$ 的温室气体进行 $CO_2$ 当量的转换计算。

温室气体的计算通常以 $CO_2$ 当量单位（$CO_2e$）来表示。因为每种气体对全球变暖有不同的影响，各种非 $CO_2$ 气体的数量乘上其 GWP 反映了其等效于 $CO_2$ 的温室作用。这个计算的输入数据为每种温室气体排放的吨位，但报告中的总数以 $CO_2$ 当量作为计量。例如，每排放 1 吨的 $CH_4$，则算作 21 吨的 $CO_2$ 当量，转换的依据是将温室气体在 100 年的时间内对于大气的影响与 $CO_2$ 进行对比得出的转换系数。

温室气体排放交易计划使用相同的计算方法。对于英国排放交易计划，所有潜在的温室气体都被包含了进去，一些公司甚至将 $N_2O$ 和氢氟碳化合物也算入其中。非 $CO_2$ 气体换算成 $CO_2$ 当量的目的是为了便于汇报和法规制定。欧盟的排放交易计划在第一阶段（2005～2008）仅计算了 $CO_2$ 的排放量，其他温室气体在检测技术改善后将逐步添加。

[i] 见 http://unfccc.int/index.html

地球峰会向我们传递了这样的信息——只有当我们的态度和行为有了全面的转变，气候问题才有转机的希望（见 1972 年的 Edward Goldsmith 的蓝图），这一重要的信息被在场的10000 多名记者传播到世界各地。该信息反映出了问题的复杂性。在这次会议中，各国政府认识到了他们需要重新制定国家政策以配合这项宏伟的"生存计划"，必须确保所有的经济决策都能充分考虑到对于环境的影响，并在国际法范围内接受"污染者自付"的原则。这次会议的"里约宣言"共提出了 27 条具有普适性的可持续发展原则，其中较为重要的相关项目如下所列：

- 生产方法：特别是对于生产含有有毒成分的产品，如含铅汽油，或有毒的废弃物。不恰当的生产方法将产生大量的有毒物和温室气体。
- 可替代能源：取代与全球气候变化相关的化石燃料。
- 公共交通系统的开发：交通工具排放的尾气也是温室气体的主要来源之一。我们要重视公共交通系统，以减少私家车的尾气排放，缓解交通拥堵，避免因空气污染和烟尘所造成的公众健康问题。
- 日益稀缺的水资源：这是与气候变暖，人口增长及自然污染密切相关的问题。

其实从 1989 年开始，联合国的各成员国便开始讨论关于未来规划、教育以及其他事宜，而这次为期两个星期的地球峰会将这些讨论推向了高潮。会议通过了"21 世纪议程"——广泛实现全球可持续发展的重要行动蓝图，虽然在各国谈判中作出了一定的妥协，但它仍然是当时最全面、最有效且最受国际社会认可的一个行动方案。

"21世纪议程"的成功主要归功于环境问题与知识的灌输与贯彻，从地方议会的员工到国家元首，通过培训，他们都成为了环境保护的拥戴者，从而形成一股强大的力量。在"21世纪议程"中，我们通过确定温室气候的具体测量方法，确定其具体指标与原则，普及相关知识，使最普通的人也可以参与到抵抗气候变化的队伍中来。只有通过这种精准的度量，我们才能将隐藏的危机问题变得直观和可视，并针对性地制定解决问题的策略。

如果简单地将气候变化问题看作是一场战争，那么军队的总指挥官则是联合国及其相关组织机构，其下方则是各种全球性条约的服务机构，这些条约下的机构负责执行上层组织及会议制定的各种法规和准则，它们广泛涉及到公众健康、气候变化、贫穷问题和生物多样性等的问题。IPCC和世界卫生组织（WHO）就如同是军队里的情报单位，而"21世纪议程"则负责军队编制和训练。国家的地位正如战役的领袖，其下属机构又分为交通、环境和教育部门等单位。我们可以将其他比较重要的角色，如世界贸易组织（WTO）看作平行军队，它们视情况采取行动，协助联合国参与气候变化的战争。

在任何军队中，都有奸诈的指挥官和渗透的敌对势力，出于无知、懒惰、恶意或谋取个人利益的目的，企图阻碍进步的力量，但毫无疑问，随着气候危机的升级，对抗这些反动势力的限制将会越来越少，内部的战斗将会爆发，利益团体之间日益严峻的紧张局势将最终爆发。这方面的典型例子便是澳大利亚的矿业和农业部门之间的争斗，由于矿业生产破坏环境和土地资源，农民不得不奋起反抗，可是矿业部门的强大权力让农业部门显得无足轻重，农民们不得不面对失去一切的危险。

同样，美国的石油集团在对政府环境问题的处理中占有资金优势，中西部的农民因为干旱、洪水和飓风等灾害，正在慢慢地失去他们的土地，他们希望通过美国政府获得公平的诉求机会，但这却变得越来越难。现在这些群体开始转向法律途径寻求补偿。比如，最近许多团体受到了来自烟草和石棉工业的伤害，他们最终也只能依靠法律途径进行控诉。此外，在全球许多地方，与水资源相关的利益斗争也越来越频繁，而当事人在面对环境纠纷时，也只能诉诸法律来讨回公道。

## 激烈的战斗

全球气候变暖正不断加剧，我们现在所处的世界比以往的2000年都要炎热。在过去的12年（1995～2006）里，11个年份的气温排名历史前12名。其中，北极地区过去100年的气

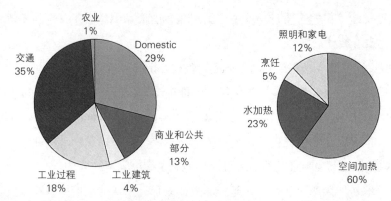

图 1.7 英国各部门能源消费总量（左）和建筑物的碳排放量源（右）。
资料来源：Pout，C.H.，MacKenzie，F.and Bettle，R.（2002）Carbon Dioxide Emission from Nondomestic Buildings：2000 and Beyond. Watford：Building Research Establishment and Department for Environment，Food and Rural Affairs，p.10

温增长率是全球的两倍以上。

通过极端气候事件的规模和经济损失额，我们可以清晰地看到气候变化对经济的影响，根据国际保险业的统计，保险赔付中高达 80% 的费用都与极端气候有关。

2003 年是气象灾害十分突出的一年，如同给人类敲响了警钟。2003 年 7 月，IPCC 前主席约翰·霍顿爵士在《卫报》的一篇文章中指出，全球变暖是一个真正意义上的由人类驱使的大规模杀伤性武器。

在 2003 年 7 月，世界气象组织警告道，在全球变暖的因素下，极端天气事件正变得越来越频繁。美国本土当年 5 月发生了 562 次龙卷风（2003 年"凑巧"出现了全球自 1880 年有气象记录以来的最高年均气温），造成 41 人死亡。发展中国家是受灾最严重的地区，低纬度国家和贫困国家应对灾害的能力较差，印度雨季前的温度达到 49 ～ 50℃（120 至 122℉），热浪如杀手一般夺取了 1500 多人的性命。虽然没有一个单一的天气事件能够以绝对科学的证据将其归咎于气候变化，但没人可以否认，极端高温是气候变暖的最明显证据。

在 2003 年的夏季，约 35000 名欧洲人死于中暑，其中法国 15000 人。难道人们没有发现，曾经的警告已经开始成为现实了么？

## 惨重的战争代价

2006 年，尼古拉斯·斯特恩发表了其对于气候变化的经济学研究成果，这也是英国第一份针对气候变化对经济产生何种影响的全面阐述。它清楚地表明，所有国家都将受到气候变化的影响，对于最贫穷和最不发达的国家而言，这种影响会来得更早，也更严重。其主要结

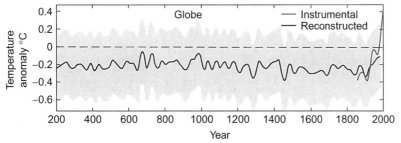

图 1.8 重建全球温度（基于 1961 年至 1990 年的实测基准改编而来。Mann 和 Jones 整理）

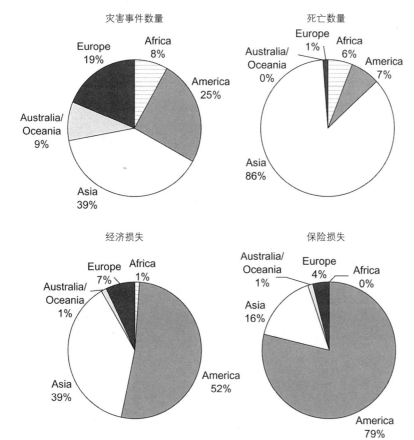

图 1.9 保险业对自然灾害的支出，按地理区域划分。资料来源：Munich Re, Topics: Annual Review of Natural Catastrophes 2001, http://www.munichre.com/pdf/topics_2002_e.pdf

论是，如果气候变化持续下去，全球平均气温将会比工业革命前期高 5 摄氏度。对此，他建议制定"三要素政策"以应对气候变化：碳定价政策，技术政策，以及能源效率策略。碳排放定价，即将通过税收、碳排放交易或规则，向人们展示他们的碳排放行动所付出的社会成本。科技政策应推动社会能效的提升，即大规模推动低碳和高能效产品的开发和利用。我们发展政策应该充分考虑气候变化因素，发达国家应该通过海外项目，援助其他困难国家，加大行动力度，履行发达国家的承诺。此后在 2007 年 12 月，英国政府开始承诺把碳成本记入政府部门的每个发展项目之中。

斯特恩的研究得出这样的结论：我们的社会若"一切照旧"，会导致 5.8℃的气温上升，这将会使全球 20% 的 GDP 化为乌有，而通过减排来稳定温度的成本将只占 GDP 的 1%。斯坦恩的研究标志着全球气候变化讨论来到了一个新的转折点。我们很难说是斯特恩的报告感知到了时代的情绪还是创造了它，但无论哪种方式，它都让气候争论从纯科学的视角转换到了经济的视角，使其成为了一个社会经济问题。

由经济学家罗斯·格瑙特为澳大利亚政府在 2007 ~ 2008 年做出的气候变化影响报告中，进一步证实了气候变化潜在的社会经济影响程度，但这份报告在关键的措施建议上依然显得很保守。Gernaut 所定下的减排量与实际所需的相比显得远远不足，而这份减排交易计划(ETS)依然被提交到澳大利亚的有关部门。这也反映出目前的一个问题：不同组织、不同团体对于减排或谈交易的确切目标量没有达成共识，减排目标变化大且不一致。

在 IPCC 第四次报告之前，大家普遍接受的 450 ~ 550ppm 的目标似乎并不难实现，许多人认为我们甚至还有很大时间余地去完成。然而，在 2007 年 4 月，美国国家航天局 Goddard 研究所的气候科学主任詹姆斯·汉森，以及和他的团队却以一份研究报告震惊了科学界，报告指出，除非我们能将大气中的二氧化碳水平从现在的 385ppm 减少到 350ppm，否则我们无法维持未来气候的稳定。如果短期内不能达成目标，其将导致人类无法适应的气温上升，高山冰川融化，海平面上升数米，海冰和珊瑚礁的消失等。他们同时也指出，这个减排目标并非遥不可及，通过逐步淘汰化石燃料发电（除非当地植被具有足够的 $CO_2$ 消化能力），减少耕作面积和林业砍伐，提高碳排放成本，我们依然可以达到相应的减排要求。

2007 年，马克·莱纳斯撰写了一本关于气候变化影响的书籍，他以每"1 度"气温变化的视角阐述了不同程度气候变化的具体影响，非常的直观易懂。本书的最后一章也通过这种视角，同时参考斯特恩的研究，一同作为基础撰写本书的最终结论。

## 磨亮的武器

随着气候变化速率加速到了警报水平，目标的实现显得越发紧迫，对此，我们所需的武器也正在被磨砺当中，某些地区已经开始采取进一步的措施，加强我们迎接气候变化的防御能力，比如欧盟就正在航空碳排放方面扮演着重要的角色。

某些行业对碳排放的处理显得很不妥当，比如船运业。过去十年，特别是在 2008 ~ 2012 年间，船运业有了极大的发展，在未来，预计还将有 6100 艘的大型集装箱货船下水，这将在

| 升温幅度（℃） | 水 | 食物 | 健康 | 土地 | 环境 | 急性及大规模的影响与后果 |
|---|---|---|---|---|---|---|
| 1℃ | 小安第斯山脉的冰川完全消失，威胁到 5000 万人的供水需求。 | 温带地区的谷物产量适度增加。 | 每年至少有 30 万人死于与气候相关的疾病（主要是腹泻、疟疾、营养不良）。<br><br>高纬度地区冬季死亡率减少（北欧、美国）。 | 永久冻土层解冻导致加拿大和俄罗斯部分地区的建筑物和道路遭到破坏。 | 至少有 10% 的陆地物种面临灭绝（估计）。<br><br>80% 的珊瑚礁将白化死亡，包括大堡礁的珊瑚。 | 大西洋热环流开始减弱。 |
| 2℃ | 在一些脆弱的地区（非洲及地中海地区），预计大约 20% ~ 30% 的可饮用淡水资源将丧失。 | 热带地区作物产量下降（在非洲会下降 5% ~ 10%）。 | 在非洲，将有超过 4000 万 ~ 6000 万的人面临感染疟疾的风险。 | 每年有超过 1000 万的人受沿海洪水灾害的威胁。 | 15% ~ 40% 的物种面临灭绝（据估计）。<br><br>北极物种将面临灭绝，包括北极熊和驯鹿。 | 格陵兰岛冰原开始融化且不可逆转，加速海平面上升，其上升幅度可达 7m。<br><br>大气循环突变风险增加，如雨季的急变。 |
| 3℃ | 在欧洲南部，每十年将发生一次严重的干旱。超过 10 亿 ~ 40 亿的人面临水资源短缺，与此同时，却有 10 亿 ~ 50 亿人所在的地区降雨增加，加大洪水风险。 | 1.5 亿 ~ 5.5 亿人口面临食物不足的风险（若碳施肥量不足）<br><br>但在高纬度地区，农作物产量可能将达到峰值。 | 超过 100 万 ~ 300 万人死于营养不良（如果碳施肥量不足） | 每年超过 1 百万 ~ 1 亿 7000 万的人受沿海洪水的威胁。 | 20% ~ 50% 的物种面临灭绝（据估计），在南非，这包括 25% ~ 60% 的哺乳动物，30% ~ 40% 的鸟和 15% ~ 70% 的蝴蝶。 | 南极西部冰盖崩塌风险上升。<br><br>大西洋热环流崩溃的风险上升。 |
| 4℃ | 非洲南部和地中海地区潜在的水资源减少 30% ~ 50%。 | 非洲农作物产量下降 15% ~ 35%，部分地区绝产（如澳大利亚部分地区）。 | 超过 8000 万人暴露于疟疾的风险之中。 | 每年有 700 万到 3 亿人口受沿海洪水的影响。 | 超过一半的北极苔原消失。<br>世界所有自然保护区中，大约一半的保护区不能完成其保护目标。 | |
| 5℃ | 喜马拉雅山脉冰川消失，这将影响超过 1/4 的中国人口以及成千上万的印度人。 | 海洋酸度的持续增加，严重破坏海洋生态系统并且可能危及鱼类资源。 | | 海平面上升威胁到许多小岛的生存，地势低注的沿海地区（如佛罗里达州）和世界的一些主要城市，如纽约、伦敦和东京将被淹没。 | | |
| 超过 5℃ | 最新科学表明，如果排放量持续增长并且温室气体造成的温室效应不断扩大，地球的平均气温将上升超过 5℃ 或 6℃，（包括从土壤中释放出的二氧化碳和从冻土中释放的甲烷）。这种级别的升温幅度，相当于上个冰川时代和当今的温差区别，这将有可能导致严重的社会紊乱和大规模的人口流动。这样的"社会应急"后果可能是灾难性的，但可惜的是，当今的模型并不能完全体现这种升温导致的严重后果，这种后果将远远超出人类文明可以适应的程度。 | | | | | |

**图 1.10** 2005 年"斯特恩报告"中提出的全球温度升高可能造成的影响。

资料来源：The Stern Report，2005，HMSO．

5 年内提升船舶业 50% 的运力，相当于航空业 10 年的运力增量。2007 年 2 月联合国国际海事组织（IMO）通报了其下属的 47000 艘船舶所产生的温室气体排放情况。

在报告中，我们得知船运业的碳排放量占了全球的 2%，相当于航空业的一到两倍，但它却躲开了京都议定书的限制，这也意味着我们漏掉了大约 2% 的全球碳排放量。船运业几乎承

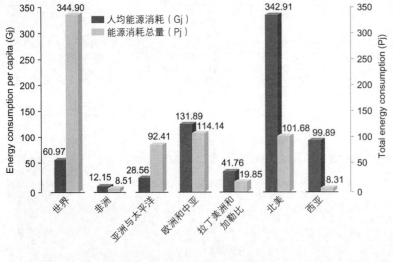

图 1.11　1995 年各地区总体与人均能量消耗量

资料来源：http://www.unep.org/geo2000/english/figures.htm.

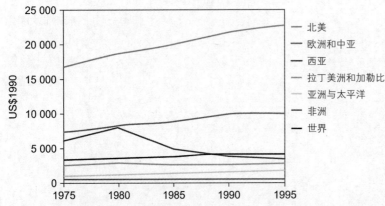

图 1.12　部分地区 1995 年的人均 GDP。对于发达国家而言，其问题还是在于用 20 世纪的老眼光来分析现在的趋势。随着气候变化的新趋势被证明，这种情况将得到迅速的改变。

载了 90% 的国际贸易量，而且这个数字仍在不断上涨，但谁来为这些温室气体负责？

　　在 2008 年 5 月 27 号的环境委员会会议中，欧洲议会成员国（MEPs）以绝对优势票数通过了会议议案，将航空业提前到 2011 年纳入到欧洲 ETS 中。他们还将排放上限从 2004 ~ 2005 年的 100% 降低到了 90%。这个计划将会让每个航空乘客在欧洲航空时多付 8 欧元，在跨大西洋航空时多付 32 欧元。这在燃油价格飞涨的同时给航空业增加了更多的经济压力。

　　欧盟内部的国家正在大步跨进建立自己的低碳经济体系。德国建立了世界领先的太阳能经济，紧随其后的中国也对太阳能技术投入了大量的资金。

　　在所有欧洲国家当中，西班牙对矿物燃料最为依赖。该国 84% 的能源供给来自于矿物燃料。西班牙在 2007 年花费了大约 170 亿欧元用于进口石油上，这也进一步推高了虚高的油价。西班牙政府正开始积极采取措施抑制高成本的能源消耗。

　　2005 年，他们率先在巴塞罗那（Barcelona）和加泰罗尼亚（Catalunya）引进了第一条欧洲太阳能法规，法规要求所有新房屋的屋顶必须配备太阳能热水系统。他们估算如果像巴塞罗那市一样，在主要城市周边的双行车道实行每小时 50 公里的限速，那么他们每年可能节省数百万欧元的燃油成本。他们免费发放了 4900 万个节能灯具（平均每家两个），并计划在 2012 年前使全国都换上节能灯具。以上措施都是 2014 年前的系列举措中的一部分，西班牙政府希望以此能减少 10% 的石油进口量，减少石油需求 4400 万桶。此外的一些措施包括：公共建筑中的空调温度设定不得低于 26℃，冬季暖气温度不得高于 21℃（医院除外）。街道照明会减少 50%，而地铁延迟收班以鼓励人们使用公交出行。该国政府计划制造 100 万辆电动汽车，政府的公家车将逐步采用生物燃料去替代至少 20% 的燃油需求。商业航空公司被许可使用军用航路与空域，这使得航空航路缩短了 20%，以节省航空燃耗。

除了欧盟成员国之外，其他国家也在积极行动。日本成为了世界第一个在食物、饮品、清洁剂和电气用具中引进了碳标签的国家，碳标签由日本经济产业省计算和授予。但这一先举也让日本不得不面对了一个问题，即如何建立公正的评价体系，防止出现碳标签的暗箱操作，使得某些产品"显得"更加环保。打个比方，目前经济产业省对于一包薯片的碳足迹评定是：

1 包薯片 =75g 二氧化碳，其中：

44% 来自于土豆种植

30% 来自于薯片生产

15% 来自于包装处理

9% 来自于物流运输

2% 来自于垃圾处理

驱使消费者选择低碳产品的主要因素是其环保性，但仅仅依靠人们的环保意识是不够的。对此，在英国，政府通过税制对高碳产品进行处罚，从经济性方面促使人们购买低碳产品。（表 1.1）

**车辆的碳排放税分类（2007 年颁布）**　　　　　　　　　　　　　　　表 1.1

| 碳排类别 | 每公里碳排量（g/km） | 柴油车税额（英镑） | 汽油车税额（英镑） | 替代燃料类汽车税额（英镑） |
|---|---|---|---|---|
| A | <100g | 0 | 0 | 0 |
| B | 101 ~ 120g | 35 | 35 | 15 |
| C | 121 ~ 150g | 115 | 115 | 95 |
| D | 151 ~ 165g | 140 | 140 | 120 |
| E | 166 ~ 185g | 165 | 165 | 145 |
| F | 186 ~ 225g | 205 | 205 | 190 |
| G | >226g | 300 | 300 | 285 |

资料来源：Vehicle Certification Agency's website: www.vcacarfueldata.org.uk

英国的部长们被要求，必须将碳成本考虑到任何新交通投资政策、建筑、住房、能源和规划的财政结算中。如此一来，他们便能运用碳成本价格来代表碳排放对环境影响的价格反映。2007 年，碳成本起步价被定在 5.50 英镑／吨，预计在 2050 年会增长到 59.60 英镑／吨。然而，这一举措对于抑制道路和发电站的建设而言，貌似不怎么有效，英国政府没多久之后便批准了一座燃煤发电站的建设。政府的真正难题是如何在各部门之间保持碳结算的全局统一性。

## 难以实现目标的统一

其实，在我们纠结如何减少碳排放的这个问题之前，我们对于碳排放的减少目标依然缺乏完全的统一意见。

为了寻求这个统一的减排标准和意见，人们提出了紧缩与趋同理论（C&C）。这种方法被许多人认为是"解决问题的唯一途径"。

C&C 理论是由奥布里·梅尔在全球公共机构上提出的，它是通过逐渐减少国家整体排放量（以人均配额来计算），以达到减少全球总体的温室气体排放。鉴于 21 世纪更严峻的大气状况，全球整体的排放量应该从如今的每人 1 吨二氧化碳的平均水平降到每人 0.3 吨的水平。而这种降幅的依据是最终的目标以及实现该目标所需的时间。经济和政治的矛盾一直使京都协议和其后的协议面临着被撕毁的危险，而 C&C 具有缓和这些矛盾的潜力。

在 C&C 理论中，"趋同值"代表了为了稳定气候变化而需减排的预估值。对于减排量的讨论一直是各国争论的焦点。2008 年 1 月 23 日，欧盟发表了一项关于气候行动的综合提议。在这个提议中，欧盟设置了一个强制性目标，即到 2020 年，其 20% 的能源应该来源于可再生能源，同时，最少有 10% 的能源来源于生物能源。从社区到城镇，从州到国家，很多不同的群体和组织正在建议并采纳大量的行动计划和有关目标。而在接下来的几年里，我们可能会看到这些行动会成为我们一种可靠的尝试，并直接满足我们生存策略上的需求。如果在这样一个有关工作目标的框架能起到作用，那么它最重要部分一定会是 C&C 的概念。

## 各尽其力

想要改变我们自身生活方式的阻力是巨大的。美国前总统小布什上任以后做的第一件事情就是下令美国退出《京都议定书》。尽管美国所处的北美大陆是世界上极端气候最为严重的地区之一，美国政府依然对其民众宣称"气候变化不是事儿"。2003 年 10 月，美国参议院以55 票对 43 票否决了一个控制工业排放的议案。这项议案由来自共和党的 John Macain 和民

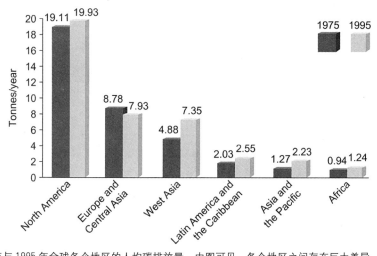

图 1.13 1975 年与 1995 年全球各个地区的人均碳排放量。由图可见，各个地区之间存在巨大差异，因此，为各国设定对应的减排准则是一个艰难的工作。

资料来源：www.unep.org/geo20000/english/figures.htm

## 框图 1.4 紧缩与趋同（Aubrey Meyer）

### C & C 提案的本质

C & C 模型[1]使得气候变化框架公约的目标和原则规范化。该模型基于对未来安全和稳定的考虑，提出了全球温室气体（GHG）排放"紧缩预算"。

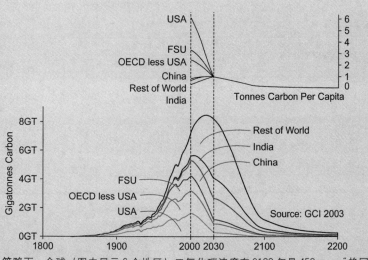

图 1.14 "紧缩"策略下，全球（图中显示 6 个地区）二氧化碳浓度在 2100 年是 450ppm。"趋同"策略要求到 2030 年全球人均碳排相同。

资料来源：Aubrey Meyer；see C & C demonstration at http://www.gci.org.uk/images/CC_Demo（pc）.exe and see C & C imagery at: http://www.gci.org.uk/images/C & C_Bubbles.pdf.

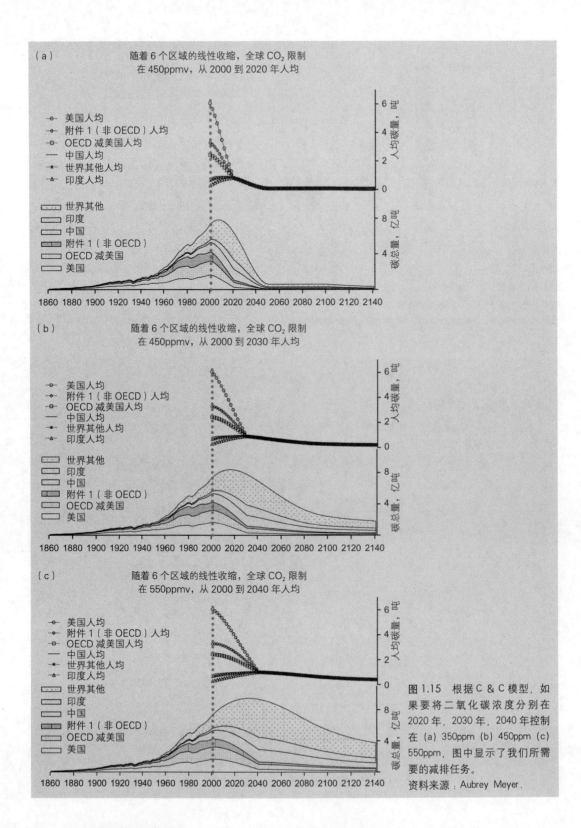

图 1.15 根据 C & C 模型，如果要将二氧化碳浓度分别在 2020 年，2030 年，2040 年控制在 (a) 350ppm (b) 450ppm (c) 550ppm，图中显示了我们所需要的减排任务。

资料来源：Aubrey Meyer.

在明确碳排放量可以交易的基础上，C&C模型又提出"趋同"这样一种概念，即到某一目标日期，各国或多国团体人均碳排量达到预期标准。我们还必须意识到，减排预算越大，所承担的风险也越大。如果将因碳排放而所需缴纳的税收用于零碳能源技术的开发，这样还能进一步促进减排。这一概念减少了谈判的问题，有些问题自从1992年以来就一直困扰着一系列的类似的谈判，例如发展和环境保护之间的矛盾。

### 紧缩

以预防为基础，并根据IPCC的科学建议，各国或地区政府共同或个别地同意遵守这样一个减排的目标。由此便可计算全球每年的减排量以及在未来一个世纪全球的减排量。C&C提案把这一事件作为一个整体，称为"收缩"[i]。

### 趋同

在公平的基础上，每个国家或某些国家组成的组织，可以约定在某一时间达到相同的人均碳排量，这一时间可以相互协商，比如2030年。这样，全球权利平等的原则就能得以平稳过渡实现[ii]。C&C提案承认国家或团体都具有多样性，例如，C&C提案允许欧盟在总排放量不变的前提下，内部各成员国之间可以相互协商调整各自碳排放量。

### 允许交易排放量

C&C提案不允许国家排放量超过允许的总量。但是某些国家可以买到其他国家或地区的分配未使用的部分排量。这一政策将给予低排放且低收入的国家的可持续发展提供资金。高排放国通过这样一种机制，可以减轻因为而带来的工业损失。这样，一方面快速减少了排放量，又避免了对个别国家产生过大影响。

### 可持续性增强

气候的变化预示着潜在的灾难性损失。C&C提案，以全球长期繁荣和安全发展为出发点，通过全球政治外交方面合作，能够减轻和缓和可能的损失。C&C提案通过整合气候变化框架公约的目标和原则，引入零碳的能源技术，使得全球过渡到新的经济增长和繁荣成为可能。

[i] C&C模型可以计算出任何程度"紧缩和趋同"下的各国二氧化碳排量。

[ii] 在例中显示，到2100年，全球二氧化碳排放量需要减少到1990年总排放量的40%，这样二氧化碳浓度会稳定在450ppm。不同程度的"紧缩"策略可能会导致不同的浓度值，但是可以确定的是，如果继续拖延下去，气候变化一定会加剧。

[iii] 在例中，"紧缩"与"趋同"策略对于减排任务的分配都是与人口成比例的，所以到2050年的减排总量也与2050年世界人口总数有关系。减排总量有可能不同，目标日期世界人口总数也有可能不同，但是，减排总量和人口总数都会影响到减排任务的分配。

主党的 Joe Liberman 发起，议案认为应该通过工业生产而不是机动车辆来减少温室气体的排放，让碳排放在 2010 年回到 2000 年的水平。对此，爱达荷州（Idaho）的议员拉里·克雷格却宣称出台管理工业二氧化碳的议案是没有意义的，他指出"这并不是一种污染，它并没有对公共健康构成直接威胁"。白宫方面否决了此议案，因为它需要"大量减少化石燃料的使用"来满足一个"草率的目标"，同时会增加能源开销并导致油价的上涨。从那以后，美国的政策有了一些改变，这些改变主要是因为来自地方政府的压力、市政府官员和工业产业方面的压力，包括来自新上任的奥巴马政府方面的压力。

美国之前的问题现在正快速变化着：

- 选民并不关心环境方面的问题（并且获取了很少的相关信息）
- 商业组织——譬如工业集团和智囊团——对影响政策起到了重要的作用。

美国对于气候变化及其相关的科学问题已经有 40 多年的深入研究，并是世界上第一个签署 1992 年联合国气候变化大会协议的国家。但是，从美国阻挠《京都议定书》的那一刻起，它就开始阻碍世界，破坏人们对减排目标达成一致所作出的努力。但无论如何，许多人依然希望美国政府能在哥本哈根的气候大会上改变态度。

## 战败？

为气候变化而战，是人类史上规模最大的一次战争，对于许多人来说这场战争来得太迟。在无可争议的证据面前，我们必须坚定且高效地作出反应和行动。

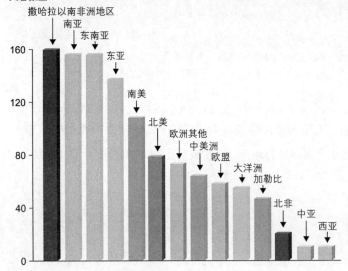

图 1.16　各地区由于气候原因导致的灾害统计（1993−1997 年）

资料来源：www.unep.org/GEO2000/english/figures.htm

我们不能将赌注单独压在政府、公司或者议会上。在这场传统的战争中，没有神奇的科技或者手术般精准的解决方法。每个在战争前线的男女老少都是关键角色。

这场战争中有些基本的规则。第一规则就是：谁得到的最多，就应承担最多的责任。 公平和对等是帮助我们生存在 21 世纪的两个重要原则。由于建筑消耗了最多的能源，所以建筑也应该承担最大的减排责任。

本书表明，人类"对待环境态度的巨变"是可能的，"对待环境态度的巨变"是由戈德史密斯在 1972 年和 21 世纪议程在 20 年后倡导的。这些巨变会花费巨额的资金并带来一些不可避免的痛苦，但任何战争都历来如此。截至 2004 年 3 月，美国已经花费了超过 1100 亿美元在伊拉克战争上，截至 2008 年 7 月底，这个数字已经达到惊人的 5420 亿美元，或者说平均每个美国人 1700 美元，平均每家 4600 美元，平均每天 3.4140 亿美元。截至 2009 年年底，因为世界金融危机，各国政府已经抵押了数万亿资金用于拯救崩溃的银行系统上。

我们愿意花多少钱拯救这个世界？ 如果我们还想继续在这个星球上生存下去，彻底贯彻 C&C 的目标，那这是我们不得不花的钱，也是我们不得不承受的痛苦。

在 21 世纪接下来的 20 年中，有一些关键问题仍不知道多久才能解答：

- 这种彻底的改变会发生吗？
- 我们能使城市和建筑适应 21 世纪的生存条件吗？
- 采取行动是否已经太迟？

2008 年，经济学家罗斯·戈瑙特在一份给澳洲政府的报告中指出，2007 年 IPCC 报告中的减排目标是基于不真实的保守估计上做出的，全球实际的二氧化碳年均增长率应该是 3%。他认为，在现有的条约和减排程序下，我们无法实现稳定气候的目标（二氧化碳浓度稳定在 450ppm），而当前我们已经处在超过 389ppm 的位置，并且以每年至少 2ppm 的速度增长着。450ppm 的目标会让 21 世纪内的气温升高 2℃，而一个更简单的目标（550ppm，一个我们很可能达到且超越的目标）会使得全球平均气温升高至少 3℃。报告总结道，这两个减排目标都会导致气候变化的灾难。NASA 太空协会的詹姆斯·汉森相信，如果未来想要有一个稳定的气候，我们就必须将大气二氧化碳浓度降到 350ppm。

为了满足 450ppm 的减排目标，美国和澳大利亚就必须在接下来的十年中每年削减排放 5%。全球最有野心的英国气候变化法案要求维持每年 3% 的减排直到 2050 年。戈瑙特总结说，哪怕要达到 450ppm 的目标，我们也必须在排放方面有更多的约束，而当前各国的协议中所做的还远远不够，更何况这个目标当前看来十分保守。

在本书接下来的章节里，我们会描述专家对于气候变化的预测。我们总结了广泛的证据，证明气候变化给我们的生活方式和居住条件所带来的变化。在发达国家中，建筑物应为超过

50%的温室气体排放量负责，而许多针对气候变化的措施都会围绕"如何减缓和降低建筑环境中的温室气体排放"这个中心原则展开论述。

我们可能要面对这样一个事实，那就是在接下来的几十年和几个世纪中，我们要完全达到需要的减排目标或许不大可能。对此，比较明智的选择是，现在就开始准备改造建筑物和基础设施，改变我们的生活方式，从而能使我们抵御极端环境。本书的主要内容就是讲述在接下来的几十年中，建筑与城市应该有怎样的行动计划。

在第2章中我们会了解到风险的概念，以及我们如何运用对风险的了解来指导未来城市和建筑的设计。

# 第 2 章　风险、远景与保险

## 前言

每个人都处于气候变化的风险之中。但我们中的一些人却比其他人更易受到气候变化所带来的危害，对于这一类人群来说，这样的危险有时候是灾难性的。在面对 21 世纪快速变化的气候环境时，为了让我们的生存得到保障，我们有必要了解所处风险的本质。

首先，我们认为风险是由三个要素组成的：

1. **脆弱程度**：人在气候风险下的脆弱性受到他们房屋的设计、构造，他们的习惯、年龄、健康和财富等多方面因素影响。住在传统房屋中的人通常拥有适应其建筑的能力，并且拥有季节性和日常性的生活方式来保证他们可以安全、舒适地适应各种不同的气候条件。相较于那些住在传统的、厚墙的且带有阴暗地下室的房屋内的人群，那些生活在诸如沙漠这样的无遮蔽场所中的人，以及那些住在靠空调系统调节温度的"现代"住宅中的人，他们在气候变化中毫无疑问更易受到伤害。现代住宅的居住者应对酷热的能力依赖于他们支付空调电费的能力和可用的电力储备。而在传统住宅中，房主的适应能力取决于他本人，而不是当地的电力储备、经济状况，也不是效用价格、个人财富和全球原油储备。老幼病弱者在极端气候条件下也同样更易受到伤害。

2. **暴露程度**：人们在自然环境下的暴露程度是风险三角形（见图 2.1）中的重要因素，这一共生三角将人与经济系统和气候联系在一起，并进而将人与房屋的墙砖和砂浆等建筑元素联系起来。在最恶劣的极端气候变化下，任何人的暴露程度都与其所处的地理位置有关，地理位置又与他们所处的纬度、大陆区位和气候类型有关。地球上的某些地区，特别是在北半球的高纬度地区，以及大陆性气候的中心地区，会遭遇更迅速、更极端的高温天气。从地理位置来看，英国的岛国特性抑制了英国气温发生显著变化，这得益于环绕它的广阔海洋的热惰性，并且大西洋洋流也使温度变化更加平稳。然而，由于位于大西洋的边缘位置，英国是欧洲国家中风最大国家之一，并且比大多数国家更易受到暴风雨这样恶劣天气的袭击。同时，在遥远的阿拉斯加，居民居住正在消融的冰原上，虽然他们的住宅拥有良好的气候适应性，但是由于他们所处的环境受气候变化的影响极大，因此，在全球升温形势下，他们依然比其他地区的人更脆弱。

3. 风险程度：我们通常从危害的程度和发生的频率这两方面来描述"风险程度"，即气候将变得有多极端，以及极端气候现象出现的频率是多少。比如，如果一些住房遭遇洪水的概率是百年一遇，那么这些住房比每年都会被淹没一两次的房屋承担的风险就小得多。保险业正是基于这两方面因素对风险进行考量，以此制定保费。以下案例可以说明这一点。英国在1993年经历了近代历史上最强的风暴之一。"布莱尔"带来的低气压在苏格兰持续了近三个星期，创造了英国气压的最低纪录915毫巴（欧洲有记载的最低气压是912毫巴，而1992年给美国造成30亿美元损失的安德鲁飓风带来的最低气压也仅达924毫巴）。尽管这一灾害的威力很大，而它给英国保险业带来的损失却可以相对忽略不计。这是因为以下两个原因：首先，风暴只经过了苏格兰境内，避开了英格兰的大多数地区，因此它接触的英伦三岛面积就相对较少；其次，苏格兰房屋的建造标准高于英格兰，屋顶还必须要有屋面垫层，而且构造的法规标准比英国更高，从而降低了面对风暴灾害时建筑物个体的脆弱程度。

然而，如果我们要采取有效行动来逐渐减少这些风险，关键是要了解清楚风险的各方面的内容。

## 风险与影响

风险最后都可能转化为对个人、机构、生存环境、自然景观、国家甚至是整个地球的伤害。风险是灾难的前身。而这些灾难可能造成大范围的不利影响，我们将在之后的章节进行详细的讨论。关于保险业，讨论的重点问题是气候将会出现多大的变化，以及探讨不同民族、

图 2.1 风险三角形
资料来源：Crichton，D.（1999）The risk triangle. In Ingleton，J.（ed.），*Natural Disaster Management* London：Tudor Rose

聚落和建筑物在过去面对多变的气候灾害时体现出的不同暴露程度和易受损程度，最后得出一个结论，即这样的气候灾难在未来将对我们产生怎样的影响。万事万物都是有联系的，比如说，气候对某地的作用会影响到保险业，进而影响到当地的发展、影响到建筑和城市的远景。而我们过去的经历也一直影响着我们对未来风险的认识。

因此可以这样计算风险：

（可能的）风险程度 × 脆弱程度 × 暴露程度 ＝（可能的）影响

需要强调的一点是，如果这三个因素中的任一个是零，那么结果就是零风险。如果用一个角度精确的三角形的面积来衡量风险的话，不论哪一条边的减少都能降低风险。因此风险管理就成了对这三要素的调查与研究，以此寻找最经济有效的解决方案。

打个比方，假设有一个城镇位于河口低洼地区，我们应该如何对这个城镇遭受洪水侵害的情况进行风险管理呢？要解决这个问题，是从这座城镇的脆弱程度，风险程度，还是从该镇的暴露程度来着手呢？下文将进行分别描述。

## 脆弱程度

最简单明了的解决方案或许是这样：建立一处防洪屏障和防洪墙；兴建防洪建筑物；用高出水面的立柱支撑起建筑物和疏散通道；例如在荷兰使用的浮动建筑物。若干年前，北威尔士的一个村庄被反复淹没，儿童不能正常上学，于是政府就建造了架空的建筑和通道，这也为解决这类问题提供了一个廉价的方案。

## 风险程度

显然，我们没有办法决定老天爷下雨与否，但我们可以通过河流改道来应付更多的降水量。例如在欧洲，为减少对荷兰的洪水威胁，人们修整了德国莱茵河的河道，使其更为曲折。但问题是，环保运动团体对此持反对态度，并成功地促成了一项针对全欧洲的法令（水框架法令），这条法令就是专门为防止河流改道而颁布的。

## 暴露程度

另外一个办法是将人们直接转移到地势较高的地方，这也能够摆脱洪水的威胁。但这也十分困难，因为我们的城市大多修建在低洼的土地上，而气候变化和海平面上升又使搬迁成为一个越来越无法回避的选择。英国的首都可能不得不迁到伯明翰，因为它是英国唯一一座不处于低洼地区的大城市。

## 远景规划

我们可以从过去的经验中汲取教训，并将其运用到特定的情景中来评估风险。历史事件可以为我们提供足够的经验来预计未来的风险。按照第一章所提到的气候模型，我们认为如果按目前的趋势继续下去，未来气候将会与现今截然不同。然而，未来趋势也会受到我们当下采取措施的影响，比如减少温室气体的排放就会在一定程度上改变未来的趋势。

我们如果要模拟未来气候的变化趋势，则必须将目前行为的潜在影响一并考虑在内。现在的做法是，从目前的气候变化趋势、社会和经济活动趋势来推断出未来可能的几种远景，再利用这些远景进行模拟。

基于这些远景进行模拟，我们就可以评估行动策略的潜在成本和收益，比如我们模拟以下两种情况：一成不变地继续我们当前的人类活动模式；改变我们的生存和行为方式。这两种情况所导致的远景显然是截然不同的。

远景规划涉及对一系列不寻常远景的观察，借助对未来趋势的预测，将不同的边界条件和战略运用于案例分析中。头脑风暴法和智囊团技术往往被用来筛选出可能会失败的方式手段，以及最可能成为主要驱动力的因素。

决策者可以依据对照场景来制定更有效的政策，以减少现行决策对未来社会的不利影响。

远景是对事物在未来将如何发生变化的合理描述，其建立是为反映客观可能，而非主观偏好。远景是一种在政治上和道德上都处于中性的事件。

未来社会人们建筑中或建筑周围的生活质量，很大程度上取决于建筑物的基地和建造技术、建成环境的形式和构造选择的好坏，以及我们所采取的生活方式。未来 20 ～ 50 年内我们所居住的建筑物，大部分将是我们正在居住的或正在建造的。所以我们必须基于未来的可能性进行选择，因为这些可能性决定了我们能否设计出适宜的建筑物，也决定了我们能否为迅速变化的气候提供一个长期的解决方案。

在英国，最有影响力的远景预测有三个，分别由英国前瞻项目组（UK foresight Programme）、皇家环境污染委员会（Royal Commission on Environmental Pollution）和英国气候影响计划（UKCIP）项目组研究得出。这三个远景的生成细节、条件及其他详情请登录以下网址获取：http://books.elsevier.com/companions/0750659114。

## 远景计划

英国远景计划始于 1993 年，由数千名英国各行业、大学、政府机构等的精英人员与专家共同制定。该计划主要是为了识别界定技术与社会驱动力对于研究项目的重要性，并同时服务于私人和公共研究项目。比如，英国的研究机构若想申请国家基金的支持，则必须要解释他们的研究项目与远景计划的关联。此外，英国内阁办公室也将此远景计划作为制定政府决策的重要参考。

该远景计划中的远景只有两个维度，即我们只考虑两个方面的变化：社会价值与管理制度。这些远景可以帮助我们确定未来社会与经济变化趋势的范围，帮助我们分析当前的决策对于未来社会经济的影响，同时，这些远景也可以作为我们进一步建立更为复杂远景的前提和基础。

下文叙述了四种最具代表性的社会和经济远景。远景预测并不会解释远景形成的具体原因，它们只是简单地描述不久的将来世界可能呈现的面貌，探索社会、经济和科技在变化中可能演化出的不同方向，以下对英国的预测是作者从保险业的角度收集编纂各种资料之后所提出的。

- 远景1——经济全球化：经济高速增长与温室气体大量排放。这将是一个经济增长至上的世界。企业纷纷合并形成更大规模的企业，而英国国内生产总值（GDP）以每年3%的速度在增长。该远景下，核能技术可能会加速发展，但如果核能不可行，延误任何有利于减少温室气体排放的行动都将导致气候变化急剧加速，且还会伴随有更多的洪涝灾害。大自然被人们当作一个随机因素，所以很少有人愿意把钱花在具体的风险防范上。收入问题和其他不平等现象增加，社会排斥问题严重，但关注社会公平和包容问题的人仍然很少。富人们可以负担得起保护他们自己的费用，但愿意承担气候变化所造成的损失的富裕阶层越来越少。和经济发展相比，我们在远景规划上的花费就相形见绌了。保险业更多的是服务于那些买得起保险的富人，而并非那些处于高风险地区的人。

- 远景2——全球可持续发展：低经济增长与低碳排。世界自然基金会这样的大规模非政府组织变得更强大了，并与各国政府建立了伙伴关系，从而开始影响政府政策。英国国内生产总值在可再生能源与电子商务这两个发展最快的领域上，将以每年2%左右的速率缓慢增长。空气质量与水质将得到改善，生物多样性将趋于稳定，气候管理得到加强。但同时，人们的生活水平有下降的可能，对太阳能、风能这样的间歇性能源将产生更大的依赖。政府将为那些无法获得保险的人群提供援助。

- 远景3——国有经济时代：低经济增长，中高碳排。零售业经济将成为世界主导，消费者将左右经济发展。英国国内生产总值将以每年1.5%的速率增长，但在金融服务业和高科技专业服务领域的增长会有所下降。空气和水的质量会大幅下降，生物多样性将呈恶化趋势，控制气候变化的努力将面临崩溃。虽然人们广泛购买保险，但在易受灾地区，高额保费将意味着财富的分配变得更加分散和不平衡。

- 远景4——地方管理：低经济增长与中低碳排。强势的地方政府会将社会和生态价值上升到一个更重要的层面。严格的规划控制和洪涝管理可能会降低某些地区的洪水风险。地方政府将重视民众收入等的社会争议问题，并强调公正公平、社会包容和民主参与。获得的保险与所承担的风险是等值的，社会提供的福利水平将会更高，社会保障水平也将更高。促进经济增长并不是一项绝对优先的政策。

在这些远景中，研究显示英格兰部分地区受到洪水的威胁尤其严重。这些地区包括兰开夏郡（Lancashire）／亨伯河走廊（Humber corridor），部分沿海地区（尤其是在东南部）以及大部分的河口地区。

尽管远景预测并不解释其具体的形成原因，但研究每一种远景的正反两面依然是一件非常有趣的事情，对此，我们可以通过一些具体的研究项目来一探究竟，比如，某项目试图预测在未来不同的远景下洪水所带来的损失，具体研究结果如表2.1所示。

2080 年英国洪涝造成的年平均损失成本预测（十亿磅）　　　　　　　表 2.1

| 远景 | 泄洪 | 江河／海岸 | 总计 | 占 GDP 比例 |
|---|---|---|---|---|
| 经济全球化（高增长） | 15 | 27 | 42 | 0.19 |
| 全球可持续发展 | 3.9 | 7 | 10.9 | 0.08 |
| 国有经济时代 | 10 | 20 | 30 | 0.41 |
| 地方管理（风险管理） | 1.5 | 4 | 5.5 | 0.08 |

资料来源：Thorne, C.R., Evans, E.P. and Penning-Rowsell, E. (eds) (2006) Future Flooding and Coastal Erosion Risks.
London：Thomas Telford.


显然，在"经济全球化"的远景下洪水造成的损失最大，但这些损失占该远景 GDP 的比重却不是最高的。换句话说，快速的经济增长可以弥补自然灾害造成的财产损失。"地方管理"远景下洪水造成的财产损失最小，但由于其较低的经济增长，其 GDP 所占比重并不低于"全球可持续发展"远景。"国有经济时代"远景中，损失的 GDP 比重最高，因为它在低经济增长的同时遭受着洪灾造成的巨大损失。

哪种远景才是最优的呢？首先，我们应该认识到，灾害损失程度并不是问题的全部，社会公正等问题也应该是我们需要考虑的因素。"经济全球化"的远景里，部分人群会变得非常富裕，但与此同时，洪水或暴风雨会侵袭更多人的家园。此外，公共卫生、社会凝聚力、法律和秩序等问题对于洪水灾害而言，有时比社会公正显得更加重要。这些问题恰好都与保险业相关，保险公司是十分精明和谨慎的，如果他们发现某地区的洪水风险极高且缺乏预防措施，他们通常都会拒绝续保或根本不开放此地区的保险业务。但在洪水或暴风雨过后，由于社会凝聚力的崩溃，抢劫、恶意损毁公物、保险诈骗等犯罪案件频发，那时候，保险公司就无能为力并要为此付出代价了。

从英国政府近年来的政策及相关声明来看，其发展路线似乎倾向于"经济全球化"远景。另一方面，自从1999年苏格兰地区权力下放之后，苏格兰的发展明显倾向于"地方经济时代"的远景路线。

## RCEP 2000

2000年6月，皇家委员会关于环境污染的报告（RCEP）正式发表，它是众多远景预测中对建成环境评估最具影响力的一份报告。该报告建议，有必要大幅度削减建筑的碳排放量以遏制气候变化，必须在2050年达到减少60%，2100年减少80%的目标。9年之后的今天，这个目标现在已经广泛地被政府所接受，并被广泛地用作减排项目的目标值。RCEP远景预测还引入了未来能源的选择问题，并论述了其对气候的相关影响。

## UKCIP02 远景：背景

在1998年发表的UKCIP远景基础之上，其升级版UKCIP02远景对英国未来气候趋势进行了新的预测，囊括了以下几点新内容。

- 由哈德利中心完成的一系列气候模拟实验，使用了UKCIP最新开发的基于社会与经济远景的英国气候模型，涵盖了四种可供选择的未来气候，如下所列：
  - 低碳排
  - 中低碳排
  - 中高碳排
  - 高碳排
- 由IPCC在2000年发表的全球碳排远景

UKCIP远景预测了英国不同地理位置的未来气候、极端天气、海平面上升等详细信息。此项研究在英国本土及境外同时进行，对复杂气候进行了大量的科学研究和数以千计的模拟运算，下文将摘录几段要点。

气候远景的预测和气候变化的远景预测是不同的。前者描述了未来可能出现的气候状态，而不是气候变化。气候远景通常结合了对现今气候的观测和对气候变化的估计，所用数据通常来自全球或地域气候模拟实验的结果。

大气系统具有惰性，即碳排放对于气候的影响具有延时显现的特征。这也意味着，根据历史的数据，未来30~40年发生的气候变化其实已经可以基本确定了。因此不管未来人类可以在减排上做出多少有效成果，我们都必须适应一定程度的气候变化。

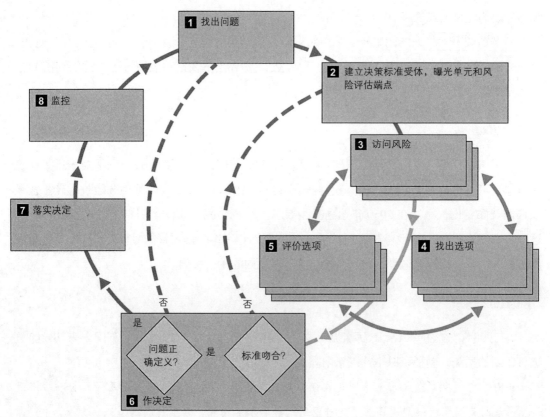

**图 2.2** 在风险分析中,远景预测是必需的,它们是背景设定的前提,进而引出相关的风险评估.对于每一个重要的决定,详细的风险分析变得越来越重要,需要考虑气候变化所带来的影响和作用。
资料来源:Willows,R.I. and Connell,R.K. (eds) (2003) *UKCIP Technical Report*.
Oxford:UKCIP.

　　根据气候的惰性特征,未来几十年人类社会释放出的温室气体将影响 21 世纪下半页的气候。UKCIP02 远景表明,到 2080 年,大气中的 $CO_2$ 浓度可能达 525 ~ 810ppm 之间,如表 2.2 所示。

　　在 1961 ~ 1990 的纪录中,334ppm 的 $CO_2$ 浓度明显高于工业化前的 280ppm,到 2000 年,大气中的浓度已经达到约 370ppm。即使按照 UKCIP02 的低碳排远景,当全球温室气体排放量再次降低到低于今天的水平时,21 世纪全球变暖的速率也将是 20 世纪的 4 倍左右。如果发生高碳排远景所预测的情况,排放量提高到现在情况的 4 倍,那未来的升温量将是 20 世纪的 8 倍左右,而人们将很难适应这样的气候变化,这也会给全球每个人、每栋建筑物、每个地区、社会乃至国家带来巨大的冲击。

　　在下面的章节中我们将使用 UKCIP02 远景,后面章节涉及到的多个英国项目也将以这个理论作为讨论基础。我们并没用采用 IPCC 的 2007 AR4 全球模型,AR4 显示了在 2002 数

UKCIP 远景对 22 世纪 80 年代全球气温变化值（℃）与大气二氧化碳浓度值的预测（百万分率或 ppm）。（2001 年的二氧化碳浓度值约为 370ppm，而在 2008 年年中达到 385ppm。）　　表 2.2

| SRES 远景 | UKCIP02 远景 | 全球气温上升（℃） | 大气 $CO_2$ 浓度（ppm） |
|---|---|---|---|
| B1 | 低碳排 | 2.0 | 525 |
| B2 | 低中碳排 | 2.3 | 562 |
| A2 | 中高碳排 | 3.3 | 715 |
| A1FI | 高碳排 | 3.9 | 810 |

资料来源：UKCIP02 Briefing Report，p.6

据库基础上，现阶段以及所计划的排放量与温度的增长趋势，但是它并不完全适用于英国情况，所以我们依然采用了 UKCIP02 的远景模型。

## 我们该如何看待这样的预测？

　　气候温和的英国也许不必像其他国家那样担心大陆性气候，但对美国和澳大利亚这两个严重依赖能源供给的大陆而言，它们的未来就显得不容乐观了。现在，我们可以通过互联网免费获得大量关于未来气候的预测与信息，全球的各知名机构正在致力于寻求解决气候问题的策略。上述这些预测和信息必须得到人们的重视，没有人希望重蹈 2003 年夏季的惨剧——欧洲有史以来最热的一个酷暑。

　　我们应该重视这种气候变化远景的预测。2003 年欧洲地区的酷暑不仅标志着气候变化在加快，而且暗示着这种"酷暑经历"可能与全球变暖情况下最坏的远景相一致，这显然是大家都不愿意见到的。德国政府科学顾问，Tyndall 中心负责人约翰·施内尔南布尔教授提出：我们现在看到的气候变化绝对是不正常的。我们都清楚全球变暖在加速，但大多数人还乐观的认为 20 ~ 30 年后我们才会再次经受像 2003 年那样的酷暑。但事实上，近年来酷暑已经渐渐变成常态。

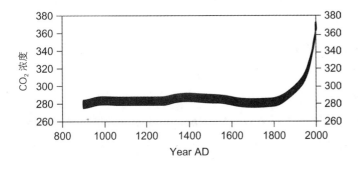

图 2.3　全球大气中的 $CO_2$ 历史增加浓度（百万分之）T 线的线宽表示浓度的不确定性

资料来源：IPCC，from UKCIP02 Briefing Report，summary，p. 5.

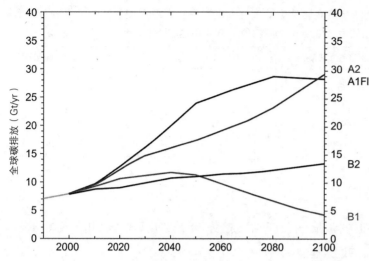

图 2.4 在 SRES 远景中，所挑选的 4 个远景对于碳排放的预测（2000 ~ 2100 年），以及截止至 2000 年的实际观测数据。
资料来源：UKCIP02 Briefing Report，p.6.

## 保险业

保险业是最重视气候变化影响的团体之一，他们对将来形势做出的评估和决定可能使数百万民众承担巨大的经济风险，而高昂的保费也使一般的民众望而却步。

如果说庞大的化石能源业（1.5 万亿美元的年产值）是挑起气候战争的好战者，那几乎没有多少行业有能力与之抗衡，不过也有一个例外，那就是保险业。在资金规模上，保险业是化石能源业的三倍有余，而且还同时拥有着更大的政治影响力。

当新的风险类型产生时，保险补偿要么提高保险费，要么去除现有保单中的其他保险类型，从而使得不符合受保条件的建筑越来越多。比如说现在美国的保险公司通常会要求楼主们为霉菌威胁办理特殊的保险，这被他们称作"新石棉"现象。而英国和澳大利亚尽管现在并没有效仿美国实行霉菌免责条款，但并不代表以后不会这样做。环境的风险随着环境变化、建筑类型和材料以及生化威胁而逐步升级，甚至还有向农业蔓延的趋势。

同时，保险业自身在迅速变化的环境中也面临着风险。在 2003 年，全球保险业的理赔款达到了破纪录的最高值，但同时也创造了巨额的利润！这是因为保险费已大幅上升，并已经全面覆盖了几乎所有可能使行业一蹶不振的灾难。但这并不意味着保险业自身可以安然无恙，坐享其成，因为如果一项事件的损失是 150 亿英镑，那么当它与恐怖袭击或与气候变化相关时，其理赔金额就可能达到 250 亿英镑。比如说，世贸中心作为一栋摩天大楼，其建筑物价值约为 15 亿美元，但最终的赔偿总额据推测将达 500 亿美元。再如，伦敦洪水的理赔金在各地可能出现从 300 亿 ~ 800 亿英镑不等的情况。

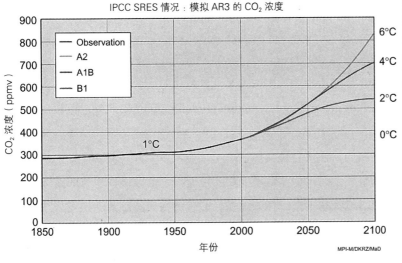

IPCC SRES 情况：模拟 AR3 的 $CO_2$ 浓度

图 2.5　在三种选中的 AR4 碳排远景中，2000–2100 年全球二氧化碳排放情况，以及截至 2005 年的观测数据。资料来源：www.ipcc.ch/ipccreports/ar4

理赔金额在逐年飙升，受灾难威胁的生命也不断增加：2007 年 6 月 25 日，英国豪尔乡村的两万居民在洪水中无家可归。著名的灾害流行病学研究中心（CRED）2007 年年度报告的数字显示，当年全球近一万人在洪水中丧生，其中仅孟加拉国就有超过 5000 人。而 CRED 的 2008 年度报告显示，近 14 万人死于 5 月缅甸旋风 Nargis 所带来的洪灾。

2003 年是保险业财政记录中最糟糕的一年，发生了一系列严重的自然灾害事件，死亡人数远远超过了长年以来的年平均数。慕尼黑保险的年度公告对 2003 年发生的自然灾害进行了冷静的分析，并得出结论，经济和保险损失将持续增加。这更加强调了在日渐恶化的风险环境下，保险业必须继续谨慎运作的现实，例如，限制赔偿责任金额和担保费用。

2003 年自然灾害的相关数字：

● 2003 年，全世界有超过 5 万人在自然灾害中丧生，是 2002 年(1.1 万人)的近 5 倍；据记载，自 1980 年以来，这种大规模灾害的情况只有 4 次，包括欧洲的热浪事件和伊朗的地震，各自造成了超过 2 万人丧生。

● 2003 年所记载的发生自然灾害的数目在 700 件左右，与去年持平。

● 经济损失升至 600 亿美元（2002 年为 550 亿美元）。这些损失主要来自龙卷风、罕见的高温天气和森林大火，也包括亚洲和欧洲的洪灾。

● 理赔金额上升至 150 亿美元左右（去年为 115 亿美元）。单是五月在美国中西部的一系列龙卷风就让保险公司至少损失了 30 亿美元。

2003 年不仅自然灾害频发，还发生了其他一系列不寻常的事件：比如，美国、英国、丹麦、意大利的电力负荷过载引起的电力中断，损失甚至包括了两颗卫星；大量的恐怖袭击事件；

以及年末在中国发生的重大毒气泄漏事件。但是，这些事件的损失远少于自然灾害。慕尼黑保险公司发现，在 700 个灾害事件中，风暴等恶劣天气仅占其大约三分之一，但它们造成的保险赔偿却占了总额的 75%。

保险公司无一例外坚信，日益严峻的气候灾难与气候变化紧密相关，它们形成了新的风险天气类型并且可能造成更大的损失。保险业已准备好应对越来越多的风险，但现在的呼吁是"风险透明和理赔限制高于一切"。这并不是一件容易的事，因为它不仅意味着要提高理赔费用和获得更多的利润，更因为要使信息透明化。打个比方，保险公司需要告知伦敦一位户主或办公大楼所有者，如果泰晤士河水坝溃堤，他们将被淹没。伦敦某些地方的建筑受洪水威胁更大，但是伦敦的所有建筑都基本交一样的保费，即风险被无区别地平摊了。在这种情况下，大楼的业主们对实际情况并不了解，所以面对这样的事件他们极易受到伤害。如果人们能在一个越来越"透明"的市场中了解到这些信息，这对楼价和保险业都将产生重大且深远的影响。

## 保险业：可行性

保险业能够对风险进行评估和量化，提供迅速到位的灾难重建资金，预防欺诈，避免重复管理，并且是国际金融资金的重要来源。因此保险业形成了一个高效的风险管理系统，还为他们的客户和公众提供强大的经济鼓励措施，例如免赔额条款（联合国环境规划署在"京都议定书"中的保险业倡议文件）。

许多保险公司担心的不仅仅是风暴和洪水发生频率与严重程度的上升，还有政府和企业客户的反应，以及可能对他们造成的影响。舆论媒体的举措和个人消费者的关注都将越来越多地影响保险公司的策略。

对于某些自然灾害，人们所能了解到的信息有限，而这些灾难会对保险业的理赔金额造成极大影响，多年来保险公司已经学会接受了这一风险。人们对气候变化的关注度增加，正在研究团体和保险业之间形成一个全新的、健康的对话与交流。

1994 年，特许保险学会研究员协会成立了一个研究小组，发表了一份非常重要的报告，标题是"不断变化的天气模式对财产保险的影响"。这是第一份有关气候变化对英国保险业的潜在影响的综合分析报告。

在这之后，研究小组在 2001 年和 2009 年又分别得出了更进一步的结论，并公布了更详细的报告，包括一系列各角度的可行性报告。这些报告提出，由于气候变化，英国的保险公司是否将能继续提供洪水赔偿将是一个令人担忧的问题。

当然，洪灾并不是唯一的问题；其他灾难同样会给保险公司带来麻烦，尤其是风暴，地

**框图 2.1　2003 年保险业与气候变化相关的支出**

**风暴：**

● 冰雹在 4 月和 5 月袭击了美国中西部：造成 50 亿美元的保险损失。

● 美国 5 月的龙卷风造成的保险支出超过 30 亿美元，是保险业史上最"昂贵"的 10 次风暴之一。

● 9 月下旬的伊莎贝尔飓风席卷了美国东海岸，破坏超过 360 万房屋，造成经济损失约 50 亿美元，其中的 17 亿美元是投过保的。

● 欧洲遭受风暴的损害相对较小，经济损失也有约 10 亿美元，其中 300 万美元为保险损失。

**热浪：**

● 德国 2003 年 6～8 月的极端高温为 450 年一遇。他们预测，如果放任大气无限持续升温，那么这种极端高温将会变成 20 年一遇，即在 2020 年，热浪就将再次席卷包括欧洲西部和中部以及地中海西部的大片地区。

● 损失：约 130 亿美元。这是一个非常大的数字，相比而言，因为欧盟的农业大多尚未投保，所以酷暑带来的干旱对保险公司造成的损失则相对较小。

**自然火灾：**

● 在澳大利亚、欧洲西南部、加拿大及美国，大火肆虐，在加利福尼亚，仅 10 月和 11 月两个月，就有上千家庭沦为大火的牺牲品。

● 损失：保险业损失达 20 亿美元，占经济损失总额的 60%。

**洪灾：**

● 2003 年，中国的淮河和长江流域有 65 万户人家被大水淹没，造成的经济损失近 80 亿美元。

● 2003 年 12 月初，在法国南部许多地区，罗纳河在内的众多河流在暴雨后溃堤，洪水泛滥。

● 损失：保险业损失 10 亿美元，经济损失约 15 亿美元。

质沉降，以及暴风雨。建筑物在这些灾害中极易受损。建筑科学研究院利用保险理赔数据做出的研究建议，鉴于气候的剧烈变化，我们应该重新审视建筑标准与规范。因此英格兰和威尔士政府都迫切需要像苏格兰这样，重视这一问题并对建筑标准进行修订。

　　2000 年 6 月，皇家委员会发表关于环境污染的报告，不久之后，红十字会与红新月会国际联合会发表 2000 年世界灾害报告。这些报告间接向政府和保险公司施压，督促他们迅速采取行动，以减缓气候变化并适应其所带来的影响。

　　气候变化所带来的问题究竟有多严重呢？下面这些数据或许可以说明一些问题。平均每年全球自然灾害所造成的保险损失已由 20 世纪 60 年代的 0.6 亿美元增加到了 20 世纪 90 年代的 9.8 亿美元（包括 1998 年在内）。当然，自然灾害的损失如此严重不完全是因为气候变化。

慕尼黑保险的研究表明，各种因素的组合造成了损失的增加，比如人口增长、生活水平提高、城区人口密集、现代社会和技术脆弱，以及气候和环境的变化。但重点是，未来的气候变化可能还将使损失进一步加速扩大。

在以上列出的所有原因中，气候变化对未来的影响是最难预测的。现在我们知道，全球平均气温正在上升，海平面也将持续上升，但这将如何影响保险理赔呢？英国的专家预测，东南部地区将出现更多洪水海啸，而洪水泛滥也将在各地更为频繁地出现。虽然目前尚不清楚是否会有更频繁和更严重的风暴，但越来越多的证据表明，风暴路径将向南移动。这意味着，相比于英格兰北部，英格兰南部因其建设标准较低，将出现更严重的风暴灾害。这些都将给保险公司带来更为严重的损失。

参考过去的理赔记录是一种预测未来风险的好方法。但在自然灾害不断增多和经济损失加重的现今形势下，仅参考过往经验已经不足以支撑保险公司进行决策判断，他们需要一种新的风险评估方法。因此，保险公司将大笔资金运用在地理信息系统（GIS），建立更加详细的数据库和更加先进的建模技术，以调整其理赔制度。

除了传统的风险管理方法以外，与学术界及政府合作的必要性也渐渐得到保险业界的重视。保险公司在社会上有其独特的地位，他们的运营将有助于减小自然灾害的不利影响，但如果他们希望能为社会作出更大的贡献，就不得不开始学习新的知识，研究新的领域，提高他们对科学和建成环境的认识。如果他们希望在社会上得到更好的名声并获取更大的利润，就需要进行更加谨慎的风险评估和风险管理，并想办法减小他们所承保的资产的易受损度。在未来，保险的可行性与保费的合理性问题会变得更为突出，在必要的情况下，政府或许会干预保险业，强制其为社会底层阶层提供合适且可负担的保险服务。

如果气候像一些最新的远景预测那样迅速变化，保险业在未来 20 年内将面临巨大的威胁。不过这也可能成为一个难得的机遇：不仅可以获得更大的商机，还有可能成为保险业与政府及学术界合作对话的催化剂。

保险公司在股票市场具有很高的影响力，尤其是养老保险，控制了全球约 30% 的流通股票份额。随着公众对温室气体排放和工业污染的关注度增加，社会各界及各团体会乐意看到保险业利用股市来影响上市公司的策略。联合国环境计划署的保险业倡议书甚至为保险公司提出了一种富有想象力的协作方式，以实现他们对企业和社会责任的承诺。

近年来，英国政府和企业越来越多地关注远景预测，并以此帮助他们制定未来的中远期战略。

保险公司可以通过减少灾难易发地区的业务比例来减少索赔风险，这对于灾难多发的地区来说可不是什么好消息，因为那里的人们很有可能被保险公司拒之门外。在英国和威尔士，

Greenhouse effect

图 2.6　爱德华·马兹里亚的图解展示了被动式太阳能采暖以及温室效应的原理。试想如果你在大热天里待在一辆窗户紧闭的金属汽车内，车上没有空调，车外也没有树荫遮阳，阳光从车窗外射入，被车内吸收反射后的热辐射无法穿过玻璃和车身回到外部，导致车内温度不断上升，这与全球气候变暖的原理是一样的。当我们身处玻璃盒子的大厦内时，如果没有空调，上述情况也是一样的。目前，在同一地区，那些自然通风良好、并带有遮阳的低层办公楼与通风不良的密闭大厦所交的保险费是一样的，这显然不合理。随着全球变暖的持续，保险业中这样的不合理做法将受到质疑。
资料来源：Mazria, E. (1979) *The Passive Solar Energy Book*. Emmaus, PA: Rodale Press.

估计有 130 万家庭处在洪水频发地区，这与当初城市的选址有关，城市一般都沿河流发展，尤其偏好河流交汇处。值得注意的是，这部分地区的人口依然在增长，这与我们的城市规划体系有着密切的关系。

2000 年 3 月，英国环境运输和地区事务委员会气候变化分委会在报告中称："有证据表明，气候变化问题并没有被完全纳入目前的规划实践草案中"（8.8 节），并进一步指出：

我们正敦促政府继续研究气候变化所带来的影响，并以此来制定适应气候变化的策略。这份草案就是一个开端。如果希望未来付出的代价最小，关键是要在一些政策领域作出改变，例如制定沿海地区和河漫滩的土地利用总体规划。

## 风险管理

要降低风险，只需要减少风险三角形（图 2.1）中的任意一条边即可，当然，能让三条边都减少无疑是更好的。A. 德卢克里奇博士开发一种"综合财产损坏系统"。在这个系统中，由于风险的增加，保险公司所扮演的角色从一个只会给损失买单的"被动系统"开始转变。首先，他们发展成一种"反应"系统，然后演变成一种"规划"系统。换言之，随着风险的增加，保险公司开始采取集体行动,将信息反馈给经济体系的其他组成部分。并且当风险特别严重时,保险公司将坚持采取缓和风险的策略,或减少自身与风险接触的机会。

有迹象显示,当英国的保险公司开始携手合作收集信息和委托进行研究项目的时候,英国市场也开始从一个被动系统向反应系统转变。然而在美国,由于1992年的安德鲁飓风的出现,保险业很大程度上已经开始向"规划"系统转变。这种转变的最佳案例是在苏格兰,在那儿保险业被作为全国的"防洪联络咨询组"代表。这样的小组有19个,覆盖了苏格兰地区94%的人口。它们由地方当局成立,定期举行会议讨论关于洪水的各方面问题,包括规划、洪灾管理、可持续排水和保险问题。所有重要的利益相关者都被邀请与会,并且在问题最终决定之前,与会者都可以以一种非正式的友好方式来提出建议。

当然,并非所有的风险都是经过投保的,规避风险是减缓灾害损失的主要方法之一,这同时也是阻碍我们投资开发的主要问题之一。如果保险公司不准备承担风险:比如,在一片河滩上建一座工厂的风险,那么开发商是无法将项目继续进行下去的。

保险业能否经受住前方的风暴,它是否有足够资本应对理赔款的增长?答案可以说是肯定的,至少目前来说是这样。但是,保险公司近年来已经承受了过多的负担,从20世纪90年代开始,保费费率就处于很低的状态。不仅是保险公司,再保险机构也在不断的降低保费。近年来世界各地都出现了保险费率不断下降而赔付额上升的情况。这对习惯了"保险周期"的保险公司来说并不是什么新鲜事:在生意好的时期,资本被吸引入保险业,生产力上升,而根据供求规律,价格将持续下跌直至造成较弱小的保险公司无力承担赔付导致其倒闭,从而又导致生产力下降。因为资本的募集在一定程度上受到许多因素的影响,诸如要求政府授权及良好的偿付能力额度这样的规定等等,这就使进入保险业有了门槛的限制。

现有四点主要的差异:

- 在日本和欧洲大陆,存在一项对利率放松管制的一般性举措。这导致了激烈的价格竞争。
- 证券化市场在20世纪90年代的发展,使得其中的资本在收益足够时更易流入市场。这意味着,一旦保费开始上升,资本就立即开始流入保险债券,从而带动保费下降。
- 在社会变得富裕之时,先前的循环就成为了持续增长的保障需求这一背景的对立面。在20世纪90年代,越来越多的跨国公司决定不投保,因为投保对他们来说一直以来只是"英镑交换",而且汇率无利可图。
- 过去,在运营良好的证券市场,实力雄厚的保险公司可以靠实现投资的资本收益安然度过不景气的时期。而现在的股市运营一点也不景气,投资收益的缓冲效力已不复存在。

对保险业务来说,灾难通常是件好事,他们能带来保险需求的增加,并使保险公司更易增加利率。在最近的一段时间之前,生产力还没有成为一个问题。1999年的市场还令人十分

图 2.7　巴黎的蓬皮杜中心由 Renzo Piano，Richard Rogers 和 Gianfranco Franchini 在 1970 年的一项设计竞赛中设计。它的建造始于 1972 年，耗资 9.93 亿法郎，并于 1977 年开业。19 年后，在 1996 年，该建筑关闭了四年进行整体整修，这次整修又花费了 5.76 亿法郎（2004 年初的汇率是一英镑可以兑换 9.44 法郎）（见：www.centrepompidou.fr）。不论是每天的日常维护还是长期的整修需要，办事处都为他们缴纳相同的保险费。
资料来源：Sue Roaf

有信心，当时人们认为即使再来一个北岭地震、安德鲁飓风和1987年式的股市崩溃的组合，保险业依然具有足够的承受能力。但当我们遭遇了世界贸易中心的恐怖袭击之后，之前的信心已经完全不复存在。

## 结论

可以确定的是，保险业的新时代已经开始。克拉克教授在皇家地理学会发表的一篇重要的论文中指出，保险可以在洪水风险管理中发挥重要作用。

它为灾后经济和社会的加速恢复提供了许多必要的支持，但在定价政策或保险覆盖实用性的限制下，却可能阻碍河口地区的新发展。因为保险公司获得了更详尽更精确的数据，所以他们识别高危地区的不确定性就降低了，从而减少了对这些地区的保险。克拉克认为保险公司和规划者之间应建立更密切的关系，他十分赞同苏格兰施行的由土地利用战略规划部门向保险业专家征求意见的规划系统。

从长远来看，保险的价格应反映风险程度。如果保险公司没能成功地通过控制暴露程度和易受损度来管理风险，危险的上升将意味着风险的增加。而这意味着定价的上涨或覆盖率的下降。在微观层面上，保险公司利用 GIS 技术和由暴露与脆弱程度的不同而共同制定出更严格的定价差异，将使其越来越具可选性。举个例子：对于以更高标准建造，并在建造的每一阶段都仔细检查的建筑物，保险公司收取较低的"保险费"以示鼓励；而对那些因形式、选址或建造，更容易遭到恐怖袭击的"靶子"建筑收取更高的保险费；对于更多暴露在风、洪水和过度太阳辐射热中的那些易因气候受损的建筑物，也收取较高的保险费，比如摩天大厦、选址在河漫滩的建筑或过于通透的建筑。

极端事件出现的不规律性使每年损失都难以评估，并且传统的精算法在分析风险频率变化时几乎用不上。在这种情况下，落后的承保方式将压力倍增；"宁缺毋滥"的处理方式将越来越多地用于高度危险、高度暴露以及极易受损的案例中。然而，如果保险业一直采取这种方式处理问题，它将受到来自社会和政治上的压力，并最终面临国有化的威胁。因为保险业在未来数年的行为，对我们而言，是了解不利气候变化增长速率的风向标。

我们都因社会趋势的变化而处在风险之中。我们的易受伤害度将取决于我们的生活基础设施、住所和投资的情况。我们在风险中的暴露程度取决于在气候变化中基础设施的建设情况。为更好地进行规划，减少自己的风险，我们需要更全面深入地了解那些可能会对我们造成影响的气候趋势的危害。在下面的章节中将详细论述这些危害。

# 第 3 章　气候将变得有多热？

## 气候变化

2007 年，联合国（UN）权威机构 IPCC 发布的 AR4 中提到，我们有确凿的证据证明了气候正在变化。此次的评估报告清楚地列出了气候变化的机制和原因，提到了当今世界正快速变暖。

IPCC 2007 对 21 世纪末的自然界进行了这样的预测：

- 气温上升值较精确的范围为 1.8 ～ 4℃
- 气温上升值较宽泛的范围为 1.1 ～ 6.4℃
- 海平面很可能上升 28 ～ 43cm
- 北极夏季冰川将在下半世纪消失
- 热浪发生频率很可能增加
- 热带风暴强度可能增加

1980 年以来，我们测得了大气记录中 20 个最热的年份，其中 13 个发生在 1993 年以后。记录在案的是 2005 年，同时最热的 5 年发生在过去的 10 年里。按升序排列，这 5 年分别为：2005、1998、2002、2003 与 2004 年。

在全球范围，过去的十年都是近百年最热的，并且 20 世纪很有可能成为近千年来最热的一百年。1860 年至今，海平面已经上升了 250mm（10 英寸）。历史记录的数据与事实是毋庸置疑的，而当我们用科学的方法去预测未来时，绝不会完美无误。但即便如此，IPCC 这份第四次评估报告中对于大趋势的预测还是应该受到重视的，任何有责任心且关心地球未来的人们都不能忽视这个警告。然而，某些人宣称，这个报告论及的内容和 IPCC 这个机构本身存

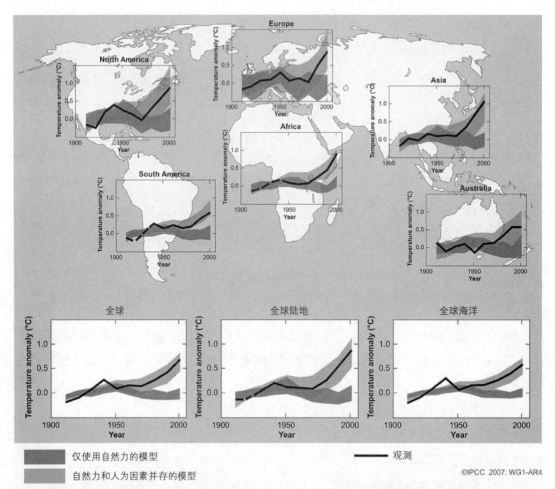

图 3.1　上图列出了从 1906～2005 年的气温曲线，包括大陆，海洋以及整体数据（位于图下方），同时与 1901～1950 年相应的平均值进行对比。图中黑线表示观测到的温度变化，而彩色波段 90% 是近期模拟模式模拟出的综合范围。红色阴影表示同时考虑自然因素和人为因素的模拟结果，蓝色则表示仅考虑自然因素的模拟结果。虚线部分是测量精确值较低的年份。这份数据的细节描述和在它成果中所用的方法论将在附录 9.C 的补充材料中给出。

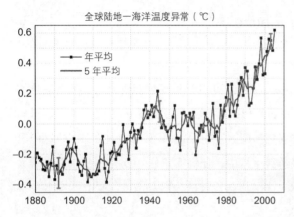

图 3.2　过去的 100 年里全球气温已经上升了约 1℃，其中的 0.4℃ 是 70 年代以来发生的。绿色竖条表示 95% 的置信区间。
资料来源：Hansen，J.et al.（2006）PNAS，103，14288－93.

在系统性的错误，作为需要政治和科学共同认可的必然结果，这份报告显得谨慎保守，而不是相反的一面。其他前沿科学家则显得更加坦率和直截了当。

## 在温和的英国气温会上升多少呢？

在我们着手研究世界气候变暖的影响前，值得一提的是在这种情况之下，英国却仍有低温危险。

## 超过了警戒线？

最近两项重要研究让公共关注到，我们已经"超过了警戒线"，并且正面临着失控的气候变化。2008 年 8 月 7 日，由英国远见计划作的两年半的分析报告出版后，英国环境、食品、农业事务部（DEFRA）的首席科研官员鲍勃·沃森教授，对媒体说道，他认为我们现在应该计划如何去适应升高 4℃ 的气温。英国政府的前任首席科研官员戴维·金爵士，也同意这些观点，他指出，我们现在有 20% 的风险达到这个温度，到时气温就会超过气候危险警戒线并导致一系列连锁反应，如沉积在北极的甲烷水合物的释放。

升高 4℃，我们基本处于一个完全不同的温度体系中。我认为这是我们将进入的一个危险状态。全面考虑变暖 4℃ 的含义，表明它带来的影响是非常严重的。由于它将带来灾难和痛苦，唯一现实可行的策略就是不惜一切代价阻止它的发生。另外，现在也没有如何适应升高 4℃ 气温的科学手段。这是相当现实的警告。

同时，在詹姆斯·汉森等的调研报告中，也是以"针对大气层的二氧化碳，人类应该瞄准哪里？"为题。报告中，他和他的研究伙伴总结道，如果人类希望保护这个文明发展和适

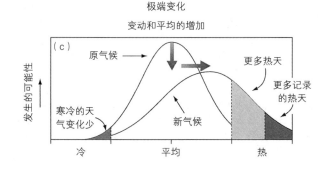

图 3.3 IPCC 第三次和第四次评估报告指出，气温的均值和方差都将会发生变化，这意味着天气会变得更热。如图 3.4 所示。
资料来源：IPCC 3rd Assessment Report.

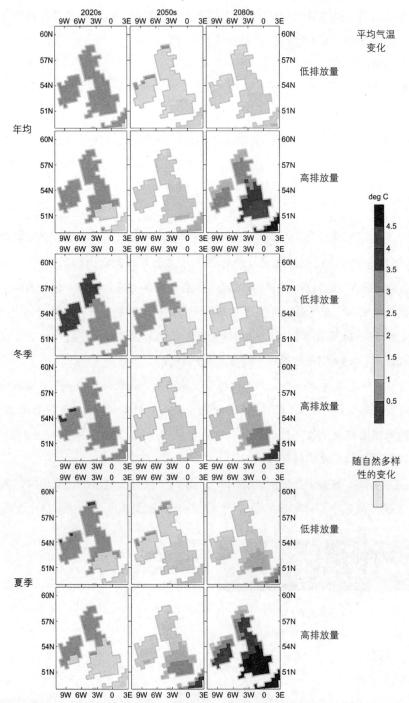

**图 3.4** 图示在 21 世纪 20 年代、50 年代、80 年代，高碳排远景与低碳排远景两种情况下，全年、冬季、夏季的平均温度的变化，其中表明英格兰西南地区在 21 世纪 80 年代，无论是高碳排远景还是低碳排远景的情况之下都会变得很热。

资料来源：UKCIP02 Climate Change Scenarios, funded by DEFRA, produced by Tyndall and Hadley Centres for UKCIP

若要回顾这样的远景如何发展，请看 http://books.elsevier.com/companions/0750659114

宜生命生存的星球，古气候证据和正在发生的气候变化都表明二氧化碳排放量至少需要从现在的 386ppm 减少到 350ppm。目前最大的不确定性源于非二氧化碳气体的可能性变化，如从融化的冻土中释放的甲烷。除了在农业和林业应用中吸收固定二氧化碳，还应逐步减少煤炭使用，这样才可能实现最初的 350ppm 二氧化碳排放量的目标。如果现在二氧化碳的超标不是暂时的话，那么它将带来不可逆转的灾难性影响。

在 IPCC 的第二次报告，以及其他包括若干个"担心的理由"的预测中，全球变暖超过 2 ~ 3℃都可能是危险的。欧盟（EU）采取比工业革命前全球气温升高 2℃ 作为限定人为升温的目标，同时，汉森以及他的团队很早就讨论过全球升温 1℃ 的界限（而相对于工业革命前，2000 年气温上升了 1.7℃），目的在于避免实际中不可逆转的冰盖融化和物种流失。在表面日照强度为 3/4℃瓦每平方米，并且对其他温室气体看似合理的控制下，1℃ 的限定暗示着二氧化碳含量高达 450ppm。汉森在 2008 年的报告中甚至给出了对温室气体含量降低程度需求的清晰证据。因为他相信关键问题在于我们忽略的哪一点引起了不可避免的气候紊乱，而不是我们能够适应什么样的温度。

通常出版和引用的资料都表明，气温变化的预测结果，会因所采用的预测方案和预测地区的不同而有显著差异。我们在英国拥有的最好的数据是 UKCIP02 预测的，在这基础上，预测到了 21 世纪 80 年代，英国年均气温可能会上升 2 ~ 3.5℃。大体上，西南地区将比东北地区有更大幅度变暖，同时夏季秋季比春季冬季更容易变暖，2003 年酷热的夏季和温暖的秋季，使人们已经逐渐相信这个预测了。

在严重情况下，到了 21 世纪 80 年代，西南地区夏季气温可能会上升惊人的 5℃。在最后一次冰河时期期间，仅在 10000 年前，气温只比现在低 3℃。因此，谁知道这样的预测在真正极端的气候下会给我们的子孙带来什么呢？

这些都是平均数据，而平均最高气温则远远高于它们。图 4.3 中体现了英国四个不同地区，代表着四种不同区域的气候。图表中表明在任何给定的一天，每天的最高气温都会超过一定范围。例如，伯克希尔（Berkshire）图表中表明，在中等严重情况下，这个地区有 5% 左右的可能在 21 世纪 80 年代经历夏季超过 35℃ 的高温，以及 1% 的可能性气温超过 40℃。这些最高气温以大小为 50×50km 的区域为模型集聚。而实际在特殊地点测量时，它们又低于这些温度。同时，极端炎热天气频率也会增加，如表 3.1 所示。

一种清晰的模式已经呈现——多数陆地上空夜晚气温增长的速率是白天的两倍，并且如本书中所说，许多设计者在遇到与设计相关的问题时会萎靡不振。例如，炎热的夜晚意味着卧房的环境条件应被给予特殊关注。另一个设计问题与西向房间有关，当下午环境温度达到最高时，它的窗户面朝低矮的西面阳光，因此，设计时应结合入射的阳光和较高的空气温度。

随着时间的推移，越来越多的年份会有极端炎热天气出现。这份表格体现了在英格兰中部以及威尔士的中高碳排地区，经历不同极端异常季节的年份所占的百分比，以及这些异常与 1961~1990 年平均气温的相关性。

表 3.1

| | 异常 | 2020s | 2050s | 2080s |
|---|---|---|---|---|
| **平均气温** | | | | |
| 像 1995 年那么炎热的八月 | 温度上升 3.4℃ | 1% | 20% | 63% |
| 像 1999 年那么暖和的年份 | 温度上升 1.2℃ | 28% | 73% | 100% |
| **降水** | | | | |
| 像 1995 年那么干旱的夏天 | 温度下降 37% | 10% | 29% | 50% |
| 像 1999 年那么潮湿的冬天 | 温度上升 66% | 1% | 3% | 7% |

资料来源：UKCIP02 Briefing Report，p.10.

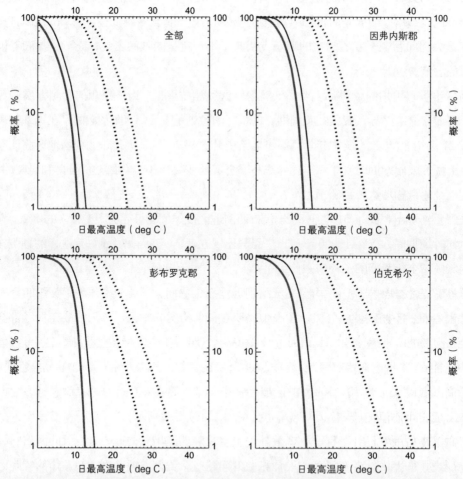

图 3.5　给定的日最高气温在夏季（虚线）和冬季（实线）超出其他任何给定的概率。深灰色 = 现在气候；红色 =21 世纪 80 年代中高碳排区域。这表明，在伯克希尔中高碳排区域，40℃的高温也将在 21 世纪 80 年代被突破。

资料来源：UKCIP02 Climate Change Scenarios，funded by DEFRA，produced by Tyndall and Hadley Centres for UKCIP.

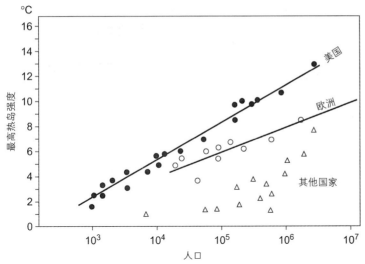

图 3.6 比较美国和欧洲城市热岛效应强度可知，北美使用率高的高层建筑比欧洲低矮密集的城市产生更高的热岛热量。
资料来源:Littlefair, P. et al. (2000) Solar access, passive cooling and microclimate in the city: the Polis Project. ACTES Proceedings, Lyon, France, pp. 983−8.

进一步考虑，城市热岛效应会使未来气候变得更为恶劣，尤其在伦敦地区。它使建筑密集区的中心温度高于内陆地区。热岛主要受以下因素影响：

- 环境之中建筑物的数目。这直接影响了它们在一天、一周、一个月甚至一个季度所能存储的热量。这代表该区域的保热能力，或者更像一个由砖块堆砌而成的集热器。
- 建筑个体作为热交换器的良好状况。像伦敦巴比肯开发的建筑就是很好的热交换器，它们有很多插入空中的鳍和混凝土阳台用来吸收或散发热量。
- 建筑的吸收率和反射率。它们分别影响了建筑能够吸收多少热量，以及反射回空中或建筑的热量。
- 街景以及热量被风带走的难易程度。如果所有街区都连着引入持续海风的道路，如那不勒斯，那么热量就能够有规律地从城市散发出去。如果主要的街区阻碍了空气的自然环流，那么热量就被困在城市当中了。
- 该地区的人口密集度。每个人会产生 50 ～ 100W 的热量，并且更多的人还意味着会使用更多的机器和汽车，增加散发的热量。

不同区域气温的增长会有所不同，在雅典这样的城市里,内部温度可能比外部高 8 ～ 13℃。在伦敦，城市中心温度比周围乡村高了 8℃。热岛效应是易变的，它在夜晚很显著，随着风速的提高以及与市中心距离的增加而减弱；热岛热量最高的位置会因风向的轻微变化而改变。自 20 世纪 50 年代起，强热岛效应（温度比周围乡村高 4℃）夜晚的数目稳步增加。

另外，热岛效应还有可能受空中云层数目的影响，模拟结果表明，在夏季多云时，整个英国的热岛效应都有所减弱，尤其是在英国南部。到了 21 世纪 80 年代，云量在轻度情况下

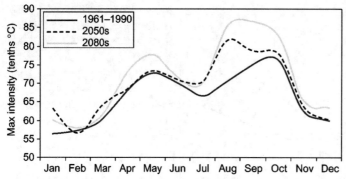

图 3.7 伦敦全年热岛效应的预测最大强度，从 1961–1990 年的记录到 21 世纪 50 年代及 80 年代，均在增大。到那个时候伦敦中心气温有时可能会比周围高 8℃。资料来源：Wilby，R.L.，The Environment Agency.

大概减少 10%，剧烈情况下可能减少 25% 甚至更多，这使太阳能技术更切实可行，但同时也可能加剧热岛效应。

整个国家的冬季云量增长较少，不超过 2% ～ 3%。秋季和春季变得更加晴朗，尤其在东南地区。夏季，英国南部的太阳辐射度会增长 10 ～ 20W/m² （原文为 W/m，疑为排印错误——本书责编注），甚至 30W/m²，跟雨量和昼夜温差增长范围的预测一致。这在 2003 年的夏天显而易见，当时英格兰中部气温纪录（CET）的平均值为 17.3℃，使它成为有记录以来第四热的夏天。英国夏季最高温度的记录在 2003 年 8 月 10 日被打破了，在肯特（Kent）法弗舍姆（Faversham）附近的博格达尔（Brogdale）记录到了 38.5℃（超过 100 °F）的高温。这个 3 ～ 8 月，是同阶段英国中部温度记录里最热的一次，大约比长期平均值高 1.73℃。

冬季夜晚温度要高于白天，而夏季白天则比夜晚暖和。夏季暖和的气温持续时间会变长，经历高达 3 ～ 4℃ 的夜间升温，在严重情况下，这样的温度原本在晚上 11 时产生，而现在下午 7 时就可能出现。

伦敦产生的热岛效应的温度也会受到风速影响，而这个因素又受各地压力梯度的影响。在伦敦气候变暖技术报告上写道，预测的最大平均风速发生在沿海岸区域，这些地方在冬季可能会经历平均 4% ～ 10% 的风速增长，而在夏季则少有变化。这是使用当前模型难以预测的因素之一。

## 气候变化的影响将会是什么？

以下列出的影响的范围之大给了我们这样的暗示，气候变化的多样化影响作用于世界每个家庭的生命个体。提到的许多问题和其他章节的观点有所关联，并且展示了我们居住的建筑的内部联系，这个星球总体的新陈代谢以及我们栖息的社会、政治、经济环境。

## 对热量的不适可能干扰工作

2003 年 8 月灾难性的热浪中，尽管英国并不是欧洲受侵袭最严重的国家，但是时间就是金钱，即使在温和的伦敦，商人们都不得不在工作场所中寻找抵抗高温的方法，以防这样的夏天在日后经常发生。易受高温影响的办公室（如高光泽的建筑物），在 2003～2005 年的热浪中遭受了很大痛苦。继而，为应对热量的大规模不适，英国工会联盟（TUC）要求工作场所设有合理的最高工作温度。

现行法律设定了一个最低温度，在 16℃以下人们不必工作，某些地方的体力劳动者则在 13℃以下不需工作。TUC 还建议工作环境最高温度设为 30℃，或为那些工作艰苦的人们设为 27℃。在 2003 年的伦敦，甚至许多传统办公室的温度都超过了这些限度。也有建议提到多进行休息、休闲点的着装对缓解热量不适也相当有帮助。

一位雇佣律师建议，雇主在解雇因温度过高而离开工作场所的员工前应该再三考虑，因为员工可能会因自己被不公平解雇而上诉。工人们则可以通过谈判保障他们的工作条件，全面安装制冷系统、遮阳装置以及供应充足的饮用水等。

建筑本身及其设备的设计缺陷，往往会恶化建筑的微气候。在伦敦，翻新过的英国财政部大楼内的所有职员对此深有体会（2003 年 7 月），仅仅由于大楼内部温度太高而无法工作，他们在午饭后就下班了。现在尚不清楚这责任应归咎于翻新大楼的设计者，设备工程师还是没有合理安装空调系统的建设公司。但是，随着气温不断升高，设计者将不得不学会如何运用设计手法来避免这样的过热现象。怎样建造环境适宜的建筑使建筑使用者回归，这个需求让人们对入住后的建筑性能评价过程产生了兴趣，从而确保我们能够从失败中吸取经验教训。

自此以后，降低工作场所和住区高温的工作得以广泛开展，你甚至可以在网上看到一份由杰克·哈克和 UKCIP 建立的团队发布的优秀文献——《战胜炎热》。这份报告指出了通风设备在英国夏季高温天气的明显优势。

## 炎热与健康

2003 年，WHO 的研究人员发现，每年有 160000 人死于全球变暖带来的副效应，从疟疾到营养不良，这一系列因素造成了死亡率的增长，并且还有预测说这个数目在 2020 年会加倍。由动物如老鼠、昆虫等传播的疾病在气候变暖时会更加常见，并且在更暖、更干燥的气候下，清洁水资源会更加短缺，也会加剧由疾病和营养不良导致的死亡增长。另外，气温升高和暴风雨引起的积水相结合，给昆虫提供了滋生地，而变暖的环境条件又缩短了昆虫的生命周期，为传染病的爆发创造了适宜条件，如疟疾。

气候变化对健康的影响分为三种类型：

- **直接影响**　由热浪、暴风雨、洪水以及干旱引起的死亡和危害
- **间接影响**　变化的气候环境会恶化健康条件，例如，大气污染会加剧呼吸道疾病；疾病的爆发，如伤寒和霍乱，都是与洪水等气象灾害有关的。
- **迁徙影响**　在气候变暖条件下，各种病毒载体散居造成的污染源的迁徙而引起的影响。

我们看到，气候变化对健康的直接影响是在我们周围定期发生的，包括由火灾、洪水、干旱引起的死亡。

热应力和冷应力是极端温度下导致死亡最主要的直接原因。在本书第九章关于人体热响应和第十四章能源和燃料安全问题中将对此有所解释。

气候变暖带来地区变化从而使疾病得以传播。意大利，在1970年宣称自己是一个没有疟疾的国家，然而现在每年都有无数病例。由于意大利南部非常干燥，人们相继发现蜱传脑炎、由白蛉导致的内脏利什曼病，以及其他疾病。人们的担忧也随着气候变化日益增加，旅游业的发展和人口稠密城市的增多，是影响疾病传播速率的主要因素，包括肺结核，严重急性呼吸系统综合症（SARS），埃博拉病毒，西尼罗河病毒，疟疾，鼠疫，霍乱，黄热病，禽流感或H5N1流感，韦尔病，马脑炎，埃希氏菌属大肠杆菌157，莱姆病，隐孢子虫病，拉沙热和裂谷热等。

## 遮蔽对健康的重要性

随着气候变化开始影响我们的存亡，我们在新闻中也可以看到它对我们健康的直接影响。逐渐增长的太阳辐射强度也在影响着我们，连多雨的英国都难以幸免。在2003年九月，英国政府对地方当局发布了警告，规定国内休闲中心不得提供日光浴服务，这些休闲中心被指控从危害公众健康的疗法中获利。环境健康学会的成员，他们当中很多都在地方议会工作，也提出这种警告，因为他们相信日光浴会加剧皮肤癌发病率的增长。2002年由国家癌症研究所杂志发布的研究表明，晒太阳和得皮肤癌关联密切。在2003年年度会议中，他们呼吁在所有大规模的规划发展中，都能提供遮蔽场所，甚至要求学校操场给老师和学生们提供遮蔽场所。

令人惊奇的是，皮肤癌确实是英国的重要问题。紫外线和强太阳光下的暴晒，会通过破坏免疫系统而引发皮肤早衰，增加患皮肤癌的风险。皮肤癌现在是英国第二多发的癌症。每年新增4000个案例，这个数目相对于1974～1989年这15年间已经增长了超过90%。其中有3/4是由恶性黑色素瘤引起的。虽然许多皮肤癌并不会带来生命危险，但必须及时通过手术去除以免病情加重。

现在还没有可靠数据说明黑色素瘤与出国旅游以及晒太阳有多大关联，或者说它仅仅是因为在英国的太阳下暴晒才有的。当然，综合因素可能才是关键所在，例如在西班牙度假，在健康俱乐部晒黑，在夏季做园艺或在工作场所受太阳直射而过度暴晒。在围护结构通透的建筑物中，应给予员工特别关注，以确保在工作期间，他们不在太阳的直射之下。

## 虫灾对建筑的影响

在适宜昆虫生活的特定温度条件下，它们的数目可能会暴增。即使最小的动物也能造成严重的灾害。这种侵袭在发生的时候，它的传播速度相当惊人；当橡树猝死症从俄勒冈州和加利福尼亚传播到英国，几个月内它就扩散至280个地区。霉菌和真菌的传播也是如此，它们对人类和建筑有毁灭性的影响，像白蚁，在现在变暖的气候下它们的传播范围已经能够向北扩散到德文郡，并且现在连肯特的部分地区都能发现蚊子。这样的侵袭可能会影响我们的健康、木材资源的安全以及建筑结构的稳固等。

## SARS 病毒的影响：过度拥挤的后果

通常，各种条件综合才会形成严重的传染病，像许多在一战二战部队船只上发现的那些。这些高温船只上，成千上万虚弱受伤的士兵拥挤在一起，这给伤寒霍乱以及致命的肠胃病等一系列严重疾病的滋生提供了温床。

2003 年 10 月底，在搭乘有 18000 乘客和 800 乘务人员的曙光号游艇上，430 人身患由诺沃克病毒或诺沃克类病毒（NLV）引发的慢性胃病。其中 250 人对操作航线的 P&O 公司提出了 250 万英镑的赔偿要求。希腊拒绝让码头的班轮在他们的水域进行船上供应和医疗帮助。在英国，诺沃克类病毒是慢性胃病中最常见的病因，每年大约有 60 万到 100 万人遭受胃病折磨，处于相对封闭环境里的学校和医院发病率尤为高。相同的病毒当时也侵扰了其他游艇。

同样，最开始来源于鸡的 SARS，也集中在人口高密度区域，如香港的酒店和高层住宅。SARS 是由一种冠状病毒引起的，与普通感冒有一定关联，2003 年在东南亚和加拿大共有 400 个感染案例和 200 个死亡案例。同时，随着人们更习惯坐飞机出游，它的传播速度更快、距离更远。我们普遍认为，这种病毒主要是靠在咳嗽和打喷嚏时产生的唾液传播。香港某一栋单间住宅中发生的多个案例表明，这种病毒既可以在建筑内部，也可以在户外场所传播。防止被传染的方法包括戴面罩和彻底清洗双手。在人口高密度的区域，诺沃克类病毒和冠状病毒都更容易传播，人们被感染的风险比其他区域都要高。

2002 年 SARS 病毒的爆发对东部市场影响较大。在爆发之后，经济学家估测仅香港的GDP 就减少了 2.5%，同时，由于旅客不愿去受感染地区旅行，总的损失可能不仅仅是数百万美元，而是会上达数十亿美元。旅游保险公司都在条款上设置了禁区，禁区覆盖了加拿大、香港和中国，保险公司还警告人们，如若他们在禁区内被感染将不在受保范围内。

这样的疾病爆发体现了高人口密度的建筑和城市与气温升高相结合后，所带来的对生命财产潜在的巨大威胁。

## 空气污染

在许多城市，包括伦敦，空气污染成为了影响健康且日益显著的问题，其中很大程度上是因为交通水平上升。而且在气候变化的条件下，这个问题在城市区域里将会变得更为严重。近期研究表明，城市空气污染的微小增加，都可能触发动脉脆弱人群潜在的致命心脏疾病。

在热浪期间，空气质量变差。2003 年 8 月 7 日，英国政府对哮喘病患者和老人发出了健康警告，其中提到由于破纪录的高温，伦敦的空气污染已经上升到十年来的最高水平。在恩菲尔德的空气质量监测记录中，当温度超过 35℃时，污染指数为 131ppb，几乎是世界卫生组织设定的安全界限的三倍。

2003 年英国的空气质量也是史上最差的，其中空气污染最为严重的就是位于贝克街站和杜莎夫人蜡像展览馆之间的伦敦马里恩波路，它在 2003 年的三个月内超出污染指数 48 次，在 2002 年超过 11 次。

那个时候，伦敦臭氧指数也跃升到 80 ~ 100ppb，而在 1976 年欧盟严格限制车辆废气排放的法律出台之前，英国记录中的最高水平是牛津郡哈韦尔的 250ppb。然而，自 1940 年起，欧洲的臭氧水平就有逐步增长的趋势。政府研究表明，每年约有 1600 人由于空气污染而过早死于呼吸困难等，另外遭受哮喘折磨的 1500 人，在空气质量较差期间，由于症状加重而在医院接受治疗。

在过去的几年里，越来越重要的一个因素，尤其在东南亚，就是大火所带来的烟尘对城市空气污染的影响，该问题有蔓延全球的趋势，如今热浪条件使其加剧发展。

预计未来夏季热反气旋气候事件在频率和强度上的增加，会促成更多逆温现象，使我们陷入近大气表层污染的困境。有评估说，伦敦夏季升高 1℃，其空气温度会导致地面臭氧浓度增加 14%。

但令人难以置信的是，政客们竟放任导致气候变暖的大气污染物排量的增加。这正在恶化我们所面临的已然严峻的现状。2003 年 8 月，据称为了满足美国对能源日益增长的需求（其中约有 50% 为电力建设），布什政府在美国空气污染法中打开了一个巨大的漏洞，允许大约 17000 家旧电站或工厂增加碳排放量。美国环保总局发布的对该法规草案的评论中提到，这是在给美国环境法规的核心《清洁空气法》敲丧钟。这项提议的新法规被包括纽约在内的十三个州质疑，但如果真的实施，它将给美国能源公司带来数百万美元的收益。许多反对者尤为担心这个漏洞给这些工厂附近的城市人口所带来的健康影响。

在英国，随着对未来十年三个主要新机场发展的广泛宣传，工党政府已经明显表现出他们对增长航空利益的欲求，甚至不惜牺牲普通市民的利益，在英格兰东南地区尤甚。廉价的航空旅行能够发展并且良好运行，是由于它能够迎合政客们寻求连任的想法。然而，所有政党都有可能低估了当地选民的智商以及他们对所涉及问题的认知水平。除了噪声，居住在跑道附近的人们还有一个主要担忧的问题，就是增加的航空活动所导致的空气质量下降会严重影响人们的健康。

英国的客运航班每年排放8百万吨二氧化碳，这是气候变化的一个主要因素。如果不对航空业进行审核，预计在2030年这个数据将上升到1.9千万吨，因此运输部在2003年4月对此全面展开工作。

航空燃料燃烧会排放多种直接影响人们身体健康的有毒废气。航空排放物包括氮氧化合物、碳氢化合物、二氧化硫、萘、苯（一种已知的致癌物质）、甲醛（一种疑似致癌物质）以及一些危害人体健康的尘埃粒子，这些都加剧了全球气候变暖。这个"毒圈"单程就可蔓延6公里，顺风时可达20公里。研究表明，机场污染和癌症、哮喘、肝功能损害、肺部疾病、淋巴瘤、抑郁症、髓细胞性白血病以及肿瘤等疾病都有关联。

如今70%的美国人口居住在距主要机场20公里范围内的区域，这个事实强调了问题的严重程度。在英国，居住在伦敦四个机场30公里范围内的人口数目与此比率非常相近。在一些可信的研究中，航空污染已经与增长的儿童死亡率、过早死亡以及癌症死亡等有所相关。

据估测，在英国，空气污染，包括航空以及与航空相关的地面交通污染，每年导致24000人死亡，成千上万人需要药物治疗。同时，每年英国航空业污染所造成的健康花费或超过13亿英镑。再加上车辆的空气污染，这项污染的影响将被与全球变暖相关的高温天气加剧。传统观点认为航空业是神圣不可侵犯的，不应该受法律制约，因为这样会减缓全球经济的发展。这个观点现在遭到质疑，因为航空及旅游的需求，似乎也会受当前油价的影响。

可以确定的是，由于英国气候变暖，日益炎热的夏季将会影响空气质量，而空气质量又反过来影响数百万大众的生活。许多工程师争辩道，由交通、工业以及酸雨污染所带来的空气质量问题，可以通过于建筑内部使用空调解决。然而，很多最具危害的空气污染颗粒太过细小而难以被空调过滤器去除。因此，此解决方案无效。（更多相关内容见第11章）

在英格兰或威尔士，对某个特定地点空气污染来源感兴趣者，可以在环保局网站你个人的环保主页"什么在你的后院"上键入邮政编码，它告诉你释放污染的工业用地和垃圾填埋地。

## 水污染

水温上升通常会导致毒性增加。在干旱时期，河道水位和氧气含量的降低，有时会引发栖居在河流中的鱼类大量死亡。由于可用于稀释现有污染物的水越来越少，水中的毒性将增加，这个现象会因此加剧。

另一个日益严重的问题也有关水温升高带来的影响，它使淡水和海水中的藻类大量繁殖。人们日益担忧，人为污染正在使世界海洋含氧量不足的地方变成"死亡地带"。海洋死亡地带从 20 世纪 80 年代的 162 个和 1995 年的 300 个，到了 2007 年上升为 400 多个。当大量以化肥类污染物为食的藻类繁殖、死亡、腐烂，死亡地带就形成了。海洋细菌则以沉入海底的藻类为食，消耗了大量溶解在水中的氧气。海底含氧量降低会造成海底生物缺氧，如蛤蜊和蠕虫，从而反过来影响鱼类。下大雨时，泥土中的化学污染物被冲进河流进入海洋，使问题变得更加严峻。

## 废物污染

全年升高的气温会对我们生活的方方面面产生影响。例如，建筑、办公室、家庭以及工业废物等都将日益成为与气温相关的问题，主要有以下体现：

- 由于夏季高温，废物处理带来的户外表臭加剧
- 在下大雨和发洪水时，废物陈放问题

由于夏季炎热的天气，可能有必要在某些区域安置更多的常用垃圾回收站，并且对垃圾填埋地多一些维护，对垃圾分类多一些关注。

世界上垃圾回收站最多的城市是那不勒斯市，由于理事会体制腐败以及垃圾回收工业，该市经常因为垃圾问题而遭受抨击。2007 年 5 月，某些街道的垃圾已经堆积到三米高，一些人用火焚烧垃圾，然而带来的臭味和污染遍布各地。在这个区域的垃圾场很显然已经足够，然而问题是最后影响市民健康的主要原因还是这些垃圾场，尤其是垃圾成堆后造成了鼠群数量增长。

在英国，有 200000 个家庭在垃圾填埋地附近，由于周围垃圾场产生的灰尘、噪声、害虫以及对水和空气污染带来的伤害，这些家庭平均少付为 5500 英镑的房价。在第一次对垃圾填埋地影响房价的全面调查中发现，苏格兰的房子，若在距离垃圾场 1/4 公里内，就会惊人地贬值 41%，而在中东部地区，房子在 1/4 公里内仅有 10% 的损失，半公里内则有 8.75% 的损失。

## 噪声污染

随着气候的变化，人们对物质的需求和社会适应方式可能会造成城市噪声问题。例如，

室外温度升高，城市街头新兴的"咖啡人士"可能会更加频繁地活动。同时，在住宅区合理规划露天餐饮设施非常必要，因为变热的夜晚可能会让人们提前适应噪声较高的街道。在变暖气候下，开窗也需要被给予更多考虑，以确保街边生活和交通噪声所带来的污染能够不向不需要空调的建筑气候区移动。城市开放式餐厅对交通自由区日益增长的需求，可能会成为未来内部城市规划战略的一个特点，以满足当地办公楼能够不受过度噪声干扰并且满足自然通风的需要。因此，噪声和污染应当被城市设计者以及地方议会视为关注重点。即使是时兴的建筑建在高噪声和交通污染的地方也会产生很多问题，像耗资 0.13 亿英镑的哈默史密斯方舟大厦。它已经有将近 30 的历史，外形典雅，每平方英尺的租金较低，然而，由于它处在一个交通岛上，非常喧闹，这些年都很难租赁出去。

## 火灾

在高温干燥的季节，火灾危害也越来越严重，且丛林和森林火灾的发生频率和强度都在增加，这给人们生命财产和林木都造成了巨大危害。这样的火灾通常都发生在极端干燥和强风时期，1666 年伦敦大火就是一例。

从 1665 年 11 月到 1666 年 9 月，每个月都很干燥。到 1666 年 8 月，牛津的泰晤士河已经变为细流。这样的干燥蔓延至苏格兰，一直从 5 月持续到 7 月中旬。这两个月的干旱是值得注意的，因为它发生在伦敦大火之前，显而易见的是，在那期间盛行的东风已经将伦敦所有的木质房屋吹干，使它们成为了易燃物。当大火在 9 月 12 日开始时，东风驱使火焰加剧，导致灭火工作难以实施，反而还助长了火势迅速蔓延，使得火灾烟雾的蔓延远至牛津。

此时盛行的气候被记录为高温干燥。火灾的第一天，约翰·伊夫林就在他日记中写到了这干燥季节的猛烈东风。这场大风是由火灾引起还是其他什么原因，尚不明确。然而，伊夫林也记载了这期间有一段很长的晴朗温和天气。在 9 月 14 日，伊夫林写道："东风仍旧兴冲冲地驱使火焰向前蔓延"。在 15 日，他写到风势有所缓和，不过这可能是由于火灾本身已经接近尾声。无论如何，这意味着大火灾的结束。当 19 日的雨降落时，大火彻底熄灭了。尽管伊夫林提到，在这场火灾结束后六个月都还能看到烟雾从地下室冒出来，但人们还是迎来了一个多雨的秋季。

特别年份的气候是造成地方或全球火灾危害的关键。在 1997 年到 2002 年间，英国就发生了 209000 起火灾。仅在夏季格外干燥的 2003 年，全球就有 110460 起灾难性的火灾发生：

- *2003 年 4 月：在英国的哈德斯菲尔德，大火掠过了数百公顷的国家信托沼泽，甚至通过极为干燥的山丘席卷到了城市附近。*
- *2003 年 7 ~ 8 月：在葡萄牙，一项国家灾害声明表示，全国有超过 2300 个消防队员阻*

截了 72 场火灾。

- 2003 年 8 月：在加拿大，距温哥华东部 185 英里处的那根山森林火灾使得 30000 人不得不逃离他们生活的社区，这场火灾有 100 米高的火焰，并且以每分钟 30 米的速度向周边蔓延，在它背后至少留下了 200 个房屋的废墟。火势达到顶点时，快速地在树梢之间蔓延，在建筑之间跳跃，其中许多建筑甚至在酷热中爆炸。这场火灾由 8 月 16 日山里的一次闪电引发。

- 2003 年 9 月：在法国里维埃拉，继 7 月导致四人死亡（其中有两人为英国人）的两场毁灭性火灾之后，巨大的森林火灾摧毁了超过 1000 公顷的树林，吞毁了 18000 多公顷的松树和橡木。

- 2003 年 10 月：加拿大南部火灾中的死亡人数超过 22 人，其中包括与火灾抗战的 12000 名消防战士中的部分人员。据估计，火灾损失覆盖面积达 275 公顷，损坏了将近 3000 所房屋，其总价值可达 11.7 亿英镑。同时，大火也在丹佛南部和靠近詹姆斯敦的科罗拉多州肆虐。

2007 年，希腊发生的火灾可能是近期毁灭性最大的，它使得 67 万英亩（约 270000 公顷）的土地在一个夏天就被烧焦。美国每年火灾的发生率最高，其火灾损失的保险支出也是世界最多的，尤其是 2008 年秋季发生在加利福尼亚的那场史上最严重的火灾。然而，尽管在英国我们也要预估土耳其毁灭性的火灾所带来的影响，2008 年安塔利亚有 10 万英亩（约 40500 公顷）土地被破坏。近些年来，希腊也因为英国而日益干燥，其消防队长预计在不久的将来就会迎来灾难性的火灾。

另外，建筑材料也是问题关键。像美国和澳大利亚等国家，建筑多由木材或以木材为基础的构件建造，不仅大火可以摧毁它们，就连强风都可能对其造成破坏，这种建筑促进了火灾的发生并助长了火势的加剧。

欧洲非常幸运地拥有传统建筑工业，因为传统建筑大部分是由沉重的砖石建成，在很多灾难性丛林火灾中不太容易损毁，而木制房屋则容易在酷热中燃烧，这样整个地区都会被点燃。中世纪英国城市里的建筑大部分都采用木结构，但在 1666 年大火后，伦敦就转而使用砖石建筑了。

## 生物多样性影响

在气温快速上升的情况下，全球动植物物种的不断消失已经给很多科学家敲响了警钟。每年消失物种的数目在无情地增长，北极冰盖融化的可怕警告也将使得某些物种（如北极熊或其他北极动物）灭绝的风险日益增加。全部消失物种的列表可参见世界自然保护联盟(IUCN)

的红名单。据估计，地球现有物种数量大约 180 万，但其中只有约 41000 种受过灭绝可能性的评估。

一些值得注意的物种灭绝预计就在不久的将来，如珊瑚礁、苏门答腊虎、马来西亚熊以及西部大猩猩。对于一些物种来说，已经没有任何适宜生存的地方了，其他物种也很难找到适合哺育、觅食或避免热应力的栖息地。

## 全球变暖导致的经济转型

### 生物多样性对区域经济的影响

物种消失通常对地方经济有灾难性的影响。由于河流海洋的温度升高，全球的捕鱼业都将受到很大影响，这将改变几百年来的捕鱼传统。每个物种都有适宜生长的温度区域，如果气温发生变化，它们便会迁徙以获得适宜生存的温度。据世界自然基金会（WWF）解析，温度每升高 1℃，就会使黑线鳕、鳕鱼、高眼鲽以及檬鲽向北迁徙 200 到 400 英里。如今在马恩岛水域能经常看到的物种增多了，如锤头鲨、鲀、太阳鱼，甚至红鲻鱼、乌贼以及黑鲷等。

现在康沃尔的渔民不得不开始人工饲养龙虾，以防止它们在成长过程中被鲀吃掉。潜水员们经常在南海岸发现章鱼，日本牡蛎也开始在英国水域繁殖。这些趋势可能会影响英国渔民的经济收入以及他们生活的社区环境。

然而更具灾难性的是珊瑚礁在未来将会发生的变化。全球有一亿多人靠礁石为生。珊瑚对温度非常敏感，随着海水温度的上升，珊瑚会大面积死亡。1998 年的厄尔尼诺年，印度洋的异常高温杀死了 90% 的浅层珊瑚，未来的高温可能会结束所有珊瑚礁的生命。据统计，全

图 3.8    2006 年 10 月 12 日，塔斯马尼亚（Tasmania）的霍巴特（Hobart）东岸发生的丛林火灾。
资料来源：Bill Bordass.

球 60% 的珊瑚礁已经遭到破坏，印度洋的尤为严重。这些死亡的珊瑚有些已有 100 年的历史，如果海洋温度稳定在现在的水平，它们的恢复需要数个世纪之久。据估计，世界高温纪录平均每 5 年就会被刷新一次，对于南纬 10 ～ 15°的区域，各种类的珊瑚到了 2020 年可能会全部灭绝。

珊瑚的灭绝所带来的经济损失是巨大的。为了防止这个灾难的发生，澳大利亚已经立法将东海岸大堡礁的 2/3 纳入到保护计划中（这个计划由政府在 2002 年 12 月公布），形成了世界上最大的海洋保护区。昆士兰捕鱼业表示强烈的反对，据他们估计，这会造成约 250 个工作岗位的流失。暗礁捕鱼每年创造 4600 万英镑的利润，而这个区域的旅游业收益则高达 17 亿英镑。

2003 年 5 月，《生物多样性公约》（已获 187 个国家认可）的秘书哈马达拉·泽丹，在约翰内斯堡举行的地球峰会上说道，我们一致认为，人类的生存和健康都依赖于生物多样性，并且：

> 地球上数百万物种间存在着复杂的相互作用，这是他们得以共生的基础。人类正以惊人的速度破坏着这种相互作用，这已经超出了自然界的自调节范围。科学家们认为，正是由于我们试图去强行控制威胁人类健康的因素，瘟疫和流行病的发病率才如此增加。

## 狼在城门口？

动物是非常灵敏的，如果某一个地区的生态区位不再适合它们生存，它们会另寻出路。在变化的气候条件下，许多因素都可能会影响动物们的行为。我们已经发现野生动物开始适应城市生活的现象，并且在戴维·拜伦的《在花园里的野兽》一书中有清楚的概述。他列举了熊迁入新泽西州郊区，浣熊出没于洛杉矶，狐狸在英国城市生活等常见事例。动物们翻食垃圾，这在美国表现得尤为突出。由于城市的无序扩张，城市郊区正不断向自然地蔓延。一些国家对猎杀或擒获大型动物，如猞猁、山猫、熊、海狸、狐狸、狼以及美洲狮等的行为，制订了严厉的法律，动物的数目由此得以恢复。两百年来，波士顿郊区第一次有黑熊出没，而黑熊在新泽西的数目已经突破了 3300 只。2003 年 12 月，新泽西 33 年来第一次批准了对熊的猎杀。土狼也正在城市中繁衍，曾有报道说，一只土狼闯入了西雅图的联邦大楼，通过接待大堂进入电梯，如入无人之境。这些狼通常以猫狗为食。在佛罗里达州，由于人们在郊外购买大片土地建造独立别墅并且饲养动物，鳄鱼的数量正在以一个前所未有的速度增长。

戴维·拜伦指出，美国人正无意识地从事着一项实验。美国人曾经喜欢亲近自然，然而现在"自然"的范围，已经从广阔的平原移动到了商业中心的停车场，并且现在没有撤回平原和高山的迹象。

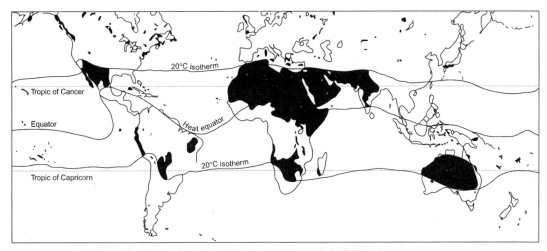

图 3.9　1970 年，全球沙漠面积覆盖全球大陆面积的 22%，而 2000 年上升到了 33%。
资料来源：Isaac Meir.

### 山地村落消失？

　　由于工作的丢失，其支撑的社区也会因此消失。全球变暖使得冬季运动要不断往海拔更高的地方开展，这已经影响到许多山地村落。15 年前，即使在阿尔卑斯低处的度假村，也能保证在圣诞节拥有足够的雪量用以人们滑雪娱乐。而现在在海拔 1750 米的高处才可能有足够雪量。许多低海拔的滑雪度假村都面临倒闭，并且在高海拔地区提供服务的压力越来越大，其对环境的影响也日益增加。

　　来自苏黎世大学的一个调查小组结合相关的情况，对未来气候作出了预测并总结道，现在瑞士 230 处度假村中的 85% 能够依靠"降雪存活"（十个冬天内有七个，在 12 月 1 日～8 月 15 日期间的一百天里，至少有 30～50 厘米的降雪），这个数字在 2030～2050 年将下降到 63%。如果雪线从 1200 米上升到 1800 米，那么 1/4 的度假村会面临破产，每年旅游业损失将高达 9.25 亿英镑。

　　在 2030～2050 年间，澳大利亚雪线将可能上升 200～300 米，这使许多中东部地区的度假村失去了他们的冬季产业；在意大利，只有 1500 米以上的度假村才有稳定的降雪，仅有一半的冬季运动村满足条件。许多村庄已经面临着这个重大问题。许多德国的度假村也处于低海拔地区。在澳大利亚，温度每升高 0.6℃，就有 4/9 的滑雪度假村遭受影响，若全球温度上升 3.4℃，根据推测，这意味着到了 2070 年澳大利亚将没有度假村能够盈利。

　　甚至阿尔卑斯夏季的攀登产业也将遭受株连。2003 年夏季的热浪，使得马特霍恩峰（Matterhorn）自 1786 年有纪录开始，第一次因为过于危险而不能攀登。2003 年 8 月，由于它裸露的斜坡上覆盖的全是碎石和瓦砾堆，这座山被封锁。有两名攀登者死亡了，他们仅仅是想到达攀登路线开端的饭店。使山峰粘合在一起的冻土融化了7英尺深（约2.1米），导致滑雪升降梯和缆车都无法保持稳定。这些问题在2003年7月表现得尤为突出，当时一块巨石崩塌到山的东面，且在两个小时内另外一个巨石又从山的北面跌落。70多个登山者陷入山中而被救出，这是史上最大的一次登山救援。事实上，山体已经开始在他们脚下崩裂。冰在融化前温度不断升高时，可能比它正变成水的时候更不稳定。自此，越来越多的人意识到，由于山体基础的自身原因，山区中这类破坏的发生将会更加频繁，并且滑雪升降梯和缆车都会变得不稳定。

## 农业

2008年世界范围内暴发了粮食危机。从海地到印度尼西亚都有因饥饿而引发的暴动。作物安全带正向北移，生产作物向生物燃料的转变、大面积干旱和气候变暖，使得主要作物的成本猛增。许多英国农民已经改而种植玉米和向日葵。较高的温度不仅导致了农作物欠收，还造成了鱼产品、动物生产量的损失，并且即使在一些对热潮做好准备的家禽农场中，鸟类死亡的数量也远高于正常水平。

在短期内，温带和寒冷气候地区可能会因全球变暖而获得一些农业收益。其中一个是每年能够生产不止一次的作物，并扩大可种植作物种类的范围。英国葡萄酒产量增加的潜力就是例子。坎伯诺尔德（Cumbernauld）葡萄园的生意很兴旺，得益于全球气候变暖，当地人热切地期待着用喀里多尼亚（Caledonia）葡萄酿造的苏格兰酒的问世。2004年，据说如果法国产香槟的地区过于炎热，不得不回过来酿造更传统的波尔多类型的酒，英格兰南部就可以成为汽酒的家乡。葡萄酒生产的地理位置戏剧性地随着气候变化而变化。受影响最大的是法国南部和意大利的葡萄种植户，他们不得不把葡萄转移到海拔较高的地区，或者改造他们存储葡萄的仓库。在苏格兰，像穆勒—图尔高州（Muller–Thurgau）和巴克斯（Bacchus）的葡萄可能会长得不错，而在南部地区的黑比诺（Pinot Noir）和霞多丽（Chardonnay），葡萄会在气候温暖的条件下生长的最好。葡萄种植者必须去适应以求生存，不管遇到怎样的气候变化。

农业的问题也很多。暖冬使蚜虫繁殖更旺盛，迫使种植者更早地去喷洒作物，并且一些新的昆虫、黄蜂和蜘蛛横渡了英吉利海峡侵入了英国。

2007年真正形成规模的气候变化对作物生产的影响开始变得清晰，全范围的因素集中了起来。在仅仅数个月的时间里，世界各地的食品价格翻了将近一倍。全球谷物库存量下降到1.11亿公吨，是30年来的最低水平。小麦价格从2006年的每吨65英镑上升到2008年的117英镑。国际谷物理事会预测，工业用粮食在2008年将上升23%，达到229万公吨，其中约107

万公吨用于生物燃料乙醇的生产。在 2008 年 5 月，大米价格在两周内将上涨 50%，人们开始无力购买基本食品，世界各地的许多国家发生了食品骚乱。粮食短缺易受极端天气事件的影响。2008 年夏天在中国南方、印度尼西亚和菲律宾的大范围水灾预示着愈发贫瘠的种植条件。在澳大利亚，非洲和美洲大面积的干旱或洪水，也导致了粮食短缺日益严重。随着许多新兴国家生活的水平不断提升，世界各地的人口增长也是食品价格上涨的一个因素。

直到 2008 年夏天，在英国，一块面包的价格从 2002 年的 53 便士上升至 129 便士。

直到 2008 年夏天，在世界市场上，一吨大米的价格从 2002 年的 145 美元上升到超过 700 美元。

气候变化已经创造了一个影响全球性的粮食危机，而它注定会变得更恶劣。查尔斯王子在 2008 年 8 月，做了一个有争议的呼吁，让人类放弃使用转基因作物，因为它使一些国际公司手中的权力太大。越来越明显的是，社会下、中阶层，事实上除了世界最富有的少数人口，都将会转而自给自足，因为商店集中提供的食品价格越来越高。气候变化使粮食安全成为了和能源安全具有同样挑战性的问题。对于这两个关键挑战，除了出现最极端的灾难，进行本地存储的解决方案带来了更多个人生存的希望。在伊拉克北部城市摩苏尔有个说法："一天蜂蜜，一天洋葱"，意思是说饱一天，饿一天。每家每户都要计划好，才能在瞬息万变的世界中找到自己藏匿的洋葱。

## 园艺

2008 年英国皇家园艺学会以气候变化为主题在切尔西布置花展。柔弱的多年生植物没有成为主角，并且很少见到仙人掌。有两个未来的情景，包括了"乐观情况"和"不太乐观情况"的花园。前者种有在当今的花园环境中加以适当保护就可以生长的植物，但后者却长满了人们会在现在的地中海花园中发现的各种抗旱植物，如三角梅，肉质植物等。

植物，像人类和其他动物一样，正在受到气候变化的影响。即使在最干燥和最热的地方，花园也一直是一个重要的气候设计因素，通过丰富的色彩与质地、气味和外观，提高人们的生活情趣，同时也是一个非常有效的提供凉爽的地方。美索不达米亚在最早的时代，曾以花园闻名世界。伊甸园被历史学家设想在底格里斯河和幼发拉底河的汇合处，5000 年前，生活在这个地区的苏美尔诗人，抒情地详细描述了当时令人享受的美丽树木、花草。大多数人都听说过巴比伦空中花园并阅读过波斯的诗，当时人们穿着整齐的时装，在大围墙围起的场所和公园里，为那花园的美丽，也为对池塘和小溪的满足而唱歌和献礼。

这样一个伟大的传统园艺就建造在罗马花园中，就像大家今天在庞贝城可以看到的那样。庞贝城的很多地方，都根据已发掘城市得出的考古证据进行了重建。当时葡萄和果树、林木、鲜花和药草的旺盛，现在还反映在房屋周围的壁画上。

在一些地球上最热的地区还能成功建造花园的秘诀，就是创造一个微气候，使用选择性的供水系统和策略，以及通过建造高墙阻挡风和太阳的热量，防止贫瘠的沙漠的侵蚀，从而保持城内气候的湿度。

寒冷和潮湿的空气会下沉，而许多这样的花园都有下陷的部分，并且经常被树冠遮住，降低了里面水分蒸发的速率，于是保持了凉爽。也许城市园艺师最大的成就就是中国沙漠中的绿洲城市吐鲁番，那里主要的作物——葡萄，被用作整个城市的空调系统：在这古老的城市中，所有的人行道和房屋庭院中都种了葡萄藤，遮挡住阳光，让一个奢华的微气候形成在葡萄藤下。沙漠园艺的其他策略还包括种植耐旱品种；非常谨慎的选择昼夜和季节，进行种植、灌溉和收获作物，以降低失水率。

正如我们将会日益信任适应气候变暖的建筑技术的知识，传统的园艺方法不再可行，在未来的气候条件（更干燥和炎热的夏季和无霜冻的冬季）下，许多低纬度园林的设计和维护保养都应该纳入到我们维护花园的策略中。现在英国花园中的许多物种将来很可能会被其他耐旱的植物所替换掉。能够比较容易地找到适应英国未来气候的植物的地方，就是现在欧洲南部的花园。

## 冻结的问题

越发频繁的极端天气，不仅与更高的温度有关，也涉及冻结的问题。极端寒冷的天气给很多家庭带来了重大的挑战。1995年12月和1996年1月的"大冻结"引起了大范围管道和自来

图 3.10 在 2003 年的夏天，美国中西部遭受了一场龙卷风，全程数据纪录表明一种越来越频繁的风暴活动在这个地区显现。
资料来源：Extreme Climate Calendar.

水总管的爆裂。苏格兰和北爱尔兰的管道雇主联合会和后来的苏格兰事务委员会所提交的证据突出了对许多户主不知道如何关掉冷水供应的担忧。许多公寓和住宅之间也没有隔离阀。

水管损坏的估算反映在英国保险公司协会（ABI）的评估报告中。据说在苏格兰索赔总额将达到大约 3.5 亿英镑。在这之后，ABI 做了一套电视商业广告，并提供了关于预防水管爆裂的措施的免费校园服务，希望在学校里的孩子们能够让他们的父母受到一些教育。这是 ABI 做过的最成功的校园套餐服务，几乎每一个苏格兰的学校都要求提供。

具有讽刺意味的事实是，其他国家如美国，尽管严寒冬天出现得更多，却没有管道爆裂这样严重的问题，这仅仅归结于他们设计的卫生管道工程系统。英国的房产只需要对管道作简单的修改，使用花费不过 5 英镑的材料，加上大约 15 分钟的劳动，就可以获得相似的适应性。如果北大西洋循环因为气候变化而变化，那么在英国冻结将成为一个越来越严重的问题。

美国存在的一个慢性问题是脆弱的电力供应线路。每年冬天，美国都会有某些社区被冬季风暴破坏电力线路，使建筑断电数周，如俄克拉荷马州的麦卡利斯特，在 2007 年春全镇停电了三个星期。计划如何在大冻结中舒适的生存也是必要的。

## 总结

我们生活方式中每个方面都会受到气候变化的影响：我们住的地方，呼吸的空气，吃的食物，工作，假期和居住的建筑。我们面临着大范围的设计挑战以适应如此迅速的变化。但当我们看见气候变暖的速率和程度，并且注意到变化的规模会受到景观和其他物种的影响时，我们脑海中必须想到这样一个忧患：我们能在变化的气候下舒适、安全地生存到最后吗？

这个问题将在第 8、9 章讨论。

# 第 4 章　降水量的变化？

## 引言

水是生命之源，但降水过多或过少都会引发问题，甚至会对建筑的耐久性带来最严重的危害。这点在湿润多雨的英国尤其明显。

在气候变化下，水患增多是证据最为明显的现象。单单在欧洲，最近的十年每年都有严重的水灾（表 4.1）。其中多次发生在英格兰和威尔士。

欧洲水灾　　　　　　　　　　　　　　　　　　　　　　　　　　　　　　　表 4.1

| 年份 | 地点 |
|------|------|
| 1997 | 奥得河（Oder）（德国／波兰） |
| 1998 | 英格兰中部地区和威尔士、萨尔诺（Sarno）（意大利）、欧洲中部 |
| 1999 | 多瑙河、阿尔卑斯山北部、丹麦（5m 高的海边风暴潮） |
| 2000 | 英格兰／威尔士（两次）、瑞士、意大利 |
| 2001 | 英格兰（两次）、维斯瓦河（Wisla，波兰） |
| 2002 | 英格兰和威尔士、都柏林（Dublin）、多瑙河（Danube）和易北河（Elbe）（100 人死亡）、欧洲中部地区 |
| 2003 | 罗纳河（Rhone）（法国） |
| 2004 | 波斯卡斯尔（Boscastle）（康沃尔）、康威山谷（Conwy Valley）（北威尔士）、德里市（Derry City）（北爱尔兰） |
| 2005 | 康威山谷（Conwy Valley）（两次）、卡莱尔（Carlisle）、霍伊克（Hawick）、瑞士的阿尔卑斯山区、德国、奥地利 |
| 2006 | 多瑙河（达到 1895 年以来最高水位）、阿尔卑斯山、罗马尼亚和黑海、土耳其（39 人死亡） |
| 2007 | 马耳他（Malta）、约克郡（Yorkshire）、亨伯赛德郡（Humberside）、英格兰中部和西南部地区 |
| 2008 | 都柏林和贝尔法斯特（Belfast）（八月份的洪水泛滥导致爱尔兰保险行业支付额超过 9 千 6 百万欧元）；英国八月份创纪录的降雨量 |

## 英国的降水

英国最湿润地方的平均降水量是最干燥地方的 8 倍左右。在苏格兰高地，从西部到东部年降雨量由 5100mm 逐渐减少到 585mm。而伦敦平均为 600mm，相当于每平方公里分摊 160 万吨雨水。

仅仅因为西部地区比东部地区更加湿润，就认为西部的水灾风险更高是不对的。西部地区的人们早就已适应了这种气候，他们建造了更为庞大的排水管道系统，同时避免在近海或者近河的低洼平原上建造建筑，建筑也不采用平屋顶形式。其实，关键的问题是，哪个地区能够适应气候变化预测中日益加重的降雨现象，特别是对于英国东部和南部地区。近海城市会面临特别的问题，如夏天骤发的洪水，海水温度的上升会带来更加频繁和严重的雷暴。这种骤发性的洪水可以在任何地方发生，即使是在高原，例如 1993 年 6 月发生在兰蒂德诺（Llandudno）的水灾，而这种骤发性洪水难做到提前预测。

当大陆 9 月开始降温，英国沿海的水温正处于最高状态。这就是秋季南岸对流风暴经常出现的原因。这些都加重了 2000 年 10 月与 11 月苏塞克斯（Sussex）和肯特（Kent）的洪水。2006 年夏季是自 1659 年有记录以来英格兰最温暖的夏天，其持续时间也较以往更长。同年 11 月英格兰南岸的雷暴次数也创了新纪录。12 月伦敦也发生了严重的龙卷风。

英国绿草盈盈的国土似乎会在气候变化中幸存，但是对未来几十年的预测其实并不乐观，某种程度上而言甚至是极其危险的。但同时我们也要意识到，只要采取适当且明智的措施，我们是可以在气候变化中幸存的。

根据 2002 年的 UKCIP02，在不同的远景预测中，英国未来的冬季降雨量会不断上升。直到 21 世纪 80 年代，至少增长 10% ~ 20%（与地区有关），最多有可能增长 15% ~ 35%。夏天的情况与此相反，几乎整个英国都会变得更加干燥，降雨量的减少幅度少则达 35%，多则达到惊人的 50% 甚至更多。在远景中，冬夏两季降雨量变化值最大的地区是英格兰东部和南部地区，而变化最小的是苏格兰的西北部地区。我们未来所迎接的将是更为严重的夏季干旱和冬季洪灾。

值得注意的是 UKCIP02 并不是唯一的气候变化预测。由 19 所知名大学共同参与，根据"解释欧洲气候变化危机和影响的地区情况和不确定性的假说（PRUDENCE）"，他们提出了不同的远景预测。这些远景预测指出，欧洲中部和北部的冬季暴雨量将增加而南部则会减少，夏季降雨量方面欧洲东北部将会增加而南部会减少，地中海国家将会经历较长的干旱期。2004 年夏天发生在波斯卡斯尔（Boscastle）和 2007 年英国北部、西部的洪灾与 PRUDENCE 的远景预测较为吻合，但跟 UKCIP02 的相差较大。

在 PRUDENCE 远景中，关于冬季暴风雨的预测令人担忧。据推测，在北纬 45° ~ 55°

之间的地区，如卡莱尔（Carlisle）和纽卡斯尔（Newcastle），极限风速可能会升高，这些变化与海平面平均压强的降低、北海风暴的增加共同作用，导致了北海沿岸的风暴潮的增加，主要影响的地区在英国、荷兰、德国和丹麦。令人担忧的是，和苏格兰等已经习惯风暴的地区不同，英格兰对于风暴潮完全没有形成适应能力。结果在 2005 年 1 月，当严重的风暴吹袭卡莱尔的时候，导致了灾难性的后果，排水系统无法应对巨大的降雨量，10000 户家庭的电力供应中断长达一个星期，警察、消防、救援服务机构均陷于瘫痪，甚至连紧急控制中心和备用警服仓库都被水淹没了，卡莱尔变成了实际上没有警力的地区。很多居民为了保护其财产免受掠夺，只能无奈地在没有灯光和供暖的条件下，多日留守在寒冷、潮湿的家中或者工作场所。

未来直到 21 世纪 80 年代，英国的总降水量呈现略微降低的态势，降幅在 0% ~ 15% 之间。

值得注意是，平均情况不能显示出偶发事件的极端性。如果要考虑到极端气候事件的话，根据 2002 年《Nature》上刊登的分析报告，全世界 19 个主要的气候变化模型都得出了一致的结论：英国冬季变得潮湿的可能性最多可增加 5 倍。这意味着水患发生的频率会大幅增加，这也在英国政府根据远景预测而展开的工作中有所反映。

降雨可能变得更加强烈。图 4.1 表明在冬季和夏季，除西北部的苏格兰之外，其他地区的降雨模式都会极大地改变。该图也表明英国不同地区在给定的年份和季节里，有超过 50% 的可能会经历强烈的降雨现象。特别是东南部，在冬季里会有较多强烈的降雨，增加了洪灾发生的可能性。

这存在着一个重要的适应性问题：英国西部的降雨量一直以来都比东部高，因此其建筑、排水系统和河流在过去的多个世纪里都已经适应多雨的情况了。如果国家东部极端性的降雨突然增加，该地区可能会没有充足的准备来应对。

雷丁（Reading）和迈阿密大学的科学家分析了 1987 ~ 2004 年之间的卫星数据，从而观测到由厄尔尼诺事件引起的地表和空气温度的自然改变，了解其怎样影响南北回归线附近的降雨量。之后，他们在 2008 年 8 月发表了一份的报告，其中提到温暖期和湿润期有紧密的关系。2007 年和 2008 年英国遭受的暴雨必然在正常范围之外，这可能预示着英国已经走向了暴雨的时代。根据 1961 ~ 1990 年期间里所统计的降雨量（单位 mm，分各个季节和地区而论），很多场倾盆大雨被归到"最为强烈"的级别里，即日均降雨量超过了该季度降雨量的 10%。

未来英国降雪量将显著降低，或许到 21 世纪 80 年代的时候，降幅将达 30% ~ 90%。所有预测都显示，英国所有地区的降雪都会减少。到 21 世纪 80 年代，沿海地区和英国的低洼地区，最大降幅会高达 90% 甚至更高。相对而言，苏格兰高地会经历最小的降幅，但即便如此，到 21 世纪 80 年代总降雪量相对现在还是会减少 60% 甚至更多。英国的一些地区可能会逐渐经历较长时间的无雪冬季。

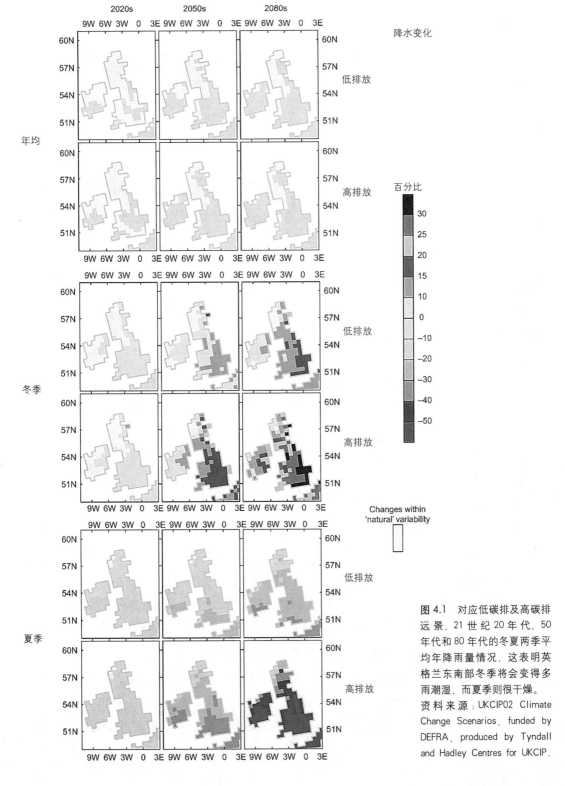

图 4.1 对应低碳排及高碳排远景, 21 世纪 20 年代、50 年代和 80 年代的冬夏两季平均年降雨量情况, 这表明英格兰东南部冬季将会变得多雨潮湿, 而夏季则很干燥。

资料来源: UKCIP02 Climate Change Scenarios, funded by DEFRA, produced by Tyndall and Hadley Centres for UKCIP.

## 湿度

随着气候变暖，大气水分的绝对湿度会增加，相对湿度会有所减少，这在夏季时尤为明显。夏季和秋季的云量会减少，特别是在南方。夏季日照和太阳辐射会相应增加。

## 季节性变化

到 21 世纪 50 年代，典型的春季温度相对现在可能会提前一到三个星期到来（这个说法以 20 世纪 90 年代的平均数为基础，而并非因 2003 年的偶然记录草率得出），冬季温度则可能会推迟一到三个星期出现。这可能会导致植物生长季节的延长。

建筑的采暖和降温设备也会改变，在英国建筑冬季采暖的消耗会减少，而夏季降温的消耗会增加，对于那些被动式设计不佳的建筑尤甚。

## 极端天气的变化

夏季高温的频率会提高，而冬季低温的频率则会相应减少。1995 年的 8 月酷热难耐，2003 年的平均温度打破了世界纪录并大大超出了正常范围，到了 21 世纪 50 年代，一般情况下将可能每五年发生 1 次，到了 80 年代每五年将发生 3 次。其中罕见的是，到 80 年代，每三年会发生两次夏天的热度超过 1995 年甚至 2003 年的状况。同时，英格兰的东南部在炎热夏季里可能会比现在干燥 50% ～ 60%。

如果 UKCIP02 正确而 PRUDENCE 错误的话，那一个更为干燥的夏季就意味着，到了 21 世纪 50 年代，英格兰部分地区的土壤湿度严重时可能会减少大概 30%，到了 80 年代则会减少 40% 或者更多。这与土壤下沉和相关的建筑损毁有着明显的联系。这也会进一步加剧降雨量的地区差异，而英国东南部多为特别容易收缩的粘质土，其将会受到重大影响。

干旱甚至有可能增加水浸风险：2003 年夏天阿姆斯特丹的干旱使得加高了的河堤削弱了很多，以至于其倒塌，造成局部水浸。2003 年谢德兰群岛长期的干旱削弱了某座山上泥炭的附着力，当大雨冲刷下来时导致了泥炭的滑坡，掩埋了多间房子。

极端的冬季降水将变得更加频繁，并且到了 21 世纪 80 年代现在平均每两年出现一次的日降雨量强度将增加 30%，这意味着水灾发生的可能性和水灾严重程度正在增加。

目前，英格兰和威尔士为期三天的冬季降雨量的比率，已经从 1930 年的 15% 上升到现今的 30%（图 4.4）。

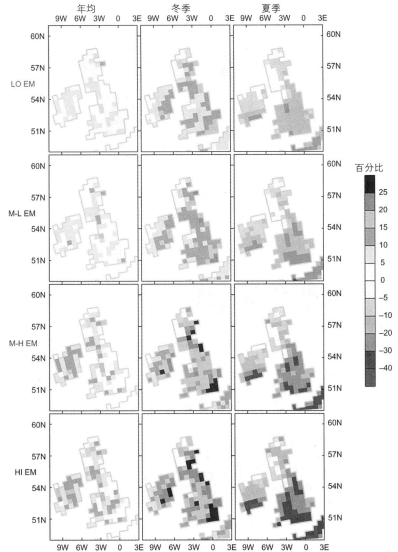

图 4.2 在 21 世纪 80 年代任一年里有 50% 机会出现的日常降雨量比率的变化，表明到时英格兰和爱尔兰南部夏季的干旱天气将会成为问题。
资料来源：UKCIP02 Climate Change Scenarios，funded by DEFRA，produced by Tyndall and Hadley Centres for UKCIP.

　　像 1995 年那样炎热的夏季，到了 21 世纪 80 年代出现概率可达 50%，而非常潮湿的冬季在中等程度下可能十年一遇。夏季又热又干的天气也会变得更加常见。到了 21 世纪 80 年代，英格兰和威尔士的每个夏季，无论是在什么情况下，都会比 2001 年的更暖、更干。

　　人们需要采取一些基本的预防措施来保护那些特殊的建筑，以免异常潮湿或者干燥的天气对其造成损坏。在大雨期间应该提供宽大的风暴排水沟。墙壁，特别是墙脚，应该避免其受雨水的侵蚀。并且建筑应设计有蓄留雨水的功能，例如屋顶绿化、吸水地面和一些特殊建筑或场所的蓄水设施。一个非常简单的预防措施就是保持河道和排水沟的通畅，但是地方当

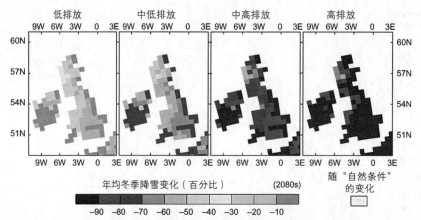

图 4.3　21 世纪 80 年代冬季降雪量的平均变化比率，表明在那时白色圣诞将会变成历史。
资料来源：UKCIP02 Climate Change Scenarios，funded by DEFRA，produced by Tyndall and Hadley Centres for UKCIP。

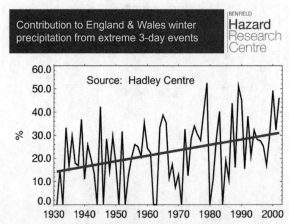

图 4.4　图表显示，英格兰和威尔士冬季极端的三天时间里降水量的增加量。
资料来源：Hadley Centre。

局没有法定义务去做这些事（除了苏格兰）。正如当暴雨袭击英格兰赫尔市中心时，暴风雨排水沟很快就超载了，导致超过 200 条街道上的房屋遭受水浸（图 4.5）。重铺路面的工程覆盖了很多水沟，表明在相当长的一段时间里，这些水沟都没有被打开清理过。此外，很多还被落叶和枯草堵塞了。这些排水沟似乎与周围的建筑共同存在了 80 余年，但并没有更新过以适应现代标准。

很难想象英国会经历"干旱"问题。2003 年冬季，我们的论文里充满了干涸水库的照片，并且这现象正变得常见。侧面证明英国水资源正日益匮乏的表现就是水费不断上升，在过去十年里用水和污水处理的平均费用上升超过了 40%。另一个表现则是地面下沉。

图 4.5　2007 年 6 月 25 日，赫尔（Hull）市在两小时内测到了破纪录的 96mm 的降雨量，相当于该市六倍的年降雨量，造成 240 条街道里 15900 户水浸。这是该月份平均降雨量的 235%，事件重现期为 150～200 年。有些地区就是因为这样的排水渠数量不足并且有部分堵塞了。

资料来源：David Crichton.

## 地面下沉

虽然规划者允许在洪水平原开发的决策是一个隐患，但更大的隐患是未来地面沉降带来的风险。保险公司目前平均每天要花费一百万英镑用于由地面下沉带来的索赔，而且这个数字未来可能还要提高。目前英格兰和威尔士的规划者必须向环境局咨询洪水的风险，但是他们没有义务去英国地质调查局（BGS）咨询地面下沉风险。由气候变化引起的逐渐多发的干旱，导致黏土收缩下沉。不仅如此，在不适宜的地面上建造建筑也是有问题的。不稳定的土地（PPG14）和被污染的土地（PPG23A）都有规划的政策指引，但一些非常老旧的矿内巷道形成的地质条件，只有拥有 64 万份钻探样本的巨大档案馆——BGS——才知道当中存在的隐患。在 1984 年建筑法基础上提出的 1991 年建筑规程关注的是结构而不是选址，而且唯一关系到选址的规则是那些有关处理氡气（BR11）的。在苏格兰情况就很不一样了，规划者有责任向 BGS 咨询，而且建筑规范也很不同。

政府已经表示，为节省过度开垦的农业土地，计划新建的 380 万户住宅中有 60% 将要建造在"棕色地带"。这些区域包含人造土地、垃圾填埋场、老矿道和污染物。虽然政府已表示，可以提供修复某些建造用地的援助，但许多部门都缺乏规模、专业知识或者资金去获得用地所需的信息。如果规划者不知道这些问题而且对此不闻不问，那么就不会有充分的补救措施，规划政策的指引也不会实用。气候变化引起的干旱所导致的日益增大的地面下沉风险，在研究里面已经是大致可见了，如果有更多的房屋建造在不适宜的地面上，这个风险将会极大地严重化。这会给保险公司制造难题，而且一些不负责任的地方部门将会获得坏名声——在该地区所有新建成的房屋将面临着因地面下沉而被覆盖的高风险。

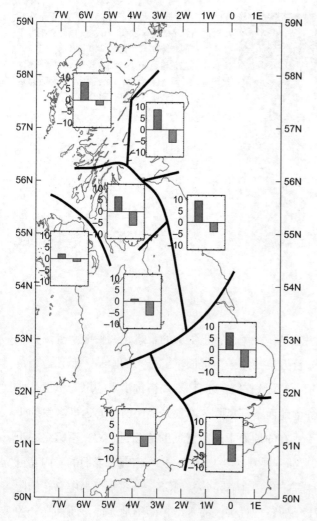

图 4.6 UKCIP02 表示，发展趋势将是冬季多雨，夏季少雨，但是在英国不同地区会有显著的差异。UKCIP02 气候变化预测版本，由 DEFRA 提供资金，Tyndall and Hadley Centres for UKCIP 发表
资料来源：Figure produced by Tim Osborne. UKCIP02 Climate Change Scenarios, funded by DEFRA, produced by Tyndall and Hadley Centres for UKCIP.

　　问题的严重性在 2003 年 10 月已经初现轮廓了，那时上海宣布城市的地面正以每年 2.5cm 的速度下沉，原因是建造了太多塔式大楼，以及为了供应超过 2000 万并在不断膨胀的人口饮用而过度开采地下水。当降雨模式改变时问题将会更为严峻。

　　在英国 2003 年漫长的炎热夏天里，Direct Line 保险公司表示，由于国家南部和东部长达 6 个月的干旱，他们发现因地面下沉而产生的索赔与 2002 年同期相比，6 月份增加了 38%，7 月份增加了 15%。这个日益严重的问题开始暴露出来了。

　　这是英国所面临问题，但是世界上已经有多少国家因为长期缺水而受到内乱和战争的威胁啊！

# 国内动乱

水资源引起的国内动乱在很多国家是一个日益严重的问题，以下例子可以证明。

西班牙曾经发生了多次游行示威，均关于把埃布罗河 30% 的水资源通过一条新运河从东北部转移到西南部穆尔西亚、瓦伦西亚和安达卢西亚这些炎热的省份，那里有着重要的旅游中心——太阳海岸。六个水坝使得北部独特的野生动物栖息地被淹没了，而且埃布罗河三角洲的平原栖息地也在以惊人的速度消失。最近整个西班牙超过 80% 的环境规划预算都投入到了运河计划里，而这运河设计的目的却在于抽走被认为是贫困省份的水资源，去填充南部较为富裕省份的游泳池。反对者称，该项目的主要问题之一，就是对河流流量的计算建立在 20 世纪中叶历史气候的基础上，而在 21 世纪的条件将有很大的不同，从而导致整个西班牙东部未来潜在着灾难性后果。

在西班牙，为解决不断加剧的水资源长期短缺的问题，和满足不断上升的用水需求，建造了很多海水淡化厂，这也将对温室气体排放量有进一步的影响。2008 年全西班牙共有 950 座海水淡化厂，并计划兴建更多。它们每天淡化 200 万立方米的水，足以供应 10 万人。每个淡化厂每年产生上万吨二氧化碳，而且在运营时消耗的能源也极为昂贵。在化石燃料变得稀缺的现在，人们已无法长期负担海水淡化。

事实上，水资源短缺可能会引起当地滋生环境犯罪。2003 年澳大利亚干旱期间发生的奇怪偷水案件印证了这一点。在超过 146 宗案件里，劫匪经常使用一系列设备，包括推土机，从邻近水坝和死水潭里偷水。偷邻居的水的好处在于能够绕过澳大利亚水法，该法律对钻孔和从江河里取水的规定非常严格。在这看来，法律似乎鼓励了环境犯罪。澳大利亚的统计表明，因为 2003 年的干旱，全国失去了约 40 万个就业机会，并且估计仅在这一年国家损失超过 1.3 亿英镑。

在英国，政治家已经挑起了民怨和一些国内动乱，人们在自己的家园被淹没一年后都无法返乡，开始流落街头。2007 年的 6 月和 7 月共有 55000 个物业被淹没。大概 7000 人被应急救援人员从洪水中救起，13 人死亡。洪水造成了自二战以来最大的基础服务的破坏，几乎 50 万人水电供应中断。交通网络瘫痪，水坝缺口被勉强修复并且应急设施失效。保险业预计要赔偿超过 30 亿英镑，其他大量的公共设施维修费用由中央政府支出，而公共事业公司则负责水和电力。

一年之后公务员迈克尔·皮特爵士被委托写一份评论，该评论已经在 2008 年 6 月 25 日出版。这评论详细并且精妙地肯定，没有人比这些后果的真正承担者更加清楚破坏的严重性。甚至在洪水过了一年后，仍然有 4000 余人无法返乡。几十万人所遭受的创伤和痛苦是巨大的，但迈克尔·皮特爵士仍然推崇在冲积平原上开发建设。引用他的评论：

- 有很多份意见书针对我的这份评论，呼吁彻底地放弃在冲积平原上建造建筑。
- 这是不现实的。国家不能停止所有泰晤士河的开发项目，或者完全不理会重要基础设施的选址问题，例如使水处理工程和发电站远离它们运行所需的水源。

继这起事件后，考虑到防御洪水的条件，保险业威胁拒绝完全赔偿那些建在冲积平原上的房屋，这将对财产保障有着重大影响，并且阻碍了政府在这种区域上建设重大项目的计划。充分了解在冲积平原上开发重大项目的风险后，约翰·普雷斯科特推进了位于泰晤士门户区约 200000 户家庭的房屋建设。那里早晚会被淹没，而且他知道这一点。

据统计，在英格兰约有 10% 的房屋面临着至少百年一遇的洪水风险。根据 2000 ~ 2006 年之间的下议院报告，英国有洪灾隐患的地区里正在兴建的新房子的平均比例为 11%。即使政府在 2006 年已经出台了关于洪水的规划政策，英格兰仍然批准冲积平原上的开发项目。苏格兰在 1995 年就停止了，威尔士是在 2004 年，北爱尔兰在 2006 年。在冲积平原建设不仅让生命承受风险，还使下游地区发生洪水的风险更加严重。

迈克尔爵士的报告提到："在冲积平原上建设的地区里，建筑应该建造得对洪水有很强的适应性。政府近来给相关开发商提供了一项指引。"但人们是没有办法使建筑对洪水有很强适应性的，除非你把它们名字改为船。这种傲慢的、无视人类痛苦和灾难的无知决策最终会让人们走上街头抗议，但他们不会去寻求迈克尔爵士的帮助，他也知道这一点。这给我们一个暗示，为什么那么多有权力的人在这些事宜上能肆无忌惮地谴责别人的生活。建在英格兰冲积平原上的这类建筑都是些社会住房、学校、医院和护理院。这类建筑的占有者都是我们社会上最脆弱和最不可能暴乱的人群。

缺乏问责制度将不可避免地驱动内乱。相比之下在挪威或法国，面对洪水这个问题，如果一个规划者或市长同意在洪泛平原里开发将会被追究法律责任，甚至被监禁。挪威保险公司最近成功地从排水系统提供者那里获得赔偿，该提供者因对水渠管理不善导致了房屋遭受洪水。也许英国的保险公司会以疏忽而造成洪灾损失为名向他们的顾客提起诉讼。

环境局多年来关于禁止在洪泛平原上建设的建议，一直被政府人员和规划者有意识地忽略，特别是在泰晤士门户区问题里。环境局也愈发拥有环境影响力。就汤布里奇和莫林区行政法院委员会来说，委员会的关于允许在洪泛平原上建设庇护住房的议案遭到了否决，原因是未能充分考虑政策引导。至于布鲁尔和史云顿市议会也考虑到了同冲积平原政策的关联来完善发展规划政策。并且在 2007 年，环境局经最高法院裁决在同一个地方议会的纠纷中胜诉了。该议会计划在洪泛平原中近来已经被洪水严重影响的区域兴建 63 个庇护住房公寓。议会被指出并没有进行规划政策指引规定的逐次测定。

如果普通群众想要就在洪泛平原上进行项目开发而造成损失的事件提起诉讼的话，可以借用雷弗德民房同基文欧克斯区议会制定的法律判例，其中有相关规定来应对规划当局因允许过度开发导致洪水而带来的损失。审理此类案件的法院建议在本区域附近的开发商应对排水系统的超载负责，而并不是规划当局给予许可。因此，这意味着有可能因为损失而把这些房屋的开发商告上法庭。

在洪泛平原上开发的现象，为生命财产带来了隐患并不可避免地引发内乱而激发人们潜在的暴力倾向，要援助这些深受其害的人们是困难的，但问题在于谁将成为人们愤怒的宣泄对象呢？规划者、议员、开发商、公共事业和政治家全都参与了这项目光短浅的活动。当气候变化时这将逐渐地危及人们的生命。相对于攻击市政厅，我们应致力于开拓诉讼途径，来确保相关人员能够对因为自己无知、缺乏远见或者贪婪所造成的破坏负责。

## 水的战争

我们可以从国家边境上发生的冲突中学到很多东西，那里的动乱都是由法律来解决的。当事件牵涉到两个国家的时候，他们可能会彼此交战。全球水战争早已有所预测。从湄公河到罗纳河，有很多这类冲突。

有个受人关注的地区，长期缺水并且加上政治动荡不安，就在约旦河附近。尽管一个有前景的项目召集了约旦、巴勒斯坦和以色列的水文学家共同改善该河流的水质和管理该区域水资源的需求与供应，水供应依然不可避免地成为焦点。该地区人口持续快速增长，同时由于干旱和气候变化其季节降雨量更为稀少。有一种希望寄托在海水淡化技术的发展上，例如据《泰晤士世界地图集》的介绍，海水淡化已经为有 56000 人口的埃拉特市大部分地区供水，同时满足了毗邻黑海的位于内盖夫沙漠的基布兹市 80% 的用水需求。而黑海自 1975 年来已经大规模下降了 17m。在一个更大规模上，咸海已被形容为世界上最严重的环境灾难，据预测，这在 10 年内将成为武装冲突的原因。内陆咸水海将在前苏联加盟共和国哈萨克斯坦和乌兹别克斯坦划分开来，自从前苏联开展了一个庞大的灌溉计划——由其两条支流中抽水到沙漠里种植棉花和水稻，过去的 25 年里一直在干涸。灌溉面积从 20 世纪 60 年代的 600 万公顷扩大到 800 万公顷，相对地，海面积开始缩小。现在减少到三个独立的部分，并且仍然在蒸发。海岸线已经平均后退 250 公里并且海水的盐度在急剧上升，使得海水在很多地方都变成了粘稠的盐团，包含着农药和矿物质。咸海周边严重的肝癌和肾癌已经司空见惯。虽然与其相接的五个国家已经共同出台了一项行动计划，但似乎他们之间就如何推进方面还没达成太多的共识。而在咸海北部，哈萨克斯坦拟建的大坝，可能会成为该地区不可避免的水资源战争的

图 4.7 干旱正逐渐威胁的不仅仅是农业，也包括了地下水和地表水资源的可利用性。在沙漠与种植区之间的聚居点会首先变干，然后是那些抽取地下水已经使得地下水位骤然下降的区域，例如波斯沙漠周围的那些村庄。
资料来源：Sue Roaf.

导火线。

这样的例子不胜枚举，例如土耳其、叙利亚和伊朗之间关于底格里斯河和幼发拉底河水资源的不断争夺。印度计划从主要河流中转移大量的水，包括恒河和布拉马普特拉河，威胁到了下游 100 多万孟加拉国人的生计。串连起从喜马拉雅山上流下来的主要河流，并将其穿越易干区域并往南转移的庞大计划还没开始实施，而与其关系密切的孟加拉国，正准备呼吁联合国重新起草关于水资源分配的国际法律。这个计划是巨大的：要完成它需要花费 440 亿～1250 亿英镑和 14 年的时间。如果该计划继续推进，孟加拉国将必须建立一个巨大的运河网络，用于灌溉现在由雅鲁藏布江浇灌的农田，但他们声称这整个计划会对国家造成灾难性的影响。也许另一场水的战争正在酝酿。

但这个斗争的规模也可能会很小。当一个岛的一边干枯了而另一边没有，这会发生什么？那会对当地紧张的局势造成什么影响？举例来说，令人意想不到的气候变暖带来的影响是苏格兰开始缺水。2008 年 7 月苏格兰西北部艾莱岛的 10 间威士忌酒厂中的一半被迫关闭，原因是供水源的泥炭层脱水了，导致了若干起火灾和几条小河断流，并且使得湖水面下降。该岛北部的酿酒厂停产了两个星期，而那些在南端的，如世界著名品牌，则保持生产。就像其他行业一样，威士忌市场上有很大的利润。在这里，我们看到了一个现象，就是微气候和微位置可能对一个区域内的农作物和生产的生存能力以及当地水的战争越发举足轻重。

2007 年，特大旱灾开始频频出现在美国和澳大利亚；2008 年，中国长江水域的水位高度达到自 1866 年以来的最低。长江为沿岸亿万人口提供了饮用水，并为占中国经济生产总值 40% 的数千家工厂提供了工业用水。河流水位急剧下降不仅对经济产生了影响，也增加了余下的水的毒性，并且干旱会危及一些物种的栖息地，例如江豚、中华鲟和很多鸟类。湖泊和江河的干涸的可怕影响是，使得陆地上老鼠的觅食地点从干旱的芦苇床进军到人群密集的地方。

## 钻孔取水

钻取的问题之一是导致水资源的减少。地下水是世界上超过 20 亿人用水的主要供应源，但几乎所有地方的地下水都在减少。墨西哥城下方的地下水位已经平均下降 2m，而在美国中西部过去十年里也下降了 3m，某些地方是 30m。很多地下水已经从佛罗里达州被抽走，一些地方的含水层正面临着被海水淹没的风险。12 个过百万人口的城市依赖地下水供应，包括上海、曼谷、伦敦和加尔各答。急速增长的世界人口在工农业方面都需要用水。种植一吨小麦需要 1000 吨水，而种植一吨水稻则需要 2000 吨，当含水层枯竭的时候，很多地区的小农户将首先遭受影响。依赖地下水生活的人口在不同地区所占的百分比大概是：欧洲 75%，亚太地区 32%，美国中部和南部 29%，世界范围内平均是 32%。

## 谁拥有水资源

我们这里存在一个问题，就是谁拥有着地面上的水？这个问题好比是谁拥有空气。有一件事是肯定的——不属于可口可乐。在印度高知，12 月份时一个名为 "Davids" 的当地组织，以村民小组的形式，将主要的无酒精饮料 "巨人" 企业——印度斯坦可口可乐公司告上了喀拉拉（Kerala）高等法院，要求该企业在位于帕拉卡奥迪区（Plachimedu）的装瓶厂停止抽取地下水。David 赢了这场官司，法庭指示当地议会和州政府确保该公司在之后的指定时间内不能抽取地下水。法院颁布法令，土地下面的地下水并不属于该土地的拥有者。通常情况下，每个拥有者可以抽取 "合理" 数量的地下水以满足自身家庭或者农业的必要需求。但在这里，每天有 510 公升的水被抽取，转变为产品并运往州外，从而打破了 "自然水循环"，导致了工厂周围数英里村域的干涸。法院裁定该公司抽取地下水的行为，即使只是达到了允许的抽取量，也是不合法的。该公司没有权利提取这么多的自然资源，而且乡村行政委员会和政府有义务阻止它。法院认为，地下水属于广大市民并且该公司没有权利占有。政府也没有权力允许一个私人机构抽取这么多的地下水，这可能导致地下水的干涸。因此未来买主应谨慎的对待用水量大的行业。

可口可乐公司的案例是这样的一个问题：他们抽取地下水并超出了环境承载力，以维持无酒精饮品的产量达到需求，同时达到当地传统社区的期望。这种承载力的基本估算应该已经完成，并且应在工厂发展的规划阶段审查。

## 谁负责水资源的问题

这里有两个问题：

● 第一点是不可持续的发展——这个项目超过了该区域所能支撑的环境承载力。正如我们从上面可口可乐的案例看出的那样，根据现有水资源的储量，在未来的气候条件下，计算出日益减少的环境承载力从而使人们的大量需求得到满足。承载力的估算作为一个项目可持续性声明的一部分，应该在规划阶段就发布出来，并且反对像在高知的那间工厂做出那样的决定，应该在重大损失发生之前作出。

● 第二点是对可用水资源的分配上应有明确的法律，以保证人们获得干净的水的基本权利。

在英国，这些问题都是相关的，政府应该对以下问题给予回答：

● 现在和将来，当建设泰晤士河门户区开发地、伦敦东部的20万户新房屋的许可下发的时候，东南部的长期缺水会被考虑吗？

● 在东南部兴建新房屋的额外基建费用是多少？与西北部相反，这里夏季将有更多的水资源，那些必须建立起来以应付增加的水资源的新水坝和水厂在哪里？而且普通住户的长期成本将会低一点，谁替他们付了款？

● 普通住户愿意支付上涨的水费使得额外的20万户新居能够在泰晤士河门户区建成吗？

● 在规划过程中，怎样处理因房屋增加使得东南部夏季干旱加剧的严重问题？

● 农业用水会越来越少吗？而因为灌溉用水必须留给更有价值的蔬菜和沙拉作物，哪些人已经在遭受由干旱带来的种植作物的压力？政客不明智地批准超过地区环境资源含量所能支持的开发，谁又能向他们索赔？

## 英国的洪灾

洪水是正在增多的全球范围的长期性问题。推测在英国会显著增加的原因在于：

● 根据"PRUDENCE"的研究，冬季降雨会增加，而且夏季也可能增加。

- 更高的海平面，加上更高的海浪高度和更大的风暴潮。

- 更加激烈和频繁的冬季风暴。很难预测风暴的发生，哈德利（Hadley）中心的模型预测风暴会增多，但同其他几个模型的结果大相径庭。保守估计，风暴无论如何都会增加雨量。值得注意的是 PRUDENCE 推测，在英国像卡莱尔和纽卡斯尔的北部地区将会有更频繁和严重的风暴。

英国内阁办公室已委托一项重要研究，来考察本国在不同的 UKCIP02 预测情况之下，未来可能的洪水资金消耗和四个社会经济领域的情况（表4.2）。

86 位英国权威洪水专家对 21 世纪 80 年代英国因洪水问题的
年均资金消耗的预测，单位是 10 亿英镑　　　　　　　　　表 4.2

| 项目 | 排水不及的洪水 | 河流和沿海洪水 | 总计（占 GDP 百分比） |
| --- | --- | --- | --- |
| 世界市场（高度发展） | 15 | 27 | 42（0.19） |
| 全球可持续性发展 | 3.9 | 7 | 10.9（0.08） |
| 全国企业 | 10 | 20 | 30（0.41） |
| 本地管理风险 | 1.5 | 4 | 5.5（0.08） |
| 管理 | | | |

资料来源：Foresight Project, UK Cabinet Office

因排水不及造成的洪水资金消耗应该得到重视。那样的洪水能在任何地方发生，特别是那些排水系统已经老化、超载，或者缺乏清洁和维修的地方。2007 年 6、7 月份的洪水很清楚的证明了这一点。英国排水系统的建立时间往往能够追溯到维多利亚时代。这种问题在苏格兰并不是十分严重，那里除非是现有排水系统尚有一定的承载力，否则是不允许开发商建设的。但是在英格兰和威尔士，就算排水系统已经超载，建筑建设还是能得到允许。

这会给保险公司带来难题，因为排水系统的不足之处很难在地图上绘制出来。很多大型的保险公司拥有地理信息系统，其中有地图显示哪些区域正面临着从河流或者海面而来的洪水风险，但这些不包括正面临着因排水不利导致的洪水风险的区域。例如在 2007 年 6 月，南约克郡所有收费关卡的村庄都被水浸了，这个地方在带头保险公司得知的所有洪水区域之外（见图 4.8）。

## 洪水带来的公众健康危机

近一半的世界人口被虫媒疾病感染，很多与积水有关。像疟疾、肯雅热、西尼罗河病毒和登革热等疾病都依赖于温暖和潮湿的环境。气候变化带来更温暖的天气，会增加英国洪水

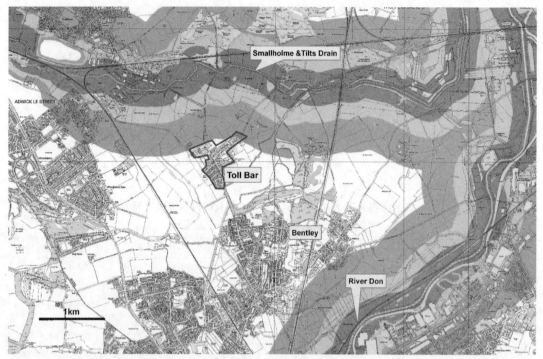

图 4.8　征收通行费关卡地区的地图，以不同颜色表示了受灾的不同程度。这是目前保险公司拥有的关于全英国洪灾区域的地图。对于保险公司而言，这份地图可以在不能辨别情况时使用。

的风险。在此期间由于存在人畜共患疾病和饮水传播的病原体，洪水会带来严重的健康危机。人畜共患疾病是能够在脊椎动物中传播的疾病。这包括炭疽和委尔病，由洪水传播。饮水传播的病原体如隐孢子虫，可以来自于污水、尸体或者动物排泄物，并且能够由洪水传播，往往能够通过水库接触到饮用水源。隐孢子虫并不能被一般的水处理厂消除。人们在受污染的水域中游泳，接触受污染的水，或者甚至接触用过的沙包中的沙都是相当危险的。

　　根据米德塞科斯（Middlesex）洪水灾害研究中心的研究，20% 的水灾灾民患有肠胃不适，这些疾病对老人，年幼的儿童或那些没有足够免疫能力的人群是致命的。英国 2007 年夏天洪灾中出现的最悲惨的故事是：66 岁的爱德华·霍普金斯，7 月 20 日一股激流冲进了他的房子，他在肮脏的洪水中被困 4 小时，18 天后死于多器官功能衰竭、败血症。

　　最安全的做法就是完全避免在洪水灾害地区建设房子，这是大多数发达国家，包括苏格兰、威尔士和北爱尔兰所采取的办法。

　　相比于英格兰，苏格兰在处理洪水危机的方法上有大约 28 个显著的不同点。其中包括法律法规、规划做法和政策等方面的差异，也包括在与所有主要利益相关者合作时的差异，尤其是地方和全国政府（除了马里）对减少洪灾风险表达了真诚愿望。

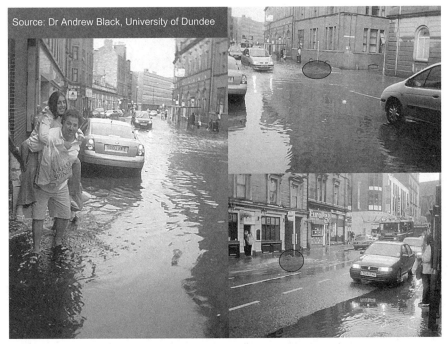

**图 4.9** 排水系统有时竟可以为洪水堵塞建成地区提供途径，如图，紫色椭圆形标记的地方显示未经处理的污水从下水道中流出来。

资料来源：Andrew Black，University of Dundee.

英格兰情况很不一样，优先被考虑的事是建造数百万的新房屋，并不理会其是否面临洪水危险。在英格兰，估计有 200 万房屋处于洪水灾害区（表 4.3）。

<table>
<tr><td colspan="3" align="center">**英国的洪水风险**</td><td align="right">表 4.3</td></tr>
<tr><td>国家</td><td>现有面临危机的财产所占比例</td><td colspan="2">洪灾区新建房屋的比例</td></tr>
<tr><td>英格兰</td><td>10%</td><td colspan="2">11%</td></tr>
<tr><td>威尔士</td><td>12%</td><td colspan="2">可忽略（自 2004 年起）</td></tr>
<tr><td>苏格兰</td><td>3.9%</td><td colspan="2">除了马里（Moray）可忽略（自 1995 年起）</td></tr>
</table>

英国洪水爆发的最大问题是，有惊人的 11% 的新建项目位于冲积平原（洪泛平原）上。规划者通常喜欢把房屋安排在冲积平原，而不是平原绿化带，但这种做法的人力消耗是不可估量的。

自 2003 年 1 月 1 日开始，英国面临洪水危机时财产的保险问题，已经由 ABI 的"原则声明"解决。根据 ABI 的声明，"在洪泛平原上"约有 35 万处财产面临水浸危险，风险可能性大于 1.3%。（但不清楚这数据是否包括低洼海岸财产，非家庭财产或者英国境外财产。）这些财产不会得到新的保险，但那些已经投保的则可以得到，并且声明提供了改善措施以使风险降低到 1.3%, 计划在未来五年内（滚动的时间界限）完成，这些保险通常由现在的保险公司持有。这意味着这样业主不能仔细寻找更便宜的保险，但对于物业来说，如果它已被销售（受正常承保标准），当前保险公司将继续承保，而且当前保险公司会对销售中的小部分交易承保。在制定的时候，ABI 并没有正式提到这份原则声明是否适用于苏格兰、威尔士或者北爱尔兰，还有英格兰，但可以假想这是意图所在。

保险业的协议并不限制保费增长，在 2007 年洪灾后英国很多低洼地区的业主见证了保费的上升，甚至会高达 1000～5000 英镑，或者更多。销售这样的物业将变得更难，特别是如果贷方要求安排必要的保险。2007 年夏季将近 15000 户被水浸，而且洪水风险在气候变化情况下必然会大幅上升。

## 社会恢复力

建筑设计和社会系统能够影响社会的恢复能力和最终洪灾的总体损失。其中有几个值得关注的方面，例如：

- 英格兰有 89 所医院和 2374 所学校处于洪泛平原上。其中超过 70% 没有防洪设施。医院难以疏散，尤其是重症监护病房的病人，在疏散时可能会身处险境。在洪灾期间，隐水传播的病原体可能会广泛引起传染病，那时医院也是很重要的资源。
- 有法律保护动植物，但没有法律保护人类。因此为了保护筑巢的鸟类，水道常常无法得到清理，进而增加了洪水暴发的风险。
- 很多地区的消防和救援部门没经过洪水救援的训练或者缺乏救援工具。在苏格兰这是一个法定的职责，但在英格兰这些服务通常由来自救生艇部门的志愿者提供。
- "残疾歧视法"要求在新的物业中满足无障碍设计要求。当建造者面临着要在门口设置坡道的需求时，他们似乎更倾向于降低物业底层平面的高度以节省坡道的花费。这必然会使得物业更容易受到洪水的袭击。在洪灾区为残疾人建设房屋的时候，道德问题似乎没有加以考虑。
- 邮局、小商店、理发店和其他小企业对于社会凝聚力和地方就业来说很重要。如果这些店铺关闭了，社区将更容易发生社会问题。
- 英格兰当前每年有 191000 名移民进入国内，使其变成了一个文化日益多元化的社会，要使他们凝聚起来需要付出很大的代价。在过去三年英格兰的人口差不多增长了 100 万。

另一个洪水带来的严重问题可能是土地污染。许多污染物的主要特点是，他们更可能在湿润的而非干燥的土壤里面转移。冲积平原很多土壤曾经有毒性的区域如果被水淹没之后，

图 4.10  2002 年 11 月份，玛丽卡尔特 (Maryculter) 的迪伊河 (The River Dee)，阿伯丁郡 (Aberdeenshire) 议会官员在洪水期间乘坐直升机所拍的一系列照片中的一张。以中河的河流为界，然而河流就在中间，左边是阿伯丁郡，右边是阿伯丁市 (Aberdeen City)。注意图面中心被淹没的营地。河流的正常路径可以在画面上方附近看到，在那里农民曾修建河岸防洪堤。阿伯丁郡的策略偏向于鼓励农民移除河流旁的防洪堤坝。更能可持续而发展的方法是允许农田被淹，从而储蓄洪水，减轻下游流量，进而减少其他地方的洪水。
资料来源：reproduced with the kind permission of Aberdeenshire Council.

毒性将变得更加强。在这种情况之下，如果经常被水淹没的话，即使部分表层土已经被移走或者替换，污染物也会透过上层的新土析出到表层。因此最恶劣的状况是由受污染的土地和定期淹没的区域共同造成的，突出了冲积平原上含有工业区排放污染物的问题。

英格兰的主要问题在于，即便如此容易受水淹影响，却依然无视风险地批准在洪泛平原上的新开发项目（表 4.4）。

英格兰当地规划官员继续批准位于洪灾区里的开发项目的原因并不清晰：有可能是多个事实共同造成的：

- 英格兰的规划政策在某些情况之下，即没有更适合的用地时，批准位于洪泛平原上的开发项目。
- 英格兰东南部的很多地方缺少开发用地，那里的土地常常是主要农业用地、有特殊科学价值的区域、自然保育区、绿化地带或者其他类似的地带。因此受到一些强大的利益集团和法律保护，不能用于开发。
- 规划人员不必担心洪水防御计划的设计或资助带来的麻烦，而在苏格兰则需要考虑。相反的，他们可以将这个问题留给环境局。
- 规划官员受到了来自房地产开发商的压力，这些开发商近年来取得了巨大的利润，而且

英国洪灾风险区所有新建住宅的百分比，按地区计算 1996 ～ 2005　　表 4.4

| 地区 | 1996 | 1997 | 1998 | 1999 | 2000 | 2001 | 2002 | 2003 | 2004 | 2005* |
|---|---|---|---|---|---|---|---|---|---|---|
| 东北部 | 6 | 5 | 2 | 3 | 1 | 2 | 2 | 3 | 2 | 2 |
| 西北部 | 5 | 5 | 7 | 5 | 6 | 9 | 6 | 8 | 5 | 4 |
| 约克郡 (Yorkshire) 和亨伯 (Humber) | 11 | 12 | 7 | 10 | 13 | 12 | 11 | 15 | 10 | 13 |
| 东米德兰 (East Midlands) | 10 | 12 | 6 | 7 | 9 | 11 | 13 | 13 | 11 | 9 |
| 西米德兰 (West Midlands) | 7 | 4 | 6 | 6 | 2 | 4 | 5 | 4 | 5 | 3 |
| 东英格兰 | 6 | 7 | 8 | 7 | 7 | 6 | 7 | 8 | 7 | 13 |
| 伦敦 | 27 | 25 | 26 | 24 | 23 | 20 | 21 | 28 | 26 | 18 |
| 东南部 | 6 | 8 | 9 | 10 | 9 | 10 | 8 | 10 | 7 | 7 |
| 西南部 | 5 | 6 | 6 | 8 | 7 | 8 | 10 | 7 | 8 | 7 |
| 英格兰 | 9 | 9 | 9 | 9 | 9 | 9 | 10 | 11 | 10 | 9 |

资料来源：Land Use Change Statistics, Department of Communities and Local Government* Provisional figures.

图 4.11　因为污染物和污水的蔓延。不仅是居住区容易受到河流和沿海洪灾的侵袭，交通线路、农业和卫生也很易受其影响。问题的严重性在赛文河的洪水景观中有所展现。资料来源：R.L.Wilby, Environment Agency.

他们常常对地方或全国政府有负面的影响。也许是巧合，我们能经常发现这些开发商是一些政党的主要资金赞助者。

● 规划官员也受到了来自地方民选议员的压力，这些议员希望看到他们的议区能得到更多的开发，因为这样能带来更多的收入和财富。

● 规划官员不像在苏格兰那样，而且几乎从未征询过主要利益相关者的意见，如保险业、土地所有者、居民协会、洪灾幸存者团体或者其他面临洪水危险的人，所以他们得到的是关于这问题完全片面的看法。

● 许多规划官员和地方议会委员会的成员根本不理解所涉及的问题，因为他们没有得到充分的解释信息，也未能与保险公司那样的关键利益相关者交谈，而保险公司是可以帮助他们了解问题对当地社区影响的。相比之下，苏格兰地方当局定期向保险业征询意见。而作为回报，工业界帮助解决保险的可用性和承担能力里可能出现的地区困难。

甚至专家们都没有商定怎样准确地计算有关洪水的影响，这就是为什么 Kohn Pederson Fox，RMJM 和 Nicholas Grimshaw & Partners 就苏格兰克莱德河 (River Clyde) 河岸上一系列新开发项目展开了一场激烈的争论。该项目要求填埋一些船坞，根据克莱德文物信托的一份报告，这样会增加格拉斯哥发生严重洪水的风险。该报告总结，格拉斯哥可能会面临类似造成 2002 年布拉格和德累斯顿 (Dresden) 那场破坏严重的洪水的危险。所有河岸边的地产开发项目共同造成了河流越来越窄的事实，从而降低了其防洪蓄水的能力，把水推到了城市的其他地区。克莱德文物信托还要求城市的整体重建项目中应容有一个全面而强大的防洪计划，类似 1984 年泰晤士水闸的建设那样。

开发商和专家们不认同这份报告的调查结果，争论非常激烈。但这存在着一个道德问题：究竟是哪一方应先退却？是主张预防的一方，即趋向于拖延那些可能会造成周边社区灾难性后果的开发项目？还是主张通过时尚的房地产开发项目来提高整个地区价值的一方？两方面的人群，地方家庭税纳税人和那些如果被淹没则会失去价值的物业拥有者，都必须面对这样的开发项目带来的灾难性后果。似乎是有着一个道德责任来确保双方能够正确理解己方在争论中的计划，以使其能最好地决定自己的未来。开发商对该区域社区的长期福利里没有既定的兴趣，但是承保这些物业的保险公司在这种开发的未来中将会牵涉进来。这就是为什么他们对这些开发如此关注。

随着城市的扩张以及吸水的田野和道路被不透水的道路、建筑物和停车场所取代，城市洪水在世界范围内会越来越多。暴雨会导致能带来灾难性后果的山洪暴发，而城市洪水现象正成为城市的普遍问题，但之前的多个世纪以来城市从未接触过这样的问题。这主要的原因不仅是有了更多的坚硬地表，也包括不断地在洪泛平原上建造和气候变化带来的降雨强度的增加。台风降雨和污水处理的基础设施也是英国的一个问题，英格兰和威尔士的一些议会现在使用了 SUDS——"可持续排水系统"——来降低发生城市洪水的风险。但值得注意的是这些系统在洪泛平原上并不奏效，因为任何的水池在洪水暴发期间都会在地下水位以下，洪水在这里无处可排。SUDS 对所有苏格兰的新建开发项目都是标准适用的，这无疑在世界同领域里面领先，特别是在对现有物业进行 SUDS 的改装上。然而，在苏格兰并没有把 SUDS 作为防洪工具的做法；相应地发现 SUDS 被单纯用于减少污染蔓延。另外，在苏格兰维护 SUDS 的设施是法定职责，但是在英格兰和威尔士维护的责任问题依然没有解决，很多 SUDS 的池塘都被填埋了用作停车场或者成为了垃圾填埋区。城市洪水的一个关键问题包括暴发的速度和在人们没察觉的时候突发的影响，这问题对于很多与洪水相关的溺水死亡也关系密切。人们错过了时机，使得试图从他们的汽车上逃下到淹没的道路上变得十分困难。

图 4.12 英国很多大型水库建于 19 世纪晚期的干旱年份，如克雷格·古奇（Craig Goch）水库。伊兰山谷中的一个水库，在威尔士的中部，为了给伯明翰提供安全用水而建，距其 72 英里。该计划是后期维多利亚州伯明翰市长的心血，其中一个水库的水容量有 200000 万加仑。现在伊兰山谷水坝拥有者是 Welsh Water。

资料来源：Charles Knevitt.

## 正在上升的海平面

由于该地区地块下沉，英格兰东南部的洪水问题变得更加严重了，导致东南部相关的大片区域已经很容易受海洋和河流的洪水影响。世界上很多地区都面临着这个问题。

世界范围内，大约有 4 亿人生活在海平面 20m 以下的地区，而且有 23% 左右离海岸线不到 20km。然而根据现有数据这个数字很难正确计算。11 个世界上最大的城市位于沿海地区，而美国有 53% 的人口生活在海岸附近，这样将很容易受到海平面急升的影响。

威尼斯是与伦敦面对同样问题的众多城市中的一个，问题就是海平面上升和城市本身的冲积土下沉。1900 年威尼斯中部圣马可广场周围的地区，在一年里大概被淹没过 10 次。而现在是每年接近 100 次，过去的一个世纪威尼斯已经下沉了 20cm。如果科学家是正确的，海平面在接下来的一个世纪里会上升 40 ~ 60cm，而城市则以同样的速度下沉，这样的话最终城市被淹没是不可避免的。并且据预测到 2100 年，这些城市将不适宜居住。很多人怀疑城市泻湖周边拟建关卡的计划是否会落实，因为它的成本至少达数十亿，并不是数百万。

## 水质

水质将会受到气候变化的很大影响：

- 夏季降雨的减少将会影响水的供应量和质量，同时也会增加空气中二氧化碳的浓度以及河流，水库和湖泊中污染物的含量。

- 更高的海平面会干扰自然排水模式、海岸线和水供应以及排污网络。
- 更加强烈和频繁的风暴可能会污染水源。
- 变化的地下水位影响水供应。
- 水温升高会加速细菌在水中的传播、植物和真菌的生长。
- 河流水含氧层和水量的减少以及水温的升高，会使很多河流物种死亡，包括鱼类，和那些在自身栖息地对温度很敏感的物种。
- 降雨和风暴发生频率的提高带来的高强度的雨水，将加剧建成区污染的发生率。

有一个例子发生在非洲中部的坦噶尼喀湖，多种因素相结合并正在破坏大片的水域，同时严重打破了湖水的营养平衡，以至于重要营养素的缺失，使得鱼类储量急剧下降，给当地渔业经济带来了巨大的影响。有一个区域，当地四个接壤国家的人们日常所需蛋白质的 25% 到 40% 一般来自于湖泊。鱼数量的下滑，很大程度上是由于水温升高和风模式的变化，这将对当地居民造成灾难性的影响。

## 水坝和水库

降水级别以及旱季雨季，对集水、蓄水和水供应系统的基础设施有直接的影响。气候变化是破坏其系统完整性的罪魁祸首。

举例来说，很多国家的水坝、水库和运河都存在一个非常真实却隐蔽的问题。1925 年 11 月 2 日北威尔士康威山谷里的埃加（Eigiau）大坝的一部分其下部发生了井喷。水冲出了一条 70 英尺宽，10 英尺深的渠道，5000 万立方英尺的水落到了下方的科厄迪（Coedty）水库里。水库当时几乎满了，泄洪道必须以超越其最初设计的能力，来处理过多的排放量。结果水冲过堤岸，水坝核心崩溃了。7000 万加仑的水，几乎瞬间释放。洪水混杂着泥浆，岩石和混凝土在周一晚上 9 : 15 冲击了多尔加罗格（Dolgarrog）村。

当时，很多村民去了村民大会堂看电影，躲避洪水的侵袭，并且 200 名工人在附近的铝厂工作到很晚，否则会失去更多的生命。但仍然造成了 10 个成人和 6 个孩子死亡，很多房子被摧毁。

现在在村里还能看到房子那么大的巨石。后来有消息透漏，拥有水坝的公司的总经理和董事会，在一开始就知道水坝存在缺陷，但他们选择了将事实掩盖。从来没有人被追究责任，而且重建村庄的两条街道仍以公司董事的名义命名。

值得强调的是自 1925 年多尔加罗格灾难以来，英国都没有因水坝崩塌而造成人员死亡的事故，然而在世界范围内这样的事故都有发生。1959 年法国玛尔普塞特（Malpasset）大坝崩塌，造成 421 人死亡，还有 1963 年意大利的瓦伊昂（Vaiont）大坝由于滑坡造成蓄水漫顶，尽管大坝本身仍然完好无缺，还是导致了 1189 人死亡。1972 年美国弗吉尼亚州，一个水坝坍塌，造成了 125 人死亡。在英国，现代水坝和水库都以很高的标准来设计以及建造，设计寿命为 50 ～ 75 年，但是英国大水坝的平均寿命是 110 年，并且在未来安全时间范围内会因气候变化逐渐被侵蚀。目前为止，现行的安全标准主要关注的是保密水坝周围的效率并且增高堤岸高度。也有关注的是水坝坍塌洪水淹没地区图的秘密，以及紧急救援服务对处理灾难性事故的准备不足。

公共领域的信息足以说明问题的规模。1975 年的水库法适用于所有容纳或者能够容纳超过 25000 立方米水的水库。在英国有超过 2500 个这样的水库，其中有 530 个的规模大到足以列入世界大型水坝名单。该法令覆盖到的水坝持有者在法律上，有责任让水坝每十年接受一个土木工程师特别小组的视察，但法律没有指定检查的细节或者结果应该公布出来。实际上，检查的彻底性几乎完全取决于大坝持有人准备支付多少钱，笔者也不知道任何已公布的结果，或者甚至是通知地方当局紧急规划人员或紧急服务部门的案例。在撰写的时候，英格兰和威尔士的水坝持有者也拒绝出示水坝坍塌会被洪水淹没。这可能意味着，或者说确实已经发生了，当地政府规划官员给予了在大坝崩塌后会被淹没的地区进行新住房建设开发的许可，仅仅是因为他们不知道该区域处于危险区域。苏格兰的水坝持有者不得不拿出这些地区图给紧急规划者、消防和救援部门以及警察，以使得疏散计划得以进行。

相比之下，在法国，每个生活在有溃坝危险地区的人都完全清楚这个事实，而且这些地区经常进行疏散演习。工程师的非正式意见似乎表明，如果发出水坝坍塌的消息，英国人会比法国人更可能发生恐慌。

气候变化很可能导致英国水坝坍塌风险的增加，其中一些水坝已经有长达 300 年的历史。水坝坍塌可以由很多因素造成，例如气候变化，可能导致大坝基础沉降，山泥倾泻进入水库或者暴雨导致水库水量超载越堤。

英国 2500 座大型水坝中大约有一半有泥土堤岸，其中大多数是以前重土压实设备建造的。人们对这些土堤的承载力，尤其是核心部分，或者其内部沉陷或受干扰的程度知之甚少。

干旱可能导致堤墙开裂，而气候变化会导致夏季更干旱，随后的秋季更加多雨。这可能会施加额外的荷载，这些是在水库规划的时候没有考虑的。也可能存在着高海拔地区降雪增加，紧接着由于降雨导致迅速融雪而带来的额外负荷。水库表面上更高的风速会引起更频繁的越堤，除非是适当保护，否则会导致泥土堤岸被侵蚀。

其他可能的破坏原因包括阀门的破坏、管道工程或者管理手段、恐怖主义袭击或者飞机坠毁。很多水坝是在市区或其附近，例如在伦敦布伦特有一个大水库，非常接近住房和飞机飞行路径。大多数英国水坝超过了一百年历史。堤坝上的缺陷很清晰地记录了这些，但从未公布。国家水坝周围环境的保密原因并不清楚，但是当信息被隐瞒时，审慎的保险承销商总是倾向于最坏的假设。自 1925 年起，英国水坝的安全记录一直优良，但是气候变化的担忧可能会使得一些承销商重新评估局势。看起来在英国像是有人在大型水坝的危险区里生活和工作。在美国，那里的信息更容易获得，2000 多个社区已被确定面临着大坝带来的危险，确定那里是不安全的地区。

日益增长的人口和财富会导致水需求量的增大，特别是在英格兰东南部，然而供应量会随着夏季干旱而减少。需求控制管理例如水表等，只能起到有限的作用，并且地下水的抽取也接近了极限。因此有可能将要建造更多的水坝。在英格兰东南部，这些水坝可能靠近市区。与此同时，在 2002 年，政府出台了一个水坝研究计划，但某些研究工作由于涉及检查泥土岸堤的专业知识，转交给了运输研究实验室。

因为气候变化可能将要建造大量水坝，不是建造阻断型的水坝用作缓洪措施，就是建造用于水力发电（响应远离化石燃料发电的行动）或者供水（应对增加的夏季干旱）的水库。

同时，只要大坝状况报告和洪水地图仍然保密，保险公司会更倾向于猜测水库周边物业面临着洪水危险，这些洪水可能来自于大坝的缺口，特别是那些陈旧的泥土岸堤，或者是已建成超过 50 年的混凝土大坝。

## 运河和水道

英国水道（British Waterway）拥有并管理着超过 540km 的可通航河流和 2600km 运河，它们与英国的主要江河流域和陆地排水系统相交互。这些运河的大多数是在 200 多年前开挖的，而且缺乏对洪水的防御能力。水道往往跨越不同的集水区，因此可以将水流从一个集水区传送到另一个。英国水道还拥有和管理着 89 个英国的水库，有一些是完全用于蓄洪的。运河通常是"静止"的水域，并不能够像流动的河水一样进行自净，因此污染是一个严重的问题，例如从水渠来的污水，而且这问题在炎热夏天还会加剧。

运河一般的出水高度只有 300mm，而且有超过 650km 的岸堤需要维护。洪水漫堤会导致崩塌，特别是对于那些超过 200 年历史的岸堤。这能造成灾难性的影响，尤其是在城市地区。

英国水道很清楚其中的风险，并有一套水闸、堰、水泵和洪水闸门系统来控制进入运河的水量。其中有一个迄今行之有效的应急程序的完整系统。但是气候变化，和预测中日益强烈的降雨时期，将要给我们具有 200 年历史的运河网络带来一个重大的挑战，而且政府好像还没完全意识到这挑战。不管风险的程度，运河在水库法的安全要求中是被豁免的。

## 总结

地区降雨和降雪的水平对于我们的建筑环境和生活有着复杂而广泛的影响。为减少人口聚居地面临的灾难，将会逐渐影响未来居民对聚居区位置的选择。现在到了特定时候，就该把时间放到制定国家计划上来，让人们从沿海和沿河的洪泛平原上撤走同时处理相关极端降水事件。否则社会和经济成本在短期、中期和长期内都无法负担。问责制必须纳入系统，而那些有最终决定权力的人也应该落实必要的法律，为的是那些使得他们具有这样权力的选民的利益，而不是为了那些最响亮的游说团体。这些团体可能会改变他们的观点。

或许存在明智地制定计划，使居民最大限度地远离洪灾；然而，我们不可能让人们远离不可预知的风暴。

# 第 5 章  风暴

## 风暴的破坏力

在气候带给我们的所有危害中，风暴的影响是无可匹敌的。在未来，尽管风速和风向变化有着更大的不确定性，但通过最新的研究可以确定，英国正在成为多风地区，风暴事件也在逐渐增加。这反映了一个世界性的趋势，即不仅飓风和风暴的数量和强度会有所增加，而且风暴的持续时间也会长达数月之久，并且还无法对其进行预测。在全球每年发生的自然灾害中，超过三分之一是由风暴引起的，风暴所造成的人员伤亡和经济损失也占自然灾害总损失的三分之一。慕尼黑保险公司声称，证据表明，飓风和冰雹出现的频率将越来越高，而这个原因就势必将造成理赔成本增加。

2008 年美国冬季风暴造成的死亡人数创下历史新高。1 ～ 2 月期间，致命的夜间风暴在许多人熟睡时夺走了他们的生命，并且造成数千人无家可归。事实上，就世界范围来看，风暴所带来的死亡人数和损失都在逐年上升，不仅如此，在 2008 年发生在缅甸三角洲地区的飓风中我们还可以看到，对于生活在简陋木屋里的人来说，风暴的杀伤力更大。

暴风雨更加突出了适应性建筑技术的重要性。1987 年 10 月的英国大风暴造成了巨大损失，保险公司为此支付了高达 1400 万英镑的理赔。1990 年 1 月和 2 月风暴的理赔金额更是达到 2500 万英镑。然而这些风暴和 1993 年的 Braer 风暴相比都可以说是小巫见大巫。

Braer 可能是三百年来英国遭受的最严重的一次风暴。它持续了 22 天（其中有 17 天达到 12 级风暴强度或更高），其大气压力曾破纪录地低到 915mb，相当于 5 级飓风（1992 年美国的 Andrew 飓风只有 4 级，大气压力为 924mb，却造成了近 300 亿美元的损失）。相比起来，1987 年 10 月在香港发生的风暴就微不足道了：它只持续了 24 个小时，大气压力也只达

图 5.1　强风带来的损失是英国和全球保险业支出的最大组成部分。而其得到进一步关注的原因是 2003 年 12 月在加勒比海出现了有史以来第一个热带飓风，这也意味着美国的风暴季节将前所未有的出现延长。
资料来源：Sue Roaf.

到 960mb。然而，除了对船只造成的破坏，Braer 造成的损失对保险业来说是微不足道的。

之所以出现这种情况，原因之一就是适应性建筑的应用。据计算，如果所有建筑物都完全按照现行建筑法规建造，Andrew 飓风造成的损失则将减少 40%。而 Braer 风暴主要影响谢得兰群岛，那里的房屋都是由当地建筑公司按照苏格兰传统或者斯堪的纳维亚风格设计。因此，几乎所有的建筑物都由厚的石墙和威尔士板岩屋顶构成，并且内部装有衬板。

使用衬板有两个主要优点。第一，如果屋顶瓦片或石板被风吹走，还有第二层围护结构保护建筑。第二，衬板材料表面光滑，这意味着每一块瓦片或石板都必须单独固定，否则就会在施工时掉落。如果没有衬板，瓦片可以无需固定直接铺在屋面压条上，如果没有遇到强风，缺少固定构件影响也不大，但如果遇到了，后果可不堪设想。虽然在建造过程中使用衬板成本相对较低，但是，至少在英格兰和威尔士，现在也很少使用衬板材料。

在 1997 ~ 1998 年间，环境部门、交通部门，及苏格兰当局资助了一项苏格兰建筑调查研究机构的项目，探究气候变化对建筑业和建筑标准的影响。报告强调，新建筑的设计和规划需要改变，以满足适应未来各方面的变化。而对于那些不能应对未来气候条件的现存建筑来说，其维修和维护费用将会不断增高，而且保险费用也会不可避免的增加。研究还需进一步深入影响评估也需要更加仔细，遗憾的是从那以后我们几乎毫无进展。

或许这是因为人们普遍认为，风暴对于旧建筑的破坏比新建筑要大，而对于那些没有适当维护的旧房子，风暴的影响会更大。建筑调查研究机构早在 2003 年就曾这样指出过，最近，该机构又做了类似的陈述。但这其中有多少是事实，又有多少是臆想呢？大卫·克里奇只能找到一个研究项目是基于英国风暴灾害后保险业数据库的情况的，其研究结论却显示之前的看法也许是错误的。1998年预防损失委员会（现在建筑调查研究机构的一部分）的研究指出：

- 缺乏维护并不是主要因素。
- 易受风暴影响的并不是老建筑，而是新建筑，特别是1971年之后建造的。

我们迫切需要利用保险公司的理赔数据来展开进一步的研究。在建筑规范实施之前，当地建筑师往往依据当地的经验知识，运用当地的石材和木材，以及威尔士石板等，进行"过度建造"（为达到坚固采用厚墙等）。而依照现行的建筑规范，建筑只有10%的安全冗余以应对突发事件。这就是老建筑要比新建筑在风暴中更加具有适应性的原因。

阿伯丁大学一个研究项目涉及到了不同类型的建筑面对风暴脆弱性的详细评估，这个项目由大卫·克莱顿指导，预防损失委员会资助。通过分析保险公司理赔数据，研究证明，相比之下现代建筑要更加脆弱，尤其是1971年之后建成的房屋。原因之一是近年来预制橡木的使用。最初的橡子组装时并没有设斜撑，因此如果受到侧向压力，橡子就会像多米诺骨牌一样倒塌，连带推到山墙。有趣的是，一项研究发现，自1987年10月的风暴过后，所有受损房屋中，60%～80%（取决于不同地区）都出现了屋顶受损的情况，并且有相当大比例的山墙叶饰被损坏。近年来全球保险业因风暴而受到的损失越来越大。在美国，大多数建筑受损的平均间隔周期小于50年。随后美国保险业制定了一项完整的计划以增强建筑对风暴的抵抗力。

另外，关于上文提到的阿伯丁大学的研究，需要补充的是，对于英国的现代建筑，风暴的损害周期有一个3～4年的短间隔。现在保险业和保险公司已经要求当地政府提倡或者采用强制手段确保建筑符合规范要求。如果阿伯丁大学的研究是具有代表性的（当然需要更多的研究来证明是否属实），则表明英国的建筑规范可能已经出现问题。除非建筑规范条例发生重大改变，使建筑能够更好地抵御风暴（虽然这不太可能在短期内实现），否则保险公司就需要再仔细斟酌一下它们的理赔定价。它们可以根据建筑设计的统计数据、建筑公司股票类型，结合极其复杂的风暴模型完成这一调整。

在过去的十年里，保险公司的风暴模型有着明显的改善。最新的技术能够模拟风环境。首先，在不考虑地表粗糙程度的前提下，模拟地球自转产生的风，然后加入变化的地区条件，这时，风就会受地形和建筑形态的影响。这项工作由若干再保险人、承保人和再保险经纪人各自承担。然而，由于工作任务太过繁重，因而需要一个核心专业团队，运用大型计算机的处理能力为整个保险业和建筑业提供一个准确的结果。

## 将保险业作为提高建筑适应性的工具

建筑环境需要对自然灾害有更强的适应性。如上文所提到的，研究表明英国一些地区的建筑特别容易遭受风暴损害。保险公司在其中具有成为重要角色的潜力，通过保险金激励或者其他手段，提高新建筑的工程建设和检验标准，促进旧建筑的改造。当然，为了完成这一目标，我们还需要更多关于洪水和风暴的数据信息。

目前，投保者在报告他们的风暴损失时，保险公司往往只关注处理理赔的相关信息，但更有远见的措施是抓住一些附加信息，例如关于当地风气候以及建筑结构不当的信息。即便只是一个具有数千条理赔信息的数据库就可以对工程师检验工程质量标准提供很大的帮助。英国在 1987 年有一百万条关于风暴理赔的信息，而在 1990 年有三百万条。如果每条详细数据都能和当地的风速条件关联在一起，建筑行业现在就将会更加了解如何提高建筑对于风暴损害的适应性。尽管英国的保险公司自 1995 年以来已经开始关注洪水理赔的信息并拥有全球最大的洪水损害数据库，但问题是没有足够的经济利益驱使他们采集关于风暴理赔的详细数据信息，每年高达 3 万英镑的数据采集和分析成本让他们望而却步。即使下一场大风暴即将来临保险公司也不会更加关注和记录这些信息。

## 当极端风暴来临之际

### 逃到室外

许多人在风暴中丧命仅仅只是因为他们来不及逃离建筑。令人惊讶的是，在所有建筑类型中最容易受到风暴侵害的恰恰是最"现代"的建筑：狭长，密封表皮，有空调却没有窗户，以及没有通往屋顶的逃生通道。如果这些建筑位于洪水频发地区，当水位上涨淹没建筑底层唯一的出入口时，人们就失去了逃生的途径。如果建筑的空调再无法运行，比如说，停电或者空调机房恰好位于被淹没的地下室，而建筑内部又没有多少可供呼吸的空气（这曾经在2003 年 8 月纽约停电时发生过），情况就将变得极其糟糕。如果考虑污染物的因素，污水管道、煤气管道或者有毒气体的容器在洪水中被破坏，都可以使建筑变成一个死亡囚笼，除非人们愿意而且有能力打破玻璃幕墙（事实上对于一些现代的"防弹"玻璃来说，这是不可能的），否则他们都会丧命。因此，所有这种类型的建筑都要围绕这些可能性进行风险评估。

在风暴引发的洪水中，另一个造成人员伤亡的原因是地下空间逃生通道的位置设计不合理，比如停车场、应急通道或是地铁，因为洪水最先是在这些地方困住人们，或者在他们出逃的路上夺走他们的生命。2001 年在德克萨斯州休斯敦，当洪水来临时一位秘书正在乘电梯下楼，这时发生了停电。按照通常的自动程序，电梯慢慢的将她带到已经淹没了的地下室，最后她被淹死在电梯中。因此，在洪水，风暴或者火灾发生时，一定不要使用电梯。

另外，洪水频发地区的建筑必须要更加严格地遵守规范。经验表明，一层平房应该强制性规定必须设逃生通道，并且屋顶应附有易使人接近的窗户，这样当洪水突然来袭淹没房屋时，居民可就以通过这些设在屋顶的逃生窗口爬到屋顶。

住在传统建筑中的人们同样容易受到风暴的侵袭。在 2003 年 12 月法国南部发生的强暴风雨中。风速高达 90 英里每小时的风暴造成了 5 人死亡。一个老人溺死在了公寓的地下室，还有人因汽车被洪水冲离道路而丧命。约 8000 人被迫撤离，道路和铁路也被封闭。洪水造成马赛的两栋建筑倒塌，47 人被疏散到当地的体育中心。在里昂，200 人因列车取消而被迫在体育馆内过夜。为了预防风暴，国家原子能机构（ASN）关闭了 4 座位于罗纳河（Rhône）山谷的核反应堆，继 2003 年 8 月的旱灾之后，国家原子能机构的这次行动再一次说明了核技术在面对极端天气时的脆弱。洪水还造成一个位于卢瓦尔（Haute-Loire）地区的净水厂瘫痪，导致 4000 人饮水困难。这些事件大概让人们了解到了一场恶劣的风暴所能造成的影响。事后应法国总统希拉克要求，有关部门对事件原因进行详细的报告，该报告指出全球变暖为洪水频发原因之一。希拉克强调，未来几年内必须找到应对洪水问题的措施，以减小灾难的破坏。

### 洪水泛滥，滥伐树木以及山体滑坡

据《世界时报地图集》报道，全球每年有 9000 平方公里（相当于一个不列颠群岛面积）的森林被砍伐，以用于工商业、烹饪或者采暖。在雨天和暴风天气下，遭砍伐过的山坡因雨水冲刷而导致山体滑坡，近年来，这种现象在世界各地越来越频繁地出现。

例如，1998 年当飓风 Mitch 来袭时，山体滑坡造成的死伤人数是最高的，而这也是过度砍伐森林的直接后果。官方估算约有 7000 人丧命。据报道，损失最大的一次风暴发生在洪都拉斯，当这次风暴过后，洪水和山体滑坡几乎直接将村庄、房屋，甚至整个城市街区从地图上抹除，造成约 5000 人丧生，超过 60 万人——10% 的国家人口——被迫逃离家园。而在与它相邻的尼加拉瓜，死亡人数同样很高。官方初步估计全国约有 1330 人在这次灾难中丧生，1903 人失踪。卡西塔斯（Casitas）火山的火山湖坍塌，大量泥浆掺杂着碎岩涌入山下的村庄，这次泥石流造成约 1500 人死亡。

2003 年 11 月，在印度尼西亚的苏门答腊群岛，连续数天的暴雨引发的山洪袭击了当地的旅游胜地流舍国家公园（Leuser National Park），造成 72 名游客死亡。当地的伯赫洛克（Bohorok）河溢出河床，冲毁了沿岸地区大量脆弱的建筑，只有 10% 的房屋幸免于难。官方认为这次洪水的暴发是因为流舍国家公园的树木被大量砍伐，这也是世界上许多地区普遍存在的问题，包括西班牙、意大利、法国和瑞士。因此，保护和重植森林或许是减少风暴造成人员伤亡的措施之一。

图 5.2  1926 年 9 月的飓风过后，迈阿密市中心的皇家棕榈公园内散落的船只和残骸。
资料来源：Photograph courtesy of Special Collections Department，University of South Florida Library，Tampa Campus.

## 疏散

　　杰伊·巴恩斯，前美国国家飓风中心（位于佛罗里达州）主任，在他的著作《佛罗里达飓风历史》中表达了他对不断增加的国家人口和不断降低的民众疏散能力的担忧。尽管佛罗里达州在过去几年已经饱受飓风摧残，但大多数佛州居民都没有应对大型飓风的经历。巴恩斯将他的观点总结如下：

　　　　显然，1992 年的 Andrew 飓风对于南佛罗里达州来说是一个严重警告。The Panhandle 地区（佛罗里达州狭长地带）在 1975 年遭受过 Eloise 飓风袭击，最近一次是 1995 年 Opal 飓风，但佛州半岛本身在过去的 25 年中并未受到影响。回顾整个佛罗里达州所经历的飓风，我们可以发现在 20 世纪 20 年代、30 年代和 40 年代末期都有过飓风活动的记录。1926 年迈阿密曾遭受过一次猛烈的飓风袭击，1928 年奥基乔比湖的飓风造成众多居民死亡，1935 年 Labor Day 飓风则席卷了佛罗里达群岛。接着在 40 年代，一连串的大型飓风肆虐了整个佛罗里达半岛。1941 ～ 1950 年间，一共有 11 场飓风的记录，其中的 7 个达到三级或三级以上。当然，大多数飓风都未被命名。现在很少有人再谈论到这些飓风，主要是因为那时经历飓风的佛罗里达州居民现在大多都已经不在了。那些飓风已经

被渐渐遗忘。

　　一直以来，佛罗里达州都很容易受到飓风的侵袭。近几十年来，呈爆炸性增长的飓风数量更是让佛州沿海地区变得岌岌可危。许多沿海地区都有各式各样的疏散问题，这些问题使得这些地区面对飓风侵袭时显得异常脆弱。例如在佛罗里达群岛，数千居民只有一条公路可以作为疏散道路。1935年劳动节袭击群岛中心的飓风使得该地区疏散的问题暴露了出来，当它袭击巴哈马的安德罗斯岛时还是一级飓风，而仅仅40小时之后就发展成五级飓风，并成为有史以来最猛烈的一次袭击美国的风暴。如今，群岛的疏散需要超过24小时，而半岛东南和西南郡县的疏散需要40小时以上，对于这其中的大部分地区来说，疏散时间仍然过长。在过去40年中，佛州人口增长了一倍多而现有交通系统根本难以承担如此多的疏散人口。

　　我最担心的是类似1935年的情景再次发生——风暴在接近佛罗里达州时还是小型飓风，然后爆炸性地突然加速接近海岸。Andrew和Opal飓风都是这种情况，幸运的是Opal飓风在登陆之前及时减弱了。如果一个加速增强中的风暴袭击了一块疏散时间过长的地区，数千居民可能会在疏散途中被困在他们的车里，或者被迫停留在临时避难所。对于飓风预报员来说，这将是一场噩梦。

不幸的是，北美洲东海岸沿线发生的飓风在强度和烈度上都在不断增强，而人们还未意识到这种危险。

## 有时间逃生吗？

当杰伊·巴恩斯刚刚成为国家飓风中心的员工时，24 小时内飓风的平均预测误差为 120 海里，而当 25 年后他离开时，平均误差已经下降到 110 英里。但在这期间，佛罗里达沿海地区的人口增长是爆炸性的。与人口增长的速度相比，我们在风暴预测能力上的进步就微不足道了。杰伊认为，飓风预测在未来也不太可能会有突破性的进步。对于生活在沿海地区的人来说，最需要的是精确的风暴预测，但由于大气环境过于复杂，对于风暴的预测很难做到精确。

预报失误的典型例子是 1987 年大飓风，预报员迈克尔·弗什在当地时间下午 6 点的新闻中宣称不会有风暴来袭，而第二天早晨一场突然形成的风暴就袭击了城市。这种飓风的不可预测性成为了决定死亡人数的关键因素。

出现这种情况最根本的原因是我们现在仍无法准确地预测天气：

同时，我们必须记住，数学建模运用于天气预报虽然取得了相当大的进步，但它始终无法真实反映出大气环境的复杂性。而要对大不列颠群岛西面和南边海洋上空大气进行完整观测几乎是不可能的。

现在的问题是：有足够的预警时间供人们疏散吗？在某些情况下，答案是否定的。如果在一场巨型飓风中，人们必须留在城市里，那么就要谨慎地选择一个坚固的建筑，永远不要待在那些脆弱的建筑里。薄金属或者玻璃表皮的轻质建筑也许是最危险的建筑，图 5.3 说明了这一点。正确的做法应该是躲进那些低层的有着较小窗户和坚固外墙的底层建筑。

## 疏散计划

### 在紧急情况下应该与谁联络？

当洪水来临时，洪水会阻断许多建筑和社区的疏散通道，这时人们就需要拨打紧急电话，比如英国的"洪水专线"——环境局紧急热线。然而，潜在风险是，如果停电，手机通信系统也会受到影响，这种风险应该在疏散计划中加以考虑。

### 往哪里疏散？

另外还有一个需要考虑的因素，人们必须要知道哪里是安全的逃生去处。当洪水、火灾、高温或者风暴来临时，居民应该要预先知道政府或社区设立的应急和医疗服务安全中心的位置。这些地方配备了制冷或供热设备，可以为人们提供干衣服、床位和食物。每个社区都必须要有一个易识别的应急中心，这个地方应该无需刷卡、没有门禁而且能够随时进入，同时

图 5.3（a） 位于新奥尔良的万豪酒店在卡特里娜飓风过后的景象，几乎所有的窗户都被卷走了。而下方低层混凝土结构的市政厅连一块玻璃都没有损坏。

资料来源：AP images/PA photos.

图 5.3（b） 直到 18 个月后万豪酒店的玻璃也没有完全修复。而这期间市政厅仍照常使用。在极端天气下，这两种建筑一个坚固一个脆弱。因此，在风暴更加频繁的未来，投资者如果希望自己的投资能够保值甚至增值，就应该更加谨慎地投资这类易损建筑。

资料来源：AP images/PA photos.

所有居民都应熟悉相关管理人员。

### 疏散失败的原因

导致居民拒绝疏散的原因有很多，比如：

风险认知：人们对于危险的认识总是与真实的危险情况大相径庭。保罗·斯洛伐克教授花费了毕生的精力研究并试图解释这种现象。防洪设施会给人以错误的安全认识，在 2001 年在澳大利亚发生的格拉芙顿事件中，当地居民就因错误地相信防洪堤会保护他们而拒绝撤离（尽管最后勉强接受了撤离）。

家养宠物：美国印第安纳州普渡大学的希思教授对于宠物主人在疏散中的行为进行了广泛的研究。他发现在灾难中，宠物对于公共安全的影响主要体现在以下方面：

- 导致主人无法撤离

- 主人在撤离后仍试图回去拯救没能一同撤离的宠物

- 与宠物分开会给主人带来巨大的心理压力

普渡大学的研究人员对 1997 年 1 月加利福尼亚州马里斯维尔市洪水进行了一项调查，他们对强制撤离之后人们的行为进行了研究，并分析了 400 位幸存者的详细信息。他们发现，整体的疏散成功率为 80%。在那些没有成功撤离的人中，有 80% 的人养有宠物。

- 这些人中，30.5% 的宠物为狗

- 26.4% 的宠物为猫

1996 年在威斯康星州的瓦依达维嘉（Weyauwega）镇发生了一起事故，一辆载有丙烷的火车出轨，导致丙烷罐燃烧，并随时有爆炸的危险。整个小镇不得不进行为期 18 天的强制性疏散。在这个小镇拥有宠物的人中，大约有三分之一的人带着他们的宠物一同撤离，三分之一的人撤离后又试图返回去拯救宠物，另外三分之一的人则把他们的宠物留在家里整整 18 天。许多人不顾疏散命令返回救宠物，将自己置于极大的危险之中。

希思教授的主要研究结论是，应急预案制定者应该允许宠物主人带着他们的宠物一同撤离，同时提供适当的帮助，如运输、安置、提供鸟笼以及小动物的笼子等。

**城市社区的疏散策略**

当灾难来临时，大量人口需要疏散，这是城市面临的一个难题，尤其是在城市社区本来就已经人满为患的情况下，这个问题就更加难以处理。对于伦敦地铁系统来说，或许能承受 300 名早高峰额外乘客，但若街上新建几栋大楼（50 层楼，每层楼 100～200 人），人口增加

图 5.4 在 1953 年的洪峰过去后英国大雅茅斯（Great Yarmouth）的场景。2007 年 11 月 8 日，一个浪高相似的海啸威胁东安格利亚（East Anglia）的海岸线。资料来源：Sue White.

2000，甚至是 10000 时，即使是在非紧急状态下，交通系统也无法负荷。这个问题在世界贸易中心大楼就曾出现过，世贸双塔可以容纳的工作人员是 20 万，即便在其受到袭击时在楼内的人还不到 10 万，他们的疏散也是一件极其困难的事情，而当时北楼在四十五分钟内就倒塌了，安全疏散全部人员更不可能完成的任务。

在上海这座拥挤的城市，新一代的摩天大楼计划将容纳 10 万人。上海地处长江出海口，容易发生洪水和台风，然而就像上海市市长所承认的那样，它的应急措施极端不足。虽然我们可以寄希望于上游的三峡大坝显著减小长江泛滥的风险，但这座飞速发展的城市仍随时有可能被洪水袭击。另外，大坝会大量减少通过三角洲地区进入海洋的淤泥，这些淤泥对防止台风袭击城市起着积极的作用，如果不能及时得到补充，则城市将面临更大的沿海洪水泛滥的危险。

人口过多问题将导致"漏斗"效应。比如，多个街区的通勤线在每天或者每周的特定时间汇集到一条路上，造成交通瘫痪。移动的"人潮"会减弱交通系统的通勤能力。所以在兴建任何新建筑物之前，就应该对城市运输能力展开详细的研究，研究每个地点最佳疏散策略的设计。

但问题在于，城市不仅容易出现大量人口聚集的情况，而且城市进出的道路也不通畅。数学家 Nickos Salingaros 在他的论文中解释了交通系统在"城市网"中是如何发挥作用的。他概述了城市结构形态的基本原则。城市网的产生包括节点、联系以及分层的原则。他的研究结果显示，这在理论上是一个"多连接"的模式，一个城市需要有各种各样的"连接"，使人们可以有众多的替代路线以避免交通拥堵。

根据建筑物适用类型，他对城市的不同地区进行了调查，并发现了一个关键的危险因素，城市正逐渐被"单功能"的建筑和规划所支配，典型的例子是功能单一的超高层建筑和摩天大楼。这些大楼不仅产生了一个"数学奇点"，即其中的一个或多个数值变得巨大或者无限，而且有损街道和城市的面貌，因为这样的摩天大楼功能都相差无几，导致居于其中的人的行为也趋向一致，因此需要考虑对所有建筑同时进行疏散。

我们也从 911 事件中学到了很多。我们以为，在任何建筑里，三层楼的人群可以同时疏散（大型建筑的疏散策略原则还在制定中）。这种认识在 9.11 之后被证明是荒谬的。每当有紧急情况发生时（比如 2003 年 8 月的停电事故），人们都会以为他们遭遇了另一个 911 事件，并想立刻从建筑中逃出来。没有人注意广播里在说些什么，因为现在的人们对广播的内容失去了信心。同时许多建筑的疏散途径都依赖于"密封"楼梯间。但在实际情况中，封闭楼梯间在打开 3 ~ 4 个小时后就会失去作用，而当建筑的能源被切断时封闭楼梯间也将无法使用。这显然是一个需要重新思考的问题。

人流具有冲击性，如同气流或者水流一样，这是遵循流体力学的法则的。当一条街必须要进行疏散时，功能单一的大体量建筑的疏散人流可以淹没同一街区周边建筑的人流。其他从周边建筑疏散的人群为了离开，就需要在这股占主导地位的人流中找到一个合适的空间。如果几栋这样的高层集中建在了一起，那么结果是没有一栋建筑能够安全地疏散，这是因为几股不同的疏散人流相遇时会产生混乱。当然，对于夹在其中的从周边小建筑出来的人们来说，这就更加艰难了（他们也会减慢主要疏散人流的速度）。因此，在疏散期间，相邻建筑的疏散人流发生相互作用的现象是必然的，人流及疏散通道的对弈，以及人们的逃生能力将决定谁能逃离现场。男人比女人逃离的机会更大，因为他们更加强壮，求生欲望也更强。但英国的男性也许会表现得更有风度，这也是一项需要纳入考虑的因素。

人们能否从一个建筑群安全撤离？很多因素都可以影响这个问题的答案，包括：

- 城市现有交通系统的承载能力是多少？
- 人们因为什么而逃离？火灾，洪水，炸弹，还是室内温度过高？
- 人们的逃生路线有可能被阻塞吗？
- 人们将有多少预警时间？
- 相邻建筑是什么样的？
- 哪些人想要逃离？
- 建筑物的使用形式是什么？
- 人们会逃去哪里？
- 他们知道去哪里？以及怎么到达？

计划都是至关重要的，不仅仅是员工学会要逃生，议会和公司也需要表现他们在遇到危险时的责任感，保险公司需要知道他们所涉及的风险，政府则需要遏制日益增加的气候变化风险和恐怖主义活动。

风险是巨大的。例如，伦敦 2004 年的预算估计，如果海水漫过了泰晤士水闸的顶部，将造成将近 300 亿英镑的损失，即英国 GDP 总数的 2%。但间接损失或许还要在这个数字后面加个零。生命的价值该如何计算呢？所以损失程度是无法估计的。

由于全球风暴不可预测性的增加，放眼世界，无论是新规划的还是已建成的社区，都应该具有应对极端风暴的应急预案。

# 第6章　海平面上升

## 引言

自冰河时代末期至今，海平面已悄然抬升了120余米。在这大约18000年的时间里，陆地上冰雪消融，涌入海洋；英国与欧洲大陆分离，露出了整条东部海岸线。在过去的3000年里，全球海平面平均每年升高了大约0.1～0.2mm，然而到了20世纪，水位升高速率已达到了1～2mm，并仍有上升趋势。

全球大约有25亿人口居住在距海岸线100km以内的区域，接近世界人口的39%。随着海平面的上升，许多人将深受其害，危害有如下三点：

● 海平面升高致使沿岸许多地区被淹没。

● 愈发猛烈而频繁的暴风雨和巨浪冲击加速吞噬着海岸边界。

● 由洪水，涨潮和暴风引起的一系列气象灾害会对沿岸地区造成灾难性的破坏。

随着海平面上升，低海拔处的海岸线会后退多少呢？这个问题错综复杂，很大程度上取决于水流来袭的方式、波浪的形式、海岸线的结构以及质地与形态，和该区域的浪高以及海岸线的维护与管理方式。

世界各地纷纷预测出海平面有升高的趋势，陆地自身的或升或降也会引起相当大的空间变化。在某些地区陆地的抬升接近于零，然而在另一些地区其抬升情况却是全球平均水平的两倍。人们通过预警系统得知，北太平洋部分地区以及格林兰西部的海平面都在迅速上升。需要注意的是，预测海平面上升比预测气温上升要困难许多。

世界正逐渐变暖。IPCC预测，到21世纪50年代，全球平均海平面将升高7～36cm，到了80年代以及22世纪初这个数字分别为9～69cm，30～80cm。人们曾经认为这种情

各地陆地沉降的历史数据和到 21 世纪 80 年代的海平面升降预估值

（低碳排远景采用的是 9cm 的升高量，高碳排远景最大值中采用的为 69cm。） 表 6.1

| | 陆地沉降（m/年） | 相对于自 1961－1990 到 20 世纪 80 年代的海平面变化（mm） | |
| --- | --- | --- | --- |
| | | 最小值 | 最大值 |
| 东北苏格兰 | +0.7 | 1 | 61 |
| 东南苏格兰 | +0.8 | 0 | 60 |
| 东北英格兰 | +0.3 | 6 | 66 |
| 约克郡（Yorkshire） | −0.5 | 15 | 75 |
| 东米德兰 | −1.0 | 20 | 80 |
| 英格兰东部 | −1.2 | 22 | 82 |
| 伦敦 | −1.5 | 26 | 86 |
| 东南英格兰 | −0.9 | 19 | 79 |
| 西南英格兰 | −0.6 | 16 | 76 |
| 威尔士 | −0.2 | 11 | 71 |
| 爱尔兰北部 | n/a | 9* | 69* |
| 西北英格兰 | +0.2 | 7 | 67 |
| 西南苏格兰 | +1.0 | −2 | 58 |
| 西北苏格兰 | +0.9 | −1 | 59 |
| 奥克尼和谢德兰群岛（Orkney & Shetland） | n/a | 9* | 69* |
| 全球平均值 | n/a | 9* | 69* |

资料来源：UKCIP02 Climate Change Scenarios, funded by DEFRA, produced by Tyndall and Hadley Centres for UKCIP.

* 这些关于海平面变化的估算排除了陆地沉降的影响。

况在很大程度上缘于海水受热膨胀。但是鉴于近几年陆上冰雪的融化愈发迅速，人们很快改变了对海平面上升原因的认识。人们预测，如果格林兰的冰层融化，那么全球海平面将升高7m；如果西南极洲的冰层融化，全球海平面将升高 70m。南极洲就像一个冰雪收集器，通过减少冰雪的融化来减缓海平面上升的势态。

## 冰层加速融化

2008 年 8 月，科学家报道，在这个夏天北极冰层正以前所未有的速度融化着。倘若这种情况持续下去，那么到了 2013 年，北极将会成为无冰区。通过卫星图像得知，在 2008 年 7 月底，位于波弗特海上空的暴风将海上浮冰无情地击碎，超过一百万平方公里的冰层因此而消失，同时这个数字也打破了 2007 年的记录。2003 年，在递交此书的初稿之时，通过电脑对冰雪融化现象的模拟，人们便预测出到了 2070 年，北极区的冰层将会消失殆尽。而当今的模型与成

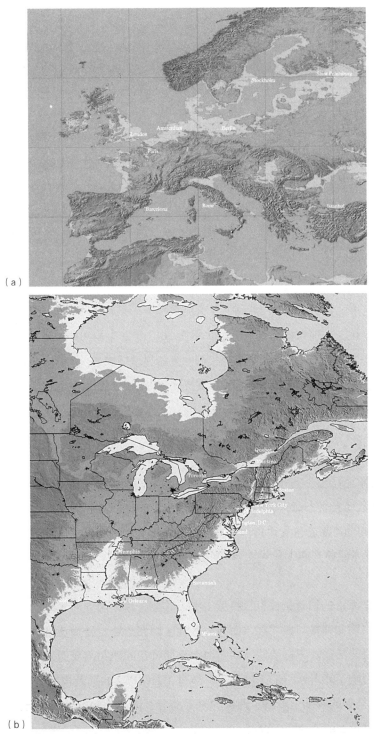

图 6.1　电脑模拟出的全球冰层持续融化致使海平面上升 100m 后，（a）欧洲和（b）北美大陆将会呈现的景象。
资料来源：Williams, L.O. (2002) An End to Global Warming. Pergamon, reproduced with permission.

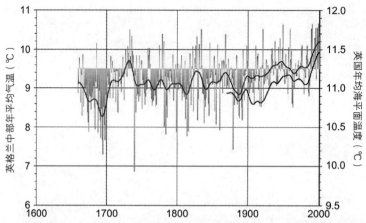

图 6.2　该图表展示了英格兰中部（红色曲线）和环英国沿海水域（蓝色曲线）的升温状况，说明了海水温度会随着全球气候变暖而升高。这里的偏差与 1961 ~ 1990 年的平均值相当。
资料来源：UKCIP02 Climate Change Scenarios，funded by DEFRA，produced by Tyndall and Hadley Centres for UKCIP.

像技术显示，只需再过若干年海面浮冰将几乎会完全消失，只有格林兰和加拿大周边岛屿附近的一些冰层得以幸免。一些人认为这一切最快将在 2013 年发生，到那时不论是天气、气候还是海水水位都会有很大的变化。正在不断融化的北极冰层俨然成为了一个巨型的预警器，提醒着人们全球变暖的脚步正变得愈发迅速，其严重情况超出了人们先前对此作出的预测。

詹姆斯·汉森，这位美国国家航空航天局纽约戈达德空间研究所（NASA-GISS）气候科学的研究负责人，在 2008 年发表了论文，认为需将当今的二氧化碳含量削减到 350ppm。论文指出"从对气候历史的记载中可以判断，由于当今大气层中的二氧化碳含量达到了385ppm，全球海平面已至少上升了数米，而在格林兰和西南极洲加速融化的冰层更令人们忧心忡忡。"气候的巨变会带来海平面的疯狂上涨，造成灾难性的破坏。

英国沿海水域的温度正逐渐升高，其中以英国南部为甚。到了 21 世纪 80 年代，英吉利海峡近岸区的夏季水温将升高 2 ~ 4℃。尽管不如陆地升温迅速，但海水升温带来的影响却是巨大的。

英国大部分近海处的相对水位也会持续上涨，其上升速率因地而异。这是由于一些地区陆地自身在抬升，譬如苏格兰西北部，而另一些地区则在下降，譬如英格兰东南部。陆地沉降取决于地壳板块的活动。苏格兰地区的陆地由冰河世纪的冰川演变而来，这造成了地壳的均匀回弹，间接影响了相对水位的上涨速率。通过 UKCIP02 的远景模拟可以获知，到了 21世纪 80 年代，在已有的基础上苏格兰西部的海平面会升高 2 ~ 58cm，东南英格兰则会升高26 ~ 86cm。

由巨浪、狂风以及海面上涨综合作用而产生的极端水位将会在沿海地区愈发频繁地出现。

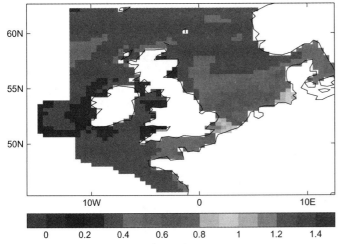

图 6.3　在环不列颠群岛海域最危险的区域中有一处位于东南英格兰与法国之间，那里的最高水位高于英国领海的任何一处。该图展示了到了 21 世纪 80 年代极端水位的高度变化（m）。在预估全球海平面平均升高 30cm 的情况下，中高碳排远景模拟显示出在每个计算年中极端水位出现的概率为 2%。

资料来源：UKCIP02 Climate Change Scenarios, funded by DEFRA, produced by Tyndall and Hadley Centres for UKCIP.

譬如在英国东部沿海的一些地区，某水位现在每年出现的概率是 2%，那么到了 21 世纪 80 年代其概率可能会上升到 33%。这些是由中高碳排远景拟得出的结论。海平面上涨同时会造成近海区域的水位升高，这无疑加剧了暴风雨与巨浪对沿海地带造成的破坏。

海洋在气温影响下的变化是十分缓慢的。然而经过长时间的累积，在未来几个世纪里海平面却会大幅上涨。即使在大气中的温室气体含量保持稳定的情况下也难逃此厄运。

由此产生的问题主要集中于气候变化对墨西哥湾流所产生的影响，墨西哥湾流是大西洋、太平洋及印度洋的"助推器"，同时被称作"热盐环流"。

海水的传热能力取决于其含盐量。倘若海水盐分升高，则更有利于温度较高的海水自赤道地区向温带流动。北大西洋对流（也被称为北大西洋漂流，这里通常是指墨西哥湾流），取道于美国与加拿大沿岸，从热带地区为英国带来了温暖的气候。但同时也融化了北极圈的冰雪，减少了太阳辐射向太空的反射（反射率），加速了全球变暖。对流愈发活跃，海水将会从南部和印度洋带来更多的热量。（由于南极绕极流的介入，南极地区并未受此对流的影响）

值得注意的是，格林兰与北极地区的冰层融化增加了淡水量，加上西伯利亚的河流作用，海水的含盐量得以降低，热流随之削弱或暂时消退。此情况先后出现在 1900 年与 1960 年前后（"海洋盐分严重异常"），随之而来的寒冷天气会在英国持续数年之久（1900 ~ 1905 以及 1963 ~ 1971）。这个现象又被称作"海洋触发器"。对于气候变化是否会阻碍墨西哥湾流，科学界尚未达成共识。但是一旦这个结论成立，它将会造成难以想象的后果，尤其对不列颠群岛而言。

UKCIP 研究指出，墨西哥湾流会继续对英国气候产生重大影响。尽管或许到了 2100 年其强度会削弱 25%，但这并不意味在接下来的 100 年里墨西哥湾流会随之休止，英国的气候

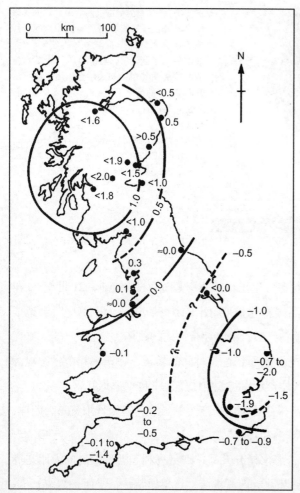

图 6.4　当今（全新世晚期）陆地相对变化的预估值（mm/year）。正值指陆地相对抬升，负值指陆地相对沉降。升降等量变化曲线如图所示。沉积物聚集而造成的影响并未包含在内。
资料来源：UKCIP02 Climate Change Scenarios, funded by DEFRA, produced by Tyndall and Hadley Centres for UKCIP, and Ian Shennan, 1989.

也不会因此而凉爽起来。这是因为温室气体的升温效力强于因墨西哥湾流变弱后所带来的降温效力。这些呈现在 UKCIP02 报告中的所有变化预示着墨西哥湾流的强度正逐渐减弱。然而，影响大洋环流的因素却不尽为人知，所以人们并不确信这样的预言是否会发生。

## 谁是海平面上升的始作俑者?

海平面的变化由下述三点引起：

● 海水的受热膨胀

● 冰川的融化

● 格陵兰与南极地区的冰盖变化

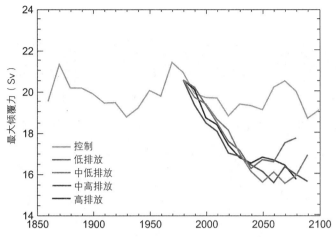

图 6.5 哈德利中心模拟出了在 21 世纪墨西哥湾流强度的削弱情况，但是并不意味该对流会在 21 世纪完全消退。

资料来源：UKCIP02 Climate Change Scenarios，funded by DEFRA，produced by Tyndall and Hadley Centres for UKCIP；Briefing Report，p.14.

## 海水的受热膨胀

随着海水温度升高和水体密度下降，海洋将会膨胀、扩张，占据更多的陆地面积，低海拔地区会因此遭受洪水之灾。温度升高会加速海平面升高的步伐。自 18000 年前的冰河世纪到现在，海平面已经升高了超过 120m。

## 冰川的融化

五大洲内的冰川正以惊人的速度融化。乞力马扎罗山上的积雪将在 20 年后消失；阿尔卑斯山脉部分地区的冻土层在 2003 年的夏天也开始融化了，致使山峰倾斜，马特洪峰从未距游客如此之近。气温变化导致了全球 90% 冰川的覆盖面积愈来愈小，其中一部分已完全融化。随之带来的灾难会波及到靠融雪水来灌溉、发电及饮用的地区和受难于海平面上涨的地区。

自 20 世纪 70 年代到如今，阿尔卑斯山脉地区的夏季气温已经升高了 2.1℃，靠冰川融化补水的河流的夏季流量翻了一倍。这使得水电堤坝的含水量能够保持充盈并保证了水电站的最大发电量，减轻了核电站的发电负荷，而后者曾在欧洲 2003 年的酷热期，由于河流径流量低而无法保证电力的最大生产。所以冰川融化并非百害无利。

从长远来看，大部分冰川只能存在于高海拔地区，低海拔地区的冰川会逐渐消失，只有斯堪的纳维亚地区和阿拉斯加地区得以幸免，这里的冰川容量甚至会因为局部降雪的增加以及气候变化的影响而与日俱增。

阿尔卑斯山脉的大气压力升高造成了降雪量减少，致使融化的冰川无法得到补充。相反，斯堪的纳维亚地区受大西洋凹陷的影响，英国等国家会得到额外的降水。但是世界其他地区的情况却不容乐观：中亚地区的冰川正急速消退，河川径流急剧减少，威胁到了诸如哈萨克

(a)　　　　　　　　　　　　　　　　　　(b)

图 6.6　(a) 1980 年，当 Mark Lynas 的父亲在秘鲁布兰卡港科迪勒拉山系东部的 Jacabamba 山谷中拍下这张展示了扇形冰川的照片时，他想到他的儿子也许会在 20 年后再次到访此处，那时的这里或许已不再皑皑白雪。(b) 随之用照片记录下了这湖面之上正缓缓融化的冰雪。
资料来源：(a) Bryan Lynas；(b) Tim Helweg-Larsen in Lynas, M. (2004) High Tide: News from a Warming World. Flamingo.

斯坦一类的缺水国家。长此以往，河川将会枯竭，而大坝中聚集的融雪水将会引发洪水，给下游的居住区带来灾难。

## 格林兰与南极地区的冰盖变化

北极海域位于北半球高纬度地区，其附近的冰雪融化尤为引人瞩目，在南半球，冰雪融化的速度却相对缓慢。1979 ~ 2002 年，格林兰冰盖的每年最大融化量平均升高了 16%。而自 2002 年末到 2003 年初的冬季融冰量是史无前例的，该季度北极区的浮冰量也达到了历史记录的最低值。格陵兰以及北极地区的升温已然促使了海平面的上升，这主要归咎于广袤的冰原在温度波动下的变化，而并非仅仅因为冰雪的融化。格陵兰的年平均气温每升高一度，海平面上升的速率便会提高 10%。

检测系统显示，全球海平面每十年升高了 5cm。在春夏两季，由于海面以及冰川的反射作用，地球表面吸收的太阳辐射分别减少了 80% 和 40% ~ 50%。在冬季，浮冰层阻碍了热量从相对高温的海洋传向较低温的大气层，这对全球气候产生了极大影响。倘若没有两极的浮冰群来帮助维持全球能量平衡，气候变暖的脚步就会愈来愈快。

2003 年，来自挪威卑尔根市南森环境与遥感研究中心的约翰内森教授写到"照目前情况发展，北极区的浮冰将在 21 世纪末消失殆尽，同时会对当地的野生生物造成严重影响，22000 只在狩猎期借助浮冰来捕猎的北极熊将深受其害。"无独有偶，加拿大东海岸的浮冰经预测会减少 60%，这也将对在哺育期依赖冰块的物种产生灾难性的影响。如今，冰雪融化加剧，挪威的科学家们不得不相信这一切将在十年之内发生。

南极半岛是全球升温最为迅速的地区之一，其产生的影响令人们始料未及。南极区的许多物种对气候的变化是十分敏感的。随着气候变暖，一些稀有物种（诸如企鹅、海豹等）的繁殖区在变化着，同时鸟类的筑巢习惯也会受到降雪形式改变的影响。

南极半岛是世界上最为广袤的冰原，其面积比美国的还大，其气候比撒哈拉沙漠还要干燥。这里部分地区被厚度达 3000m 的冰层所覆盖，同时还储藏着全球 90% 的淡水。

## 海平面上升的影响

### 沿岸地区洪水泛滥

全球海平面皆有上涨趋势，其速率因地而异。一些地区上涨缓慢，一些地区却是两倍于全球平均水平。经预测，北太平洋地区的海平面上涨会变得尤为迅速。

随着海平面上升，全球许多岛屿将会沉没于海底。在有人类居住的岛屿中，图瓦卢将首当其冲。它由九座位于澳大利亚和夏威夷岛之间的珊瑚环礁组成。其最高海拔只比标准水平面高出了 5m（15 英尺）。一旦海平面上升，图瓦卢低海拔处将会遭受洪灾，不仅饮用水会遭到污染，粮食生产也会受到影响。图瓦卢的领导者们预言这里将在 50 年后沉于海底。然而更为糟糕的是，在这一年里，岛上许多区域已逐渐被海水覆盖。2002 年 3 月，该国首相向澳大利亚和新西兰诉求援助，只求在洪水席卷家园后该国国民能得一处居所，然而得到的却是无视与冷漠。

另外一些岛国也将受到海平面上升的威胁，诸如库克群岛、马绍尔群岛。在过去的十年中，马朱罗岛（Majuro，马绍尔群岛）沿海 20% 的陆地已经被海水淹没。

除了岛国之外，别国的沿海低海拔地区也会受到海平面上升的影响。倘若二氧化碳的排放量不变，海平面升高 1m 就会使孟加拉国一半的稻田被海水淹没。像越南、中国、印度、泰

（a）

（b）

图 6.7 北极圈内的海上浮冰以每十年 9% 的速率缩减。第一张图片（a）显示了 1979 年海冰密集度为最小值时的远景；第二张图片（b）为 2003 年出现最小海冰密集度时的远景。制作这两张图片的数据来源于国防气象卫星计划（DMSP）特殊传感器微波成像（SSMI）

资料来源：NASA and http://www.gsfc.nasa.gov/gsfc/earth/pictures/2003/1023esuice/STILLsea79.jpg.

国这样种植水稻的国家也会遭受大范围洪灾。而菲律宾、印度尼西亚或是埃及的一些地区，由于那里的人口众多，则更容易受难于海平面上涨。

2008 年，缅甸经历了一场大灾难：经济崩溃，14 万人遭受饥荒甚至失去了生命；政府不闻不问，人们只能住在用竹子和树叶搭建的临时住所之中。社会各界纷纷伸出援手助其渡过难关。同时，这些施以援助的个体及慈善机构正计划援助那些最为贫穷的人们，他们会随时受到海平面上涨的威胁，并且占据了世界接近 43% 的人口。

在洪水的侵袭下，没有人能够全身而退，遭受了卡特里娜飓风的美国正是有力的明证。美国东部沿海极易受到侵蚀，那里的海岸线正不断地迅速后退，海滩愈发狭窄，就连海边的度假小屋也因此被淹没。再加上受到东海岸愈发频繁与猛烈的飓风影响，这种状况正变得愈发严重。沿海房屋保险费用的激增间接说明了这点。例如，在佛罗里达，房屋基本赔偿金为 1000 ~ 4000 美元不等，这取决于其所在的位置，其中越是靠海则会得到越多的补偿。

图 6.8 在位于南太平洋的富纳富提环礁中部,一位妇女拿着盛着食物的碗穿行于水中,前往附近的社区中心。由海平面上涨引发的洪水已没过了她的双脚。

资料来源:Lynas,M. (2004) High Tide: News from a Warming World. Flamingo.

## 英国沿海暴发洪水

在英国,海平面上涨与愈发强烈的暴风雨天气使人们忧心忡忡,许多沿海地区会遭受此害。而负责管理 600 英里海岸线的国民托管组织正致力于阻止这种现象的蔓延,否则一些名胜古迹将会受到破坏,比如像普利茅斯 (Porthleven),马利恩 (Mullion),布赖宁峡谷 (Birling Gap) 和白浪岛 (Brownsea) 这般美丽的地方和林迪斯法恩城堡 (Lindisfarne Castle) 以及圣迈克尔山 (St Michael's Mount)。

许多地区已筑起了防御工事来应对海平面上涨以减少洪水与风暴带来的灾害。河流海洋掀起的巨浪会造成强烈的冲击,而筑起高耸的防御工事实属无奈之举。更为严峻的是,在海平面上升与强暴风雨的影响下,巨浪会变得愈发汹涌澎湃。海水泛滥使伦敦的处境日渐窘迫。1984 年,为了保护伦敦免受潮水的侵袭,政府花费了五千万英镑在泰晤士河筑起了防御工事。倘若情况继续恶化,到了 2030 年就无法保证伦敦仍然能够安然无恙了,即使筑起了这般高耸的防御工事也于事无补。这不禁令人们联想起在 1953 年洪水暴发的场景。

英国东南部地区在历史上多次遭受了洪涝灾害,造成了灾难性的破坏。伦敦位于泰晤士河谷的河口处,因此更容易受到洪水与风暴的侵害。(表 6.1)

鉴于历史上对洪水的记录,以及英国该区域将会受到海平面迅速上升的影响,便不难理解为何人们会如此关注泰晤士河门户工程计划。这项计划关系到伦敦东部 20 万户家庭的安全与利益。正如人们所愿,即使该地区并未遭受失业危机,这个计划发展下去仍会再提供 30 万个工作岗位。这里有暴发洪水的可能,这里也有 42 个重要的具有特别科学研究价值的野生生物区。该计划实行在伦敦东部泰晤士河两岸绵延 40 英里的区域内。同时,这也是自战后以来

1236——11月,在伍尔维奇地区,汹涌的风暴潮引发了洪水泛滥,致使大量居民和家畜被大水淹没。

1242——11月19日及随后几日,在伦敦的威斯敏斯特和朗伯斯(Lambeth)区,雷电交加,暴雨大作,泰晤士河水泛滥。

1663——200多年来难得一遇的汹涌潮水引发了洪水,并在狂风的驱动下趁势而上,淹没了白厅(英国政府)。

1703——11月:狂风大作,暴雨连连。由此引发的洪水在11月30日侵袭了泰晤士河,更为重要的是这场风暴潮影响到了塞文河以及荷兰沿岸。12艘战舰以及船上共计1300位人员失踪,涡石灯塔被毁,泰晤士河上几乎所有的船只都遭受到了不同程度的破坏。仅在伦敦就有22人被溺死,同时飞落的残骸造成了21人死亡、200人受伤。这场由暴风雨引发的洪水席卷了泰晤士河、塞文河以及荷兰地区,大约造成了8000人死亡。单在伦敦造成的损失就多达200万英镑。

1809——1月:泰晤士河下游的潮汐引发了洪水,冲垮了伊顿(Eton)、德特福德(Deptford)及路易舍姆(Lewisham)等地区的多处桥梁。温莎也遭到了洪水的破坏。

1953——1月31日到2月1日:北海风暴潮。北向的厉风/暴风(风速达到70节或是80英里每小时且物体表面的风速超过100节或是115英里每小时)从苏格兰的东北偏东地区移向北部,此时

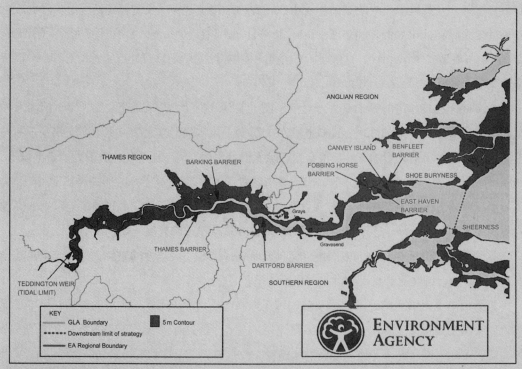

图6.9  历史上泰晤士河口下游的河漫滩,这些区域曾在汛期发生过水灾。
资料来源:Environment Agency.

情况并未迅速恶化。到了 1 月 31 日大风开始转向，向东南方向加速掠过北海，并在傍晚较晚时分登陆德国西北部的易北河—威悉河 (Elbe-Weser) 河口。由于这场暴风雨，维多利亚公主号在穿越爱尔兰海时遭遇了沉船，132 人因此而丧生。苏格兰地区的植被也遭到了破坏（木材的亏损）。众所周知，这场暴风雨给北海南部沿岸的低地势地区带来了灾难性的破坏。气压的迅速降低使得水位抬升；爱尔兰西部急回（或是升高）的气压，与低气压区域西侧的较低气压紧密相关，形成了一定的气压梯度；这种趋势（春季／满月），加上大量的潮水向北海南方较窄的河道涌入，共同引发了英格兰沿岸地区的洪水泛滥（从北部的亨伯河口到泰晤士河口以及南部的东肯特沿岸），比利时和荷兰的许多居民也因此丧生。由于河水充盈，这种情形并不利于通过排出大于冬季平均降水量的雨水来防止在风的驱动下形成大浪汕涌现象的产生。英国风暴潮预报服务处在这几场洪水之后正式启动，[ii]但是荷兰人已经在 20 世纪早期便成立了类似的服务机构。

[i] 来源于下面这个出色的网站：http://www.booty.demon.co.uk/climate/wxevents.htm
[ii] 可以通过拨打环境局问询热线与英国风暴潮预报服务中心取得联系：0845 9333111；拨打 0845 9881188 则可以获取有关各类洪水的信息。若有需要与建议也可发邮件至 enquiries@environment-agency.gov.uk 与 EA 取得联系。
译者注：1knots 意为 1 节，1 节 =1 海里／小时 =1852/3600 米／秒 =0.5144 米／秒

英国最大的建设项目之一。随后政府又提出了建造克里芙（Cliffe）新机场的计划，在谢尔海 (Shellhaven) 开设了深水港口，同时在泰晤士河下游筑起了第二座大桥，连接起了海格海姆沼泽区（Higham Marshes）的河流南岸，那里正是欧盟特别保护区的一部分。

在该项目的规划阶段，ABI 并未受到咨询，而所提议的位置和几乎未得到创新的建造方法（例如用木框架或钢框架建造房屋）所能起到的作用令人担忧，这在过去对保险公司来说是件颇具风险的事情，以至于 ABI 在该项工程的规划通过之前无法保证向单户住宅提供房屋贷款和房屋保险费。ABI 缺乏一套成熟的、整合的思维方法，他们诉求在该整个工程的进行过程中建设大量的洪水防御工事，比如一种双重的带型结构，这无疑会助长泰晤士河口的洪水水位，殃及沿岸居民。同时洪水很有可能会在与暴风和海平面上升的共同作用下，越过泰晤士河水闸而漫向伦敦。在英国，泰晤士河是最为受到保护的河流，并为此制定了保护策略，采用以 1000 年为巨灾重现期的设计标准。而在荷兰是以 1 万～ 2 万年为标准。或许伦敦应效仿此法。

对于建筑师，加强训练如何在洪水危机下做出适应性的设计就是尤为重要的。例如，将建筑立于支柱之上（正如在苏格兰敦提的海滨看到的那样）或是像荷兰那样建造出可以浮在水面的房子。然而，即便如此仍有洪水营救和疏散等问题亟待解决。英格兰许多营救服务机构缺乏相关的训练和设备。（在苏格兰他们要依法承担这样的义务。）应急规划师应当意识到只有一条路可以通向泰晤士门户工程的心脏，这不仅会造成拥堵，同时意味着在紧急情况发

图 6.10　可怜的少数族裔、病人和老者只能等待死亡的到来，逝者也未得到安葬。这正是因 2005 年卡特里娜飓风而使新奥尔良爆发洪灾时发生的一幕幕。行政机构并未果断采取行动并救助这些难民。类似地，当局对将难民迁出灾区的态度也是消极被动的。

资料来源：AP

生时最好的情况也不过是缓慢地将人们疏散，但一起交通事故就会使事态严重恶化。

　　人们并不像对预测温度上涨那样对预测海平面上升充满信心。有足够的证据使人们去了解并做出明智的决定，哪些地方可以用来发展成"可持续"的社区，哪些地方却不可以。在这里或许用一个法语词来形容更为贴切——"durable"，意味着可以持久。

　　例如，ABI 担忧选择不恰当的建造方式并建造在类似泰晤士门户工程这样的区域里的房屋，会极易受到洪水的攻击。由于位于洪水多发区，其极易暴露于洪水的威胁之下。"可持续"发展的规划需要将新开发的工程计划在这些危害面前的暴露程度最小化，并且这意味着要加强对居住生活在河漫滩上的人们的规划控制力，或是将人们迁到不会遭受洪灾的地区和即使爆发了洪水也能将人们迅速疏散并保障安全的地区。

　　我们见证了文明社会在 2005 年新奥尔良的卡特里娜飓风以及随之而来的沿岸洪灾面前是多么的不堪一击。这恰恰发生在地球上所谓最为富裕的国家。我们也见证了那里在洪水面前脆如柴梗的房屋是如何被汹涌的潮水轻而易举地席卷开去，不留一丝痕迹。惨遭遗弃的病人、可怜的少数族裔、被剥夺了公民权的人们、老者们、将死之人和暴尸于街头的人们，使得本就脆弱的房屋、乏力的疏散与应急机制和善后措施更加黯然失色。面对这一幕幕景象，全世

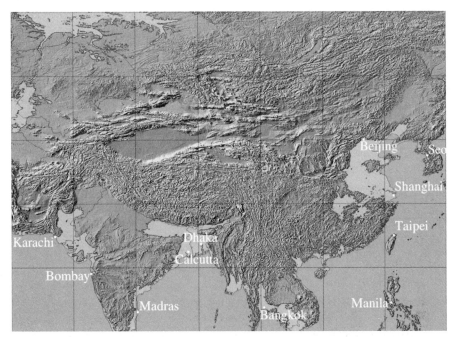

图 6.11　中国是受海平面上升影响最大的国家之一。该图展示的是倘若北极、南极以及所有的高山冰川全部融化涌入海洋致使海平面上涨约 100m 后的景象。

资料来源：Williams，L.（2000）An End to Global Warming，Pergamon，reproduced with Permission.

界各个国家中各个级别的决策人都应当意识到，增强气候变化事件愈发增长的破坏性不是明智之举。由海水泛滥造成的沿岸洪灾对人们来说或许就是末日来临。

　　富有责任心的政府应当从现在开始制定详细的计划并决定采取行动来妥善安置那些将来会在暴发的洪水中失去家园的人们。而人们面对所有的自然灾害，直到这些已然发生了才会相信眼前的一切。人们无法忽视由海平面上升带来的巨大灾难。面对当地受影响的社区，政治家应审时度势并采取行动。然而现状却是尽管这些问题已逐渐浮出水面，但政治家们仍不知从何下手。

# 第 7 章　人口的迁徙与脆弱性的暴露

## 迁徙

定义：(http://www.hyperdictionary.com/dictionary/migration)

1. 人们由所在的国家或地区移居至别处的活动，或是动物（特别是鸟类和鱼类）为了哺育或繁殖而周期性大规模往返于不同栖息地的行为。

2. （化学过程）在一个分子中，原子或原子团变换位置的定向运动。

3. 人类大规模的集体移居（特别是在某些特定的时期中）。

如今，全球超过 1 亿 7500 万人并未居住在其出生地所在的国家——是 1975 年时的两倍。其中许多是缘于经济因素，为了摆脱生活贫困的窘境和被压榨剥削的悲惨命运。同时，他们也是发展其原籍国的重要资源，每年直接或间接地投入 800 亿美元用于国家建设。而类似这样的国家每年得到的国际援助也不过 500 亿美元。

环境难民的数量在 2003 年——著述本书第一版之时——尚未超过 2000 万；到了 2007 年新增了 160 万人，达到了 2600 万。目前，环境难民的数量分别超出了战争难民、政治难民及宗教难民的数量。2006 年，其中 990 万人受到了联合国难民事务高级专员公署（UNHCR）的保护，到了 2007 年，这个数字上升到了 1140 万。2007 年 10 月，谢菲尔德大学创立了种族灭绝与大规模暴力行为研究中心。该机构预测，气候变化这一潜在危机在一定程度上会触发人类种族灭绝的厄运。稀有资源，诸如土地、饮用水或是紧缺的化石燃料，成为了人类抢夺的对象。同时，不断变化的气候推波助澜，致使大规模暴力行为愈演愈烈。

新经济基金会宣称，到了 2050 年，由于受到气候变化的冲击，将近 1 亿 5000 万人将会无家可归。这些难民会给全球带来动荡与不安。昔日肥沃的栖居之地也会因此而充斥着苦难与愤恨。恐怖主义会乘虚而入。

国际发展委员会下议院发布了三号公文,其主题为"全球气候变化与可持续发展(2002)",公文指出:

在脆弱性尤为严重的地区,人们在最后的危急关头,除了迁徙别无选择。

当气候状况恶化到不适于人类生存时,人们通常会采取迁徙这一适应性策略来应对。然而取得移居的机会并非易事,人们为此你争我夺,进而有可能引发社会冲突。受海平面上升的影响,孟加拉国许多无家可归的人们将会移民至印度,恶化了原本已非常严重的非法移民状况。萨赫勒的居民大规模地移居到象牙海岸,致使象牙海岸当地不得不引入法律条文来限制外来人口。如今,环境难民尚未得到国际认同,与那些受难于冲突与迫害的人们相比,也并未享有同等的权利。英国政府对此尚未制定详细方针。英属孟加拉国专业协会呼吁应制定新的协定,用国际法来维护环境难民的权益,以求受到与受难于冲突和迫害的人们的同等对待。愈发频繁而猛烈的气象灾害与一系列气候变化,譬如海平面上涨与土地荒漠化,致使越来越多的人流离失所。因此,制定维护"环境"难民权益的方针已如离弦之箭,不得不发。下议院委员会建议英国政府应尽快出台该方针,而这恰恰需要(政府)各个部门的通力合作。

迁徙通常被认为是由环境灾难引发的,然而当我们能够使用一定的工具与方法来进行预测,并充分发挥我们的想象时,未来对人们行为活动所产生的冲击与影响一定会对现在的观念与行为有警示与指导作用。例如,图瓦卢(Tuvalu)的居民,正如第6章所提及,深知他

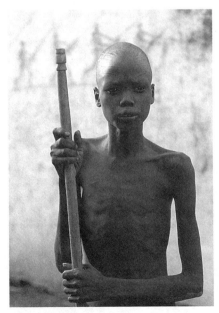

图 7.1 世界上越来越多的儿童成为了气候难民,例如图中这位来自苏丹的男孩。谁能拯救他的未来?谁能拯救他免受气候变化的侵害,逃离战争的火海?
资料来源:Adrian Arbib.

们的窘境，岛上洪水泛滥，然而今天，他们却仍如困兽般无处可逃。

每个国家和地区都应当拥有成熟的技术来模拟气候变化将会对当地的工业、居民以及生态系统产生怎样的影响，并以此来制定合理的政治决策来指导人们在未来的行为活动，从而避免遭受极端气候条件所带来的破坏。

我们的社会也应当培养一批气候分析员。他们进行气候分析并将结果反馈于决策者及其所服务的群体，以此将气候变化对人们产生的冲击减弱到最小。但这还取决于谁会受此影响。众所周知，暂且不考虑是谁进行污染的话，人道的政治决策往往不会在投票中获胜。否则，一些政客与实业公司的既得利益就会受到损害。

在很多情况下，我们应当将当今的行为活动对未来产生的冲击减弱到最小。而带给孩子们一个幸福美好的明天，我们更是责无旁贷。无论是在一个小镇还是在全世界，提前制定周密的计划是将冲击减弱到最小的最为行之有效的方法之一。

## 污染者应当买单

如今，针对援助气候难民所应付出的代价，人们展开公开谈判。许多人提出质疑，为什么是富裕国家制造了污染并驱动了气候变化，却要世界上许多最为贫穷的国家与地区来承担后果。而且，那里的人们已经因为气候变化而无家可归。

2003年9月，新经济基金会发出警告，富裕国家必须做好准备，共同承担起保护气候难民的责任，作为"污染者买单"原则的补充。声明如下：

> 生存环境受到损害、破坏的以及难以维持生计的人们，应当得到应为此负责的群体的赔偿与保护。

该基金会建议日内瓦公约应当涉及到这些因环境恶化而无家可归的人们。尽管目前普遍缺乏责任感，一些国家仍旧在污染环境，但当他们彻底意识到这样做的结果后就应当扛起重任，接纳那些气候难民。同时，刻意忽视知识的重要性也会衍化成一种环境迫害。每年环境难民的数目已达到了2000万，并分别超出了受难于战争、政治或宗教迫害的人数。基金会建议，污染国所接纳的难民人数应当与该国所产生的污染量成正比。

例如，英国的温室气体排量占全球的3%，那么它就有责任接纳2000万难民中的30万。美国的温室气体排量占25%，那么每年就应当接纳500万难民。但事实却是富裕国家每年花费大约500亿英镑来资助化石燃料工业，却只投入30万英镑来帮助贫穷国家来处理排放物并适应气候变化。

在未来几十年中，气候变化的冲击与影响将会成为国际诉讼的新主题；污染者要为自己的行为买单，要负担起未来因气候变化而产生的各项费用。虽然会因此增加数十亿的财政预算，但无可争议，这些国家理应为此承担责任。

美国各州纷纷提起诉讼，反对美国政府强制采取行动以应对全球气候变化，并迫切希望布什政府应主动为气候变化负起责任。各州在诉讼中声称相关机构忽视了联邦研究，而该研究恰恰论证了气候变化会造成"疾病、极端天气、沿海地带的破坏以及重要湿地与河口的水土流失"等一系列严重后果。除此之外，还包括由经济与人为因素引起的美国中西部的大片土地荒漠化。同时，气候影响使很多地区农业受挫，人们不得不背井离乡。如此大规模的移居所产生的高额费用同样是不可避免的。

类似的费用在英国如何得到解决？英国东南部原本就水量紧缺，但当局政府强行介入并作出决策，为满足当地居民的需要而大幅提高供水量，因而威胁到了当地未来的夏季储水。政府做出这样不明智的决定，致使水公用事业公司要花费更多的钱来保障水的使用，水费也因此高得令人们难以承受。这样的决策能否成为法律诉讼的原始材料？同样的，正如一个城市所有的街区都有自己的交通与排水系统，水电服务机构也不得不向庞大的建筑供水供电，而开发商们不断地从中获利，却不必为建筑对环境产生的负面影响而付出任何代价。在这种情况下，污染者是否应当为此买单？

这里的核心问题之一就是对群体脆弱性的影响程度。

## 脆弱性

目前，多源的信息详述了这样的看法：由气候变化所带来的冲击不会均匀地分布在世界各地；贫穷地区成为了众矢之的。这样的研究特别强调了气候变化对发展中国家产生的潜在影响。东安格利亚大学的延德尔中心在越南进行过一项研究。该研究表明，那些经济严重滞后的国家更容易受到最为强烈的冲击，因为他们几乎没有资源来应对不利局面。其他研究也得出了相似的结论。

下议院特别委员会在关于气候变化的报告中提出并反复强调，气候变化的潜在影响会加剧发达国家与发展中国家之间的不平等性。与政党腐败或是 HIV/AIDS 相同的是，气候变化会破坏投资发展。而与这两者不同的是，人们通常认为气候变化并不是个亟待解决的问题。就目前而言，它产生的影响是长远而缓慢的。

在不同地区，或许气候事件对经济所造成影响的相对严重程度受到了多方面因素的制约。在不同区域，人们对生命赋予的价值不同；在某一特定区域，不同因素及事件相互作用而产生的影响也是多重的。一个地区的相对脆弱性，或者称之为在灾害面前的相对暴露程度，可以用干旱或暴雨造成的财产损失与人口死亡数来说明。水土污染引发的死亡与破坏会加重一

图 7.2　在降雨量少、水污染、资源浪费、人口过剩与高温的综合作用下，一些地区面临着人口减少的危机。
资料来源：Adrian Arbib.

个地区的脆弱程度。

保险业务统计数字并未充分阐明这些物理因素的复合以及愈发复杂的人类、历史和经济的发展趋势。这些发展趋势或许影响到了由缓慢的土地荒漠化、地下水位下沉等一系列气候变化所带来的冲击强度。这恰恰推动了人类迁徙。同时，这些地区因接纳外来难民而产生的外部费用也没有详细说明。

目前，尚未完成对人口脆弱性所带来的长期内部费用的量化分析。例如，倘若泰晤士河爆发了洪灾，沿岸的住宅和时尚区域将被淹没，许多富人，包括议员们，可能会失去藏在位于威斯敏斯特的宅邸中的一生的积蓄。那么，因此而遭受的经济损失又应如何计算？

2007 年，在英国 75 年来都未遭受洪水危机的地区里，ABI 保证了水灾保险的有效性。现如今，ABI 是否决定为房屋提供保险取决于政府是否已筑起了充足的洪水防御工事并加强了当地的规划管理。在许多地区，享受这样的保险还是件遥不可及的事情，就连保险金也暂停发放。拒发保险金会产生怎样的经济影响？谁又应为此事负责？

人们或许会为这样的保险而贷款 20 万英镑，也或许要耗尽余生为这份永远都卖不出去的财产偿还贷款。这些人却因此再也不能居住在大城市里，而只能搬去能负担得起住房供给的地方。生活因此而黯淡无光。

随着气候的变暖和能源成本的上涨，投资于市中心的保险公司和银行要花费更高的费用来用于采暖、降温以保持室内舒适度。而售出这样的"White Elephant[1]"更是难上加难。部分市场将股本放置在房地产上，有可能面临崩溃的危机，致使白领员工以及他们的家庭陷入

---

1　"White Elephant"指一项需要高昂费用维持，但却难有巨大经济效益的资产。这里指上文提及的水灾保险。——译者注

贫困的窘境。灾难性的暴风对脆弱的建筑造成的破坏，以及火灾和内涝都有可能产生类似的后果。建筑物或一个城市的整个地区，已经因此背负着负资产。

2003 年夏季，世界各地遭受了电力危机（例如在意大利，电力线路在暴风中受损，数百万人因此受灾），大规模停电现象使纽约市中的人们如此不堪一击。根据当事人的回忆，人们在高层建筑中无法呼吸到新鲜的空气，因此要在几分钟内迅速撤离。而在发展中国家里，传统的建筑居多，即使发生了电力故障，人们仍旧可以正常生活。但倘若纽约在暴风雪中遭受了电力危机会是怎样的景象？对于发达国家，或许是时候该停下脚步仔细思考如何改善城市与人们生活方式的脆弱性了。

随着气候变化带来的压力越来越大，受到人口脆弱性影响的区域也越来越广，从干旱的美国东部到飓风频发的佛罗里达，到受洪灾影响的泰晤士河口，再到非洲和中东的沙漠地带。正如历史上发生的那样，一旦人们无力负担住房的贷款，无法满足温饱问题，他们便会离开居住的地方，留下的是愤恨与忧伤。倘若尼罗河或莱茵河泛滥，人们便会迁到附近的城镇以求生存。

我们看到，受到卡特里娜飓风的影响，新奥尔良的居民纷纷迁到了美国其他的城市且至今未能返回家园。我们也了解那段犹太人因气候原因而亲友分离的历史。如果各国政府能意识到这样的事件，就可能防止灾难性的人口迁徙，并将他们妥善安置。人们对此并非无计可施。我们应当达成一致的政治意愿，在灾难性的气候事件袭来之前，将当地居民迁出。尽管人们会不情愿，但这无疑是防患于未然的方法。

S.F. 马克曼，这位极有影响力的气候决定论者，曾进行了一项有趣的研究，并在 20 世纪 30 年代著书立说，描绘了一幅欧洲人无需过度依靠采暖降温便能舒适居住的美好画面。他论证了在图 7.3 中赤道附近未标记阴影的区域里，人们需要耗费大量能源来维持"文明的白种人"所享有的居住舒适度。但是，他指出欧洲的白种人在"文明"的浪潮中所取得的优越感是建立于在酷热的地区中采取空气调节的策略来达到降温目的的基础之上。这样一来，即使在最炎热的气候下，人们也可以尽情地舞蹈，舒服地享用美食，安心地工作，生产与消费的积极性也会大大提高。将全球政治、宗教以及资本主义同空气调节联系起来是一个相当有趣的想法。最近的研究表明，在一些气候条件下，人们在暖和的晴日会更乐于待在户外、购物、享用美食，也更乐于消费。正确理解气候、经济和人类行为之间复杂的关系需要人们进行大量的研究工作。巧妙地处理好这些因素间的关系有利于人们作出能够减小环境影响，并使当地经济获利的决策。

关于环境变化的脆弱性有相当多的记述。下议院报告对此这样描述：（环境变化的脆弱性）是由社会、体制与经济因素、人们对环境冲击的敏感程度，以及体制的作用强度、适应的能力和其所处的地理位置等共同决定的。该报告同时做出了这样的陈述：

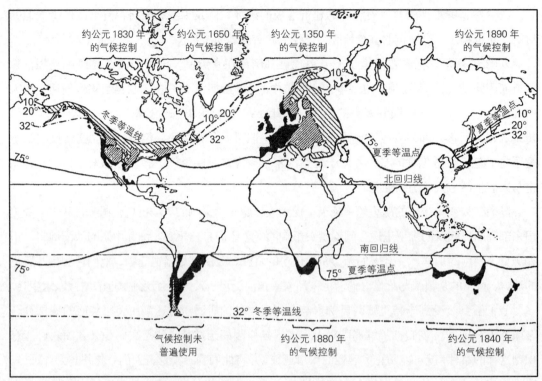

图 7.3 该图显示出了最热月份平均气温不超过 75 ℉（23.9℃）和最冷月份平均气温分别不低于 32 ℉（0℃）、20 ℉（−6.7℃）、10 ℉（−12.2℃）的地区。（热带中符合条件的地区由于受到强太阳辐射的影响而并未包括在内。）这些地区气候宜人，无需过度依靠采暖降温便可保持室内舒适性。

资料来源：Markham，p. 98.

一个国家的情况发生了改变，它的脆弱性也会随之改变。如果其经济中心位于脆弱的地区，那么整个国家的脆弱程度也会加重。

上面所指的是否就是风险承受地区，或是既承受着风险又脆弱的地区？例如，倘若一个国家的人口和经济生产企业主要位于沿海地区，那么就会面临更大的危机。

IPCC 第二工作组注意到最容易受到气候变化冲击的群体恰恰要承担人口增长、资源损耗和贫穷所带来的压力。

快速的城市化进程、土地退化、水污染、水紧缺和生态系统的破坏使情况愈发恶化。这些因素影响了今后面对气候变化的脆弱性。

伦敦、纽约、东京等一些沿海城市更容易发生这样的状况。此外，一些目光短浅的政客们所作出的决策增加了危险发生的可能性。面对要建设顺应时代发展的建筑、城市与地区的现状，脆弱的人群还无法承受如此巨大的压力。代表着本土利益的国会议员们应当在委员会中掌握话语权，作出有利于其所在选区发展的决策。

下议院报告还声称"发展中国家的财政资源、人力资源及技术资源有限，而且技术尚不成熟，制度尚未完善，面对变化的气候有些力不从心。"或许确实如此，但又应当如何应对东南地区新增 300 万户家庭所带来的冲击？随之要建造更多的垃圾堆积场和发电厂，增强城市排水能力，已然紧缺的夏季供水还要满足更多人的使用。人口持续膨胀。这些问题又当如何解决？

## 谁来监督监督者（QUIS CUSTODIET IPOS CUSTODES）？[1]

监管之人，谁人监管？目前妨碍解决国际气候难民问题的主要阻力是没有国际机构——包括联合国难民事务高级公署——来保障环境难民的权利与利益。

在英国，没有一个单一的机构能拥有职权通过大规模地治理各个方面的问题来维持环境可持续性。洪灾、能源、垃圾及供水问题是分部门解决的。早在 2003 年，英国土木工程师协会（ICE）便要求独立总工程师（可以是任何领域中富有学识的人）采取可协调的、长期并可持续的方法，同时确保不完全受政治议程的驱动。2007 年英国那场特大洪水证明了倘若各个部门能够齐心协力一起面对灾难，就能够减轻其产生的破坏与影响。尽管目前采用了基于案例分析的方法，并针对气候变化对未来所产生不利影响进行了愈发复杂的研究，英国政府仍未意识到，在英国，由此产生的脆弱性增长迅速，出乎人们的预料。倘若没有雪，苏格兰的滑雪胜地将会怎样？农业和捕鱼业将会受到怎样的影响？当夏季愈发炎热干燥，东南部的水资源是否能满足使用？泰晤士河水闸能否在新水闸建起之前阻挡潮水来袭？泰晤士河门户计划的发展是否能增强对英国整个东南沿岸地区洪水的抑制作用？来自低纬度地区的气候难民受到了不平等待遇，又历经磨难，是否会因此带来郁积已久的愤恨？这些难民的迁徙是否会造成政治冲突的发生与蔓延？

关于可持续发展，Mark Mawhinney 在他的著作中做出了这样的总结：

> 主要的症结在于缺少明确的证据来引导作出决策致力于发展……危机随之出现。面对证据的缺少，人类只有两种选择——在事情发生前采取预防为主的原则或是静静等待直到证据的出现。

迁徙通常被认为是一种安全网，在灾难发生后用于减轻人口的压力；事实上这也是人们为了减轻气候变化所带来的冲击所应优先采取的方法和强有力的工具。

---

1　Quis custodiet ipsos custodes? 是一句拉丁文谚语，通常被认为出自古罗马诗人尤维纳利斯的讽刺作品《Satire VI》段落 347 章 8 节，直译为"谁来把守守卫者？"，亦译"谁来监督监督者？"——译者注

# 第 8 章　气候变化对健康的影响

## 热和冷的健康效应

我们预言，在未来，越来越多的人将会成为气候变化的牺牲品。在未来可能发生的极端天气中，人们将不时受到热浪、寒潮、大火、暴风以及洪水等极端气候灾害的袭击，许多人死于撞击、溺水、中毒或者烧伤。受灾情况或许会因为地区的不同而有所差异，但是无论在哪，气温上升所产生的影响无疑都是巨大的。本章将讨论的是这样一个复杂的问题：气温变化将对普通人群的健康和寿命产生怎样的影响。

2003 年 8 月，西欧的热浪在 10 天内造成了 35000 人死亡。近年来炎热气候对人体健康的影响已经越发得到人们的重视。根据预测，到 21 世纪中叶，极端天气将变得十分频繁，不可预测的温度变化将会对人体健康产生更加深远的潜在威胁。寒冷天气的影响不容忽视。本章将回顾一些气候已经带来的直接影响，重点关注炎热与寒冷气候对健康的影响以及潜在威胁。

## 寒冷气候对健康的影响

室外温度的变化容易引发胸腔和心脏疾病。而且由寒冷所造成的死亡人数始终比夏季高温所造成的死亡人数要多。在欧洲以及其他国家，最为常见的冬季死亡原因要数心血管和呼吸系统疾病。在英国，普遍认为低体温症（身体关键部分低温）是死亡的主要原因，在低体温症死者中有三分之一是死于呼吸系统疾病，还有一半以上是因为心血管疾病（主要是心脏病和中风）而亡。尽管循环系统（心血管）疾病在绝对数量上来看所占比例较大，但冬季的低温仍然是呼吸系统疾病的重要原因。然而，有时死亡原因是多方面的，不能明确归因于呼吸系统疾病或是心血管疾病，气温的变化也一定有所影响。美国一项基于 12 个城市样本的研究表明，气温的变化比单纯的极冷或极热气候对人们的杀伤力更大。

流感、空气污染和季节变化的间接影响可能是一部分死亡的原因。但事实上，大多数死亡情况都是发生在气温骤降之后，这表明寒冷对死亡的影响更为直接。我们虽然能够确定低温与死亡之间有联系，但低温是死亡的间接原因还是直接原因却很难区分，要区分室内温度和室外温度所造成的影响同样困难。对于室外温度作用的研究是十分全面的，因为室外温度的数据比室内温度更好获取。寒冷气候对建筑影响的研究基本上都在英国进行，也有一些是在欧洲其他各国，最新的一些研究成果是新西兰发布的。

大部分研究都将呼吸系统疾病归因于潮湿与发霉的生活环境，而不是房子本身的低温条件。然而，潮湿与发霉常常是与低温环境联系在一起的，而低温环境，又是导致过敏性呼吸系统疾病的原因。环境温度会对生理功能有不良影响，包括引发哮喘（在低温环境下容易发病），减弱呼吸系统的免疫力，引起潮湿并引发小孩"气喘"等。另外，低温能造成低温表面的凝结，从而极易产生过敏性霉菌。如果呼吸道已经被病原体感染，室内和室外的低温环境均可能使呼吸系统疾病恶化。

判断心血管疾病的指标包括：血浆胆固醇、血浆纤维蛋白原、血压、红细胞以及白细胞。在急冷条件下，这些血液成分会发生变化，而短时间暴露在寒冷环境下则会导致轻微的炎症反应，以及过度凝血的趋势增强。一项研究结论表明，血压的季节性变化是与室内和室外温度分别相关的，而室内温度的影响更大。若血压回应低温环境而上升，则会造成循环系统及其他一些相关系统的压力随之增加。18 ~ 24℃之间是能够保持身体健康的标准室内温度，这样的温度对于室内静坐的人不会有任何负担。低于 16℃会导致呼吸道免疫力降低，而低于12℃时，因为血压的上升，则会导致心血管疾病发生的概率增加。另外，低体温症是由长时间的寒冷引起的，而这种症状发生的概率在室内温度低于 5℃时将显著增加。

## 热环境的生理效应

健康的人拥有一个十分有效的热环境调节机制，可以在特定的临界值以下调节人体温度。人体通过血管舒张（皮肤表层血管的扩张）以及流汗来辐射、传递或者散发热量。热量可以增加血液的粘稠度。一个健康的人暴露在 41℃的环境中 6 小时之后，他的血小板含量会提升，血液粘稠度也将增加，而出汗则会降低血浆浓度。然而，人们对于热环境的病理生理效应还并不十分了解。

在热环境下出汗量增加可能会导致两类问题：脱水和低钠血症（由饮用大量低盐浓度的水造成）。中暑的人中有相当一部分是年轻健康的人由于在炎热天气下锻炼所造成的，这也就是所谓的"运动性热压力"。但是温度过高时，疾病也可能在运动强度不高，甚至是非运动过程之中发生。

## 气候与公共健康

### 冬季额外死亡率与室内温度

冬季额外死亡率指的是冬季月份（即 12 月～ 3 月）的死亡率超过全年月均死亡率的数值。在英国，冬季额外死亡率是一个很严重的问题，通常认为这与房屋的隔热性能较差有关。室内温度受室外温度的影响较大，不能很好地抵御严寒，而居民也无法支付足够的供暖费用。这些能源利用效率低的家庭和低收入家庭，都被称为能源贫瘠家庭。所谓能源贫瘠家庭指的是那些需要花费其 10% 及以上年收入来达到保温标准的家庭。

冬季额外死亡率以下数据可以说明这个问题的严重性，在 2007 年之前的十年，英格兰和威尔士每年平均的超额冬季死亡人数 23000 ～ 48500 人不等。这种现象在绝大多数气候条件下均有发生，而且与夏季到冬季的季节性温度下降有明显的关联，但与绝对温度的高低并没有太大关系。虽然上升的数字可能在寒潮期间达到顶峰，但这仍是一个线性的关系，而不是简单的只在冬季最冷的几天里逐级增加。就任何一个北半球国家而言，冬季额外死亡率通常都是在最该国的北端地区达到最大。但由于各国家之间的差异，也有不随着纬度增加而增加的。一些处于温带气候和暖冬条件下的国家，反而比那些有着极寒冬天的国家有着更高的冬季额外死亡率。英国的居民较之欧洲大陆的邻国，其住房在抵御寒冷的方面似乎要更差一些。通常情况下，英国的冬季额外死亡率是瑞典、德国等一些国家的三倍。这些国家虽然比英国冷，但因为住房的隔热性更好，所以更加温暖。相较于法国、丹麦这类具有相近冬季气温的国家，英国也处于劣势。

因为英国建筑结构普遍存在缺陷，这使得建筑室外温度变化对室内温度的影响很大，这也被视为英国较高的冬季死亡人数的原因。欧洲冬季委员会指出，一些具有暖冬气候的欧洲国家与经常经历寒冬的国家相比，在室外温度条件相同的情况下，他们的室内温度更低，也就是说这些国家住宅的保暖性通常要更差一些。同时，这些暖冬国家的其他防寒保暖措施的普及性也不足，比如着装和户外运动方面，这也被欧洲冬季委员会列为冬季死亡率高的原因。另外一项研究则在能源利用效率和家庭供暖支付能力方面对比了欧洲若干国家的房屋特性，发现不论所在国家的气温如何，越贫穷的家庭冬季额外死亡率始终越高。

采用集中供暖似乎能够降低冬季死亡率。虽然没有直接的证据，但在许多发达国家，普及集中供暖已经被认为是减少冬季死亡率的主要途径之一。在英国，集中供暖的推广比一些寒冷国家，如加拿大、挪威和瑞典要晚，因此虽然冬季额外死亡率已经开始有所减少，但如前文所述，仍然维持在很高的水平。从建筑层面上看，集中供暖的能力，显然是影响室内温度以及人体健康的关键，而建筑结构本身的隔热性能也是一个不容忽视的因素。

隔热性好的房屋有助于提升住户的居住质量也有益于人体健康。新西兰的一项住房干预研究表明，隔热性好的房屋可以使住户呼吸环境得到改善。提高房屋的隔热性，可以明显提升室内温度，保持房屋干燥，从而显著改善健康条件，减少求医的次数和因呼吸系统疾病住院的概率。

## 热浪与死亡

炎热天气对人体健康的危害，远比表面上报道的要大。有些热浪十分严重，可能会造成当地短期死亡率暴涨。如果公共设施的服务不到位的话，甚至可能会造成一场灾难。1987 年 7 月发生在希腊的热浪造成了超过 2000 人的死亡。而 2003 年在法国，全年约有 15000 人死于高温，医院和殡仪馆都人满为患。

热浪直接死亡率是通过在预定时间内将观测到的死亡率减去事先预测的死亡率所得到的。预测死亡率是通过一系列数据计算得到，包括移动平均数和往年同期平均数。估计预测死亡率的方式对于直接死亡率的估算结果是有很大影响的。在热浪过后，死亡人数低于预期的情况也时有发生，这是因为由热浪造成的死亡率被错加到了数天或者数周之前的数据中（死亡率短期偏差）。

热浪对于健康的影响差别很大，同样的气温可以造成不同程度的影响，这取决于热浪持续的时间，或者所出现的季节。初夏时期的热浪（6，7月份）相比夏末出现的热浪，在人口总数相同的前提下，将造成更高的死亡率。

## 弱势群体

### 寒冷与弱势群体

能源短缺对于老年人的影响是相当大的，寒冷的生活环境将更容易对他们的健康不利。然而，尤其是在英国，老人往往是最无力负担供暖费用的群体，他们大多居住在那些只有低效率供暖系统隔热性差的房子里。65岁以上人群的冬季额外死亡率偏高的原因就在于此。因而我们可以预测，随着在老年人群体中能源短缺现象的日益恶化，冬季因呼吸系统疾病而紧急入院的情况也将随之增多。

退休的老人比其他人待在家里的时间更长，因此也更容易受隔热性能差的环境影响。英国老年医学协会建议，最适宜老人居住的室内温度为21℃。老年人是最脆弱的，因为他们行动不便，而且随着年龄的增大，身体的体温调节系统将会越来越糟糕。在这种情况下，当温度变化，比如从热环境到冷环境，人体就无法自动有效的调节体温，而且"冷应激"还会加剧循环系统疾病。然而，同样是寒冷的室外，从低温的室内走出去与从温暖的室内走出去相比，前者对心血管造成的压力更大。

另外两个易受寒冷相关疾病影响的群体是儿童与慢性病患者。儿童在寒冷尤其是在潮湿的环境中，很容易发生气喘现象。低温也将减缓反应速度，影响协调能力，特别是对于老年人而言，这可能会导致他们在家中发生意外。住在不保暖的房屋中，除了会对身体健康造成影响之外，由于待在寒冷和潮湿的环境中所形成的综合压力也可能会使人产生心理健康上的问题。英国的一项研究发现，改善能源短缺问题不仅将提高住房的室内温度和舒适性，也将显著改善人们的精神状态。

在近几十年中，增加集中供暖的使用已经与减少超额冬季死亡率联系在了一起，但这种想法也许并没考虑到最弱势的群体。毕竟，增加集中供暖的设施并不能保证住户能够支付相关费用。英国研究表明，心血管疾病造成了越来越多的冬季死亡病例，这是与室内的温度和房屋供暖设施的效率密切相关的。另外的一些研究发现，缺乏集中供暖会造成冬季死亡风险的增加，但同时也指出这还需要进一步考虑社会经济因素以及房屋质量方面的因素。

**炎热与弱势群体**

许多生理因素都会影响到人体的温度调节，它们因此被视为诱发临床热疾病的因素：

● 因为食物及水摄入不足或者肠道问题所造成的脱水。

● 酒精或者利尿剂的滥用。

● 影响体温调节的其他药物的使用（如精神安定剂）。

● 中暑，亚健康状态，肥胖，睡眠不足，长时间高强度运动以及防护服的使用。

无论是个人还是群体层面的流行病学研究都显示，年龄是影响与温度相关的疾病死亡率的一个重要因素。中年以上人群的患病风险似乎在逐步增加。敬老院之类机构中的老人，更容易受到与炎热相关的疾病甚至死亡的威胁。一些证据表明，医院中住院病人的死亡率也与高温热浪有关。英国的许多医院和疗养院至今仍没有制冷设备，并且南向或西向的窗户没有遮阳。

目前并没有明确证据表明高温能够影响青少年（15岁以下）的死亡率，因为这个年龄阶段死亡率本来就很低。但也有儿童因热天被误锁在车中而死亡的报道。与成年人相比，儿童因为体内液体的含量相对较高，所以更容易造成脱水。在炎热天气中，儿童户外玩要受伤的概率也会增加。

美国的一些流行病学研究已经确认了几个影响热疾病死亡率的社会经济因素：

● 独居，或整天足不出户。

● 房屋特性（如建筑类型、居住楼层、空调使用情况）

● 贫困

对照1995年和1999年芝加哥热浪现象研究发现，造成高温时期死亡的最具威胁因素是社会隔离。

在热浪期间，从整体上看城市的死亡率要比周边地区或者乡村高。这已经于1995年在英国，1987年在希腊，以及1980年在美国密苏里州得到证明。从对1966年圣路易斯热浪的研究中可以发现，人口密度较大的市中心地区死亡率较高，而在其他开阔地带死亡率则较低，当然这里的社会经济地位也较低。1995年的芝加哥热浪，造成超过700人死亡，主要分布在公寓街区。许多老年人被发现死在自己的家中，他们因担心安全问题而不敢开门改善通风状况。现在几乎没有流行病学的研究能证明房屋特性是影响死亡率的关键因素。我们知道的只是如果房屋的设计不佳，独居的个人则更容易受到热浪高温现象的侵害。

到目前为止，在英国与高温相关的死亡并没有与收入情况有明显的相关性，即炎热天气对健康的影响在各收入阶层人群中均存在。从冬季死亡率上看，社会活动和房屋类型所造成的影响更大，而与以传统贫困指数衡量的社会经济地位并不直接相关。

# 建筑可以改变温度

人类适应不同气候条件和环境的能力是十分强大的。各文明经过几千年发展在生理上和行为上有着巨大差异，这些差异反映了各地千差万别的气候类型。不管是在地方的还是传统的设计中，建筑都体现了对气候的敏感性，通过运用一系列的技术手段使建筑适应气候，使建筑提供被动式降温或者隔热的可能。在许多地区，对建筑的合理利用是由当地文化所决定的。

通过研究那些移民到更炎热国家的人，尤其是运动员和军人，我们可以得出这样的结论，人类对于气候变暖有生理上的适应能力。生理适应性可以在数天或者数周之内起作用。身体通过增加出汗量，以及改善心血管稳定性来适应外部的炎热气候。这两种反应都能减少身体热量，减轻心血管负担。然而，基础设施对于气候变化的适应速率可能要慢得多。

英国的住房往往不能很好地抵御寒冷。1966 年英国房屋状况调查的能源报告显示，从科林斯基准温度临界值上看，38% 的家庭住房没有达到保障健康的最低标准。在典型冬季气温条件下，英国超过 10% 的家庭客厅温度低于 16℃。当室外温度降至 0℃ 以下时，这个比例更是上升到 18%，其中包括 4% 的家庭室温低于 12℃。现在英国政府已经意识到了房屋过冷与健康状况低下之间的联系，卫生署也提出，能源短缺会导致各地健康状况参差不齐。

尽管 1974 年以来，英国对房屋隔热和能源利用效率的要求在逐步变高，相关法规也在逐步完善，但与其他国家相比，其国内建设标准要求仍相对较低。在英国，隔热效率低下是很常见的，许多一战前的房屋的墙只有一砖厚。众所周知这种结构是有缺陷的。那个年代的房屋还需要烧火取暖，因此需要一个好的通风环境。在现代家庭，因为众多因素的影响，如设计不良、结构形式和工艺质量不佳，房屋漏风现象也是很普遍的。博德曼认为英国房屋热量损失的问题是由于高通风率以及随之而来的老住房防风效率不高所造成的。

欧洲其他地区的情况各不相同。欧洲冬季研究是一项大规模的流行病学研究，目的在于探究冬季气候的影响以及减少冬季额外死亡率的措施。研究涵盖了欧洲许多国家，包括芬兰、荷兰、德国、英国、意大利和希腊，他们获得了这些国家的不同地区和城市的室内温度，还通过问卷形式一次性同时获得了包括暖气使用、着装及户外行为等数据。研究者的结论如下：

在室外温度同样低的情况下，在寒冷国家的客厅温度会更高，卧室暖气设施的使用也更为普遍。

研究表明，英国平均冬季室外气温（10 月到第二年 3 月）是最接近"温暖"的。然而，如果计算一年中日平均气温低于 18℃ 的天数，我们可以看到，情况却并不是想象的那样，这也说明了"平均气温"的误导性。

排除每日差异及其他变化因素，单独考虑室内平均气温，并不足以证明多变气候对人体健康或者舒适度的影响。但是各种研究都已经证明了温度多变性对于健康的负面影响。温度的多变性使得"平均气温"变得毫无意义，"温和"的平均数可以掩盖一些极端的情况。如果建筑物的能源利用率低下，室内气温就会受到极端气温的影响。有越来越多的证据表明，欧洲各国的室内温度相差很大，气候较温和的国家房屋对于严寒的抵御性往往比那些有着极端气候的国家要差。同时，温带气候地区的一些现有房屋形式也许也不太能够抵御炎热和高温。

很明显，气候对于人们和人体健康影响已经不如以往那么显著，而这种影响又因人们所居住建筑的不同而不同。在气候极端的国家，和那些没有长时间处于寒冷或者炎热环境中的国家比起来，建筑物通常有更好的设备应对极端气温。因此，在德国和斯堪的纳维亚半岛等一些地方，隔热性和能源利用效率在国家建设法规中是优先考虑的。同时，这些国家的建筑设计也许已经习惯考虑如何应对所经历过的最极端的季节性气候条件，但是，这也是要以牺牲一年中其他时间室内的舒适性功能为代价。这就可以解释为什么欧洲南部国家会出现供暖设备短缺，因为这些国家优先应对夏季气候条件，而他们没考虑在相对短暂的冬季，室内气温也通常会很低。

英国属于温带气候，并不会经常出现极端性气候，因此以往在建设法规方面对房屋防潮性的重视程度要比隔热性高，所以大部分住房的保温性都很差，供暖系统效率也很低。室内温度很容易受室外温度的影响，如果住户无法负担足够的供暖费用那么房屋很难防寒保温。冷凝会产生潮湿，这种潮湿发生在低温表面，因材料隔热性不良以及供热不足或通风不良造成，所以寒冷和潮湿通常会相伴发生。

在隔热性能差、轻质或比热容低的建筑中，盛夏或者寒冬季节，室内温度都可能令人不适。如果房屋的通风性不佳，那么热天夜间的降温也将受到限制。因此，建筑如果没有很好的设计来应对寒冬，那么在炎热的夏季也不太可能提供一个舒适环境。房屋的隔热性差，顶层的居住环境就会格外的恶劣，事实上，2003年夏天，巴黎热死的住户大多就是住在顶层。对于有较多房间（有通风条件）的住宅，居住环境会好很多，而对于有较多窗户（有机会获得太阳辐射）的住宅，情况却更加危险。房屋朝向、开窗方式、室外地表温度以及绿化率也都对居住环境有影响。在全球变暖的大背景下，这些发现对于现有建筑及城市的设计有着重大的意义。

此外，有必要通过教育让地方政府和建筑专业人士认识到，结合传统技术与现代手段，我们可以使建筑在炎热的天气保持凉爽。建筑工程院校则有义务将这些理念与方法纳入课程中。

## 健康教育及预警系统

在高温天气中，合理的自我防护是预防热死亡的重要手段。欧洲许多政府相继提出了关于怎样避免热相关疾病的建议。但对于人们在高温和高温预警时的行为反应，始终缺乏一个定性的研究。

现在已经有数项运动已成功开展。他们的主旨是让人们在冬季保持温暖。一个有效的热健康预警系统需要以下要求：

- 能提供充分可靠的高温预警。
- 能充分认识热环境与健康之间的因果关系。
- 能充分利用预警所提供的时间差实施有效防护措施。
- 必须能够提供必备的基础设施。

现在已有一系列的措施用来识别可能对人体产生不利影响的情况。一般认为高温预警系统结合针对性治疗能在高温时期有效减少死亡。

## 气候变化对建筑物及健康的影响

未来平均气温可能会更高，也更容易出现极端天气，温度的季节性变化也更大，这都可能会影响到人们的健康。虽然随着气候变暖，冬季死亡人数会减少，但是考虑到夏天变得更热，所以死亡人数反而会增加，特别是老年群体更容易受到高温的威胁。

受潮的建筑更难保暖。建筑将面对越来越频繁的极端气候事件，如暴风雨、强风以及洪水。强风将影响建筑的热量损耗和通风，降低室内温度及舒适性。以后的冬天将更加温暖和潮湿，严寒对人们的威胁会下降。虽然研究数据没有发现降水和冬季额外死亡率之间的联系。但是，潮湿降低了建筑材料的隔热性，所以，对于已建的保温性能差的建筑，其隔热性随着降雨的增加将进一步降低，也更难满足经济性与舒适性。凝冰现象发生的可能性将大大增加，导致霉菌的生长，引发健康问题。

2003 年在巴黎的发现表明，特定的建筑和城市环境可能会使夏季极端气候影响加剧，造成灾难性的后果。特别是对于高层城市公寓来说，从这项研究中可以吸取诸多教训。

想要获得适宜的室内温度，建筑需要同时隔热与防寒。在夏季，建筑要能通风与遮阳。在冬季，建筑还要有能力有效地保温，避免漏风但也要适当通风，窗户的材料和形式要使其能够从冬季光照中获取热量。房屋通风性还要与住户的安全需求结合起来考虑。

# 结论

气候变化通过影响建筑内部温度，从而也能对健康造成影响。而什么温度会导致疾病风险的增加，还要取决于当地的户外条件。气候寒冷的国家，比如在斯堪的纳维亚半岛，建筑都有较强的防寒能力。同样，气候炎热的国家的居民在炎热气候中的行为也能更好地适应高温。一部分原因是生活习惯，如多喝水，或者在热天午睡。还有些是关于建筑规范的，如在温带或者沙漠性气候中，利用蓄热体调节室内温度变化。

对于建筑师而言，在对房屋科学分析以及当地建筑研究中有许多重要的东西值得学习。对于国家和地方政府而言，关于建筑的研究和当地气候变换周期的认识可以为气候预警提供依据，以及为社区的紧急情况应对提供帮助。

下面是一些错误的结论，例如过度依赖设备应对极端情况。设备的过度使用会大量消耗化石燃料，从而可能会加快气候变化的速率。极端气候对供能设施而言是个严峻的考验，因为能源是用之不竭的假设从来都是错误的。

为了能够提供一个安全、舒适的环境，未来的建筑应该做到：

● 为居住者提供简单的方式调节室内气温。

● 尽可能避免使用机械冷却（或加热）。

此外，有必要：

● 让建筑专业人士学习如何设计满足这些需求的建筑。

● 教育公众利用少量的能源来防止过冷或者过热。

● 当预测到有危险天气可能性，有向公众和政府预警的机制。

● 与天气预报一同发布的医疗指导（目前有关于粉尘含量、紫外线照射以及风寒指数方面的建议。一个气象局的计划已经在医生中实行，当气象局预测到寒流时，医生可以对患有慢性阻塞性肺病的患者采取针对性的有效措施）。

● 对现有住房进行改造以提供更好的隔热性（同时确保良好的通风）以及通过遮阳避免房屋过热。

在气候变化的条件下，对于建筑与城市设计人员而言，一个基本挑战是，他们必须理解人、气候和建筑的关系是影响人类的健康和舒适感，这也是下一章节的主题。

# 第9章　气候变化与热舒适度

我们与其他哺乳动物拥有类似的体温调节机制，但是我们更有独特的方法来取暖或降温，例如增减衣物，用遮蔽物保温隔热或用燃料驱动设备来取暖或者降温。这种调节机制使人类几乎能在所有气候条件中生存，但这种机制也催生了新的弱点。现在我们的体温取决于衣物和燃料的价格，取决于我们或房东对炉火大小的控制，取决于我们的室内外工作环境，以及我们避免或远离不适热环境的能力……（出自 R.Levins ＆ R.Lewontin 所著的《辩证的生物学家》）

## 引言

气候变暖和极端天气可能会引起人体不适或死亡，而建筑与城市设计，对这些方面都有一定的影响——这一点我们在第 8 章已经讨论过，室内环境是否舒适，一方面取决于建筑与城市设计是否合宜，另一方面取决于居住者能否承担空调设备的费用。能源供应是否充足也是一个重要条件。在鲜有机器的过去或者人们很难担负机器费用的未来，设计者将不得不重新思考人类、建筑与环境之间的基本关系。这一章，我们将主要讨论气候对于建筑使用舒适度的影响，以及这种影响和天气变化之间的关系。

任何建筑的使用者都会从以下三个层次作出反应。

● 生理变化——流汗，发抖，肌肉收缩和血流状况的改变。
● 行为反应——有意识的加减衣物及半意识下的姿势改变或转移到更舒适的场所。
● 设备调节——开窗，拉窗帘或百叶（无需能源）；使用电扇，暖气或空调（使用能源）。

本章以探究有关舒适的问题开篇：是什么保障了一个舒适的环境，我们又怎样针对气候的变化，预想合宜的设计。接着本章将介绍与气候变化相关的"热健康"问题。我们普遍认为，气候变暖是一种趋势，2003～2006年在欧洲发生的事情，让我们预料到这种趋势将会愈演愈烈。但通过一些气候模型，我们得知在未来更长的一段时间里，西欧地区的极端寒冷气象事件会越来越频繁的发生。在第8章，我们已看到气候变化与发病率甚至死亡率增高的关系，这已成为世界各地健康研究的一个重要领域。

## 热舒适度

### 舒适的重要性

热舒适度对建筑设计至关重要的3个原因

- 舒适度（特别是热舒适度）是影响用户满意度的一个重要因素。
- 人们对房间的预想温度是决定消耗多少能源的重要因素。
- 如果一个建筑本身无法使人舒适，那么住户就会采取行动使其变得舒适。这样往往会消耗能源——也就破坏了精心设计的低耗能策略。

### 热平衡

为了使我们处于健康状态，我们必须将我们体内温度控制在37℃左右。要确保体温恒定，身体产生的热量必须随时和身体损耗的热量相平衡。体表产生的热量（变化的数率通常用w/cm² 来衡量）和人体的活动有关：人越活跃产生的热量越多。有四种热量消耗的途径：

- **对流**——热量散失在空气中（或者从空气中得到热量）。这决定于空气的温度和体表（皮肤或者衣物）空气流动的速率（参见框图9.1）。
- **辐射**——热量直接损失于周围环境（或者从周围环境得到热量）。这依赖于周围环境表面的温度（辐射温度，参见框图9.2）。
- **传导**——通过与体表的直接接触损失热量（或者获得热量），其量取决于体表的温度。在大多数情况下此类热量损失占很小的比重。
- **蒸发**——因为皮肤表面的水分子蒸发而产生的热量损失。这决定于空气中的水分（即湿度）和体表周围空气流动的速率（参见框图9.3）。

热量的交换也可通过肺的呼吸来完成，这期间的热损失一部分源于对流一部分源于蒸发。关于产热量和热损失平衡的数学表达式是计算建筑物供热量的一种方法。这也是确定热平衡的方法。热平衡的基本等式是：

$$M-W=Ev+Ra+K+Co+Re+S \ (\mathrm{Wm^{-2}}) \tag{9.1}$$

　　我们四周都是空气。当气温低于我们的体表温度时，我们身体的热量会传递到空气中。当气温比我们体表温度高时我们会得到热量。在凉爽的静止环境下，空气会接收身体散发的热量并膨胀上浮。之后热空气会在头顶形成热气团并散开。空气的流动会加快热量在人体的散失，使周身空气清凉；这种散热方式，同样使人感到凉爽。空气的流动是相对于体表而言的，例如：行走将增加空气的有效运动。空气的湍流也能使空气变凉爽。

　　不论人体是否着衣，上述现象都会发生。当人们穿着衣服时，热对流现象出现在衣物表面，因此影响热量散失速率的是衣物表面的温度，而不是体表温度。通过将皮肤与空气隔离，热量散失的速率也随之减小。空气的运动，对于作为"绝缘体"的衣物的效力也会产生一定影响：对于渗透性强的材料，冬天的冷空气能长驱直入从而降低衣物的保暖效力；在夏天，热空气也如此，导致衣物的隔热能力下降。

　　总结：使空气变冷（或者变热）的效应取决于空气与体表（或者衣物表面）的温差和空气的流动。通常认为空气运动的影响效应与空气流动速度的平方根成正比。

　　体表释放热量的速率与自身绝对温度值的四次方成正比（绝对温度等于摄氏温度加上273）。与此同时，周围物体的表面也在通过类似的方式向人体辐射热量。所以，当周围的物体温度较低时人体损失热量，反之吸收热量。如果环境中的所有事物都处在一个相同的温度，情况就会变得相对简单。当然，这是不可能的，在真实环境中，一定会存在某些相对冷些的窗户或者相对热些的天花板、太阳等热辐射源。在这里就不再对辐射热交换进行过多讨论。

　　环境温度涉及了身体及周边环境的各种因素，一般简单说来，我们用"平均辐射温度"这个术语来讨论这些问题，平均辐射温度是指当某个环境或物体表面与外界达到总体辐射传热平衡时的辐射温度。平均辐射温度的概念非常有用。它可以用来评估一个环境的制冷与采暖影响。

　　在实际情况中，辐射温度随着同一间房位置的变化或者人体体积的变化而变化。通常来说，在一个热量不均匀且表面积较大的房间，我们只能用一个大概的温度预估来代表室内温度。

　　在大多数建筑物中只存在相对很小的温差。通过前面提到的辐射热交换四次定理，我们可以通过衣物表面和环境辐射温度的温差大概计算出通过辐射损失的热量。

　　这里 $M=$ 新陈代谢中热量产生的速率，$W=$ 用于做功的能量，$Ev=$ 皮肤蒸发的热量损失，$Ra=$ 辐射热损失，$K=$ 传递热损失（通常可以忽略），$Co=$ 对流热损失，$Re=$ 通过呼吸损失的热量（对流和蒸发），最后 $S=$ 被身体吸收的热量（通常为0）。

　　关于热舒适的更多相关物理细节详见本节相关的框图。如果想要了解更多，唐·麦克伦先生的著作《室内气候》和肯·帕森的《人类热环境》是很好的选择。

　　在水蒸发的过程中，水分从周围的环境中吸收了大量热量（这就叫潜热损失）。当皮肤上的水蒸发时，大量的热量也随之被带走。这种降温效应非常强大（1g/min 的水蒸发功率为 41W）所以流汗时，我们周身会变凉。因此，使我们感到凉爽的不是汗液本身，而是汗液的蒸发现象。

　　汗水在蒸发后，水汽必须被及时带走，以保证蒸发能持续地进行。体表水蒸气的压力梯度，是蒸发的驱动力。水蒸气压力是由水分子引起的空气压力的一部分，温度越高的空气包含的水分越多。蒸发的驱动力来自于体表温度下的水蒸气压力与周边环境水蒸气压力的差值。

　　通过皮肤汗液蒸发损失的热量由汗腺产生的汗液量决定，所以通常而言，控制着蒸发热损失的是汗腺而不是物理环境。加速蒸发散热的机理与对流散热相类似，即大气中的水蒸气压强和空气速率的平方根决定着蒸发损失的热量。

　　我们的身体控制并平衡热量散失的方法有很多。这些身体行为被称作体温调节，常见的有以下例子，如控制体表血液的供给量，以此增加或减少热量损失，又比如在酷热环境中出汗降温，在冷的环境里颤抖取暖。更多体温调节的详细内容参见框图9.4。

　　热舒适度被美国采暖、制冷与空调工程师学会定义为一种心理现象——用以表达对热环境的满意度。其通常是对身体环境和生理状态的一种反应，这种反应与人对周围环境的态度、不同个体热环境经历及当下现状有关。更多精神物理学的细节参见框图9.5。

　　热不适通常会触发有意识的（行为性）体温调节。热不适通常是由体核温度的改变以及体表持续热失衡而导致的（比如人体本身就处在一个寒冷的环境，这时候一股冷风会让人觉得非常不舒服）。相反，当环境变化对于人体获取身体热平衡有益时，该环境会被认为是舒适、宜人的（例如：酷热天气下的一阵清凉的微风会让人觉得非常舒服）。因此，热知觉是热平衡反馈体系中的一部分，所以在舒适环境中，使用者可以保持热量的动态平衡。

　　体温机制的复杂性和动态本质，使之难以用数据衡量。人们曾尝试对热舒适提出一些公式化的构想，例如凡格提出的那样——但其低估了人们自发适应自然变化的能力，尤其是在情况复杂的时候。

## 寻求热舒适的适应性行为

### 实地研究和理性指数

　　我们广泛使用实地调查的方法来研究热舒适度：寻找一批测试者，一方面，询问他们在表9.2中指定热环境中的体验（舒适度投票）；另一方面，同时测量当时的物理环境参数（温度，湿度，空气流动）。在进行了反复多次的调查后，便可以看出被测者舒适满意度的变化与我们所需的能量由消化食物获得，我们的身体无时无刻不在产生这种代谢能：身体越活跃，产生的热能就越多，反之亦然（见表 9.1）。热量通过血液传播到身体各处。身体的器官——尤其是脑部，温度必须保持在 37℃ 左右。身体有自己的机制来控制深部体温。如果我们的大脑温度超过了可以接受的范围，身体就会做出反应来恢复热量平衡。

体核温度的下降会导致血管收缩：身体表层的血液循环减少，皮肤温度也随之降低以减少热量散失。如果体核温度进一步下降，就会导致肌肉的持续紧张，而后身体会通过颤抖来增加代谢热。相对的，体核温度的升高则致使血管舒张，毛细血管供血量增加，使得皮肤表面温度上升，身体向周围散热量增大。如果温度继续升高，身体就会以出汗蒸发的方式进一步散热。

各项活动的代谢率　　　　　　　　　　　　　　　　　　　表 9.1

| 活动名称 | W/m² | 能量代谢当量 |
| --- | --- | --- |
| 斜倚着 | 46 | 0.8 |
| 坐着休息 | 58 | 1.0 |
| 坐着的活动（在办公室，住所，学校，实验室） | 70 | 1.2 |
| 站立着的轻度活动（购物，实验，轻工业生产） | 93 | 1.6 |
| 站立着的中度活动（店员，家务活动，机械加工） | 116 | 2.0 |
| 平地行走： | 110 | 1.9 |
| 2KM/H | 140 | 2.4 |
| 3KM/H | 165 | 2.8 |
| 4KM/H | 200 | 3.4 |

资料来源：International Standard 7730. Moderate Thermal Environments：Determination of PMV and PPD Indices and Specification of the Conditions for Thermal Comfort (1994). Geneva：International Organization for Standardization.

这些物理环境参数间的关系。

图 9.1 显示的是各个调查中，被测者的平均满意度与他们被调查时的环境温度间的关系。我们可以从图中看出，随着不同调查中的温度变化，被测者的平均满意度也随之变化，但是满意度的变化幅度要远小于温度的变化幅度。

在 1973 年，尼克尔和亨弗里斯得出结论，受调查者一旦开始适应气候状况，那么他们就会有所行动以调整自身的热感觉，这也就导致了上述的现象发生。

实地调查与实验室实验不同，被测者日常生活中所有行为都有可能影响结果，当然也会对热舒适和热环境间的关系有影响。通过对行为的累积作用的不断研究，人们正在寻求一种合适的方法，以解释实地调查和实验室试验结果的区别。

如果皮肤的热感觉增强，那么框图 9.4 中描述的生理反应也会愈加强烈。这说明了，皮肤会对不适、甚至造成威胁的环境作出警告。我们对于环境温暖或寒冷的感知部分来自皮肤传感器。皮肤有两种温度传感器，一种主要感知热而另一种主要感知冷。这种感知又与体核温度相关。当体核温度过高时，体表凉爽使人舒适，但若体核温度已经很低，体表寒冷就会让人难受。因此只有我们整体热平衡，我们才会感觉舒适。总而言之，身体任何特定部位的感觉，都与时间、地点、穿着的衣服及环境温度相关。

精神物理学致力于研究我们的感觉与所受到的物理刺激之间的关系。由于热感觉与热环境之间的关系难以模拟，精神物理学转而关注更具体确定的关系，例如我们碰触物体表面的冷热感受。然而热舒适度的实地研究的本质思想，还是要将热感受与热环境联系在一起。

对热舒适投票是我们试图对热感受定量研究的一种尝试。然而，我们的感知并不能说明热舒适与其物理环境是一一对应的。这种由热刺激带来的舒适感，不仅与当时的生理情况有关，也依赖于当时的社会情况和人们的热经历。一个特定的刺激可能导致一系列的感觉。我们不能说一组环境因素会带来某个特定的感觉，只能说它有一定的可能性。

七级 ASHRAE 热感觉标度和贝德福德标度。–3 到 +3 的标度一般被用作舒适度的数量评估指数，这也是凡格发明的热舒适预测平均投票数（PMV）方法；为避免混淆，我们用 1 ~ 7 的标度表示另一种度量标准，这个标准主要用在我们的调查当中。
表 9.2

| ASHRAE 标度描述 | 对应转换数值 | | Bedford 标度描述 |
|---|---|---|---|
| 炎热 | +3 | 7 | 过热 |
| 暖 | +2 | 6 | 很热 |
| 稍微温热 | +1 | 5 | 舒适偏暖 |
| 冷热适中 | 0 | 4 | 舒适，不冷不热 |
| 稍凉 | −1 | 3 | 舒适偏冷 |
| 凉 | −2 | 2 | 很冷 |
| 寒冷 | −3 | 1 | 过冷 |

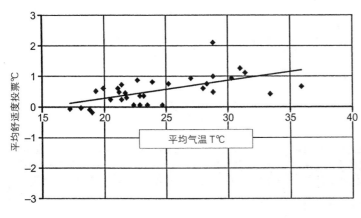

图 9.1  广泛的舒适度研究表明平均舒适度投票受室内平均温度的影响比较小。图中每一点表示一次完整研究结果的平均数。

**人和室内气候环境**

从表 9.1 可以推出,实地调查中人们认为舒适的温度(适宜温度)与测量的平均温度相近。研究发现,这一推论与大范围的室内气候环境调查的结果相吻合,详见图9.2。显而易见,人们认为的舒适温度与平均温度间的相似度十分高。

表 9.3 举例说明了如何通过适应行为保持舒适,该表显示了在不同室内温度下,巴基斯坦上班族感到舒适的人数占总人数的比例。数据收集横跨一年时间,因此舒适温度与室内温度都在不断改变。这些上班族保持舒适的方法主要是增减衣物或借助电扇(以改变空气流动),在巴基斯坦的办公室里电扇是很常见的。图中显示了舒适性平均概率,各个点代表特定城市在特定月份中的舒适的比率。记录显示,当温度处于 20℃ ~ 30℃时,大部分被调查者都感觉到比较舒适。

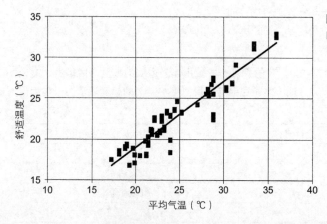

图9.2 世界各地调查数据:多种舒适温度与室内平均温度的关系。
(资料来源:data presented in Humphreys,1976)

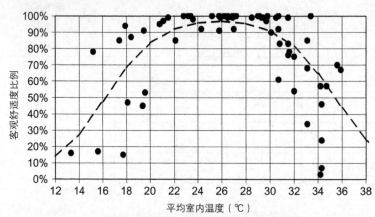

图9.3 巴基斯坦:办公室里的上班族在不同室内温度下感到舒适的比例。图表中的每一点表示在一个办公室中对20 ~ 25 人调查的平均结果。在部分环境的调查结果当中,所有被调查者都表示没有感到不适。在室内温度和舒适温度不断变化的情况下,研究发现在只有电扇的条件下,位于巴基斯坦的建筑物的舒适温度应该在 20℃ ~ 30℃之间。
(资料来源:Nicol et al.,1999)

**适应性行为**

人们对以上所述现象的关注推动了热舒适自我调整方法理论的发展。研究者把这种影响归因于行为的累积和其他因素的共同作用，这一系列的作用保证了人的舒适。在一篇文章中，亨弗里斯和尼克尔阐述了适应性行为的概念（详见框图9.6）。

框9.6列举了人对冷或热的部分应激行为。这个表格试图对可想到的各种类型的行为进行说明，虽然并不全面。值得注意的是，列表中涵盖了生理、心理、社会和行为条目，也考虑了英国的气候和文化因素，但对于其他地区，某些项目还需要调整。

**框图 9.6  适应性行为举例**

对冷的反应：
- 血管收缩（减少流向表层组织的血液量）
- 加剧肌肉紧张和颤抖（在肌肉中产生更多热量）
- 蜷缩或拥抱（减少热量散失表面积）
- 提高活动强度（使身体产生热量）
- 增加衣物（减少每个单元面积的热量散失比率）
- 打开恒温器或生火（通常可提高房间温度）
- 在室内寻找更暖和的地方或者盖上被子（选择一个更温暖的环境）
- 拜访朋友或者去图书馆（希望找到一个更温暖的环境）
- 向管理者申诉（希望通过他人提高温度）
- 隔断阁楼或者补上墙上的洞（希望提高室内温度）
- 提高门窗的密闭性（提升温度／减弱穿堂风）
- 新建房屋（计划提高房间温度）
- 移民（寻找长期更温暖的地方）
- 适应环境（增强身体耐寒的能力）

对热的反应：
- 血管舒张（增加流向表层组织的血液量）
- 流汗（蒸发汗液降温）
- 采用舒展的姿势（增加可散热面积）
- 脱衣服（增加散热）
- 减轻运动量（减少身体产生的热量）
- 喝啤酒（诱导出汗，增加散热）
- 喝一杯茶（诱导出汗，散失的热量多于补充的热量）
- 减少进食（减少身体可产生的热量）
- 进行规律的午休（进行与热环境相匹配的活动）

- 打开空调（降低气温）
- 打开电扇（加快空气流通，增加热量散失）
- 开窗（降低室内温度，使室内通风）
- 找一个凉爽的地方或拜访朋友（希望找到一个更凉快的地方）
- 去游泳（选择更凉爽的环境）
- 建一座更好的房子（找到更凉爽地点的长久之计）
- 移民（找到更凉爽地方的长久之计）
- 适应环境（使身体调整，适应炎热气候）

可将上述一系列对冷和热的适应性行为大致应分为 5 类：

- 调节内部热量产生速率
- 调整身体散热率（关于衣物增减详见框图 9.7）
- 调节热环境
- 选择相应的热环境
- 改变身体的生理舒适条件

适应性行为非常多，舒适感通常是通过一系列次要活动相互配合来维持的，而不是单一行为调试的结果。例如，对寒冷的应激反应可能包含肌肉收缩、血管收缩、身体姿态的调整，另外还有加穿一件毛衣以及喝一杯热咖啡等。每一种独立的适应行为可能作用不大，但当它们共同作用，影响就会很大。适应性行为调查问卷中的问题很难涉及到一些微妙的适应性行为，通常推荐使用的评价标准：即 PMV 和 SET（标准有效温度），通常也不考虑这些行为。

热适应行为是一种学习性行为，因此，从理论上讲人们能够极好地适应环境。我们在环境热于"常规"的时候时感到炎热，反之则感到寒冷。显然，这种适应方式的重点在于对"常规"环境的研究，什么环境是"常规"的，某种环境如何变得"常规"，以及人们怎么从一个习惯的环境中进入另一个？（热交换方程能够说明更热和更冷环境的意义，但是没有涉及什么是一个"常规"的环境。）

不是所有的研究者都赞同亨弗里斯和尼克尔提出的广泛适应性行为。人们通常认为，适应性行为或多或少的和有意识的行为活动有关。

### 适应性原则

适应性的基本原则说明，如果环境改变引起了人体的不适，人体就会做出反应以保持自身的舒适。亨弗里斯，布拉热和德迪尔和布拉热将这一原则应用于各种环境的舒适性调查分析中，他们的舒适性调查分析都得到了认可。这些后期分析一般是从大量独立的热舒适调查

　　衣物，是人们能在热带以外地区生存下来的关键。它们在热舒适的适应性模型中至关重要。在热传导的物理模型中，衣服被假定为身体与环境之间的，有单一表面温度的均匀保温层。这明显是一种近似的处理，因为衣服绝不是均匀的。事实上根据穿着搭配和衣物质地，衣服在身体各个部分保温御寒效果也是不同的。然而，在实践中，这种假设起到了很好的作用。衣物整体保暖御寒效果表现为所穿着的每一件衣服的效果的总和，就像它们每一件都被铺开覆盖了身体表面。在这种情况下，把各层衣服之间及衣服与皮肤之间的空气层也看作了这种穿着搭配的一部分。

　　衣服的保温御寒作用一般用"衣物单元"表示，一个衣物单元即 1clo，1clo=0.155m²/kW。表格 9.3 中给出了衣物典型搭配的保暖值和每件衣服的保暖值。但这种描述性的表格总是有一个大问题：它们是根据一定的文化惯性定义的，这就像某一气候条件下的"厚西装"在另一条件下可能就会被看作是"薄西装"一样。

### 备选衣物的保暖效果 表 9.3

| 衣服 | Icl (clo) | 衣服 | Icl (clo) |
|---|---|---|---|
| **内衣类** | | **衬衣—女式衬衣类** | |
| 内裤 | 0.03 | 短袖衬衣 | 0.15 |
| 长腿内裤 | 0.10 | 长袖轻质衬衣 | 0.20 |
| 背心 | 0.04 | 普通长袖衬衣 | 0.25 |
| T恤 | 0.09 | 绒布长袖衬衣 | 0.30 |
| 长袖衬衫 | 0.12 | 长袖轻质女士衬衣 | 0.15 |
| 内裤和胸罩 | 0.03 | **连衣裙 - 短裙类** | |
| **裤子类** | | 薄裙子（夏季） | 0.15 |
| 短裤 | 0.06 | 厚裙子（冬季） | 0.25 |
| 轻质裤子 | 0.20 | 短袖连衣裙 | 0.20 |
| 普通裤子 | 0.25 | 长袖冬季连衣裙 | 0.40 |
| 绒布裤子 | 0.28 | 连衣套裙 | 0.55 |
| **毛衣类** | | **夹克类** | |
| 无袖毛背心 | 0.12 | 轻质夏穿夹克 | 0.25 |
| 薄毛衣 | 0.20 | 夹克 | 0.35 |
| 毛衣 | 0.28 | 罩衫 | 0.30 |
| 厚毛衣 | 0.35 | **户外衣服** | |
| **保暖性好的纤维毛皮类** | | 外套 | 0.60 |
| 连衫裤套装 | 0.90 | 羽绒服 | 0.55 |
| 裤子 | 0.35 | 大衣 | 0.70 |
| 夹克 | 0.40 | 纤维毛皮外套 | 0.55 |
| 皮毛背心 | 0.20 | **鞋子和手套** | |
| **袜子类** | | 鞋子（薄底） | 0.02 |
| 袜子 | 0.02 | 鞋子（厚底） | 0.04 |
| 厚短袜 | 0.05 | 靴子 | 0.10 |
| 厚长袜 | 0.10 | 手套 | 0.05 |
| 尼龙袜子 | 0.03 | | |

资料来源：International Standard 7730. Moderate Thermal Environments：Determination of PMV and PPD Indices and Specification of the Conditions for Thermal Comfort (1994). Geneva：International Organization for Standardization.

除了对于热量传递的隔绝作用，衣服对由汗液蒸发导致的热量散失也有影响。它通过引入对水蒸气的额外限制来影响蒸发散热，这种影响由衣服的水分渗透性决定。衣服还可以吸收皮肤周围多余的水分。接着这些被吸收的水分将经由衣服蒸发而不是皮肤，所以这个过程对于皮肤表面降温不太有效。

衣物对于热量散失的影响比文中指出的更为复杂。例如在干燥炎热的气候条件下，人们常穿着多层的宽松衣服隔绝环境高温，当干燥的空气随身体活动在衣物各层之间流动时，这种着衣方式同样能促进由汗液蒸发导致的散热。衣物的作用不仅仅是御寒保暖，我们的着衣方式同社会习俗也有关系。在人的热交换平衡模型中，衣服隔热和衣物渗透分别所起的作用并不明确，这是一个相当大的不确定因素。

的结果中归纳出来的。

通过把人的行为与舒适度相联系，适应性原则把舒适温度和被测试者自己所处的环境联系在一起。舒适温度是被测试者与他们所处的环境相互影响的结果。

环境中的首要可变性因素是气候。气候影响着我们的文化，我们的建筑，以及我们对热环境的态度。人们在生活点滴中受到所处环境的影响。这些影响逐渐积累，人们对室内气候的反应可能就会改变。几乎所有舒适度调查的第二个主要背景环境都是建筑，因而建筑的性质和功能在一定程度上会影响调查结果。第三个背景是时间。在持续变化的环境中，大多数建筑里的使用者会对周围环境的变化作出反应。他们会采取行动改变环境以达到舒适，或者改变自身（例如变换姿势或增减衣服）以适应环境。这些现象显示，舒适温度是持续变化的，所以为了准确无误地确定舒适度条件，研究者在研究舒适环境时，应当将温度变化的程度及变化发生的比例作为重要因素予以考虑。

### 舒适温度与室外温度的关系

亨弗里斯（1978）在世界范围内进行了大量调查，并将室内舒适温度与调查时的室外月平均温度进行对比，图9.4表示了对比结果。他发现，人们所处的环境是否有供暖或制冷设备会使调查结果差别很大。对于没有供暖或制冷设备的建筑，舒适温度与室外温度的关系几乎是线性的，而在具有气候调节设备的建筑中，舒适温度与室外温度关系就复杂了。

反馈机制使我们得以了解室内气候与舒适温度的关系。在无气候调节设备的建筑里，室内气候环境通过建筑与室外气候条件联系。而当室内气候经过气候调节设备调节，室内外气候关系就改变了。

### 适应性机会

建筑之间不仅存在形式与功能上的差别，建筑间的差异还包括：建筑是否使用制热制冷系统，使用何种系统，建筑使用者能否控制他们所处的环境等。

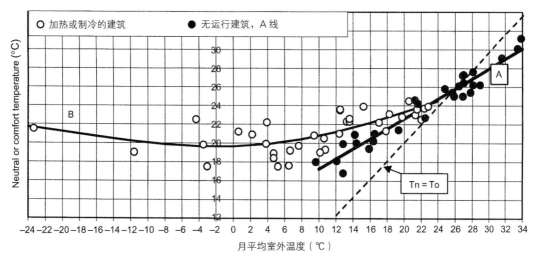

图 9.4　舒适温度与室外月平均气温变化图。图中各点表示各次调查研究结果的平均值。接受调研的建筑物分为两类：有机械设备调节的建筑及无机械设备调节的建筑。ASHRAE 随后关于舒适度调研的分析也得到了类似的结果。
资料来源：Humphreys，1978

　　另外，建筑服务的其他方面也影响着建筑使用者的舒适度。里曼和博达斯认为居住者对建筑的控制权越大，建筑获得的"原谅"就越多。"原谅"是指，居住者对建筑更多的控制使他们对建筑的态度发生了改变，他们也因而有可能忽略热环境中的缺点。

　　贝克和斯坦迪文提出了一个更为有力的观点。他们认为建筑所提供的"适应性机会"会影响居住者的舒适。"适应性机会"是指，当居住者面对不适环境时，自身可以调整的范围大小。一般来讲，住户的可控范围越大，他们遭受不舒适热环境的压力的可能性就越小，他们所能接受的环境条件的范围就越大（表 9.5）。"适应性机会"包括是否能推开一扇窗户，打开百叶窗，使用电扇等等。这一概念也应包括着装要求、常规做法和有关居住者与建筑的相互作用的方面。衣着、活动、姿势的改变和空气流动的加快都会使舒适温度发生变化。虽然其他适应性行为可能不会对舒适温度产生直接影响，但会为居住者改变室内气候和满足自身需求提供机会。可以看出，适应性行为是两种表现的混合产物：改变环境条件以符合舒适的要求以及改变自身的舒适温度来与相应条件匹配，舒适环境的条件范围受建筑物特征和居住者个人适应能力共同影响。

　　事实上，就建筑控制的有效性而言，量化建筑所提供的"适应性机会"是很困难的。尼克尔和麦克卡特尼认为建筑控制的存在并不意味着这种控制得到了使用，因而建筑控制的数量总和并不能很好地估量建筑的性能和它提供的"适应性机会"。由此可见，特定建筑控制存在时仍需判断它是否在特定的环境中发挥了作用，例如建筑遮阳可能在建筑的某一立面上

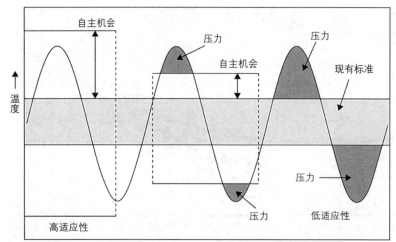

图9.5 建筑承担适应性行为的能力的影响：控制环境或满足居住者要求的能力越强，热环境对居住者的压力就越小。（资料来源：Adapted from Baker and Standeven, 1995）

不起作用，但在另一面上必不可少。另外，即使是有效的建筑控制，随着时间和条件的改变其作用也会有所改变。

**关于时间作为舒适温度影响因素的说明**

当人们对造成不适的热环境进行反应的时候，完成这些应对措施是需要时间的。人们能采取的措施有很多，像开窗，这几乎不花时间。然而另一些，例如将冬款的衣服换为夏款，就需要比较长的时间。这种改变的速度虽然足够跟上季节间天气的波动，却不能应对天气中的所有变化。在亨弗里斯(1978)进行的关于室外温度与室内舒适温度的比较中（见图9.4），他用室外月平均温度表达室外温度的变化，这一做法与德迪尔和布拉热相同。但是，在一个月中，天气可以剧烈变化，人们及其所居住的建筑都发生了一定程度的改变，但这一改变在每月一次的评估中得不到反应。框图9.8提出了将时间影响引入舒适适应性模型的一种方法。

## 适应性分析：在巴基斯坦和欧洲的适应性案例

过去，各国都认为应当发展尖端科技以应对气候变化。然而，现在我们似乎更应该发展一些低技术策略。在燃料费用上涨的情况下，提升我们适应环境的能力也可以算作策略之一。

在巴基斯坦，研究者们已经进行了关于热舒适度的研究，对可能的热舒适度控制方法也有所探讨。巴基斯坦空调系统使用率较低，这里不仅户外温度的波动范围很大，即使在室内也同样如此。造成这一现象的部分原因是该地区科技水平欠发达，但更重要的原因其实是过高的能源价格。即便是巴基斯坦相对富裕的人也对高额的空调使用费用望而却步。

研究者选择了5个气候条件不同的巴基斯坦城市，并对办公室工作人员的日常工作环境进行了为期一年的研究。每个城市中大约有100名工作人员接受调查，结果按月统计。被测

**框图 9.8　时间对适应性行为影响的具体说明**

近期的调研试图利用在一段时间内进行的纵向舒适度调查来确定舒适温度的变化率。[i-iii] 温度的指数加权平均数很好地反映了时间因素对舒适温度与衣服保温防寒性能的作用。

时间为 $t$，指数加权运行平均数的方程为：

$$T_{rm(t)}=(1-\alpha)\{T_{t-1}+\alpha T_{t-2}+\alpha^2 T_{t-3}\cdots\} \tag{9.2}$$

$\alpha$ 是一个常数，取值范围 $1 \geqslant \alpha \geqslant 0$，$T_{rm(t)}$ 是在时间 $t$ 时的运行平均温度，$T_t$ 是 $t$ 时间内一系列等间隔（小时，日，等等）的平均温度，$T_{t-n}$ 为前面第 $n$ 次间隔的瞬时温度。用于计算 $T_{rm}$ 的时间间隔多为 1 天。不同时间间隔前的温度影响作用力由系数 $\alpha$ 决定。方程（9.2）可简化为：

$$T_{rm(t)}=(1-\alpha)T_{od(t-1)}+\alpha T_{rm(t-1)} \tag{9.3}$$

这里 $T_{od(t-1)}$ 和 $T_{rm(t-1)}$ 分别为前一日的平均温度和运行平均温度。因此今天的运行平均数可以简单地由昨天的平均温度和运动平均温度简化计算得出。一组时间得出了一个运动平均温度，随着时间推移这一温度受特定温度变化的影响越来越小。$\alpha$ 值越大，前期温度的影响就越大。

接下来就要确定 $\alpha$ 的值，该值应反映室外运行平均温度与舒适温度的最佳相关性。室外运行温度与舒适温度的相互联系在 $\alpha$ 值达到 0.8 前逐步增强，之后开始减弱。比较而言，舒适温度与室外日平均温度 $T_{od}$（$\alpha=0$）的相关性以及与室外月平均温度（$\alpha \cong 0.95$）的相关性都小于 $\alpha=0.8$ 时与平均运行温度 $T_{rm}$ 的相关性。研究发现，相似的原理同样适用于衣物的防寒保暖。[ii,iii]

[i]  McCartney, K.J. and Nicol, J.F. (2002) Developing an adaptive control algorithm for Europe：results of the SCATs project. *Energy and Buildings*, 34, 623–35.

[ii]  Morgan, C.A., deDear, R. and Brager, G. (2002) Climate clothing and adaptation in the built environment. In Levin, H. (ed.), *Indoor Air 2002：Proceedings of the 9th International Conference on Indoor Air Quality and Climate Indoor Air 2002*, Santa Cruz, USA, Vol. 5, pp. 98–103.

[iii]  Nicol, F. and Raja, I. (1996) Thermal Comfort, Time and Posture：Exploratory Studies in the Nature of Adaptive Thermal Comfort. Oxford：School of Architecture, Oxford Brookes University.

试者除了描述对自身日常工作环境的主观评价，还描述了对自身皮肤干湿状态的评价以及对环境冷热的偏好。（表 9.1）研究人员了解了被测试者穿着的衣服，平时进行的活动以及他们使用的建筑热环境控制设备（窗户，电扇，照明和暖气）等细节信息。测量数据包括干球温度，空气温度，湿度，空气流速。研究所用的室外温度是从当地气象站获取的。

这些调研测评能够指导人们在温度变化幅度不同时，做出合宜的适应性行为。研究发现的两种自适应方式分别是：被测试者改变自身以达到舒适温度以及被测试者改变环境以满足自身需求。我们以衣服和代谢率为例对前一种方式进行了说明。图 9.6 对这些因素进行了详细的描述，其中还包括了空气流速变化情况和皮肤中水分变化情况。电扇的使用以及较小程度的开窗都会影响空气流速的变化。皮肤水分只能说明被测试者的生理状态。图 9.3 表示了不同室内温度条件与被测试者舒适程度的关系。我们能够明显看出在 20℃ ~ 30℃时，被测试

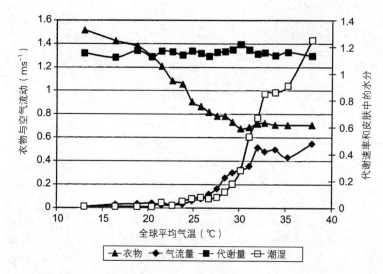

图 9.6 在巴基斯坦，被测试者为达到舒适性要求所采取的适应性行为。
（资料来源：Fergus Nicol）

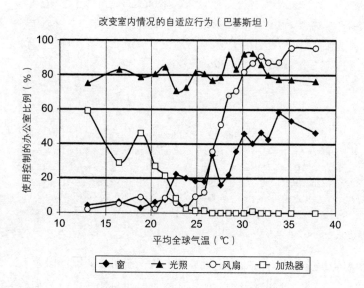

图 9.7 在巴基斯坦，被测试者为了改变环境以满足舒适要求所使用的环境调节方法。
（资料来源：Fergus Nicol）

者大部分均觉得较为舒适，同时，通过衣物增减和改变空气流动的方法也大多在这一范围内使用。

　　类似的适应性行为模式也存在于装有环境调节设备的建筑中（图9.7）。在室内温度超过20℃时，人们就不再使用暖气，而温度达到30℃时所有的电扇就会开始工作。即使在温度超过35℃时，开窗只会使办公室里更炎热，而非凉爽，随着温度的上升，人们也一般倾向于把窗户打开。温度很难影响到照明，在高温时，使用百叶窗（研究中未记录）通常能隔绝部分太阳的热能和眩光。根据图9.8来看，70%的时间，室内温度都控制在20℃～32℃的可接受的范围内。

欧洲智能控制与热舒适性委员会（European SCATS）的调查分析得出的结果与上文所述类似，见图 9.9-图 9.11。这一结果仅仅适用于未进行设备环境调节的建筑（许多建筑安装了中央空调系统，因而使用者并不能控制建筑的温度）。图 9.11 表显示，在欧洲住户感到不适的情况更多。室内温度从 19℃升至 27℃时，住户的不适程度却没有明显的增加。另外，图 9.12 显示欧洲建筑室内温度维持在 19℃～27℃范围内的时间达到 80%，这与巴基斯坦的情况相似，而且大多数的适应性行为也发生在这一温度范围内。虽然欧洲的居民对建筑热环境更为不满的确切原因还不清楚，但是可能的解释有很多，一方面可能缘于欧洲各国被调查者一贯更倾向表达负面意见的态度，另一方面可能和巴基斯坦失业率较高也有关系。

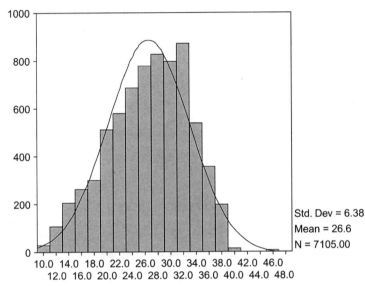

图 9.8 巴基斯坦建筑室内温度分布。大部分时间内温度被控制在 20℃～32℃之间。曲线表示平均值和标准值的正态分布。

（资料来源：Fergus Nicol）

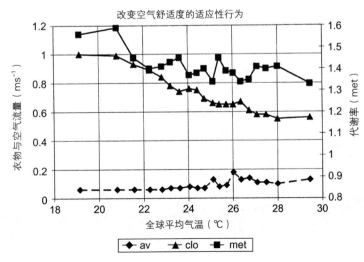

图 9.9 在欧洲，被测试者为达到舒适性要求所采取的适应性行为。

（资料来源：Fergus Nicol）

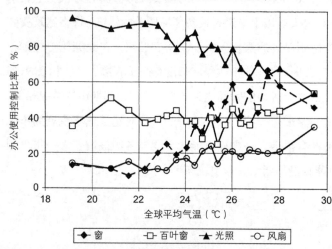

图 9.10 在欧洲，被测试者为了改变环境以满足舒适要求所使用的环境调节方法。
（资料来源：Fergus Nicol）

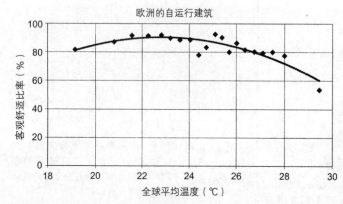

图 9.11 在欧洲，不同温度条件下，被测试者在无环境调节设备建筑中感到舒适的比例。各国的该比例虽有不同，但变换幅度很小。
（资料来源：Fergus Nicol）

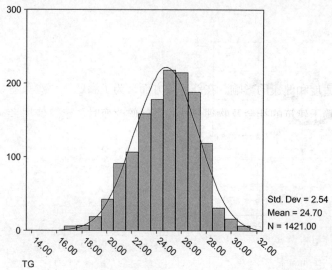

图 9.12 欧洲建筑室内温度分布：基本都在舒适温度之内（19℃～27℃之间）。
（资料来源：Fergus Nicol）

## 建筑的环境适应性

气候变化给我们带来了多大的挑战？拥有更高质量的建筑和更先进的技术我们就一定能适应未来的种种变化吗？

众所周知，人类具有很强的环境适应性。从北极冰原到赤道沙漠，人们都可以在单薄的帐篷里安家落户。即使没有空调设备，在零上50℃到零下50℃的温度范围内，人类也可以生存。

我们也知道，建筑同样具有适应性，虽然人们可能感到不适，但在极端情况下人们同样可以住在帐篷里。然而，只有温度在一定范围内变化时，建筑才能给予使用者充足的保护，超过了这一范围时，人们的生存就无法保证了。通过科学巧妙的设计，各建筑类型都可以得到改进和提升，这样一来，建筑就能适应更大范围的温度变化，第10章中会介绍那不勒斯的罗马和巴洛克风格建筑是如何实践这一理论的。但是，一旦温度变化超过了建筑的可适应性范围，那么，居住者就难以继续舒适地在建筑中生活下去，建筑的形式和材料以及它们暴露程度共同决定着居住者的安危。

在特殊类型的建筑中或者特定地区中，建筑的好坏与气候变化的程度往往共同决定我们生存的风险，这关系到人们如何在未来的50年中舒适生活的问题。

建筑的三重角色
- 建筑的室内气候条件应当与当地气候和文化匹配。
- 建筑应该为适应性行为提供机会，这就意味着在极端或反常的天气条件下，建筑使用者能够通过开窗、开电扇或其他他们熟悉并且有效的技术手段让自己更为舒适。
- 建筑使用者也应该知道他们可以改变自己（例如：在当地的社会规范下增减衣服）。

## 结论

我们已经说明了气候改变对舒适度和健康的影响。在舒适度方面，为了满足自身对舒适度的要求，建筑使用者将越来越依赖于建筑的社会及物理属性。当气候改变时，建筑使用者能否有效地适应环境则取决于他们改变自身行为的能力和他们对建筑的态度。

适应性原则表明，人们会改变自己和环境来满足舒适的要求，但前提是他们的行为合理适宜。例如，开窗这一行为对建筑有降温作用；但是如果天气炎热，这样做就只会使事情更糟。

斯堪的纳维亚寒冷地区的国家已经采取措施解决建筑保温问题。同样的，气候炎热地区也有相应办法抵御炎热。这些方法中的一些是更适当的行为（例如多喝水），另一些则是在建筑层面的改进，例如利用蓄热体维持室内温度相对稳定。

对于建筑师，应该从科学地分析建筑，并从各地乡土建筑中寻找启发与灵感。对于国家和地方的权威研究机构，在现有气候条件下，对建筑和天气模式的研究可以及时给以居民警报并有效预防灾难的发生，也有利于社区应对意外情况。

一些错误的结论应尽力避免，例如过度依赖机械系统应对极端环境。这样会导致过度使用化石燃料从而加剧气候问题。当极端天气导致能源紧缺时，取之不尽，用之不竭的谬论便不攻自破。

为了使建筑在未来提供安全舒适的环境，相关人员必须做到以下：

- 为建筑使用者提供调节室内环境的手段
- 在可能的情况下避免使用机械制冷
- 避免以大量能源为代价换取舒适的内部环境

除此之外还需要：

- 对于如何设计满足上述需求的建筑，还需要加强对建筑专业人士的教育。

# 第 10 章　传统建筑和城市适应环境的潜力

## 导论

在过去至少一万年的时间里，传统社会的人们并不使用机械制冷设备，也没有大量的能源需求，却仍能在从赤道到北极的多种气候条件下，通过建筑物和定居场所获得足够舒适的生活。直到 120 年前，许多社会群体仍然仅能获得那些能直接发现、发掘、收集或搬运一些能源物质来调节建筑冷热，诸如粪便，煤，木材，泥煤，水或者冰雪等。直至今日，世界上90% 的人口依然通过这种方式制冷取暖。

为了定居于这个星球之上，人们可以通过以下方法来调节建筑以满足需求。他们可以：

- 通过迁徙来适应不同季节的气候，在夏季和冬季选择不同的定居地生存。
- 改变建筑的形式或材料，在建筑物内部营造一个微气候，用以抵御室外的酷热与严寒。
- 针对不同的季节或一天中特定的时段，选择性地使用建筑中的不同部分，在一个建筑的内部有计划地"迁徙"。
- 将其他形式的能源引入到室内，比如柴火，煤（条件许可地区），冰雪，日光或冷暖空气。
- 改进建筑物或者改变生活方式来适应气候变化。

在建筑的演变与发展中，人类总是扮演着极其重要的角色，他们不断改变建筑及自身来适应气候，以求得舒适的生活。然而我们现在必须要问的是，在快速变化的气候条件下，世界上大部分的人，即那些无法承担机械制冷费用的人，能否快速有效地调节他们的建筑，让他们能够继续居住在自己传统的土地上。

上一次冰河世纪离现在仅 12000 年，当时全球的温度大概比现在要低 3℃。对于全球气候如此戏剧性的变化结果，3℃ 看上去好像是一个非常之小的改变。毕竟当时，北欧的大部分地

可持续住区

区域内适宜的建筑

图10.1 各地的本土建筑随时间不断发展演化，以求最大限度地利用当地的材料和条件，为当地居民营造出舒适，甚至奢华的住所，即便是生活在最极端的气候条件下的居民也有他们自己的适应性住宅。

资料来源：Sue Roaf，digitally produced by Claire Palmer．

区被冰盖覆盖的，而人类主要居住在世界上低纬度温带和近赤道的地区，这些地区中，许多原始人类所居住的洞穴及临时庇护场所都失去痕迹，无处考证。

人类最早定居场所遗址的年代大约可追溯到上个冰河时期之后，它们是在伊朗西部卢里斯坦的扎格罗山脉的冈戈达哈（Gange Dareh）被发现的，遗址以建筑物为主要形式。在那里，人们对一个小型椭圆泥砖房的碳元素进行鉴定，发现其历史竟然可以追溯到大约公元前7200年。也就是从那时起，伟大的城市与文明就已经在这片大陆上萌芽。人们几乎还没来得及记录下那些伟大的历史，它们就已经被埋没于后人的足迹中了。与此同时，所有这些伟大的文明都要受到气候变迁的影响，其中有些文明甚至会因此灭亡，比如玛雅文明就是由于中心地区连年遭遇干旱和洪涝灾害而消亡的。正如我们在第7章中所看到的，当家园受到气候问题的威胁时，人类就会选择迁移。然而，其实从有历史记载的那一刻起，人们为了觅食和找寻更有利的气候环境，就已经开始进行季节性的迁移了。

## 季节性迁移：游牧民族

建筑存在最基本的意义之一就是在气候变化的时候为人类提供一个遮风挡雨的场所。然而即使是在面对最恶劣的气候环境时，一个小小的建筑物所能提供给人们的遮蔽也是极为可

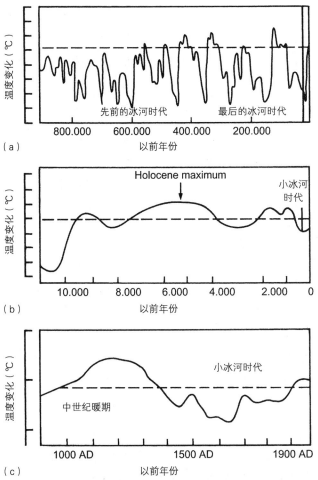

图 10.2 过去(a)1000000 年,(b)10000 年和(c) 1000 年温度变化的图表。
资料来源：Houghton, J.T., Jenkins, G.J. and Ephraums, J.J (eds) (1990)
Climate Change: The IPCC Scientific Assessment. Cambridge: Cambridge University Press, p. 202.

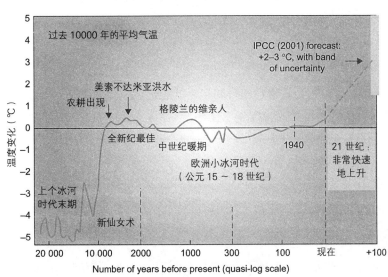

图 10.3 人类社会对于自然发生的气候变迁拥有长期的经验。古老的埃及人，美索不达米亚人，玛雅人和欧罗巴人（在小冰期的四个世纪中）都曾受到过自然界整体气候周期的影响。更严重的是，一些地区的极端气候变化周期，将导致灾难和疾病的爆发，比如说南部厄尔尼诺振荡周期的出现。
资料来源：http://www.who. int/globalchange/climate/ summary/en/.

观的。比如说从沙特阿拉伯沙漠地区到北极圈冻原地区，人们都能够住在帐篷里，但事实上，这些地区中的多数地方在部分季节由于过冷或过热，不适宜人类居住。在这个时候，部落会迁移到其他地方。游牧民族经常占据在那些不宜全年定居的外围地区，这些地区无法以传统模式维持部落生存。因而他们的秘诀就是一边流浪一边寻找食物和适宜的居住环境。英国的上层阶级也使用了类似的方式驱寒避暑，在18和19世纪他们夏天待在乡村，冬天就居住在城镇，而到了早期的20世纪，他们的冬天则是在尼斯（Nice）和卡普里岛（Capri）度过的。

扎格罗山脉的贝拉万德（Beiranvand）部落最早开始了永久性的居住，是游牧迁徙的一个很好的例子。他们春天从靠近迪兹富勒大约100公里炎热的米索不达米亚平原迁移到更为凉爽的霍拉马巴德北部的高原山区，在那里，他们可以收割早前在那里播种的小麦。夏天，他们则可以在凉爽舒适中度过，还可以织布和举行婚礼。而夏季过去之后，霍拉马巴德（Khorramabad）北部的高原山区在冬天的积雪将有几米厚，因此在那之前，部落居民就要安全返回到他们位于低地平原的温暖的冬日住所中去了。

帐篷，也可称作"第三皮肤"，由黑山羊毛编织而成，它帮助人们将风雨等自然力量隔绝在外。再加上衣物，棉毯和一小簇炉火，人们便可以适应地在从0℃以下到40℃左右的温度中生活。曾经有一位部落首领炫耀说他们很幸福，因为他们的生活冬暖夏凉，在夏天可以喝到冰凉的泉水，而此时，城镇中的人们却过着冬冷夏热的生活，夏天他们只能喝着对缓解炎热丝毫不起作用的热水。

在一些更加寒冷的地区，诸如蒙古和中亚，人们居住在蒙古包中，这种帐篷是用更加厚实的材料制成的，如被压缩的绵羊或山羊毛，以更好地抵御该地区刺骨的寒风和吹雪。动物皮制成的帐篷就是萨尼人的居住场所，它们的形式更加紧凑，表面积也比较小，有效地减少了热量的损失。在更寒冷的冬季，部落居民也会更加依赖他们的第二皮肤——衣物。北极的萨尼人通过较小的住所来减少所需加热的气流量。但是像因纽特人，他们则更依赖动物皮毛做衬里的大衣来抵御严寒，在隆冬的夜晚里，即使他们在帐篷里，也要全副武装。

帐篷适应环境的能力也极好。在冬天，将它们封闭起来就能营造一个舒适的室内环境，更好地抵御寒风。而在夏天，则可以将它们伸展开来，作为一个具有良好通风性能的遮荫棚。不同地区的人在不同的季节对调节室内外气候差异的需求程度都是不同的，而帐篷的形式、材料、构造、使用方式及适应能力都将以这些不同的需求程度为依据。气候越是极端的，就越需要这些帐篷将极端气候隔绝在外。

## 适应新时代威胁的生态生境

在过去的七十多年时间里，贝拉万德部落居民逐步融入村庄，城镇或都市的生活，他们

图 10.4 春天，贝拉万德部落穿越扎格罗山脉进行迁移。他们把财产绑在驮兽的背上，从炎热的美索不达米亚平原向他们更高更凉爽的夏季营地——扎格罗山脉（Zagros）迁徙。
资料来源：Sue Roaf.

图 10.5 这些简易的黑色帐篷为冬雪中的部落带来温暖，在炎炎夏日里带来凉爽。
资料来源：Sue Roaf.

开拓出一系列新的"生态生境"。部落总是会面对社会上的一系列重大变化，比如那些由气候变迁和战争引起的变化，这是部落生存的重要策略。

## 地域适应性

建筑物本质上主要受两种固有气候的影响，分别来是建筑所能接触到的大地和天空。大地的温度比较稳定，波动缓慢，全年中随月平均温度的变化而变化。相比而言，天空则瞬息万变，阴晴不定，时而万里无云，时而乌云密布，时而大雨滂沱，时而微风拂面，而气温又受昼夜更迭与经纬海拔的影响而不断波动，也受海陆位置和太阳高度角的影响。令人欣喜的是，建筑不断演化，已经可以根据当地气候条件和人们对舒适度的不同需求，对上述两者加以利用了。

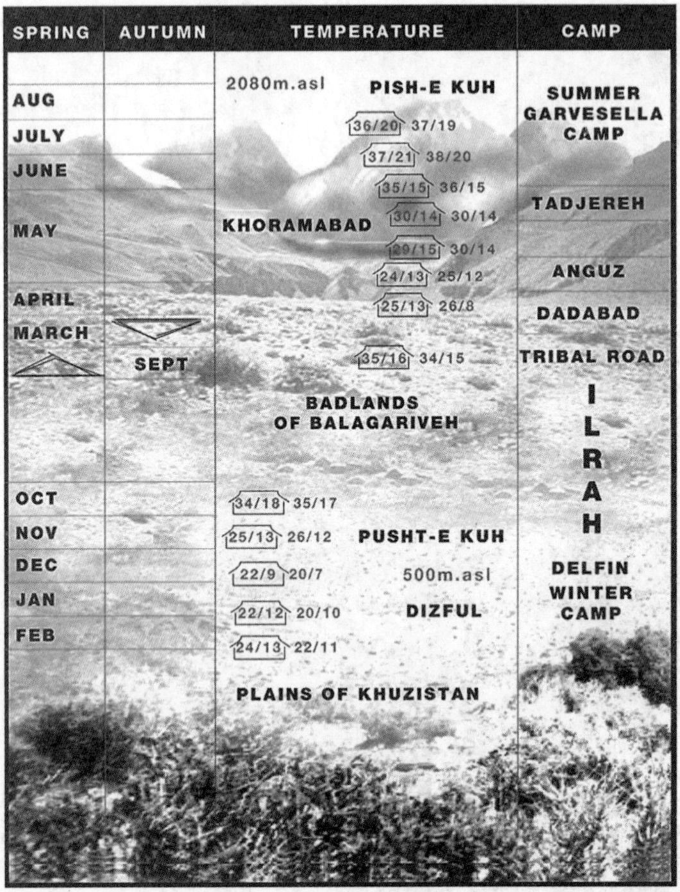

| SPRING | AUTUMN | TEMPERATURE | CAMP |
|---|---|---|---|
| AUG | | 2080m.asl    PISH-E KUH | SUMMER GARVESELLA CAMP |
| JULY | | 36/20  37/19 | |
| JUNE | | 37/21  38/20 | |
| | | 35/15  36/15 | TADJEREH |
| MAY | | KHORAMABAD    30/14  30/14 | |
| | | 29/15  30/14 | ANGUZ |
| APRIL | | 24/13  25/12 | DADABAD |
| MARCH | | 25/13  26/8 | |
| | SEPT | 35/16  34/15 | TRIBAL ROAD |
| | | BADLANDS OF BALAGARIVEH | I L R A H |
| OCT | | 34/18  35/17 | |
| NOV | | 25/13  26/12  PUSHT-E KUH | |
| DEC | | 22/9  20/7    500m.asl | DELFIN WINTER CAMP |
| JAN | | 22/12  20/10  DIZFUL | |
| FEB | | 24/13  22/11 | |
| | | PLAINS OF KHUZISTAN | |

图 10.6 贝拉万德部落每年沿着 "il rah" 的迁移路程大约有 200 公里，这个图表记录了这一路上在不同月份不同地点的帐篷内外的预估温度。
资料来源：Sue Roaf, digitized by Claire Palmer.

一些伟大的被动式建筑是从古老的中东帝国流传演变而来的。而在伊朗中部，高原沙漠雅兹德市（Yazdi），有一些不显眼的泥砖房，却竟然是这世上最精巧的被动式建筑。它们有的已经超过 600 年历史，但仍然屹立不倒。当地人们在建筑的气候适应性设计上展现了超高的技艺，他们在屋顶上设计了风塔，就如同一个个皇冠一般，加冕于建筑之上。无论是在人口密集的城镇，还是沙漠地区的乡村，这些风塔都伸出屋顶之上去采集上空快速流过的气体，并让气流通过管道向下传送，以实现建筑的通风和降温，为住户带来凉爽。这样，冷空气在居民的皮肤上进行对流的同时也完成了冷辐射。夜晚，风塔通过收集冷空气并向下面厚重的泥砖墙中传递，排出白天积累在墙壁中的热量，这样，到了第二天日间，房屋的室内温度就会比室外的要低。冬天，阳光透过南向房间的法式大门玻璃射进室内，日照能量在这个封闭的空间里无法散失转而储存在厚墙中，夜间，这些被储存在厚重土坯墙中的热量通过向房间的再次辐射，使得室内温度整晚都非常稳定。这些由建筑对能量的搜集、储存和释放都是由建筑结构构造自身"被动"完成的，无需向建筑输送任何主动能源。

通过合理的建筑设计形式和对现有资源的正确评估，雅兹德人可以从太阳，风，水等自然界方方面面获取能量以调节建筑物的冷热，直接受益于环境。这种优雅而高效的举措让雅兹德人即使在干旱的沙漠地区也能舒适生活，但这种舒适必须通过建筑和气候条件之间的相互协调实现。

对于那些永久定居的人们而言，他们没有机会迁移到气候条件更为舒适的地方，但是他们可以选择留在室内，选择使用微气候环境最舒适的房间，从而实现另一种形式的迁徙。比如，整个家庭可能围绕着院子进行水平迁移：在冬天，人们大多数时间都喜欢待在朝南向阳的冬季房间，俯瞰被遮蔽着而又温暖的庭院；在夏季，起居室的北面面对着院子的末端，这样炎热的白天就没有阳光直射进来了，而且处于阴影深处的夏季房间可以通过风塔实现交叉通风。

夏日里，人们白天更喜欢待在凉爽的地下室，炎热的午后，他们就在那里吃饭，休息。清晨和傍晚，他们则在清新，荫凉的庭院里休憩，到了晚上，他们就会爬到房顶，在繁星的光辉下入眠。

屋顶房间的温度更接近不断波动的空气温度，而那些地下房间的温度则更接近相对稳定的土壤温度。与季节性变化的平均气温相比，地表土壤温度的变化会更为缓慢，这种缓慢的变化与我们在印度 Havelli 屋顶上体验到的那种时刻变化着的温度是截然不同的（参见图 10.7）。

一些亚洲传统住宅的地下室可以深达九米，即使被五十多度的热浪包围，地下室仍然可以提供凉爽而稳定的环境。一些人认为，随着全球气温的上升，我们在极端气候下的最佳生存手段是向更深的地下空间迁徙。在炎热的气候条件下，如何控制高能耗将会成为一个令人头疼的问题。

当气候变化全面展开，设计者需要密切关注场地附近可用的冷热能源，学习如何将这些能源转移到需要它们的地方去，而当这些能源毫无益处的时候，他们还要知道如何保护居民

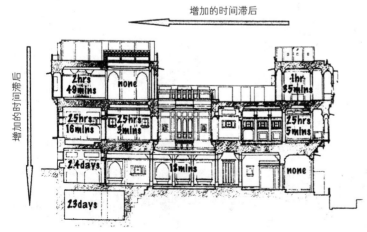

图 10.7　房间对天空或大地的接近程度的不同将会很大程度上影响室内温度变化所需要的时间长短。
资料来源：Jane Matthews

（a）

（b）

图 10.8　以上剖视图显示了伊朗雅兹德式住宅的整体温度变化，证明了在炎热的夏日午后，通过内部迁徙找到舒适的室内环境的优势。1. 屋顶，家庭成员夜间睡眠场所；2. 凉亭——夏季房间；3. 带有池塘的地下室，可供夏日午后使用；4. 风塔；5. 没有布置房间的高温的西向墙壁；6. 起居室；7. 客人庭院；8. 储藏室；9. 井；10. 水槽；11. 厨房；12. 马厩；13. 地下运河；14. 格子架；15. 花园池塘；16. 更深的地下室，供仲夏午后使用。（资料来源：Sue Roaf in Living with the Desert.）（b）白天，伸出天际线以上的风塔将空气传入室内，而晚上则用来排出白天积累的热量。资料来源：Sue Roaf

免受它们的伤害。因此，了解可用的冷热资源，水气资源，熟悉人们对它们的需求并掌握被动运输这些资源的有效方法是 21 世纪城市规划和建筑设计师的核心技能。

## 冷空气的迁移：21 世纪的挑战

在逐渐变暖的世界中，如何保持环境的舒适凉爽十分重要。如今我们通过空调来降温，然而在这些现代工业奇迹还没有出现的 2000 多年前，人们则靠着冰激凌的冰凉来度过亚述的炎炎夏日。

在雅兹德市，如果遇到过于炎热的夏日天气，家人就会让小男孩冰冻果子露，这些果子露是由城里大冰库中的冰块制作的。正是因为冷热能量可以被保存在大地和建筑结构中，冰库中的冰才得以保存。在人类历史记录伊始，我们已经学会将冷源储存起来，在来年更炎热的夏天，以冰的形式重新使用这些能源，这是一个代代相传的诀窍。我们的祖先用冰冷冻他们的饮品和食物，冷敷病人的前额并为房间降温。他们在冬天把池塘和小河表面的冰凿下来，或者把雪山边上的冰采集起来，然后将这些冰储存在地下冰库里。直到春天过去夏季来临的时候，再将冰库中的冰取出，供给厨房，病患，满足温室或者是餐桌的需求。

公元前 1800 年，一位亚述北部地区的统治者在寄给他妻子 Iltani 的信中写道：

> "让他们解封卡塔尔的冰吧，我的女神，愿你和你的妹妹 Belassunna 能如常喝水，并确保这冰受到妥善保管。"

这是我们发现的在冰屋里储存冰的第一份文字记录，它在伊朗北部平原被发掘出来，距今大约 4000 年历史。

除了澳大利亚，冰库在世界各大陆均有建造，在希腊，罗马，中国甚至拉丁美洲都被广泛使用。印第安人从安第斯山脉上凿下冰块后用绳子传送下来，然后放在骡背上一路小跑（路况允许的话），运送到大约 90 公里外的利马。这个城市每天消耗 50～55 英担的冰（一英担大约五十千克）。楚迪在 1840 年旅行时声称这是一项非常重要的交易，它的中断可能会引起大范围的动乱。因此，在所有革命中，用来运送冰块的骡子都不会被征用。

在冬季将冰块储存起来，而在夏季最炎热的时候取出使用，诸如此类的消息直到 20 世纪 80 年代还有报道。而位于米索不达米亚平原北部库尔德山上的冰坑直至 1980 年仍然存在，这显然是因为一些当地的部落首领为了更好的口感，在喝尊尼获加黑标威士忌的时候喜欢加些自然冰块进去。在 2003 年炎热的夏天，驻伊英军部队并不知道他们可以从库尔德空运冰块，为军营的帐篷以及巴斯拉的居民降温。结果，被他们围困的巴斯拉居民因为断电，无法使用电器，难以忍受 50℃的高温，最终发动了街头暴乱。这一切，再次说明提供凉爽环境在政治上的重要性。

如今，我们也许会见证全球范围内冰块贸易的再次崛起。1827 年，纳塔涅尔·韦思在靠近马萨诸塞州波士顿的温汉姆湖上用犁耕冰，这一简单发明很大程度上促成了冰块贸易，这是一个非凡的创举。过去，人们用马拉着犁从湖面割下大量清澈纯净的冰块，储存在巨大的地上的冰窖里，然后用火车运送到海岸，在那里，这些冰块将通过木制三桅帆船运往拉丁美洲，欧洲，印度甚至是遥远的中国，据说在中国，冰块的价格已经和相同重量的银一样了。

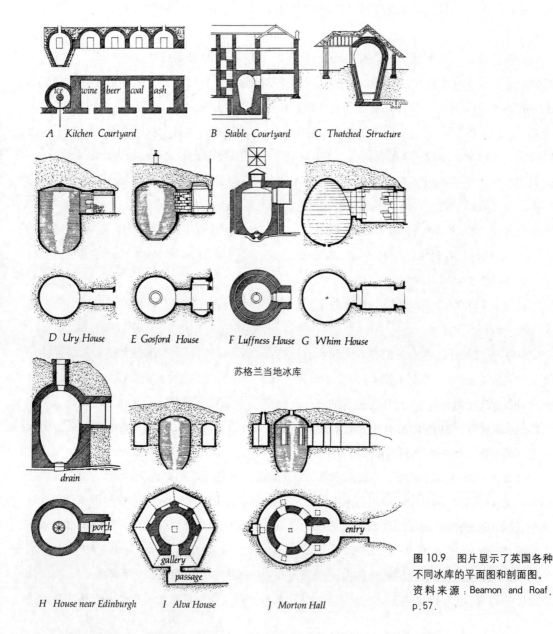

图 10.9 图片显示了英国各种不同冰库的平面图和剖面图。资料来源：Beamon and Roaf, p.57.

19 世纪 40 年代，进口冰块在英国最受欢迎，向皇家冰库运送进口冰块的贸易一直持续到 1936 年。这些源于温汉姆湖的"北极水晶"在英国被广泛使用，冰贩子宣称他们能在 24 小时内把温汉姆冰送往英国的任何一个家庭。然而这种冰逐渐被来自挪威的"温汉姆冰"所取代。直至 19 世纪 90 年代，每年都有超过 300000 吨的冰从挪威进口。英国人之所以如此偏爱挪威冰是因为它清澈干净，不像英国本土的冰块那样因为常常伴有泥土而污浊不堪。

## 英国冰库使用历史的终结

英国冰库历史和冰贸易的结束是由以下三个原因引起的：

- 第一次世界大战把那些原本应该采集冰块的年轻男子们征集走了，海上冰块运输也变得非常危险。
- 冰箱的使用开始普及，因此不再需要人们艰苦地采集和储存冰块。
- 冰库时代终结的第三个原因似乎不是很明显：气候变化。19 世纪末期全球平均气温稳步上升，预示着"小冰期"的结束。

如图 10.2 中所示，在世界气候变化史上有四个时期比较突出：

- 温暖的后冰川时代在公元前 5000 ～ 3000 年达到顶峰；而在公元前 900 ～ 450 年全球气候又进入另一个寒冷期。
- 大约在公元 100 ～ 1200 年之间地球气候度过了一个相对温暖的时期，这一时期的前半段，罗马在大不列颠开辟了了大面积的葡萄园。
- 在 1480 ～ 1850 年的"小冰期"，英国气候相当寒冷，也就是在那个时期，英国冰库蓬

图 10.11 雅兹德市天际线上的风塔。
资料来源：Sue Roaf.

勃发展。16 世纪泰晤士河有四次结冰记录，17 世纪八次，18 世纪六次，19 世纪四次。在 1878 ~ 1879 年间英国出现了最后一次大型的结冰天气，泰晤士河和其他河流都两度结冰。人们非常高兴，因为河流的冻结意味着庞大的冰块贸易又将开始了，大家在小河里燃起篝火庆祝，特威德河畔贝里克的绅士们在河上的大帐篷里举行晚宴以表庆贺。

● 当前我们属于气候温暖期，全球气温大约从 1870 年开始就在不断上升。

虽然全球平均气温的增值相对较小，从 1860 ~ 2008 年仅仅上升了 1℃，但对于冰屋而言，这已经是显著的热影响因素了。这种温度的上升意味着随着时间的推移，英国的冬天将不再寒冷，冰库的运营将无法维持。因此对于这个特定的蓄冷蓄热技术而言，影响它存在的关键因素并不是升温的幅度，而是这一幅度是否使温度超过此技术正常发挥作用所需的临界值。

## 热阈值对热技术的重要性

英国的气候变化淘汰了冰屋，淘汰了这项"过时"的气候调节技术。而这个惨痛的教训是不是也同样适用于其他形式的传统建筑和技术呢？对于一个不适应当前气候条件的传统房屋形式，情况将会怎样？

让我们对此做更进一步的研究。就住宅而言，如果说热阈值对它的性能有重大意义，那么在一个已经十分炎热的地区，逐渐变暖的气候会使室内温度超出可以接受的极限值吗？如果是，那后果又将怎样呢？

这种情况我们曾经见证过，在 2003 年夏天，巴士拉的居民因为房屋太热无法居住而发生暴乱。同年夏天，法国有大约 15000 人，仅仅因为他们的房子无法抵挡夏季的酷热而无辜死去。愤怒的市民追究政府的责任,至少一位部长因此辞职。如果整个地区长期过热而无法居住,后果将会怎样?

## 风塔:一项简单实用的技术

风塔的使用为生活在极端炎热的沙漠地区的人们提供了舒适的生活环境。在中东我们发现了很多不同形式的风塔,它们基本按以下三个方式工作:

- 地下室被频繁使用,但却几乎没有开窗,它们依靠风塔通风来去除里面难闻的气味。在巴格达,夏季的温度可能高达 50℃,风塔此时就将凉爽而清新的空气通过一个狭长的槽送到地下室去。
- 当空气温度低于 35℃ 左右时(皮肤温度),对流是降温的主要方式,当温度较高而湿度不太高时,蒸发降温则是主要的方式。
- 风塔在夜晚为房屋、墙壁还有地板的内部结构降温,并将建筑内积累的热量移走,这样使建筑物内部在白天更加凉爽。

在 20 世纪 70 年代,人们通过对雅兹德地区的研究发现,当地夏日午间的室外气温超过 45℃,底层房间的室内温度也会超过 38℃。当建筑物位于果园、小树林或是田地的顺风方向时,室外平均气温能降低 2 ~ 5℃,因此这些建筑的风塔的塔楼都是迎着风建造的。而当建筑物位于炎热空旷的沙漠边缘时,风塔就应背对着沙尘吹来的方向建造,这样它们能从植被覆盖的庭院中吸取更为凉爽的空气,促使这些空气通过夏季房间,并从塔楼的顶部排出。建筑设计上一点小小的改变,虽然在温度上只引起了微弱的变化,但是它促使建筑达到了居住者可接受的环境温度的范围,对建筑的可居住性产生很大的影响。

当环境温度低于皮肤温度(32 ~ 35℃)时,人体可以通过对流达到降温目的。而当环境温度高于皮肤温度时,周围的空气就会使身体发热,此时降温就停止了。在这种情况下,身体只能通过蒸发皮肤表面的汗液降温。通常,相比湿热气候,人们会觉得干热气候更加舒适,这是因为此时空气中的水分还未饱和,汗液更容易蒸发,有助于身体降温。综上所述,皮肤温度的变化范围是决定体感的关键因素。

然而在沙漠中心地区的卡维尔盐漠(Dasht-e-Kavir),许多小村庄并没有修建地下室帮助人们度过炎热的夏日午间时光。根据 20 世纪 70 年代所测量的数据,在夏季,当地住宅起居室的室内温度已经达到了四十多摄氏度,远远超过了该地区人们生存的温度极限。

随着气候的变化,全球或地区平均温度的微弱上升都会推动室内最高气温向 50℃ 迫近。如果室内温度超过适宜人们居住的极限值,人们的生命安全就会受到威胁,即使是那些已经适应在高温环境下生活的人也难以存活。

人们已经对未来 50 ~ 100 年间的全球平均气温的增值进行了预测。数据表明，伊朗中部地区的平均气温预计将会上升 4 ~ 8℃。如果事实确实如此，那么即使是那些已经适应了这个地区气候的传统建筑，若没有空调，也会不可避免地变得无法居住。就像世界上其他面临同样困境的人一样，这些山区居民无法担负使用空调的费用，因此他们只有一个选择：向其他的栖息地迁移，改变他们的生态区位。他们的选择有两种：

- 不用空调的情况下生存

或者

- 通过工作挣钱来负担生存所必需的空调费用

然而，在世界上许多非极端气候地区，或许通过运用简单的被动式技术途径，建筑和居住者的生活习惯就能适应于未来更严峻的气候环境。毕竟，从 9000 年前扎格罗山脉上出现第一批小村庄开始，建筑就处于不断发展演化的进程中了。

## 建筑到底能演化到何种地步？一组那不勒斯地区的建筑案例研究

建筑对微气候的调节能力能发展到何种程度，我们可以在那不勒斯地区的建筑身上找到了很好的证明。这一海湾地区以建筑闻名，并拥有超过两千年的发展历程，让我们回顾这段漫长的历史，看看当地的建筑是否有所进步。

长期以来，地中海地区受到气候变化的巨大影响。因此，我们收集了那不勒斯地区各个历史阶段的建筑案例，研究它们使用的多种环境策略。这些策略的目的是类似的：使室内环境更加凉爽。案例当中包括公元 1 世纪位于庞贝的 Julio Polibio 别墅，16 世纪那不勒斯的 Pallazzo Gravina 别墅，18 世纪赫库兰尼姆（Herculaneum）的 Campolieto 别墅，20 世纪卡普里岛上的 Mala Parte 别墅（被誉为现代建筑运动标志）以及 20 世纪 50 年代的卡普里的乡土别墅和 80 年代那不勒斯 Motori 的气候研究所。我们发现，经过两千多年的发展，原本十分简单的罗马建筑变成了复杂而高效的被动式建筑。但令人惊奇的是，这类建筑的顶峰出现在 18 世纪后半叶的巴洛克时期，大概就是从那之后，该地区的主要建设者对被动式设计技巧的掌握和运用开始走下坡路了。

### Julio Polibio 别墅

庞贝城的 Julio Polibio 别墅在公元 73 年因为维苏威火山的爆发而遭到摧毁。这个建筑是分成几个不同阶段进行建造的，它由四排房间组成，它们围绕着三个庭院：半屋顶的方形蓄水池，厨房庭院和花园。一楼房间对这些庭院完全敞开，而二楼房间面对庭院的方向则设置了一定的遮挡。

最南向的那一排房屋是临街的，其中有七个小房间围绕着两个两层通高的空间建造。另外在其中带有南向窗户的房间前面设有一个通往公路的楼梯，这里接收到的被动太阳能辐射量远远超过这个建筑的其他地方，所以这些面朝公路的房间在冬天总是最暖和的。

第二组房间围绕着厨房庭院建造，庭院中心有水池和一个通高的中庭，中庭的顶部敞开，下方附带的水塘或方形蓄水池可以用来接收雨水。这个水池在街道通往内部花园的轴线上，使得空间更加开敞，也促成了水池表面有效的空气对流，进而通过蒸发吸热来促使周围的空间降温。这组房间有两层，夏天的时候，二楼的房间吸收了大量的外来热量，使底层房间得以保持凉爽。位于西侧的厨房也比东边的中庭炎热些。夏天，整个建筑最凉快的房间就是底层那些面对花园的北向房间了。

第三组建筑拥有一个花园和和围绕它的北、东、西三个方向的柱廊。我们注意到整个房子最主要的道路是通向建筑东面的，而非西面。这样设计的气候目的是避免庭院客房的墙壁被阳光烤热，尤其是东面的墙将不再受到太阳西晒的困扰。相反的，东墙附近的植物由于缺乏午后阳光的照耀远不如西墙周围的植物生长得好。因此，人们在花园里对着西墙的方向种植了包括无花果树在内的六棵大树和一些观赏性的灌木。这些树几乎将院子完全掩映住，给整个房屋带来荫凉。

底层房间的开敞性和厚砖石墙的高蓄热性使许多房间的温度能够维持在室外气温平均值左右。在一年中最炎热的时候，住户们会往一些相对开敞的空间的地面洒水降温，当他们需要午睡的时候就转移到一楼朝北的房间里去，关上门或拉上窗帘以免室外热量进入室内。人们会在不同季节或一天中的不同时间待在不同房屋里，选择使用温度环境最好的房间。

## Pallazzo Gravina 别墅

Pallazzo Gravina 是文艺复兴时期的一座拥有内向型规划的庭院式宫殿，它的历史可追溯至 16 世纪。该建筑被一种复杂的纵向和横向体系划分为三个可识别的区域，同时也将这个家族中主人和仆人的活动区域分开了。

两层通高的一楼空间包含马厩、警卫室和储藏室，与酒窖也只有几级台阶的距离。柱廊式的走道为较低的建筑墙壁和庭院里的部分地面遮了荫。庭院中一棵树立在那儿，如同是在回望之前的花园一般。一楼布置了用于日常起居进餐的空间和卧室，二楼则安置着工作人员和家族其他人员，顶层有库房和仆人的居住区，并通过一个独立的楼梯与一层连接，将他们的活动区域与家族成员的分隔开。

整个建筑是由凝灰岩和石灰岩建造的，这些材料具有较高透气性、良好隔热性及蓄热性。

（a）

图 10.12
(a) 透视图。
(b) 平面图。
(c) 1996 年 3 月在庞贝城 Julio Polibio 别墅测得的温度读数。
资料来源：Sue Roaf and Mary Hancock.

（b）

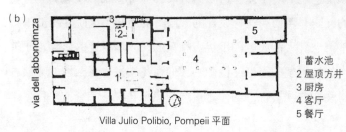

via dell abbondnnza

1 蓄水池
2 屋顶方井
3 厨房
4 客厅
5 餐厅

Villa Julio Polibio, Pompeii 平面

（c）

Villa Julio Polibio, Pompeii, 1996 年 3 月温度监测

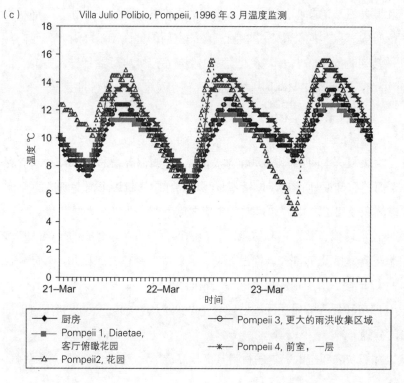

温度 ℃

时间

厨房
Pompeii 1, Diaetae, 客厅俯瞰花园
Pompeii2, 花园
Pompeii 3, 更大的雨洪收集区域
Pompeii 4, 前室，一层

图 10.13　Pallazzo Gravina 的景观
资料来源：Sue Roaf

它采用了五种应对气候的关键策略。首先，通过大型的墙壁将隔季的能量储存起来。第二，仲夏时廊道的窗户被关闭，一个服务于起居室的热缓冲区就形成了，这一区域可以保护起居室免受阳光直射和热空气的干扰，不仅如此，该区域在夜间还能促进该房间的通风。窗户的大小也受到严格的控制，避免建筑摄取过多的热量。复杂的通风系统依靠楼梯形成了两个拔风烟囱——一种类似于搅拌器的结构，促进了相通房间的空气对流。而在冬天，两倍进深的冬季客厅不像夏日房间那样相互连通。这个烟囱式的系统白天利用温差将柱廊和植被覆盖的庭院中的冷空气抽走，到了晚上，这个"搅拌器"的工作效率就会随着庭院底部热空气的上升而提高。

## Campolieto 别墅

　　这个位于赫库兰尼姆的别墅，建于 1755 ~ 1775 年间，这个正方形建筑被一个大型交叉轴将二楼和三楼的分成了四块。这些两层高的房间顶部中心升起四面开窗的圆形大顶，于是形成了文丘里塔。底层下面还有两层地下室，包括蓄水池和储冰室。相较于前文所述的几个建筑而言，这个别墅的窗户要大得多，它的起居室和餐厅向南、西、北三个方向开放，卧室则被安排在了建筑的北面。墙壁十分厚重，并在表面抹上了凝灰岩，使其具有隔季储存冷热能源的能力。生活区的日照条件非常优越，在夏天则通过通风系统进行降温，为人们提供凉爽的居所。这个建筑与海边大约有 0.5 英里的距离。

　　该建筑最精妙的地方就是它的通风系统。天气温暖舒适时，整个建筑只需要开窗即可通风，而在炎热的气候条件下，关闭对外的门窗，楼梯上方圆形大顶式的文丘里塔就会通过一个横向通风系统将地下室中的冷空气抽出。而在极端炎热的时候，人们就会把冰库中的冰提取出来，装在盒子里，为各个房间降温。令人惊奇的是，在如此炎热的条件下，地下室生活区仍然保持凉爽，而且我们也找到了人们在夏天使用过该区域的证据。需要注意的另一点是，我们使用树荫、池塘、喷泉和果园美化花园的同时也加强了建筑的降温效果。

这个建筑的每个角都有自己独立的轴线以及基于文丘里塔上的垂直楼梯所建的通风系统。这四个角都分别针对自己那一栋上二楼的主要房间进行独立运作，其中，客厅、饭厅以及音乐厅这三个主要房间双层高度的天花板上都设有一个缓冲的空隙，以免热量透过屋顶直接进入室内。为了给室内输送冷空气以及排出不必要的热气流，这个别墅还设置了一个包括管道、通风口和格架在内的隐藏系统。不同于前面所提的两个建筑，这里通风系统的优势在于建筑靠近海边，因而不必再在水平方向设置热量的缓冲区了。当然，这一建筑仍然需要人在一天中的不同时间不停的移动来寻找温度最佳的房间。

在设计被动式降温系统时，当我们需要通过建筑本身的设计而非机械设备来营造宜人的室内气候时，建筑材料的高密度和良好的蓄热性能就显得尤为重要了。在一个设计优秀、墙体厚重的建筑里，室内温度会根据室外平均温度的变化去平衡每天甚至是每月的温度波动，在极端的天气里提供一个更安全舒适的室内微气候环境。

## Mala Parte 别墅

在 20 世纪 30 年代，这个别墅建成于卡普里岛南部海岸的一块耸立入海的岩石上，采用垂直的空间划分方式。一楼包括厨房和储藏室，二楼安排了卧室和仆人的宿舍，三楼则容纳了客厅、餐厅和一些主要的居住房间。从它厚达 600 毫米的墙壁可以看出，这个建筑是相当庞大的。屋顶是由非绝缘的混凝土建造的，因此有可能形成一个热源。对于较低楼层的房间来说，中央走廊妨碍了有效的空气对流的进行。另外，房间窗户的开启受到限制，以免引进过多的热量。通过这些方式较低的房间得以保持凉爽。然而，上层空间有大面积无遮挡的玻璃，导致夏天吸收大量的太阳能。他们滑开窗户意图进行直接的空气对流，但这并不像想象中那样容易，这种对外开敞的方式意味着围绕着这个房子周围的风力将变得更加强劲。在晴朗的冬季下午，如果刮起了强劲寒风，研究记录这层楼的住户的舒适度将会变得十分有趣。混凝土天花板下方开放式的通风口大概是为了能在这种情况下排出房间里的热量并实现通风而设计的。但事实上，房屋主人最喜欢的就是一楼面东的书房，因为这里的火炉在冬日带来了温暖。而比起公寓里顶层的卧室他更喜欢睡在二层的卧室里，很显然，因为楼上的窗户被风吹打会发出吹口哨般的声音。

## Ranzo 别墅

这个由 Ranzo 家族在 20 世纪 50 年代建造的别墅，秉承了当地的新建筑样式。它位于卡

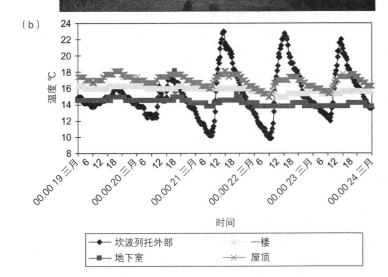

(a)

(b)

图 10.14 坎波列托别墅：
(a) 外观图
(b) 在 1996 年 3 月室内温度的读数。
资料来源：Sue Roaf and Mary Hancock.

普里岛的阴面，在中央陆块的阴影遮蔽之下，这个建筑夏季十分凉爽，冬天却非常阴冷。一层房间包括库房和仆人的宿舍，二层是起居室和厨房，顶层则有五间卧室和四间浴室。所有主要的房间都通过窗户和法式大门直接进行交叉通风和横向通风，同时二楼西面墙壁上的阳台也为一楼的房间提供遮阳，墙壁构造包括厚重的石块和粉刷层，屋顶则是用混凝土建造的。同时，楼梯井促使楼层之间实现了有效地空气流动。

## Motori 研究所

这个现代研究机构总部建成于 1992 年，是一座被大肆宣传的生态气候建筑。它占地 6900 平方米，容纳了包括办公室，图书馆，会议厅，咖啡厅，博物馆和实验室在内的多个功能空间，是一个位于东北西南轴线上的矩形建筑。一楼有库房和会议厅，二楼和三四楼则是由办公室和向中央大厅敞开的实验室组成的，其中中央大厅三层通高，其屋顶上还建有一个博物馆。

（a）

图 10.15
(a) 外部景观
(b) 内部景象
资料来源：Sue Roaf

（b）

图 10.16　Ranzo 别墅的景观
资料来源：Sue Roaf

侧边的办公室将中央流通区散射出来的光线挡住了，而且我们发现所有的实验室和办公室通常都是大门紧闭。这个建筑的窗户是"智能"的，由于是两面窗，所以木质百叶就可以放到建筑外面，但是很多百叶都损坏了，因此在这些常年封闭的办公室里，它的通风价值早就大打折扣。轻质型结构的蓄热性和保温隔热性都较差，因此所有关于蓄热的任务全交给了铺满地毯的混凝土地面，所以蓄热效率也受到了损失。这里无论是横向还是纵向都没有设置热缓冲区域，也没有针对建筑内不同位置的微气候分隔不同的活动区域。

## 那不勒斯的建筑总结

第 9 章提出的观点中说到，有"适应性能力"的建筑更舒适，因为居住者可以调节室内气候以满足他们自己对冷热的需求。从表 10.1 中可以看出，Motori 研究所，这个现代"生态气候"建筑所使用的被动式技术最少，紧跟着的便是被冠以现代建筑运动代表作的 Mala Parte 别墅。相反，传统建筑在不使用物质能源的前提下，更能通过多样的适应性的策略有效地调节室内温度的高低。温度记录表明，当罗马建筑的室内温度还在跟随室外温度变化时，

18 世纪建于 Campolieto 的 Rococo  Baroque 别墅，通过广泛采取各种被动式技术已经成功地使某些房间的室内微气候脱离室外气候的影响了，也就是说，在未来的酷暑中，它才能更好地为人们提供凉爽舒适的环境。

## 结语

过去的建筑、技术、居住者的生活方式以及他们为适应气候采取的各种措施都非常值得我们学习借鉴。当面临气候压力时，人们会采取更多的生存策略。他们会：

1. 在健康和生活的安全舒适性受到恶劣气候环境威胁时，选择迁移。

2. 通过扩大他们能适应的生态生境的范围，提高其社会群体的生存能力。

3. 进一步掌握控制室内、室外和地下空间的微气候以及各种气候适应性调节的方法，从而能在不同季节不同时间都能为他们提供舒适的生活环境。

4. 在建筑或城市的内部空间进行迁移，充分利用不同区域的不同的微气候。

5. 发展建筑和工业技术来提高适应不断变化的气候的能力，从而通过改善室内和周边环境的微气候以抵御日渐恶劣的极端气候。

6. 有意识地、积极主动地加快被动式建筑的发展，以此取代传统意义上过于缓慢和直观的发展方式。

7. 清楚地认识到建筑本身具有巨大的能源潜力，同时，建筑周边的环境也充满可利用的能源资源。

建筑使用者为了改善室内气候通过被动或主动系统的使用所采取的各种方式　表 10.1

| 设计策略 | Pom | Grav | Cam | MP | Ran | Mot |
|---|---|---|---|---|---|---|
| 阴冷的场所 | | | | | 1 | |
| 凉爽的场地 | | | | 1 | | |
| 向阳性 | 1 | 1 | 1 | | | |
| 海风 | | | 1 | 1 | 1 | |
| 只在夏季使用 | | | 1 | | 1 | |
| 上午／下午使用 | 1 | 1 | 1 | | 1 | |
| 夏日／冬日房间 | 1 | 1 | 1 | | | |
| 水平缓冲区域 | 1 | 1 | 1 | | 1 | |
| 垂直缓冲区域 | 1 | 1 | 1 | | | |
| 长廊／柱廊 | 1 | 1 | 1 | | 1 | |
| 植被 | 1 | 1 | 1 | | 1 | |
| 水塘／蒸发 | 1 | | 1 | | | |
| 陆地遮挡 | | 1 | 1 | 1 | 1 | 1 |
| 热质 | 1 | 1 | 1 | 1 | 1 | |
| 隔季能量储存 | | 1 | 1 | | 1 | |
| 利用地下室冷源 | | 1 | 1 | 1 | 1 | |
| 火坑式供暖 | 1 | | | | | |
| 对西晒的遮挡 | 1 | | | 1 | | |
| 空气对流 | 1 | 1 | 1 | 1 | | |
| 热压通风冷却塔 | | 1 | 1 | | | |
| 横向通风 | 1 | 1 | 1 | | | |
| 文丘里式通风 | | | 1 | | | |
| 通风管道 | | | 1 | 1 | | |
| 穿堂风控制 | 1 | 1 | 1 | | 1 | |
| 热压集热塔 | 1 | 1 | 1 | | | |
| 隔热屋顶 | | | 1 | | | 1 |
| 双层楼板隔热 | | | 1 | | | 1 |
| 外部遮阳 | 1 | | | | 1 | 1 |
| 高层高房间 | 1 | 1 | 1 | | 1 | |
| 小型窗 | 1 | 1 | | | | 1 |
| 智能窗 | | | | | | 1 |
| 百叶窗 | | | | 1 | 1 | |
| 低能耗照明 | 1 | 1 | 1 | | 1 | |
| 雨水储蓄系统 | 1 | 1 | 1 | 1 | 1 | |
| 冰制冷 | | | 1 | | | |
| 总计 | 20 | 20 | 27 | 11 | 17 | 6 |

资料来源：Roaf and Hancock（1998）。

Pom：Pompeii；Grav：Gravina；Cam：Campolieto；MP：Mala Parte；Ran：Ranzo；Mot：Motori

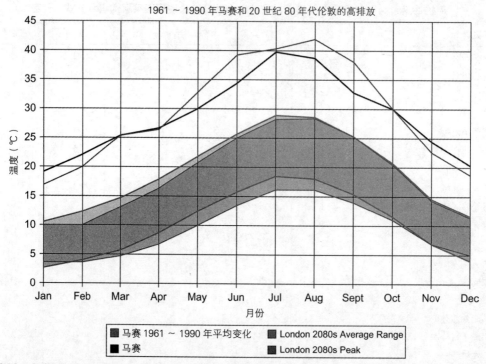

图 10.18　在我们充分了解未来的气候之后，就能调整先进的设计以适应这一变化。据预测，21 世纪 80 年代的伦敦温度将会和现在的马赛市温度非常相似。我们看到，在地中海地区的气候条件下，人们能够十分舒适地居住在被动式建筑里，因此随着时间的推移，伦敦建筑如果希望在不断变化的气候中仍能保留居住价值，那就应该按照这样的方式来设计。

资料来源：Hacker，J（2005）Beating the heat．Oxfort：UK Climate Impacts Programme．

　　不幸的是，正如在那不勒斯的现代办公室所发现的一样，低价的物质能源和设计师日益衰退的设计能力导致现代的建筑不能为使用者提供舒适的居住环境，更不要说适应未来居住的气候环境。这些建筑在面对迅速变化的气候和直线上升的能源价格时显得无能为力。对于这些日益增多不合时宜的"现代"建筑，我们将在第 11 章中专门讨论它们的弊病。

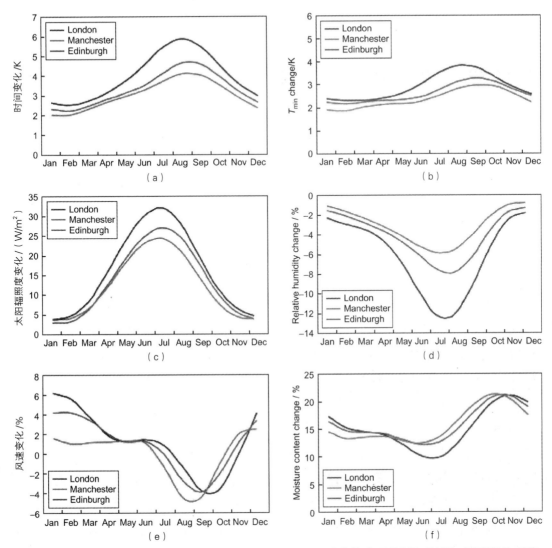

**图**10.19 伦敦曼彻斯特和爱丁堡地区按常规模式发展,在 21 世纪 80 年代前,每月最高温,最低温,太阳辐射量,风速,相对湿度以及水分含量的变化。

资料来源:Hacker, J. (2005) CIBSE TM36: Climate Change and the Indoor Environment: Impacts and Adaptation. London: Chartered Institution of Building Services Engineers.

# 第 11 章 "现代建筑"的失败

## 引言

2008 年，全球经济危机给世界经济领域带来了强烈的冲击，致使市场缩水，资产流失。除了黄金之外，建筑是财政机构拥有的主要资产，迄今为止，建筑的长期价值从未受到质疑。在急速膨胀的市场中，建筑的短期交易成本急速上涨。银行和保险公司却根据虚假的市场价格，草率地评估了这些资产的价值。

进入 2007 年，市场被低息贷款所淹没。显然，随意提供贷款给予个体或者机构的目的是激发市场活力，鼓励商家们用这些贷款买入卖出、租进租出建筑资产，从而让他们得到他们想要的、做到他们想做的。通过银行和财政机构的刺激手段，市场运转得以与市场模型保持一致。现在，世界各地的商科学校都在教授类似的市场模型或市场运转模式。于是，人们已经不再将建筑看作充满爱的家园了，也不再认为它是成熟企业的奠基石了，不再喜爱或尊重它。建筑最终成为了为了利益而交易的商品。

问题在于，当建筑被视为商品时，人们忽视了它们的持久性和建筑寿命。"Durabilité"在法语中的意思是可持续性，这是一个非常不错的词语。一方面，投资者们过分相信资产的经济持久性，这使得他们乐意花很多钱去投资，但这些资金常常又不属于他们自己。另一方面，投资决策者们又会因为频繁的投资和巨额的贸易合作获取利益，却不必承担这些决定所带来的经济损失。这听起来是否耳熟？所以问题到底是什么呢？问题就是太多的建筑已经沦为了"投资的噩梦"。

本书第一版的初稿写于 2003 年，于 2005 年年初印刷。书中指出了许多现代建筑的问题。很多现代办公街区的建筑都没有按照建筑规范上的要求来建造墙体。规范要求墙体的热量透射比（或传热系数）要达到 0.25 左右。但城市中太多的玻璃盒子建筑都被双层玻璃包裹起来，其传热系数高于规范的 10 倍。此类建筑的数量正在不断增多，对于其中大多数来说，它们的建造成本并不是花费在构造组织（墙体、楼板、窗户、体块）上，也不是用在保护建筑使用者的隔离设施上，而是用在调节温度的机械设备上。这一切的原因在于，人们开始使用装配有固定窗户的玻璃盒子建筑。如此一来，调节建筑冷热的消耗就十分巨大。用于调节的机械设备每十年或二十年就得更换一次，而且很多时候这些建筑并不能为居住者带来舒适的居住环境。建筑使用者们常常陷入矛盾的心理之中。一方面，那些让居民真正感觉糟糕的"病态建筑"的共同点是，它们都装配了复杂的机械系统。另一方面，人们经常对他们所使用的建筑产生好感，对他们在建筑中从事的工作产生认同，进而"原谅"了建筑本身。现在，能够激发出使用者感情的现代建筑越来越少了，同样的道理，人们就对在孤立的、病态的建筑中生活、工作产生了畏惧。低劣的室内空气质量是一个长期性的问题，很多新一代的私人财政计划（PFI）中的学校、学院和医院都受此困扰。比如，2007 年 4 月，由于室内气温的持续升高，很多伦敦高校的教职工进行了罢工，人们对此的一贯解决方式是在空调系统中投入更多的资金，但是这样做又带来了另一个难题：能源价格的飞涨加重了财政的负担。

我们中的很多人都有这个疑问，那些轻盈的玻璃盒子建筑是如何通过建筑规范审核的呢？顶级工程公司表面上声称这些建筑即使不完全满足规范中的每一项要求，也是基本符合规范精神的，并提供数据予以支撑。但当地官方建筑管理人员是否完全信服这些复杂的计算数据呢？事实上，比是否遵循规范这种问题更可怕的是，这些建筑在世界上被认为是可取的、时尚的，甚至十分合乎情理的。这种建筑样式不仅获得了很多前卫建筑设计者的支持，更在一些人的插手下，作为"引领时代的绿色建筑"出售给了投资者。这其中很多建筑都成了"垃圾建筑"，人们将自己的养老金投入其中，就像高风险债务一样。如此一来，在不断变化的市场中，投资者们时刻面临着快速贬值的风险。另外，飙升的能源价格和越来越紧缩的经济情况使得很多组织机构发现，要同时解决员工、贷款、地租或者租借的开销变得越来越困难，能源开销则是另一个难题。

2005 年，全球领先的建筑公司 Gensler 在富有开创性的报告"塔楼的谬误"中清晰详细地阐述了这一问题。在报告中，伦敦办公室的管理负责人克里斯·约翰逊指出：

物业资金经理人实际正在遭受投资"定时炸弹"的威胁。建筑对于能源的依赖日益加剧，而能源资源的短缺和价格的高涨可能会导致商业建筑使用寿命缩短，导致资本缩水。

因此，我们预测，在新规范出台之前，那些低能效的建筑的资本价值将会降低。

这份报告还披露，将近四分之三（72%）的公司资产负责人认为，企业正在撤销设计不合理、能效低的建筑订单，超过四分之一（26%）的公司资产负责人表示，低劣的办公建筑事实上正在破坏英国的生产力。在很长时期内，建筑规范的执行都是失败的，这意味着新规范颁布之后，很多新建的房屋甚至可能比旧的还要差。保险业做出的改变能更进一步地表明这一点，他们更改了 1971 年后建造的住宅的保险费，因为那些住宅比 1971 年前建的住宅更可能出现问题。建筑产业是如何落入这一境况的呢？从源头说起的话，现代建筑的理念是如何兴起的？

在这一章中，我们将简单讨论一下高能耗"现代"建筑和空调系统到达目前的危险状态的发展历程。下一章，关于高层建筑的一章中，我们将讨论那些促使人们建造全市或是全世界"最高建筑"的背景因素以及这类建筑背后潜藏的傲慢。第 13 章中的内容涵盖了建筑环境中的廉价能源以及解释了为什么"能源美梦已经结束了"，以及日益严重的能源供给短缺对建筑设计师们提出的新要求。在第 15 章中，我们将讨论一些现今建设模式下的既得利益集团问题。在建造环境中的操盘手都参与了制造"投资定时炸弹"，这一风险对英国的商业和家庭已经造成了巨大的危害。第 16 章中，我们将讨论如何面对一项挑战——使我们的建筑环境适应 21 世纪舒适生活的新要求，并为建筑设计者、拥有者、维修改善人员和投资者提供解决方案，比如，在未来的生活中，他们将如何面对气候变化和化石燃料枯竭问题。建筑的变化造成了今天我们面临的困境，而建筑变化的原因就在于空调奇迹般的表现和人们对于能源价格不切实际的期望。

## 现代建筑

勒·柯布西耶被公认为最伟大的现代运动建筑大师，在 1928 年，他发表了其极具影响力的著作《走向新建筑》。在这部著作中，他详细论述了新精神的理论，认为传统建筑"被惯例所束缚"。1926 年，在研究"现代美学"的著作中，他已经基于"新建筑五点"发展出了自己的思想。

"新建筑五点"：

1. 底层架空。在柯布西耶看来，这是对底层空间的解放，但底层架空也会带来负面效果，就是使建筑脱离了稳定的地面温度的作用。

2. 自由平面。将承重的柱子从分隔空间的墙中分离了出来(开创了一种新的建筑平面形式，现代的轻型封闭表皮建筑就由此演变而来)。

3. 自由立面。这是自由平面导致的必然结果（这标志了在建筑中，墙与窗的死亡）。

4. 条形长窗（淘汰了几百年来不断进化的复杂的通风与遮阳策略，这些策略都是不同气候条件下建筑高效节能的核心）。

5. 屋顶花园。屋顶花园归还了被房子占据的地面（家庭花园的淘汰，切断了人与自然之间的联系，催生出一种排斥性的、无灵魂的街道语言，迫使街道变成了单纯的、怀有敌意的交通道路，彻底分隔了相邻建筑之间的生活）。

在这五点中，只有屋顶花园能提升房屋在某些温和气候下的热工性能。将建筑抬离地面切断了其与稳定地面温度的联系，而使建筑的六个面都暴露在气候条件不稳定的空气中。在热带地区温度中等的时候，这可能是有利的，但在一年的不同时间，在温和、寒冷或者炎热气候条件下，这对建筑的能量需求有着极为不利的影响。

较为完善的传统墙体一般都装配有尺寸合理的窗户，而自由的立面变成了玻璃片或是极薄的覆盖层。这使得建筑居住者在极端气候条件下的脆弱程度大幅提高，同时，建筑拥有者为了将建筑内部微气候维持在可控的"舒适"范围内，不得不承担空调使用的高昂开销。我们在 Mala Patre 别墅中看到的这种条形长窗，几乎切断了室内与室外气候环境任何简单实际的连接。这使得非常实用的窗户在现代建筑（住宅或办公室）中遭到淘汰。然而这些柯布西耶所提出的原则继续在鼓动一代又一代的新老建筑师。在 20 世纪晚期不同的社会或环境条件下，他们似乎从来都没有质疑过这些原则是否适用，更何况如今的 21 世纪。

在《走向新建筑》中，勒·柯布西耶想要解释为什么所谓"工程师的美学"比建筑师的要成功得多。工程师在生产批量化、标准化以及工业化的基础上，运用了最新最具创意的建筑形式、技术还有构造体系。

他并没有提起便宜的能源，但有所暗示。如果 20 世纪的建筑想要具备"新精神"，就需要运用这些现代的技术，从过去传统而又稳妥的建筑中走出来。勒·柯布西耶崇尚建筑的经济性（极简）和机械的精确性，这也是工程技术成功的推动力。但不幸的是，工程师们的成功也使得传统的、适应气候的设计智慧慢慢被遗弃。勒·柯布西耶自己也承认现代建筑的风险越来越大，而传统建筑更为安全。他对现代建筑的漏洞——住户更容易受到外部气候影响——认识到了何种程度不得而知。然而，他在一些殖民地地区的设计中，确实没有延续他在欧洲的设计模式，比如在印度昌迪加尔，在布宜诺斯艾利斯，或者他设计的其他殖民地建筑。

他有句名言叫做"住宅是居住的机器"，他又补充说道一所房子需要效率、经济、简单、高雅，还有最重要的是与功能匹配的样式。他却避开了其他需求，诸如四季里的舒适度、安全感、安静、节能以及保养费用。他关于经济简洁的思想体现在他追求由内至外的极简设计，而不是追求有效供热或制冷的体系和结构。或许是早前建筑技术的局限性和钢筋混凝土的大量使用导致早期的现代建筑受到了广泛的关注。然而，这种对混凝土的偏爱致使建筑被冷桥包围，同时，对光的热爱使得建筑外墙受到阳光的过度照射。如果当时建筑师们对建筑物理知识的掌握更深入一些，也许 20 世纪的建筑就会不同了。在 2008 年利物浦的文化节上，人们仍然可以从英国皇家建筑师学会（RIBA）的展览中看出勒·柯布西耶的见解对于现代建筑的影响力。此次展览会的重点是现代运动中的代表性设计者，而在低碳经济条件下，必须设计建造的低耗能高舒适度的建筑，这一点在此次展览中却毫无提及。

在二战后建筑重建计划中，现代运动建筑师才真正大展拳脚。该计划还包括整座城市的重建项目，其规模大过以往的任何建筑。没有经过任何实验或质疑，人们就开始以新材料、新结构、新方法建造越来越多的创新建筑。由于现代建造方法适用于快速且大规模的工程，其影响力巨大且通常具有破坏性。原本的城市中心建筑被拆除，并被设计好的钢筋混凝土结构取代，其中有些只有 40 ~ 50 年历史。

勒·柯布西耶曾经梦想着他能在世界上任何一个地方建造出符合"严格的西班牙国家呼吸标准"的建筑，也就是指的具有可控的内部气候以及精确的空调控制。但是他和他的合作者并不总是有这样优厚的条件给他的所有建筑装上空调系统，并且很明显，他们对于建筑的很多基本法则缺乏认识，比如设计位于昌迪加尔的建筑。在印度，大量的遮阳设计和良好的自然通风才是建筑应该遵循的法则。那些使用轻质隔断及玻璃幕墙的商业建筑和居住建筑是"现代建筑"范式的典型代表。室内环境过热曾一度阻挡这一模式的发展，但现在这一模式仍大行其道，其原因可能有以下三点：空调系统的使用，低廉的化石能源价格以及人们可能至今仍然认为存在无限的能源提供给机器来维持建筑运作。同时，这一模式使得建筑能以最快的速度和最小的消耗制造出来，这是适于战后建设大潮的。

1968 年，衣锦还乡于曼彻斯特的罗德·哈克尼写道：

> 在我回来的时候，不列颠已经发生了改变：在短短四年间，很多城市和城镇都发生了转变……新的建筑以惊人的速度拔地而起……整个区域变得难以识别，无数田地都被高楼地产所摧毁和替代。在市中心，我记得那里曾有一排排很老的小商店，非常有特色，而如今都已变成混凝土板做的新房子。曾经的尺度感和场景感都已经消失了。

> 在这些地方，改变的不仅仅是城市的面貌，还有人们的态度。他们开始对自己的新房子与环境提出抗议。在丹麦，我逐渐习惯了公众、建筑师和政府之间的谈判。在不列颠，公众和政府政策常常发出对立的声音。政府的信用已经严重受到质疑。

如今，在曼彻斯特，新一代的投机性住宅大楼兴起。1968 年建设的最现代的混凝土塔楼——Hulme 发展大楼，已经被拆除并被成片的住房街区所取代。这些街区里的住宅楼一般由个人投资建设，在 2007 ~ 2008 年经济萧条时期经常是空的。它们与 Hulme 居住楼，这种 20 世纪 60 年代的高楼有些不同：Hulme 塔楼是城市地方政府建造的，希望其成为一流社会住宅并永久保存；而那些现代高楼则是低廉的投资手段，为了在夏天和冬天保持舒适，这些高楼都安装了空调系统。

Betham 超高层公寓塔楼就是个典型的例子，它比前文所述的建筑都要高，号称"建筑奇

图 11.1 1963 年新加坡新住宅区的无空调公寓。如今岛上几乎所有的住宅都装有空调。资料来源：Sue Roaf

迹"。其室内环境在一年的大多数时间里都非常不舒适，因为高空风力强劲，天气炎热，同时使用空调又十分昂贵。富人会为此感到满意吗？或者他们是否能忍受这样的情况呢？要到怎样一种地步，他们才会因为不舒适的室内微气候情况起诉那些设计者呢？要到极端酷暑和自然采光消失的时候么？这种情况会发生吗？设计师必须考虑什么因素，来确保建筑建筑适应某个功能或者目的呢？在如今这个快速变化的气候中，法律是不是应该把这个目的表述得更明确些呢？

## 空调的奇迹

1939 年，S.F. 马克曼发表了他的著作《气候与国家能源》，在这本书中他对不熟悉空调的英国人指出了这个新技术的奇迹。这确实是一个奇迹，因为它让已经适应欧洲寒冷气候的人能够移民到世界上其他更温暖的地方去。就如同我们在第 10 章中看到的那样，从北极到赤道，从喜马拉雅山脉到低于海平面的死海和中国吐鲁番盆地，原住民几乎已经布满了整个世界。在 19 世纪末，强悍的欧洲商人和勇敢的皇家军队已经几乎遍及世界的大部分角落。马克曼所看到的是，对于西方人来说，如果真正地常年居住在凉爽的建筑中，不用顾忌室外的气候，他们就能在有大量"异教徒"的土地上出口他们的"文化"、他们的神，开发那些经济落后的地区，从地球上最不舒适的国家中获利。无论是好是坏，这种情况已经实实在在的发生了。

如果空调可以让人们在当前环境下感觉舒适，那么在气候更炎热的未来，空调是否同样能让人们保持居住舒适呢？

图 11.2 位于曼彻斯特的 Bentham 塔楼包含了住宅与酒店，照片中正在施工。
资料来源：Sue Roaf

## 空调已经有 150 年的使用历史

空调的大规模使用出现在 19、20 世纪交替之际，最初被用来冷藏食物。但早在 1748 年，格拉斯哥大学的威廉·库伦就尝试过在半真空状态下蒸发醚。但直到 1805 年，美国人奥利弗·埃文斯才通过类似的方法使水结冰，找到了低成本的降温方法。那个时候很多人都在实验探索各种冷凝液的效果，而天然冰的交易量也达到了一个高潮。1834 年，一个在英格兰工作的美国人雅各布·帕金斯为他发明的封闭循环系统申请了专利，接着，在 1840 年，美国物理学家约翰·戈里和苏格兰人查尔斯·皮亚奇史密斯率先进行了为房间降温的尝试，在佛罗里达的某医院病房里用冰来降温。然而戈里没能凭此创意赚钱，他在穷困潦倒中死去，被人们视作空想家的他做梦都没想到他的发明将有一天影响全世界的建筑形式。

1862 年在伦敦举办的一个国际展览上，人们惊奇地看到一个形似蒸汽机的设备造出了微型冰山。其中塞布制造的那台机器（展览上的其他制冰机器是 Ferdinand Carre 制造的）被印度政府买下并送往印度以缓解军队的酷热之苦。19 世纪 70 年代一些很小的制冰厂出现在几个大城市中，但那时制冰成本还很高，那些工厂离规模化生产也有很大距离。1877 年，当英国的鲜肉被出口到美国时，冷藏船使得制冷技术有了突破性进步。20 世纪 60 年代，世界上的

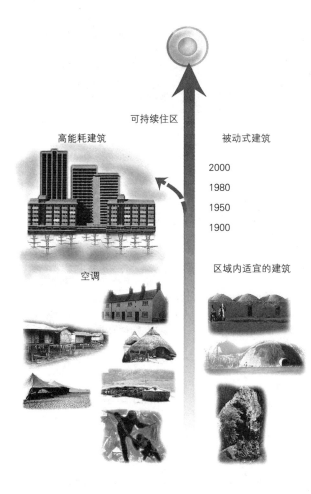

图 11.3 由于空调的出现，建筑的演变发生了戏剧性的改变，空调也极大地增加了建筑的电力需求。

资料来源：Sue Roaf，digitally produced by Claire Palmer。

可持续住区

高能耗建筑

被动式建筑

2000

1980

1950

1900

空调

区域内适宜的建筑

主要城市仍然从冷库购买冰块来满足他们对冰的需求。直到 20 世纪 60 年代晚期，空调才成为英国议院的常规设计内容之一。

19 世纪 90 年代，英美曾在一些办公建筑中尝试使用空调，而到了 20 世纪 30 年代，空调就已经成为美国大型建筑的常规设计内容了。30 年代早期酒店的会客大厅也都装上了空调，而到了 40 年代一流酒店里每个房间都配备了空调设备。空调的出现使得建筑师和工程师们可以随心所欲地建造出彻底摆脱室外气候环境影响的现代建筑。

这样的现代建筑只有在空气调节系统运作时才适宜居住，反之则不行。而在全球电力不稳定，连电灯都很容易熄灭的年代，这类建筑显然不合时宜。同时，现代建筑的另一结果是，大量詹姆斯·邦德式建筑师产生了，如果没有建筑收尾阶段一些神奇的小工具的帮忙，他们早就完蛋了。举几个大师的名字，比如 罗杰斯、福斯特、里博斯金、盖里和哈迪德。如果没有机械通风或空调设备，他们可能根本就设计不出适用的大型建筑。他们是建筑设计者中的能源消耗大户。然而几代年轻的建筑师却对他们亦步亦趋。

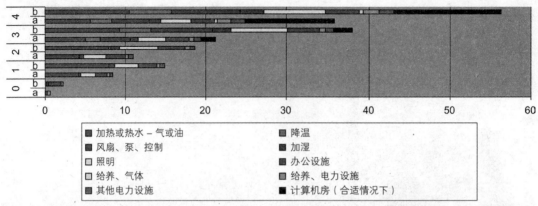

图例：

- 加热或热水 – 气或油
- 风扇、泵、控制
- 照明
- 给养、气体
- 其他电力设施
- 降温
- 加湿
- 办公设施
- 给养、电力设施
- 计算机房（合适情况下）

图 11.4　使用空调的办公建筑比使用自然通风的办公建筑要消耗多得多的能量。这组数据显示了不同类型的办公建筑在两种情况下（a：最优化 b：一般情况）每年的碳排放量（千克碳／每平方米建筑面积）。类型 1 是传统的办公建筑，浅进深，使用自然通风，19、20 世纪的典型办公建筑。类型 2 是使用开放平面和自然通风的建筑，20 世纪 50 年代城市对办公空间需求快速增加后开始普遍使用。类型 3 是典型的深或者浅进深，使用标准化空调系统的办公建筑。类型 4 代表了典型的"有影响力"的或是"时尚"的办公建筑，使用空调并且往往使用很大的进深，并在一些"现代"建筑师中迅速流行的办公建筑。类型 0 是我们添加的（对 Bill Bordass 表示抱歉），为了代表我们希望在 21 世纪出现的建筑，使用浅进深、自然通风或者混合通风形式（仅仅在一年中最热的时候使用空调），同时尽可能使用可再生能源。
资料来源：Bill Bordass，1990

## 空调产业的规模

空调产业是世界上最强大的产业之一，仅次于金融业、保险业和汽车制造业。在 2002 年这一年间，美国工业空调、暖通机械市场的价值就达到了 281 亿美元，比 2001 年上涨了 3.5%。美国的工业空调、暖通机械市场相对比较零散，这个市场中最大的四家公司在 2002 年的销量才占到了总销量的 30.9%。2002 年，空调市场中最大的四家公司在研究与发展上花费了将近 15 亿美元。美国市场内部竞争不断加强，但是又缺少符合商品成本的强有力的价格约束，因而国内市场利润空间有限。很多制造商不得不把市场扩张目标转移到海外，来推动未来的销售，比如很多观点认为伊拉克就是一个非常有扩张潜力的市场。美国市场基本达到了在 2003 ～ 2007 这段时间内增长 26% 的预期，市场价值在 2007 年达到了 370 亿美元。

如今英国正在逐渐变得和美国一样，十分依赖空调。目前大约三分之一的英国办公大楼都在使用各种形式的空调，尽管相比小进深自然通风的传统建筑，使用空调需要更多的能耗，人们也丝毫不在乎，如图 11.4 所示。现今，新设计的建筑中如果安装了空调，那么以高分通过建筑规范标准将变得更容易。尽管，我们可能不需要去给西北地区长期以来设计非常合理的被动式房屋降温，尽管利用重质隔断和自然通风的建筑能够更好地在寒流和暖流中调整室内温度。

问题在于，空调是气候变化的主要驱动力，空调带来的影响正好是空调要解决的问题。这已经形成了一个恶性循环。如果我们想达到世界上很多城市地区提出的碳排放目标，我们必须打破这种循环。建筑消耗了 50% 的能源，并排放了超过全球一半的温室气体。在美国，仅仅是空调就用去了装有空调的建筑的 70% 的耗电量！美国 20% 左右能源都消耗在空调使用上，包括运输等等。美国大约消耗了世界能源总量的 25%，这就意味着仅仅是从美国的空调系统中排放出来的温室气体就占据了全球排放量的 5%。

　　然而现在的问题比前面提到的更严重：人们越来越清楚地发现，传统方式产生的电量将无法满足空调的电力需求。在澳大利亚的新南威尔士州，预计到 2014 年，在最炎热的时期仅有 1% 的时间会用到全部发电量的 20%，而今天已经达到了 10%。发电机组在全年 90% 的时间内保持待命，并且维持 20% 的高发电量，其成本是人们难以承受的。这种情况不可能发生，否则，灯和机器就都会停止工作。

　　经过过去 20 年，欧洲地区空调的销量已经完成了指数倍的增长。在这 20 年中大部分时间，增长速度达到了百分之十几甚至几十。欧洲空调套件的市场销量在 1998 年增长了 20%，在 1999 年增长了 11%，而欧盟中增长最快的市场是希腊、西班牙和意大利。

　　市场上，空调销售与设计的几点重要趋势是：

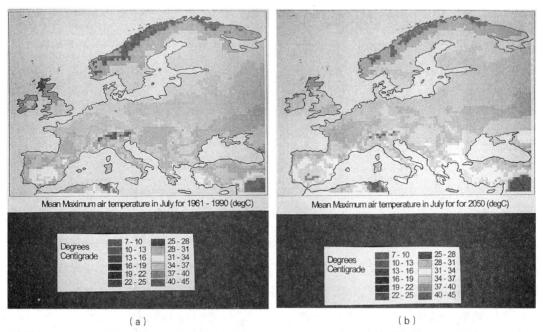

(a)　　　　　　　　　　　　　　　(b)

图 11.5　a：1960～1990 年欧洲 6 月最高气温平均值。b：预计 2050 年的情况。这组数据显示了，英国最高气温平均值在这个世纪将返回平均水平，这意味着在可见的未来中，在被动式设计良好的建筑中，将不再需要空调。
资料来源：Climate models by G. Kenny.

- 工程师将会提高空调制冷效率（大概30%～50%），确保它们在应对将来的气候变化时仍能有效制冷。

- 建筑使用周期越来越短，建筑的使用模式也随之发生改变。例如，从办公室到公寓，从商店到餐馆，从发电站到博物馆，各类建筑都要求市场开发更灵活、实用性更强，投资回收期更短的空调系统来应对缩短的建筑生命周期。

- 空调系统变得更小巧、更灵活，但这时系统生产需要更多的高耗能材料，比如铝、锡和钢，因而其耗能量也将提高。

空调产业呈现反弹趋势，原因在于建筑规范的影响。

比如，在英国，建筑规范对于使用空调的建筑有利，在美国，实行LEED"绿色建筑"等级认证标准，而LEED一再推动大规模中央空调系统的使用（见框图11.2）。

现代建筑必须装配昂贵的、高能耗的空调系统，但很多时候，这并不必要。现代建筑之所以会演变成如今这样一种形式，似乎不难理解。空调产业利润极高。不幸的是，这促使建筑退化到不使用机器就不适宜人们居住的地步。建筑师们非常乐于设计更多的海外建筑，但他们往往不了解当地的气候和建筑特点，也就缺乏改善当地建筑热工性能方面的技能，所以他们实际设计并不适用。建筑师们抱怨设计费折半，却还不知道原因。不论是对于建筑师、建筑拥有者、还是居民和环境来说，这种情况对任何一方都没有好处。然而，建筑师却几乎没有采取行动，阻止这种情况的发生。

早至20世纪50年代，建筑师和建筑工程师就受到了警告：现代建筑有着严重的设计缺陷，包括不良的室内环境和对空调的过度依赖。各个时期的研究成果也说明和强调了一个事实：通常，大多数人都不喜欢在装配空调的办公室里工作。

## 轻质，玻璃幕墙，脆弱的建筑

为了提高现代建筑适应气候的能力，必须避免玻璃在建筑表皮中的过度使用。50年前，我们就已经了解到，玻璃幕墙存在问题，气候炎热的时候，这些问题会明显加剧。

20世纪上半叶，传统的"不列颠式"建筑逐步向更复杂的"国际风"中的现代建筑转变。起初，为了了解建筑在这一转变中出现的问题，英国开始在办公建筑上使用"建筑性能评价"技术。然而，从20世纪50年代开始，现代建筑形式已经控制了城镇环境。

在1966年，伦敦的建筑几乎都没有安装空调，在位于加斯顿的建筑研究所工作的弗洛拉·布莱克和伊莉莎白·米尔罗伊完成了一项关于"伦敦空调建筑体验"的调查。他们的研究显示，在英国当时的气候条件下，人们并不认为空调是必需品。直到现在，某些那个年代的建筑仍然不需要空调。最近的研究表明，传统的被动式建筑在未来几十年里都完全有能力提供舒适的室内环境，即使气候变化不断，也不需要全年使用空调。

布莱克和米尔罗伊在 1966 年的研究希望通过了解办公室人员的感受，发现新兴的现代建筑范式中出现的问题，从而改善未来办公建筑的室内工作环境。他们的研究结果与很多近期的研究成果一致：即人们感觉装有空调的建筑更加清洁和安静（研究对象都是新建的建筑，并装有固定窗户），在天气极端炎热时，这些建筑比自然通风的建筑更舒适，然而非极端天气条件下，装配空调的建筑的热工环境在很多方面都比使用活动窗户的建筑差。

建筑类型是造成这种现象的主要原因，"重质、普通结构的建筑比轻质、使用大面积幕墙的建筑更加舒适"。这项研究试图评估人对建筑类型市场变化的影响力，反过来探讨设计改进的必要性，并针对这一建筑类型制定相应规范。这样的早期研究实际上是一种"建筑质量控制法令"。

两年前发表的第二项研究，指出了 20 世纪 60 年代英国办公建筑市场的急速发展。针对建筑中过度使用玻璃幕墙而引发的建筑过热问题，建筑研究机构（BRE）的 A.G. 洛顿发表了一篇论文。20 世纪 60 年代，随着玻璃幕墙在建筑中的广泛应用和建筑轻量化，传统的重质建筑逐渐被新建筑取代，建筑的风格迅速转变。来自格雷和科利特的一份调查显示，战前，办公室的窗户面积仅占楼面面积的 20%，85% 的房屋拥有者希望在他们的办公室能接受更多的阳光，仅有 9% 的人对房间会过热表示担忧。到 1961 年，在洛顿和基恩利有关战后办公建筑的报告中，多达 40% 的房屋拥有者觉得夏季某些时刻房屋过热，这份报告在职业圈和学术圈的影响力都相当广泛。

越来越多的房屋遭遇室内环境过热问题，其罪魁祸首是建筑表皮玻璃使用面积的增加。1948 ~ 1961 年，各项调查和报告显示，窗户的面积增长了 50%。更糟糕的是，战后 80% 的室内隔断是轻质的，容易被加热，而在战前室内多采用重质隔断。另外，现代办公建筑常常位于繁忙的交通干道附近，人们为了隔绝马路上的噪音关紧窗户，这很容易引起室内过热。后续调查发现，这类建筑中，人们对房屋室内过热的抱怨更多。

这项研究得出这样的结论：重结构建筑中，外墙玻璃的面积可以提升至 50%，但必须以合理的遮阳设施为前提。如果建筑南向不设遮阳，而室内隔断和天花板又使用轻质材料，则玻璃使用面积应被严格控制在墙面面积的 20% 以下。如果人们可以接受 27℃ 的室内温度，则在噪音比较大的地区，轻质建筑的玻璃面积可以达到墙面面积的 30%，在较安静的地区面积可以达到 50%。如果由于采光和视野要求，建筑需要更大面积的玻璃窗，那么过多的得热可以通过空调解决。但这非常昂贵，所以我们应该首先考虑合理的建筑和遮阳设计，空调只是我们最后的选择。在这一项建筑研究之后，被动式设计方法开始发展起来。

（a）              （b）

图 11.6 （a）世界上最炎热的地区，仍然有部分地方基本不使用空调。图为缅甸仰光的鸟瞰图。（b）仰光的一个老人倚着栏杆。窗户是连接人们和室内外生活的重要工具。关掉窗户就是切断了这种连接，使建筑内外的人们都变得孤立。
资料来源：Sue Roaf

  被动式低能耗的降温系统更符合自然规律，所以对于自然气候变化，它们的反应比以机械制冷设备为基础的制冷系统灵敏得多。这种低能耗降温系统对室内的蓄热体有较高的要求，在轻质玻璃幕墙建筑中难以发挥作用。这种建筑在天气炎热的时候会得到更多的热量，不使用机械设备难以将如此大量的热排出，由此可以看出，蓄热体对于被动式气候适应建筑的设计是非常重要的。

  使用玻璃幕墙表皮的现代办公建筑时，人们都会选择拉上遮阳板。但是这样既不能缓解室内过热的问题，又在照明上产生了大量的能耗。太阳辐射一旦通过玻璃进入室内，就会被物体吸收，再以不同的波长反射回去，某些波长的太阳辐射在进入室内后就不能返回室外了。这种现象是温室效应的基本原理，这意味着即使使用遮阳板，室内依然会发生过热现象。

  天气炎热时，如果玻璃盒子建筑不使用遮阳设施，其过热问题会更加严峻。海湾的建筑（玻璃幕墙内表面温度常常达到 60 ~ 80℃）和很多其他时尚的现代建筑，都是如此。白天，室内

温度快速升高，像是一间温室，即使装上空调，工作环境也不舒适。因此，现在我们必须尽量通过建筑本身保持室内环境的凉爽，否则当天气变热和能源消耗增多这之类的附加问题出现时，一旦空调的作用受到限制，室内环境过热将会更加严重。

尽管玻璃幕墙建筑存在各种各样已知的问题，其使用范围却越来越广。第 9 章中我们已经讨论过玻璃幕墙建筑物的热舒适性问题，这里再列举其他一些问题：

- 失去隐私：工作伙伴可以看到会议室中同事们激烈讨论的场景。
- 很难安排玻璃墙边的家具：例如，为了保护自己的隐私，穿裙子的女性一般不会使用正对玻璃摆放的办公桌。为了解决这一尴尬，某著名的工程公司将新总部窗户下半部分的玻璃换成了磨砂玻璃。然而在设计阶段，这类隐私问题被人们忽略了。
- 过度的日光和眩光使阅读电脑屏幕上的内容变得十分困难。虽然某些显示器亮度很高，在白天也可以看得很清楚，但这需要消耗大量能源，也会造成严重的视觉疲劳。另外，为了避免眩光，大多数玻璃幕墙建筑都会拉上全部窗帘，同时打开所有的灯。这样，室内条件变得更为恶劣，同时又大量消耗了昂贵的能源。

最终，以上种种细节因素综合起来影响了人们在工作中的舒适度。

对于那些失败的建筑物，人们为了降低其内部温度，已经进行了许多尝试，例如 20 世纪 80 年代由建筑师多米尼克·佩罗（保留文中译法）设计，位于巴黎的国家图书馆。这一宏大的建筑耗资 1.3 亿美元，却带来一大堆麻烦。四个玻璃塔楼存在很多设计上的缺陷。例如，透明玻璃建造的图书馆难以为书籍提供保护，书本纸张容易受到阳光直射的伤害，过量的阳光又会使玻璃塔楼内部热得像蒸笼，但是人们认识到这一点时已经太晚了。建筑师特别使用了产自巴西雨林的高档红木，制成遮阳百叶来解决过热的问题。此外，玻璃塔楼的设计没有考虑到冷凝水的问题，这是高档书籍的另一大威胁。建筑师在施工开始之后，才发现和纠正了这些问题，这又给法国民众带来了一笔巨额费用。现代化的"纪念碑"式建筑往往都会遭遇这样的问题，幸运的是在大英图书馆中，理智的设计避免了此类愚蠢的错误。

光鲜亮丽的玻璃幕墙建筑还有其他一系列显著的问题，其中一部分在框图 11.1 和 11.2 中列举出来了，这些例子由美国建筑科学教育协会（SBSE）成员，以及美国建筑学校环境科学专业的教师提供。综合这些问题，结论十分明显，由紧密、轻薄和大量使用玻璃幕墙的建筑物带来的一系列长远问题，不可能仅仅依靠空调来解决。

## 室内空气质量

建筑正变得越来越病态。美国的上班族，一个月平均就有一天受"病态建筑综合症"的困扰，导致影响工作状态。但是相比欧洲，和其他不那么依赖空调的地方，这个数值高到了难以想象的程度。

空调建筑的室内空气质量比自然通风的建筑要差得多。更令人担忧的是，研究人员发现，空气通过肮脏的过滤器、管道和空调系统的设施进入室内，其通风质量比简单的窗户通风要差得多，在城市里，这种现象更为严重。管道中可能潜藏着有害的化学品和细菌，如军团菌，霉菌以及过滤器排放到管道中的微粒。天气变化时，比如，暖风到来，天气变得更为温暖、潮湿的时候，这种情况就更有可能发生。

室内管道一般难以（有些甚至不可能）清理，更糟的是，密封器件和管道系统实际上在不断释放有毒烟雾。不干净的过滤器和肮脏的长管道收集、传递毒素，并将其储存。此外，管道内肮脏的空气混合了挥发性有机化合物、甲醛、霉菌、真菌、尘螨和含毒的室内清洁材料。这可能就是很多人患上了"病态建筑综合症"的原因。不过，天然材料制成的家具和饰面缓解了室内空气中的毒素含量过高的问题。

空调机组不能过滤掉空气中的有害物质，如柴油和其他微粒、多氯联苯（PCBs）和大约9 埃直径以下的任何物质，这些微粒危害极大。如果进气口位置不佳，受到污染的空气又通过空调系统不断循环向室内吹送，这时建筑室内的空气质量就要差得多。人们往往认为，一些特别建筑物，如实验室、博物馆和医院理所当然应该装有空调，但与此矛盾的是，这些地方对于洁净度的要求更高。研究表明，在自然通风的地方，办公人员、文物工作者和患者感觉更加愉悦，文物保存时间更长，病人康复得更快。

另外，有关空调和病原体的传播也引发了更为深切的担忧。2003 年，特里·怀恩特在他就职英国皇家注册设备工程师协会（CIBSE）主席时，进行了题为"适应或者死亡"的演讲。

其中明确指出，种种迹象表明，由于缺乏自然通风，医院、学校和私人诊所已经成为疾病的温床。布莱克曼的研究显示，由于空气污染，高达 30% 的病人在医院中不知不觉地患上疾病。医院的工作人员还需要对耐甲氧西林金黄色葡萄球菌（MRSA）或"超级细菌"的问题给予重视，在医院、诊所或学校的大部分地方，不良的设计和不完善的建筑规范加剧了空气污染。

罗德·埃斯科姆最近在帝国学院的工作已经证明，某些类型的感染，如肺结核（TB），相比传统的自然通风的病房，在使用机械通风或空调的病房中，其感染率更高些。对于防止这种传染性疾病，去山中的疗养院里休养，呼吸山上凉爽干燥的空气是很有帮助的。那里或许是对抗这种致命疾病，除医院之外的另一个好的选择。我们一度与私人签订财政合同，兴建了大量新的医院和学校，这种情况令人担忧，未来我们可能面临更多的问题。

## 提高系统效率会有帮助么?

有几种常规方法用于缓解空调带来的负面效应，包括：
- 不使用空调。
- 只在最热的时候在复合型建筑中使用空调。
- 改善墙壁、屋顶和地板的热工性能，将空调设备的工作负担以及带来的不适感降到最低。
- 在空调设备中使用可持续清洁能源，缓解地球温室效应。
- 使用智能化控制系统，根据室外温度进行调节，在不必要的时候自动关闭。这样可以节省 50% ~ 80% 的运行成本。
- 将空调释放的能量储存在建筑蓄热体中，延长其效用时间。
- 将建筑划分为若干区域，对于那些受室外环境影响较大的部分，避免在极端天气条件下使用它们。在顶楼（受白天长时间照射）、朝西的墙壁（受西晒影响）或面向冷风的墙壁都可以设置缓冲区。

人们已经普遍意识到，摆脱对空调的依赖非常重要，特别是那些长期运转、效率低下、控制不佳的空调系统。不同国家都对此进行了试验，使用不同方法来改变传统的建筑内空调调节方式，取得了许多经验及教训，也不乏一些成功的案例。
- **市场推动力**：一般而言，环保型技术会逐渐取代那些有害环境的落后技术，但这个真理对于空调技术而言似乎并不适用。市场似乎更倾向于空调。这一建筑室内环境"权威解决方案"，甚至连倡导低碳建筑的绿色建筑运动似乎也为空调产业所挟持。举例来说，美国的绿色建筑委员会开发出了 LEED 评价体系，鼓励建筑设计师们采用高效的中央空调系统以获得 LEED 白金认证。但事实上，中央空调却是建筑空调系统中能效最低的，远远落后于分体式空调系统或是干热气候下适用的水蒸发降温系统。委员会网站上列出了支持美国绿色建筑运动的公司的名单，读者可以自行判断这个评价工具的出资人们的最终利益点在哪儿。令人担忧是，越来越多的公司正致力于在其他国家推行LEED"绿色"评价体系，借此，他们也推广了美国式的建筑：轻薄，全封闭式的空调建筑。而这些建筑也正是西方经济在2007～2008年间，房地产投资市场的噩梦。在东方和南半球，此类建筑的数量也在不断增长。

- **标准化**：有几套应用于室内环境设置的国际化标准，分别来自于国际标准化组织（ISO）、欧洲标准化委员会（CEN）、美国采暖、制冷与空调工程师学会（ASHRAE）以及美国国家标准学会（ANSI）。这些体系旨在制定舒适的室内温湿度及空气流速的标准。ISO7730标准以Fanger（1970）提出的PMV热舒适模型为基础，它对舒适度的定义是："暖气和空调产业的目的就是为了为人们提供热舒适感……这将给整个建筑行业带来根本性的影响……""热舒适度是由空调生产出来并销售给客户的'产品'……"所以热舒适度的定义是将其与空调系统联系起来而非仅针对于建筑本身。最新的ISO7730标准将根据建筑室内环境稳定性进行评级，稳定性越高建筑等级也就越高，进一步来说，该标准侧面鼓励了室内环境受到精确控制的高耗能建筑。

  CEN15251标准和ASHRAE55-2004标准也有类似的表述，尽管它们对于自然通风建筑中的室内温度控制的限制比较宽松。值得注意的是，美国的这些标准都是由ASHRAE自己监管的。

- **指导**：尽管指导措施非常严格，却没有太大作用。比如说，在英国工程和建筑专业领域，各项指导政策都倡导避免使用空调系统，但这些条款在典型的办公建筑环境设计和耗能方面都难以发挥作用。BS8207:1985标准是英国建筑能源效率的行业规范，其附录B中提供了一份给设计团队的清单，其表格2中的第七条指出"只在必要的时候才会指定特定的空调系统"。1989年RIBA在其政策规定中建议其成员避免在不必要的时候安装使用空调系统，英国暖通设计手册中的第一项就倡导道德行为："在自然和机械通风可实现的时候不要使用（化学）制冷设施。"这些指导方针在英国并没有受到多少关注。反之，法律条文却鼓励投资者们大范围使用空调设施。

- **法规**：法规是非常有效的工具。20世纪80年代末，瑞士苏黎世州颁布了一道紧急法令，禁止在建筑中使用空调，除非设计人员能够证明安装空调的确十分必要。令人惊讶的是，建筑设计者非常迅速地适应了这项挑战。问题在于，在英国和美国很多地方，当地法律正鼓励和倡导设计者去设计廉价、简单、使用空调的建筑，比如英国的建筑法规和美国LEED的白银级和铂金级认证，特别是美国LEED的白银级和铂金级认证催生了很多高能耗的建筑，它们的能耗反而高于一般的建筑。

● **政策管理**：很多国家都面临这样一个问题，没有专门的司法部门监管建筑的能源使用量及二氧化碳排放量。规划或建筑管理部门都没有这样的职能，于是也就没有相关部门来控制空调的使用情况。随着二氧化碳商品化，以及建筑二氧化碳排放问题的影响越来越大重大，最终它可能会成为一种国际可交易单位，成为受到国际法律控制的物品，那时大多数国家将不得不出台并实施关于建筑能耗控制的法律法规。在英国，尽管已经出现了很多创新型的部门，但在整个体系中还是不断出现问题，缺乏对建筑风险的控制，例如英国仍然允许人们在洪水泛滥地区修建大量房屋。对于能源问题，我们仍然缺乏高层次的认识。我们的政治体系正促使着建筑向高碳方向的发展。实际上，政府部门因自己的职能反而刺激了高碳建筑市场。

## 规范的问题

如今改变建筑性能的需求十分迫切。但同时，更令人气愤的是，越来越多高能耗的建筑正在被一些国家的法律所推广，包括英国、美国以及其他空调产业十分发达的国家，同时这些国家还是建筑能效标准和建筑规范的制定者。高耗能建筑本应受到限制，为什么在紧急审查后反而增加了呢？那些应该保护公众免受建筑中极端环境影响的部门非但没有促进建筑节能的发展，反而正在通过规范促使高耗能建筑风潮愈演愈烈。

在英国，自然通风的办公楼要通过建筑规范的排放标准可能还有些困难，但设计简单、使用空调的建筑却能轻易通过审查。目前，英国建筑规范已经比以往更加关注夏季过热的评价标准了，但达到该标准的方法有很多，并且有好有坏。2008 年，斯特拉斯克莱德大学的 Paul Tuohy 对这些方法进行了分析，并发现了问题：有些方法可能导致风险。作为达到该标

图 11.8　吉隆坡中部 "Padang" 附近的无空调建筑为庆祝 "Merdeka" (1958 年独立日) 亮灯。资料来源：Sue Roaf

准最简单的办法，空调会被视为是必需品，人们在不需要安装空调的建筑中安装空调，或是在发现建筑性能不佳后再通过补装空调来解决问题。导致这种风险的关键原因包括：审查规范可靠度低、灵活性差，并不真正符合舒适度标准，同时，还缺乏对建筑使用者的活动、建筑内部得热，建筑结构和气候影响的考虑。幸运的是，能效性能证书（EPCs）的评级标准是以绝对排放量为基础的，旨在更好地评价建筑设计，实现最低的碳排放量，同时该标准也考虑到了人在建筑中的居住方式和适应状况。

有个问题不可避免：为什么这种系统是完全有利于空调建筑的呢？如果说建筑法规已演变为编写者利益的产物，那也显得过于愤世嫉俗。事实是，这种情况由来已久，它的演变牵涉到复杂的人员网络。

## 欧洲能源性能的立法

欧洲能源性能认证的前身是欧洲建筑能源效率指令（EPBD），该指令是 2003 年 1 月 4 日由欧洲委员会（EC）提出的。EPBD 是影响欧盟建筑领域的主要法律文书，真实地反映了欧盟各国政府挖掘建筑行业节能潜力的热切期望。欧盟委员会估计，建筑行业节能潜力最大，节能量可能达到 28%。

**欧洲建筑能源效率指令（EPBD）囊括的建筑**　　　　　　　表 11.1

| |
|---|
| (a) 新建筑 |
| 所有建筑都要符合最低的能源效率要求。<br>对于单层面积超过 1000m² 的建筑，在设计阶段必须考虑备用的供热与能源系统。<br>最终目标是达到欧洲能源效率认证。 |
| (b) 已有的建筑 |
| 对于那些单层面积超过 1000m²，正在进行改造的已有建筑，在技术上，经济上和功能上可行的时候，要更新和提高建筑物的能源效率。<br>当整个建筑或部分建筑被出售或出租时，必须达到欧洲能源效率认证要求。 |
| (c) 包括的建筑类型 |
| ● 中央或地方政府办公建筑<br>● 英国国家医疗服务建筑<br>● 教育建筑<br>● 警察局<br>● 法庭和监狱<br>● 机构提供的公共服务设施，包括博物馆，艺术画廊和游泳池<br>● 正在销售或居住的所有的住宅 |

EPBD 系统下的大型公共建筑能源认证（DECs）必须公开该建筑实际的能源使用、碳排放量和建筑使用功能评级（A 至 F 级）。这有效地显示了建筑实效评价，展示了建筑到底是

如何工作的，但在资产评价下效果就会远远不如前者。资产评价是基于标准使用模式预测计算建筑性能的体系。经证明，这种模型往往非常有误导性，它会让建筑物表现出比实际情况更好的性能。模型化是捏造事实的关键工具，打着"可持续发展"的评级制度的幌子，可以用来说服客户，使他们相信他们购买的房子在温室气体减排方面做得很不错，而建筑的实际情况却并非如此。表11.2清楚地表明那些高调的，表面上似乎掌握大量信息的客户，已被他们的建筑师和工程师用性能低下的所谓"绿色建筑"欺骗了。那些建筑在现实中的表现，显然没有达到他们使用模型预测的结果。目前还没有客户因为建筑师违背了最初的信任、指导和意向而起诉建筑师的先例，但疏忽或未能履行合同条款的情况无疑会改变。人们可能会针对慢性衰竭问题进行测试，比如建筑过热和在其他形式的极端天气下建筑能效低下的状况。客户对房屋的适应性将会有越来越高的要求，如房屋在停电和其他系统发生故障时依然能够保持舒适状态，试图提高他们购买或租住的房屋适应极端气候的能力。

五个有较大影响力的现代建筑的 DEC 评级     表 11.2

| 建筑 | 城市 | 日期 | 建筑师 | 工程师 | 评级 |
|---|---|---|---|---|---|
| 伊兰楼（Eland House），DEFRA 总部 | 伦敦 | 1998 | | | F |
| 北威尔士战争博物馆 | 索尔福德（Salford） | | Daniel Libeskind | | G |
| GLA 伦敦市政厅 | 伦敦 | 2002 | Norman Foster | Arups | E |
| 环境部门总部 | | | | | E |
| 威尔士议会厅 | 加地夫（Cardiff） | | Richard Rogers | | G |

在英国，包括市政大厅、博物馆和就业中心在内，超过18000栋建筑正在进行能效等级评定。截至2008年，四分之一的建筑被评定为F或G级，整体的平均评定等级为D级。这说明，很多所谓的"绿色"和"可持续"建筑的实际表现都低于平均水平，仅有22栋建筑（大概为总数量的1%）达到了A级标准。伦敦建筑与建成环境委员会公共事务主管，麦特·贝尔在这些数据发布的时候说：我们在一年内审核了350个正处于设计阶段的大型建筑项目，结果表明，"绿色风潮"有名无实。从现在开始，我们将使用更科学的评价体系，客观地评价建筑性能，来扭转这种虚假的风潮。然而，低碳建筑设计圈内存在这样的担忧：管理者们，迫于建筑施工工业的强大压力，不再要求建筑出示DEC。但这种做法未能完成欧洲法律中规定的国家义务，最终可能遭到非政府组织（NGO）的起诉。

现在，在英国，每间房屋或公寓在销售或出租时，都需要直观形式的EPC，以评价等级（从A到G）说明房屋的能效。从2008年4月开始，每一处新住房资产或者重大的整修都需要建筑控制办公室的工作人员或检查员提供EPC，所需内容包括：

- 住房的能效指标

- 碳排放数据

- 电、热和热水的年消耗量

- 关于提高房屋能效的建议

EPBD 最大的优势在于，它要求展示建筑真实能量的使用情况和二氧化碳排放的实际测量数据，该要求十分简单，但却是对付目前现代建筑性能不断下降最有力的武器。同时，这也将是影响投资市场的强大工具，因为这样，建筑资产的拥有者和管理者就将能实实在在地看到他们建筑投资的实际价值。当投资者有三个建筑可供选择，其等级评定分别为 A、C 和 G，而价格基本相同的时候（表 11.2 中所示的比较有影响力的现代建筑，都比它们当时在市场上的竞争对手要贵的多），他会毫不犹豫地选择 A。问题是，没有人愿意成为 F 级或 G 级建筑的拥有者。无论是对于非空置或空置房，它们需要缴纳相同的税款，这无疑使上述问题变得更为突出。对于那些 20 世纪 60、70 年代建造的办公建筑，它们的未来是惨淡的，要么将被人们无情地拆除，要么将以高昂的维护成本尴尬地残存下去。


## 空调会继续存在么？

在美国，这个问题的答案是肯定的。如果没有神奇的空调，今天的美国将难以存在。有些非常不错的书已经提到了空调在美国生活以及经济的重要地位。其中，Gail Cooper 特别提到：

[美国三种不同的空调]——为用户定制的系统，插件式空调系统，和在大多数美国家庭中用到的标准化安装——这说明了将专业技术与商业产品良好结合仍有困难。

这些系统中没有一个能完美符合工程师、公司以及顾客群体的要求……用户定制系统是最科学最理智的系统，但奇怪的是它难以针对用户灵活变化。插件式空调系统给予用户特别的待遇，但是它与建筑完全脱节，限制了空调的性能。家庭中常用的标准安装有较好的性能，价格也比较低廉，但十分依赖建筑的机械服务保障而且能效极低。

过去在美国，建筑用户在劣质建筑中对低能效空调系统存在高度的依赖，75 岁的刘易斯·芒福德写道："空调与我们社会的权力倾向有着深刻的关系"。由此，在另一部经典著作中，玛萨·阿克曼同样也得出了空调统治美国这一结论。阿克曼补充道：

可行的控制技术带来了依赖，空调的历史正好完全说明了这一点。空调使人们在停电的时候必须走出建筑，以免在其中感到不适。它疯狂耗电，排放温室气体，使本就十分炎热的城市热岛变得更为炎热，同时催生了上百万辆空调小汽车和数千栋全封闭的建筑。

由于依赖，空调已经让人们逐渐难以适应变化。然而她还提到：

无论是好还是坏，我们的世界都将被空调占领。

在 2007 ～ 2008 年夏天 12 个月的时间内，飙升的能源花销使房屋业主中燃料贫困户的比例大幅增加，从 10% 上升到 20%。一般来说，当人们的能源花费超过收入的 10% 的时候，他们就被定义为"燃料贫困户"，该定义界定了能源贫困的范围，但是没能说明能源贫困的程度。那些能源费占收入 30% ～ 40% 的人群呢？在英国，我们用"暖气还是食物"来描述这种困境。在美国，特别是像内华达和亚利桑那那样的地方，人口增长迅猛，贷款违约比例极高，这句话将会改为"冷气还是食物"。

维持"美国梦"的成本非常高，这意味着飞涨的保险费用、医疗费用、贷款、运输及空调花销。2007 年 4 月，我列出了一个单子，粗略地列举出在菲尼克斯市中心加菲尔德（Garfield）内城工作的一个职业工作者单月的花销（表 11.3），并将其与 35 英里外的维拉多（Verrado）的一个新的大型社区中一个人的月花费和年花费做比较（表 11.3）。表中翻倍的数字清楚地显示了能源消费的倍增和不断增长的贷款抵押花费。

亚利桑那州菲尼克斯的加菲尔德社区能源价格增长了两倍，贷款抵押花销也在增加，菲尼克斯 35 英里外的维拉多社区情况也类似，这样看来，该州的信贷危机的原因也变得明晰    表 11.3

| 单人 | 加菲尔德 2007 | | 加菲尔德 + 能源消费 + 维拉多 2007 贷款抵押增长 | | | | 维拉多 + 能源消费 + 贷款抵押增长 | |
|---|---|---|---|---|---|---|---|---|
| | 每月 | 每年 | 每月 | 每年 | 每月 | 每年 | 每月 | 每年 |
| 贷款抵押 | 1400 | 14400.00 | 2000.00 | 24000 | 2000 | 24000.00 | 2800.00 | 33600 |
| 资产税 | 500 | 6000.00 | 500.00 | 6000 | 500 | 6000.00 | 500.00 | 6000 |
| 供水与污水处理 | 80 | 960.00 | 160.00 | 1920 | 80 | 960 | 160 | 1920 |
| 能源 | 200 | 2400.00 | 400.00 | 4800 | 300 | 3600.00 | 600.00 | 7200 |
| 汽车购买 | 300 | 3600.00 | 300.00 | 3600 | 300 | 3600.00 | 300.00 | 3600 |
| 汽／汽油 | 100 | 1200.00 | 200.00 | 2400 | 250 | 3000.00 | 500.00 | 6000 |
| 房屋保险 | 100 | 1200.00 | 100.00 | 1200 | 100 | 1200.00 | 100.00 | 1200 |
| 汽车保险 | 100 | 1200.00 | 100.00 | 1200 | 100 | 1200.00 | 100.00 | 1200 |
| 电话 | 100 | 1200.00 | 100.00 | 1200 | 100 | 1200.00 | 100.00 | 1200 |
| 电缆 | 50 | 600.00 | 50.00 | 600 | 50 | 600.00 | 50.00 | 600 |
| 健康保险 | 200 | 2400.00 | 200.00 | 2400 | 200 | 2400.00 | 200.00 | 2400 |
| 其他 | 100 | 1200.00 | 100.00 | 1200 | 100 | 1200.00 | 100.00 | 1200 |
| 杂货 | 300 | 3600.00 | 300.00 | 3600 | 300 | 3600.00 | 300.00 | 3600 |
| 信用卡 | 200 | 2400.00 | 200.00 | 2400 | 200 | 2400.00 | 200.00 | 2400 |
| | 3730 | 42360.00 | 4710.00 | 56520 | 4580 | 54960.00 | 6010.00 | 72120 |
| 税费 30% | | 12708.00 | | 16956 | | 16488.00 | | 21636 |
| 每年薪水 | | 55068.00 | | 73476 | | 71488.00 | | 93756 |

资料来源：Sue Roaf.

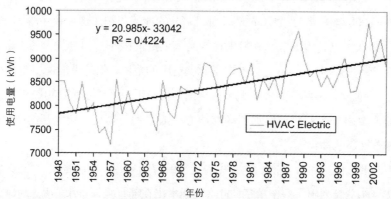

亚利桑那州菲尼克斯，CDH–HDH 单户住宅和 HVAC 能源使用结合

图 11.9　图表表示了菲尼克斯的一个普通家庭 1948～2005 年间每年来运行空调系统的能源增长情况，这种增长的直接原因是城市里持续加剧的热岛效应。造成增长的关键因素是，整个夏季，夜间最低气温仍然很高，使得人们得像在白天一样在夜间打开空调。
资料来源：Harvey Bryan AsII's SMART Drogram

　　日常花费的飙升带来了深远的影响，还可能在一定程度上解释为什么亚利桑那的家庭拖欠贷款的数额居于美国各地区之首。20 年来，亚利桑那山谷基本都是户户相邻的乡村住宅建筑。那里是美国最热的地方之一，外部温度达到 60℃，倘若你的房子几乎没有隔热措施，或者仅仅用一点石棉板或秸秆隔热，你只能打开空调，或者去有空调的商场，否则就可能热死。2001 年在圣迭哥，由于安然公司（Enron Corporation）的腐败，电力花销提高了三倍，有些街区的老人不得不共用一间房，共用一个冰箱，来保证他们拥有凉爽的环境和安全的食物。

　　更糟的是，有些地区的城市热岛效应不断加剧，比如凤凰城，整座城都像被高温的柏油马路点燃了一样，更多的排放着热气的空调、更高的气温、更多的人，使得城市温度一年比一年高。这是所有问题共同作用导致的灾难性结果，这种情况下，人们将完全依赖空调生活，因而，天气变热带来的空调运行成本和使用程度的微小变化就可能压垮一个家庭。

　　在这样对空调十分依赖的地区，其他经济方面的衰退会严重影响该地区的生存质量。比如，大型商场的倒闭可能成为一些贫困社区中居民在极端气候条件下无法生存的原因之一。

## 大型建筑的兴衰：购物商场

　　2007～2008 年美国经济危机的严重性在全国范围内各类建筑的各个方面体现出来。危机的早期反映最具代表性的便是美国居民区购物广场的衰退。问题从 2006 年便初显端倪：4

月份汽油费用突然大幅上涨，导致沃尔玛股票严重下跌，即由于石油价格上涨，人们不再驾车去商场购物了。郊区的购物中心设置了大量空调开销巨大的锡制棚子，需要顾客开车光顾，通过赚取零售商与顾客更多的钱来应对能耗费用上涨。到 2008 年 5 月美国至少八个国有零售链已经申请了第十一条破产保护。事实上，当时还有更多的公司强行关闭了分支机构并缩小规模。问题在于对于许多美国城镇，特别是中西部地区，民生和购物商场息息相关。越来越多的人难以负担空调日夜运转的费用（尤其是在最热的那几个月里），商场可以为此类人群提供避暑条件。商店、餐厅和电影院需要数百员工来维持运营，所以商店开始倒闭，也就意味着它们不能继续为员工提供工作岗位了。随着越来越多的商店关门歇业，商场也不像以前那样拥有优质的环境了，人们也陆续离开了。职工与购物者的路费花销开始成为决定购物频率和地点的关键因素，即是否每天都去大型商场或是一周去一次抑或是在购买日常用品时就去一个更近更小的超市。如此就形成了恶性循环。购物广场的收益下跌，使得银行对扩大信贷十分谨慎，多数零售商必须在圣诞节、复活节及其他节日的消费季里生存下来。全美国的购物广场在 2007 年开始的信贷危机中陆续倒闭。

在英国，也存在着"超市危机"。到 2008 年 7 月，很多郊区的零售商开始为生存担心。

去一趟郊区零售点的花费不仅仅是几英镑的汽油，还可能存在过度消费，即购物花费超过自身承担能力。随着信贷率升高，贷款越来越难。许多人去郊区购物中心的频率下降到去城区购物中心的一半，特别是对于那些必须走很远才能到达的购物中心，这种情况更为明显。时尚商店受到的影响尤其严重，他们占据英国商场 50% ~ 60% 的建筑面积以及 70% 的销售额。随着越来越多的人发现贷款难以偿还，首要的事情便是舍弃去商店及时尚广场的行程。随着网络购物量的大幅提升，网购成为了大赢家。但是，在全球性的能源缺乏越来越严重的今天，我们也必须关注商场及其辖区发挥防寒避暑作用的潜力。

（a）　　　　　　　　　　　　　　　　　　（b）

图 11.10　马达洛图书馆，使用加泰罗尼亚能源机构 ICAEN 设计的干燥机太阳能空调。
资料来源：Rodrigo Leal，ICAEN，Barcelona

在第 13 章，我们讨论了日益严重的石油与天然气问题，也许在不远的未来，石油与天然气短缺就会威胁大型商场的运营和生存。我们迟早会限制住我们的冲动及爱好，这是不可避免的。我们会重新将气力和开支定位在我们的基本物需上：住房、健康、舒适、安全及生存的环境。

购物环境中必然包含着大型建筑物，周围遍布着居住区，我们需要从这种环境里抽身解脱出来。如果我们想要确保已建成环境中的社会、经济及环境卫生等公共基础设施，并在接下来几十年的时间里，能够应对危机并且保留下来，便急需重新定义一个"常识"：20 世纪，好的建筑究竟是由什么构成的。

尽管空调还要伴随着我们相当长的一段时间，但是在我们这个领域的改良也许会比汽车行业始于 1990 年的改良更为彻底。较为先进的汽车行业无法只依靠自己存活。他们错了，他们一直以为问题关键在于空调系统的"效率"，实际上，真正的问题是产品，是范式，是对于问题的理解。通用汽车可以生存下来吗？以其 2008 年的情况，肯定是不能的。所以如果你认为 1990 年的改革十分彻底的话，恐怕你得再想想了。

同样地，由于体系结构庞大、过时冗余、严重破坏环境的产品，美国的空调产业将会产生动荡。不仅仅是空调，整个美式建筑都会因其廉价。纤细、致密的外壳以及轻型的结构使得它们的运行成本更为昂贵。这种价格模式可能很快超出美国人的承受范围，更别说世界上别的地方的人了。在未来，发展中国家将会对过时的建筑范式及技术十分警惕，避免发达国家向他们倾销此类产品，而发达国家的人们已经意识到不能再在本土修建这种极为浪费的建筑了。

相比在空调系统效率上追求一点点微不足道的提高，我们更需要采取措施树立新的宜居住房的范式。就像对汽车，我们需要超低能耗；经济型住房要在春、冬、秋季进行自然通风，而夏天太阳出来时，运行太阳能空调，在云雨天气时，用少量的电网电力充电，然后运行。

我们得向着新一代的坚固、厚重、浅进深的建筑物前行，这些建筑物有真正的墙壁以及开阔的窗户。错误的观念以及不合适的产品已经让我们产生了"生活习性的依赖"，然而为了达到这一目标，我们需要将自己从这种依赖中解脱出来，进而去关注我们真正需要的空间，重视能够提供给我们舒适、温暖、凉爽、健康的工作和生活的环境。

---

**框图 11.1　反射，强光与"嗡鸣建筑"**

一般来说，金属及玻璃外墙建筑的光热反射会引起慢性问题，主要影响对象是机动车驾驶者、行人以及毗邻建筑物。1980 年由 Occidental Chemicals 在尼亚加拉大瀑布建造的胡克大厦就是北美第一批双层表皮建筑。该建筑各个方向外立面上都装配了高反光螺旋桨叶片式可移动阴影装置，使得日光能充分投入房屋内部。但是，这些叶片的反光太过强烈，致使经彩虹桥，从加拿大飞往美国的驾驶员，无法辨别方向。最后建造方又用了四个月的时间将外墙改为白色来缓解这个问题。

位于多伦多大学大道一角的安大略电力大楼，会把太阳光聚焦在门前人行道上。它正面被设计成带有反光玻璃的凹形曲面，因而在一年中的特定时刻，玻璃的聚焦作用使得阳光不仅刺眼，热量也有所增加。所幸，该问题只是在夏季清晨的某一小时段内才会出现，但是这仍然是一个需要解决的严重问题。另外，曲面建筑物还存在着声学方面的问题，因为它们在曲面内反射声波的同时还在放大声波。

这就造成了一个叫做"嗡鸣建筑"的问题。由密斯·凡德罗设计的道明银行大厦，就像纽约的西格拉姆大厦一样，有着黑色外墙和 55 层的高度，是多伦多第一座真正意义上的摩天大楼。考虑到太阳光在建筑物南面、东面以及西面的效应，该设计试图扩大这几个立面上的热扩散，特别是利用黑色金属材料对热量的高度敏感达到理想效果。然而，当一个新的玻璃大厦突然在这栋楼的北面建成之后，它便开始反射大量的太阳热能到道明银行大厦上，建筑物开始产生巨大的嘎吱嘎吱的声音。大厦租赁者对此提出强烈抗议，他们开始着手解决建筑北面的出乎意料的太阳热能过度扩散问题。虽然一系列措施使得建筑物的运动以及奇怪声响得到控制，但是也耗费了银行的大量财力。

波士顿的汉考克大厦建于 1970 年初，赢得了"波士顿最美丽的建筑物"之称，但它的问题也是玻璃建筑物的典型问题。60 层的钢架结构由两层反光玻璃完全覆盖，中间间距与玻璃框架焊接起来。外层玻璃的内表面又轻又薄，有一层银色反光面覆盖其上[i]。

该项目从建造之初便开始显露出问题，四个灾难性问题中的第一个：它的地基给周围街区建筑物的建设带来了严重问题。第二个问题发生于 1973 年 2 月 20 日波士顿遭受的那场暴风中：塔内大量垂直安装的玻璃镶嵌物被吹了出来。落下的镶嵌板被卷入暴风的空气涡流中，又撞击并损毁了大量的别

图 11.11　Gehry 的迪斯尼音乐厅有着反射率强的金属表面，为防止过强的反光，必须得用布遮起来。
资料来源：Bill Bordass

的需要更换的镶嵌板。相关专家表示，在暴风情况下，塔楼本身就不安全。之后，人们使用了1650吨钢铁支撑，沿着对角线方向对建筑进行了加固。建筑中的最后一个问题，便是大量的玻璃镶嵌板的损毁。这可以做如下解释：熔融态玻璃镶嵌板引脚间距之间、反射层与外层之间以及反射层与铅封之间都使用了粘合剂，但这三者之间没有产生屈服效应，热传导产生的形变从内部传向外层，所以，嵌板本身就已经先损坏了。粘合剂使用也过多。后来汉考克大厦所有的镶嵌板（共计10344块）都换成了薄的热敏玻璃。这栋楼的耗资也从7亿5千万美元上升到17亿5千万，大楼投入使用的时间也从1971年拖延至1976年[i]。

但是塔楼的问题还没结束。这栋建筑反射了太多的热量到邻近的卡普利广场酒店，以至于酒店控告汉考克大厦，要求对方负责赔偿他们上涨的空调系统费用以及设施运行费用。汉考克大厦最终只好以收购酒店的方式来解决这个问题，收购花掉了将近90万美元。

建筑物的外部因素也会引起温度问题。德克萨斯州的奥斯丁的REJ大楼拥有极富吸引力的曲线外形，可反射的光架能将光线导入到建筑物极深的内部。不幸的是，这就意味着光线将被投射到大楼走廊上。在晴朗的白天，该走廊内的温度本来就极高，根本无法供人行走，现在问题更为严重了。为了解决这个问题，大楼的员工不得不定期在光架外挂起百叶窗，使得他们处在一个昂贵的温室里。办公室里的家具也没有放在建筑师指定的位置，而是放在那些可以进一步遮挡反光的地方[iii]。

许多先进的建筑师都认为在建筑物玻璃装配方式方面必须需要慎重。华盛顿的BetterBricks采光实验室已经对OMA-Koolhaus设计的新西雅图中央图书馆玻璃反光的环境性影响做了一系列研究。在附近的全玻璃建筑物上，人们也已经完成了大量的实验。OMA也为德国的肖特集团耗费了大量的时间与资金研发多层玻璃系统，减少过度吸收太阳光和眩光的问题，也希望在阴天尽量多地获取阳光。等到大楼用户以及到访者接受调查时，我们就可以知道这项研究是否成功了[iv]。

另一个面临阳光反射问题的建筑是由盖里Frank Gehry设计的，洛杉矶所有的新迪斯尼音乐厅，也不得不向专家咨询，来解决大楼附近阳光晃眼以及热效应的问题。该建筑拥有凸凹的不锈钢表面，有些是刷了双层面的，有些抛了光的。2003年6月底，当建筑工人开始剥下施工阶段覆盖在钢材料上面的薄膜时，持反对意见的公寓楼业主开始了抱怨。下午过半的时候，钢材反光过于刺眼，公寓居民们只能离开阳台，拉上窗帘，打开空调，这种情况持续了三个小时，直到太阳下落低于大楼的幕墙。由于强烈的太阳光，他们公寓里的温度上升了15℃。该郡只能使用价值6000美金的网格覆盖在钢材表面上作为补救措施，这对那些自己委托项目建设但又深受光热污染的邻居们，不失为一个有前瞻性的应对措施。对于那些外表面反射的不锈钢表面，整改已经完成，某些表面的反射情况得以改善。这样的建筑并不是那么容易也不能轻易做出修改，并且还有更多的工作需要去做[v]。

[i] Levy, M. and Salvadori, M. (1992) Why Buildings Fall Down. New York: W.W. Norton, pp. 197-205

[ii] http://www.mit.edu/afs/athena/course/1/1.011/www/1.011-hancock-bostonglobe-290403A.pdf

[iii] 相关报道可见Song, S., Haberl, J. and Turner, D. (2002) Sustainability assessment of the Robert E. Johnson State Office Building, submitted to the Texas State Energy Conservation Office, Energy Systems Laboratory Report No. ESL-TR-02/01-02, Texas A & M University, 139 pp. (April).

[iv] 相关报道可见：http://www.lightingdesignlab.com/daylighting/daylighting_studio.htm

[v] sbse.org/newsletter/issues.sbsenewssp04linked.pdf

# 框图 11.2　LEED 认证体系指引的方向正确吗？

LEED 认证 (NC) 的广泛推行推动了绿色建筑运动在美国的迅猛发展。LEED 指的是美国绿色建筑协会 (USGBC) 在 2005 年建立的名为 "Leadership in Energy and Environmental Design" 的绿色建筑评价体系，也是现在世界上许多地方的绿色建筑标准。但是，像英国的建筑规范一样，LEED 体系将要处罚那些没有空调或机械系统的建筑，于是引入该评价标准的结果就是迫使建筑师们选择高耗能的热环境调节方式，而放弃了节能、自然通风的设计方法。

LEED 或其他形式的评级体系所推崇的绿色建筑理念是一个长期的过程，适用于建筑整个生命周期，从建筑的概念提出阶段到进一步的设计阶段，从建设过程直至建筑的使用及最终拆毁。

LEED 涉及：

- 可持续性场地
- 节约用水
- 能源和大气
- 材料和资源
- 室内空气质量
- 创新设计

LEED 设定了四个等级：

| | |
|---|---|
| 认证 | 26 ～ 32 分 |
| 银级 | 33 ～ 38 分 |
| 金级 | 39 ～ 51 分 |
| 珀金级 | 52 ～ 69 分 |

LEED 银级（最低 33 分）是最普遍的目标（满分 69）。

| 银级 | 满分 | 最低要求 |
|---|---|---|
| 可持续性场地 | 14 | 1 |
| 节约用水 | 5 | — |
| 能源和大气 | 17 | 4 |
| 材料和资源 | 13 | 1 |
| 室内空气品质 | 15 | 2 |
| 创新设计 | 5 | — |

LEED NC 评级系统把总分（69 分）的 1/4 (17 分) 分配给了能源与大气这一项，比其他任何一项占的比例都要重。然而，最近的一次会议上，以色列技术研究所的 Edna Shaviv 教授质疑 LEED 体系是否真正促进了能源节约型建筑设计的普及，因为这一项并不是该体系考虑的重点。LEED 仅仅是一个按点计分的方法，到了 2007 年 6 月，即使不改善建筑的能源使用情况也可以获得银级评定。2007 年 6 月以后，能源一项所占的分数又提高了两分，并要求建筑能耗量比当地标准低 14%。但是问题是，那 14% 的对象是什么？难道是那些高能耗的建筑？LEED 体系没有规定具体每平方米的耗能量，反而

将能耗限制从 2008 年的 14% 降到了 2009 年的 10%，这还真是个"重大突破"。

但是 LEED 确实要求提高能源利用率。要获得 LEED 的金级或铂金级别认证，就必须在理论上提高建筑的耗能状况。要达到 LEED 金级（加州伯克利的劳伦斯实验室）节能 35% 的要求，就需要将机械和电器系统控制在合适的规模：

- 使用节能灯泡、二级开关以及节能控制开关减小电路系统的负担。
- 限制空气处理器的使用、减小锅炉和冷却机的规格，使得供暖通风与空调系统的规模减小。
- 使用节能电梯。

获得 LEED 金级认证的劳伦斯实验室并未进行被动式低能耗建筑（PLEA）的评估，因此，可能出现的被动设计错误包括：

- 保护东面和南面窗户的遮蔽物太小。
- 工作空间中西面的窗户未设置保护。
- 没有特别的设计以满足被动降温或加热的要求。

这样我们就必须提出 LEED 评级体系忽略了建筑中采用的被动式低耗能技术。关于这个问题的一个最重要的案例就是旧金山联邦大楼，尽管该大楼并没有获得 LEED 评级的认可，却具备以下的特点和技术：

- 阳光和交叉通风遍布这栋浅进深大楼的各个角落。
- 窗户由天气感应控制，也可以由人工控制。
- 与众不同、适应气候的外观：背面有半棱状的垂直玻璃；南面有穿洞的金属来遮挡日晒。
- 以钢结构的地板和屋顶作为热质，减小了冬天的气温波动，而夏季夜间的自然通风能使建筑降温，所以根本不需要空调。

那么为什么耗能量仅为一般建筑 33% 的旧金山联邦大楼却没有获得最优能耗的分值呢？

- 因为用于环境控制的系统太过创新，超出了 LEED 的评级范围。
- 而且，当建筑不使用机械体系时，它们就失去了最低能耗所占的 10 分。LEED 评级方法是以 ASHRAE90.1-2004 的附录 G 为基础的，无法评价非机械控制的建筑。

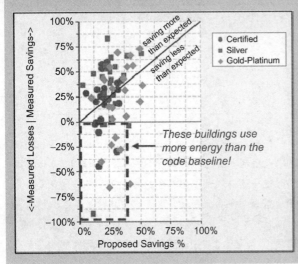

图 11.12　实测能量节省百分率与预计能量节省百分率的对比。数据来自于 LEED 新建筑的节能性能报告，Vancouver，Washington。于 2007 年 11 月在美国绿色建筑会议上发布。
资料来源：New Building Institute，2007

USGBC 表示 LEED 是一个尚在进步中的评价体系，并同意在接下来的几个月中重新审核联邦大楼。这栋杰出的被动式、低耗能建筑证明了绿色建筑运动发展至今，LEED 同时促进了高能效和低能效机器的发展和销售。

就像很多其他的绿色建筑评级体系一样，LEED 是一个按点给分的方法。在该体系下，就算不改善建筑的能耗状况也可以获得银级评分。因为该体系认为，所谓节能技术就是加强机械、电力和热水系统以及光电能的使用，提高建筑的能源利用率，并不需要提高 PLEA 设计性能。而且，诸如使用光电能、太阳能电池板作为热水器或者购买绿色能源之类的做法，都得到了 LEED 体系的鼓励，只要它们可以减少总耗能量并且在绿色能源和生成可再生能源方面加分，LEED 体系都会给予双倍加分的奖励。

以被动方式获取免费太阳能为建筑提供能源的案例已经很多了，但人们并不认为这样就是就地取材地利用可再生能源。因此 LEED 对 PLEA 的普及并无激励作用。人们会问，已经有更好的材料以及 HVAC 系统了，是否还有必要使用 PLEA？答案显然是肯定的。绿色建筑法规应当把 PLEA 与 HVAC 和热水系统区分开来。严格意义上来说，绿色建筑的首要目标就是尽可能少地使用化石燃料，不仅如此，建筑设计的使用年限最少要有五十年，比机械系统和热水系统建筑长一倍多。建造出合适的建筑更为重要，所以配套设施、二级系统的要求就降低了。LEED 系统的开发者们也应该清楚这一点。

LEED 绿色建筑评级体系正逐渐成为改进建筑的有力工具。2008 年 8 月，旧金山市市长签署了绿色建筑条例，对所有超过 5000 平方英尺的新建商业建筑、所有高度超过 75 英尺的民居以及所有超过 2500 平方英尺的翻新建筑，做了如下规定：所有建筑必须在 2008 年前获得"绿色建筑认证"，2009 年前获得"绿色建筑银级认证"以及 2012 年前获得"绿色建筑金级认证"。在绿色建筑评级体系下，该条例使旧金山成为美国绿色建筑要求最为严格的城市。但是，此条例能否使该城市建筑能耗降到全国最低水平？目前答案是否定的。如旧金山之类的城市只有引进欧洲建筑指令评级体系才会减少能耗。该体系要求在公众可见的建筑位置必须挂一张说明每平方米二氧化碳年排放量等级的记录证书，等级从 A 至 G。此体系将从根本上区分节能建筑和耗能建筑。

图 11.13　旧金山联邦政府大楼。

# 第 12 章　高层建筑时代的终结

## 引言

　　摩天大楼作为一种实验性建筑已经失败。现在我们可以宣布，摩天大楼时代已经终结了。

　　在 2007 ~ 2008 年，随着全球经济的衰退，高层建筑时代也开始走向结束。在本书的第一版中，我们就预言了高层建筑即将灭亡，从那以后，这个预言逐渐变成了现实。

　　2005 年之前，面对高层建筑所需要的高额投资，投资者们已经犹豫了。从 2008 年 1 月起，由于地产基金开始锐减，投资者们便开始撤回所有本来用于投入新高层建筑的资金。与此同时，许多地产公司的股票也开始贬值。截至 2008 年 2 月，英国第二大地产公司——"英国土地"，已经在办公建筑与郊外零售公园项目的股票上损失了 14 亿英镑，并且其房地产市场价值还在继续下跌。由于在"高层建筑"与"商业建筑"这两类贬值最厉害的项目中投资过大，"英国土地"已经成为房地产市场萎缩现象中最大的受害者。我们有充分的理由相信，不论是英国还是其他地区，许多后备的高层建筑项目都有必要被永久搁置。

## 高度的重要性

　　自古以来，高度都是很重要的，它象征着力量和权威。人们在潜意识里坚定地认为越高的才是越好的。就防御方面来说，站得越高才能看得越远，看得越远才能越快侦查到敌情。在早期战争中，为了向敌人投掷手榴弹、长矛和发射大炮，地理高度优势至关重要。但是当你面对的敌人是心存不满的同事、傲慢的大型企业 CEO 或者炭疽菌时，高度优势就变得无关紧要了。

　　在动物种群中，雄性首领通过选育后代来加强族群的竞争力：即在某一特定生态区位内，最强壮的雄性通常会与最强壮的雌性相结合，因此他们产下的后代往往也是最强壮的，这些后代跑得更快、捕获的食物更多、抗寒能力更强，因而能够确保家族在该区域内长盛不衰。我们喜欢从高处俯瞰别人，不论是从智力角度还是财力角度，抑或仅仅是坐在高高的越野车上向下俯瞰。在许多居住区，最好的房子都建在空气清新的高处供富人使用，而其余大部分的房屋则处于相对脏乱的低处。当我们仰视一些人和建筑时，一种莫名的感动往往会油然而生，人们往往把高大的建筑作为其伟大成就的最终标志。14 世纪开罗的一首关于"风塔"的诗很好地反映了这种倾向，证明几个世纪以来，人类的这种观念从未改变：

有一座很像 Samaw'al 城堡的房子

正在吹嘘其相貌

它说道：

我看到我的风塔拔地而起，高耸入云，

比它身后的一切更高更强。

(Ibn Abi Hajalah at-Tilimsani，作于 1325 ~ 1375)

从 3000 年前的巴比伦塔开始，拥有世界上最高的建筑就成了权势者的终极目标。历史上第一次摩天楼之间的竞赛发生在 19 世纪 20 年代末，102 层 381m 高的"帝国大厦"击败了它的竞争对手——70 层 319m 高的"克莱斯勒大厦"，成为了当时世界上最高的建筑。

810m 高的迪拜塔是目前世界上最高的建筑。在 2008 年上海环球金融中心曾一度成为世界第一高楼，但只维持了几个月的时间。台北 101 大厦也曾独占鳌头，该建筑的高层区域能容纳 12000 人居住，而且为了应对类似"9.11"的恐怖袭击，它比吉隆坡的双子星塔拥有更多的疏散出口。在台湾，建筑设计通常都需要考虑到暴风雨和地震的影响，101 大厦经设计能抵抗狂风和里氏 7 级以上的地震。101 大厦还拥有世界上最快的升降电梯，能以 37 英里的时速在 39 秒内将游客送至 90 层——当然是在有电的情况下。

中国大陆第二高楼"金茂大厦"有 88 层高，同样位于上海。伦敦最高楼金丝雀码头大厦则相对较低，共 50 层 235m 高。由 Renzo Piano 设计的"夏德大厦"最近已通过规划部门审批，将要在南沃克区拔地而起，高度为 305 米。英国最高的居住建筑"边沁塔"（Bentham tower）于 2006 年建成，位于曼彻斯特，然而这座 47 层的玻璃塔仅有 157m 高，这是因为当地机场规定城市内建筑高度不得超过 160 米，但尽管如此，它仍比伦敦的巴比肯塔高 30m，且建设投资超过 1.5 亿英镑。

## 积极推广高层建筑的建筑师

里查德·罗杰斯推崇高层建筑，他对英国建筑与建筑环境委员会反对"夏德大厦"建设

(a)

(b)

(c)

(d)

图 12.1 20 世纪 30、40 年代美国的大型建筑，仍使用气候适应性设计：蓄热体、可开启窗扇、遮阳。我们列举了四个例子：(a) 纽约林肯饭店；(b) 芝加哥商品市场——早期的购物中心，也是当时世界上规模最大的建筑；(c) 芝加哥史蒂文斯酒店，每个房间都配有循环冰水 (d) 克莱斯勒大厦，首次使用空调系统。
资料来源：S.Ross postcard collection

的意见十分不满。尽管很多人持反对意见，认为该建筑不足以改善当地的公共空间，但罗杰斯坚持道：

> 因为部分人认为公共空间还不够完善而停止大规模开发，这显然是个错误观点，如同把婴儿连洗澡水一起泼了出去……我认为高层建筑不一定都需要公共空间。

为了论证"夏德大厦"符合规划要求，他这样形容该建筑：

> 这是一座大师级的建筑作品，它被恰如其分地安放在合适的位置，不会破坏受法律条文保护的景观或圣保罗教堂的风貌，它使得伦敦天际线变得更加美妙，而且符合伦敦世界级城市的地位。

许多建筑师都力挺"夏德大厦"，并对它有着各式各样的评价："非常特殊"、"大胆"、"真正的大师作品"，并且声称它将凭借深远的意义和优雅的姿态而受到伦敦市民的欢迎（但实际上并没人对其"意义"进行阐明）。

显然，一部分人是因为能从高层建筑修建中获利，才极力鼓吹高层建筑的，其中有人甚至鼓吹"夏德大厦"彰显了地域特色。相反地，英国建筑与建筑环境委员会则对它的规模、形式、节点、设计参考以及对经济发展的影响表示担忧。大众应当如何评判这些观点？什么才是地域特色呢？

在伦敦，"高层建筑有助于提升城市国际地位"的观点受到时任市长利文斯顿的推崇。因此一批新的摩天楼被提上伦敦发展议程，其中包括南沃克地产的一座 30 层的高楼，以及格林尼治、米尔港、德黑兰以及伦敦市区的一批多层建筑。有人甚至劝说一位开发商增加建筑层数，尽管计算显示盖到 18 层以上就会开始亏本。

## 许多人不认可高层建筑

"英国遗产"等机构在这些发展计划的筹备阶段就提出了反对意见，然而，另一些机构一方面极力支持新的摩天楼的建设，另一方面，还诋毁其反对者，比如，利文斯顿就曾因"英国遗产"反对伦敦桥方案而将其比作英国建筑界的塔利班。

里查德·麦克科麦和诺曼·弗斯特对伦敦市新建的高层建筑持保留意见，他们认为这些自说自话的建筑极易使伦敦变得如犹太社区般支离破碎。诺曼·弗斯特强烈呼吁"少一些歇斯底里的争论，多一些理性的分析"。与此同时，也有越来越多的人呼吁重新审视中高密度低层建筑的开发。

## 抵制高层建筑的城市

巴黎拥有全世界最不可侵犯的城市天际线，巴黎市政府正在考虑颁布一项 30 年内不准在城市边缘建设高层建筑的禁令。1974 年，政府将指定的 40 平方英里区域内高于八层的建筑列为非法建筑。当时城市正面临着越来越大的空间压力，但是新的高层建筑只容许建在郊区而非历史中心区，因此巴黎市中心仅有两座高层建筑：建于 1889 年高 324 米的埃菲尔铁塔和 58 层高的蒙特帕纳斯大厦。现在有一些大公司特别声明不会进驻或是靠近标志性建筑，在未来它们可能会更喜欢没有高楼的、更安全的城市。

## 空间规划问题

　　高层建筑通常由含电梯的核心筒和围绕它的各层居住单元组成，其南（采光）、北（通风）向开口的属性，安全出口和竖井通道步行距离的限制，都会大大降低平面设计的自由度。

　　高层建筑的工作环境不仅使恐高症（畏惧处于过高的地方的症状）患者感到严重不适，还会因其封闭的内环境触发陌生环境恐惧症患者的病情，这种病情在高温下还会进一步恶化。许多人因为上述原因无法在高层建筑中工作，对身担要职的人来说，不能在高层建筑中工作将是一个巨大的难题。令人费解的是，尽管这种工作环境违背了《劳工法》中有关禁止歧视患有恐高症或陌生环境恐惧症的个人或群体的规定，雇主还是坚持让雇员在高层办公室里开展业务。可是一个患有恐高症的人如何能在高层建筑的办公室里获得职场晋升呢？

　　高层建筑的形式还会受到气候因素限制，单一的平面形式又使得气候的不利影响加倍。例如，辐射吸热会造成南向房间夏天过热，辐射散热则会造成北向房间冬天过冷，事实证明，要想使高层中的所有房间避免这种问题几乎是不可能的。在高层建筑表皮上直接安装遮阳系统难度极高，首先遮阳构件与建筑的连接节点极易出现故障，此外，由于风压会随建筑高度增加而增大，高处的遮阳系统将变得难以控制。不过，目前已有公司针对这些问题着手设计同时拥有两个朝向的户型。

　　高层建筑的人均外表面占有率很低，这使得住户难以利用太阳能热水系统。根据设计经验，在英国，若要使太阳能热水系统正常工作，要求人均占有外表面积为 $1m^2$，如此看来，高层（特

图 12.2　全世界的城市在几十年内便发展成了现在高楼林立的样子。当笔者还是个小女孩的时候，悉尼最高的建筑是 28 层高的 AMP 大厦，当时广播里的天气预报节目还会偶尔报道"白雪已妆点 AMP 大厦的屋顶"，它就坐落在码头旁的渡口后面。
资料来源：Sue Roaf

别是大进深）建筑根本无法为住户提供充足的太阳能热水或者太阳能电力。许多人正在试图通过"可再生能源系统建筑一体化"的实验探索解决这一问题，如利用风力发电机、透明光伏玻璃以及地源热泵等。若要像第14章所描述的那样，使所有建筑的清洁能源或新兴能源使用率从2010～2050年由10%上升到100%，这类探索就显得尤为重要了。早期统计显示，新近设计的高层建筑能自行解决50%～60%的能源需求，余下的则需要依靠外界输入的清洁能源。

虽然垂直交通的问题早就由高速电梯解决了，但新的问题是：一旦在危急关头停电了，人们就会面临被困在电梯里的危险。所以发生火灾时人们不能使用电梯。竖向交通的耗时过长是建筑高度的另一个问题。例如，在高层建筑中人们到达目的地所花费的时间，会明显超出在中低层建筑中所花费的时间。这不仅会使来访者感到压力和陌生，而且在紧急疏散（无论是模拟的或真实的）情况下，还可能造成更严重的损失。另外，增加的行程时间还浪费了员工每日的工作时间，从而提高了完成等量工作的成本。双子塔事件说明，在紧急情况下这种行程时间对于宾馆、医院、办公室等建筑来说十分关键。1993年，纽约世贸大厦的一座塔楼遭遇炸弹袭击，当时顶层的人们花了三小时才逃离建筑。

另一个酿成悲剧的相关因素是高层建筑的本质特征：层叠的楼板、层叠的人群。因此恰如我们在纽约恐怖袭击事件中看到的，当建筑遭遇毁灭性破坏引起某一层楼坍塌时，上面的所有楼层都会跟着倒塌。而五角大楼凭借其稳固的低层形式，在结构受飞机撞击时，建筑只是局部倒塌，所以五角大楼的死亡人数要远比世贸大厦的少。设想，如果五角大楼是一栋高层建筑，那么楼中的大多数人也都会死亡。另外，由于重力势能的影响，双子塔倒塌时产生的碎块冲击力要比相同体积的10层建筑大好几倍。

袭击的目标是双子塔主楼，但是倒塌的大楼绝不仅仅是这一座，六座与之相邻的建筑也不得不被拆除。其中前德意志银行大厦拆除的决定直到2003年6月才得到执行。这座40层高的摩天楼曾可以俯瞰世贸大厦遗址，但是为了防止其建筑残骸坠落伤及行人，它被蒙上了一层黑色网布，因此被称作"寡妇"。这座建于20世纪70年代的建筑遭到了严重损坏，世贸大厦南塔弯折的钢筋嵌入其中，形成了24层楼高的裂缝。自动喷水灭火系统的失灵和废水的淤积导致了霉菌蔓延，这使得该建筑不再适宜居住。之所以迟迟没有拆除它，是因为保险公司不相信这栋楼已经完全损毁。据统计，包括移除建筑中的石棉等污染物等工作在内，拆除该建筑共耗费了1亿美元。

所以，工作场所安全部和商业持续性计划署的专家警告，如果企业选址在"高危"建筑附近，就必须格外谨慎，因为一旦这类建筑成为恐怖袭击事件目标，它们倒塌时很有可能会牵连周边建筑。如此一来，商圈中，高层地标建筑周边的建筑的价值就可能会受到这一趋势的负面影响。

## 心理问题

在英国开始兴建高层建筑之前，已有研究者评估和报道了高层居住者中常见的心理问题和社会问题。例如，居住于高层建筑中的家长常常不放心儿童在无人监管的情况下进行户外活动，这会导致儿童发育迟缓；长期居住于高层建筑的人易出现抑郁和离群情绪，尤其是妇女、老人和小孩这类特定性别或特定年龄的人群；居住于高层建筑更易与社会中断联系；高层建筑中犯罪率较低层建筑更高，特别是在贫困地区的电梯间和楼梯间，容易滋生犯罪现象。由于维修费用在预算之外，贫困地区的电梯经常出故障并且缺乏合理维护，这给犯罪分子提供了一个绝佳的作案地点。

目前，我们已经研究出了科学的方法，在建筑生命周期中，在不同居住类型和条件下，统计逐渐增加的各项"英国国民保健服务"费用。类似的，人们可以对现有的高层建筑的维修费用发起新的研究，然后结合研究成果制定需经过规划部门审批的新建高层建筑成本策划。

目前仍有人深切担忧"双子塔事件"的后续影响，因为它会给当事人留下心灵创伤和心理阴影，甚至会降低全世界的高层建筑上班族的工作效率。

建筑及规划师康斯坦丁·多克希亚德斯是高层建筑的反对者之一，他说：

> 我最大的错误就是设计和建造了高层建筑。过去城市的成功之处在于人、建筑和自然处于平衡之中。但是高层建筑对自然充满了敌意，或者从现代的角度来说，它与环境的关系是极不协调的。高层建筑对人们自身也极为不利，它使得人与人之间的关系变得疏远，而这是犯罪率提高的原因之一。生活高层建筑中的孩子们的损失更大，他们失去了与自然被其他伙伴交流的机会。高层建筑对社会也有不利影响，包括家庭和邻里在内的社会单元很难发挥它们曾经的作用。对于城市交通、交流和建筑设备来说，高层建筑的增多也不是个好消息，高层建筑使得城市建筑密度更高，道路交通负担更重，供水系统压力更大。更为重要的是，由高层建筑形成的垂直网络还引发了其他问题，如犯罪……

## 建造、运行和维修成本过高

2007年全球建筑热潮结束后，英国仍有大批高层建筑申请建筑规划许可。2008年5月，英国建筑与环境委员会公布了一项针对700多项公共建设项目的调查报告，其结论是被调查项目中只有10%的项目真正把可持续性放在了首位。报告要求实现可持续性要因地制宜，而不是过多地堆砌各种节能设备。

然而目前似乎存在一个良性思维模式使人们认定"绿色高层建筑"根本不可能存在，因为它们消耗了过多的正在急剧减少的原材料，成本太高，对小面积区域影响过大，而且在大多数情况下其持久力还不及污染更少的低层建筑。

建筑成本上升的主要原因：一、与抗震、防火、耐候相关的结构和建造要求提高；二、需要增加升降电梯、自动扶梯、水泵、电气系统等设备辅助建筑运行。只有建筑面积（住宅或办公）平均报价高于同等低层建筑，才能收回如此之高的建设成本。例如，建造高层经济适用房意味着广大纳税人要永久性缴纳更多的市政税，来支付少数人的住宅所需的电梯、门禁、保安、社工、维修、翻新及拆除费用，与其这样，这些人还不如住在同等造价但耗费更低的低层住宅里。

一项关于建筑的建材能耗的研究结果显示，建筑越高，建造每平方米的建筑的能耗就越大。这项研究通过调查澳大利亚墨尔本的建筑，得出建筑各部分的能耗在每平方米建设能耗中所占的额度，单位为 GJ/m$^2$　　　　表 12.1

|  | 楼层数 | | | | |
|---|---|---|---|---|---|
|  | 3 | 7 | 15 | 42 | 52 |
| 结构 | 5 | 7 | 9.9 | 11.7 | 11.6 |
| 面层 | 0.6 | 0.4 | 0.5 | 0.4 | 0.7 |
| 基础 | 0.9 | 0.4 | 1.2 | 0.5 | 0.7 |
| 屋面 | 1 | 0.8 | 0.1 | 0.2 | 0.4 |
| 窗户 | 0.3 | 0.2 | 0[a] | 0.2 | 0.1 |
| 非材料 | 2.9 | 3.2 | 4.4 | 4.9 | 5 |
| 总计 | 10.7 | 11.9 | 16.1 | 18 | 18.4 |

资料来源：Treloar, G.J., Fay, R., Ilozor, B. and Love, P.E.D. (2001) An analysis of the embodied energy of office buildings by height. Facilities, 19 (5/6), 204–14.

另外，建筑越高则运行成本越高，这一方面是因为人、货物楼上楼下运输的消耗，更重要的是，建筑越高则暴露于风雨的表面积越大，采暖和制冷的成本也就越高。特别是对于 20 世纪许多外围护结构存在漏洞的高层建筑来说，随着建筑高度的增加，建筑周围的风速就会增大，挡风难度就会增加，风压从建筑围护结构中带走的热量就越多。就单一建筑而言，层数越高则暴露于阳光下的面积越大，因而建筑就越容易过热。因此建筑越高，为保持内环境舒适所花费的成本就越高。

由此看来，让低收入者住高层经济适用房反而会降低他们的生活质量。因为他们必须竭尽全力来支付高昂的水电费、电梯服务费和物业管理费。现在英国地方议会只好要求业主支付居住建筑的运营费用。之前此类服务费用都囊括在议会的总开支里，而现在所有承租人和纳税人必须为别人支付高层建筑电梯的运行费用。所以实际上是个体纳税人和承租人在为政客建造高层建筑的决定买单。

运行电梯的能耗很高，电梯维修和更换费用也很高。仅升降电梯一项就占据了至少 5% ~ 15% 的建筑运行成本，而且建筑越高电梯运行费用就越高。

另外，建筑越高，每年花在清洁、维修、保险上的维护费用也就越高。而且任何一个建筑元件的故障都有可能带来灾难性的结果，例如，用于玻璃面板的耐水硅胶保质期只有 15 年，因此在过期后必须移除建筑表皮上的每一块玻璃以维修，对于高层建筑来说，这项工作的费用将极其高昂。建筑的日常维护同样昂贵，建筑表皮上难以触及的部位每年的清洁费用也相当巨大。据说，伦敦的一座著名高层建筑曾因为维护费和运行费过高而无法售出，甚至伦敦市政厅这类相对较低的建筑每年擦玻璃的费用就将近 10 万英镑。

因为业主无法支付保养费，许多摩天楼的维修状况不佳。史实证明摩天楼的扩建比维修廉价。Arup 建筑事务所的迈克·霍姆斯说："摩天楼只适合富人。"怎么会有人想到把它们建造成经济适用房呢？更何况未来十年内的气候变化迅速，风速加快，暴雨、洪水发生更频繁，太阳辐射强度将明显上升，这些因素都会加速建筑的老化。典型的混凝土板组成的高层建筑群将更容易受到极端气候的侵害，因为其维护结构更容易渗透。玻璃和钢结构在高处难以获得遮挡，因此它们一般都会受到强烈日晒，并且一直面临着极其严重的结构冷桥问题。由于全封闭式构造，摩天楼往往需要安装空调系统，这一项决定使得投资一下子增大了四倍，而且又使它们不合时宜地排放高碳，日前人们正在讨论是否向业主征收碳排放税。所以将来业主们不仅要支付高额的建筑运行费，还要考虑到可能要缴纳跟高层建筑有关的更高的碳排放税。

## 地区人口过剩

高层建筑的集中性与压缩性有利于土地集约利用，但是会引起每天或每周的特定时段内，人群在局部地区过度拥挤的情况。这会给露天场地、街道、公园等地方带来严重影响，迫使停车、道路、交通、给排水和能源等基础设施超负荷运转。就像在一支试管中培养细菌，若不加以明显控制，它们会多次成倍繁殖，很快充满半支试管，此时它们只需要再繁殖一代就能充满整支试管。栖息地由于容量超载而不再适合生物繁衍，以上简单的成倍繁殖事件就是问题的关键。

Leon Krier 称这种现象为"城市肥大症"，他指出市中心的超负荷运转，还会妨碍中心以外的地区健康、有机的城市复合结构的发展。另外请记住：那些从审美角度盲目赞许 20 世纪早期高层建筑的学生们，现在只会走向所谓的"设计生涯"的末路。这难道是他们的命运？毁灭城市的罪魁祸首是功能单一的摩天大楼，难以置信的是，它们居然成了现代化与进步的标志。这个问题在第 7 章中已经有所涉及，包括高层建筑对基础设施和疏散的影响。

城市规模过大，随便走走可能都要几个小时，在墨西哥城和布宜诺斯艾利斯，人们每天上班的往返时间是 4 ~ 5 个小时。这种问题在高楼林立的城市更为严重，因为每栋高层建筑里可能有成百上千的人同时上下班，交通的拥挤使人们在路上浪费了更多时间。在世界高层建筑之都圣保罗，一天中有多个高峰时间点，这时城市的许多地方都会堵车。为了解决这个问题，有钱人修建了一条新的高速公路并且开始将日常往返路线向天空发展。从 1999 ~ 2008 年，圣保罗直升机数量由 374 架增至 469 架，领先于纽约和香港，一跃成为世界上直升机最多的城市。相比之下圣保罗的街道却经常瘫痪，于是形成了贫富两个世界。在巴西石油经济发达的情况下这种发展似乎是合理的，可是一旦连富人都没钱开飞机时他们又该怎么办呢？所以，一旦城市交通出现问题，我们需要做的是大力改善公共交通，这样才能真正使城市交通恢复正常运转。

圣保罗：

600 万辆汽车

820 位人均年收入达 10 万美元的直升机飞行员

420 个停机坪——占巴西总数的 75%，比英国总数多 50%

## 太阳能使用权、风力使用权与采光权

解决与高层建筑相关的太阳能使用权问题，迫在眉睫。建筑越高，则其在周边建筑上的投下的阴影越大。在平面相同的情况下，一栋两层高的建筑的阴影面积比一层高的建筑大 2%。在冬至日中午，一栋十六层高的建筑的阴影面积比一层高的建筑大 43%。一栋高层建筑会给城市的一大片区域造成阴影，阴影之中的建筑的采光、采暖及太阳能利用率都将受到影响。靠近高层建筑的低矮建筑自然会在全年的大多数时候受遮挡，而离高层建筑较远的其他建筑可能只在一天中的某个时段受遮挡，但是这个时段可能是太阳能需求量最大的时段。太阳能使用权立法正在全世界各大城市得到通过，其中科罗拉多的《太阳能法》是一个优秀的典范，这项法律的实施能够确保新建筑不侵犯相邻建筑的太阳能使用权。该法律同样还制订了与风力使用权相关的法律条文，确保新建筑不扰乱环绕周边建筑的气流，因为这些气流对机械通风系统和发电系统至关重要。

随着停电现象在全球越来越普遍，非并网式太阳能或风力发电系统的使用率也将逐步提高，该系统可用于故障保险系统、火警系统、照明、电动车库门，以及需要不间断供电的计算机网络和应急照明系统，因此保护建筑的太阳能和风力使用权显得尤为重要。在能源安全愈加脆弱的将来，我们会越来越依赖风力、太阳能、氢能等新兴能源给建筑供热、供暖、供电。

风速随着高度的增加而增高，因此高层建筑表皮具有发展风力发电的巨大潜力。英国开放大学的德里克·泰勒博士目前正在开展各项有趣的工作，研究怎样利用风力给单体建筑发电。用于风力发电的建筑表皮最适利用率仍有待探索，这与建筑容积及入住率有关，另外，最适宜风力发电的建筑形式也正在研究过程中。请允许我们再次提起建筑的能源被侵犯的问题，如果在某城市建筑上安装一系列风力发电机，而邻近的摩天楼恰好屹立在盛行风向上，前者获取的风能就会大大减少。另外，发电机的振动会传递到建筑结构上，这也是高层建筑风力发电运用中必须解决的问题，我们要把必要的结构加强措施考虑到建筑系统中去，而因此产生的费用我们也要事先预算。

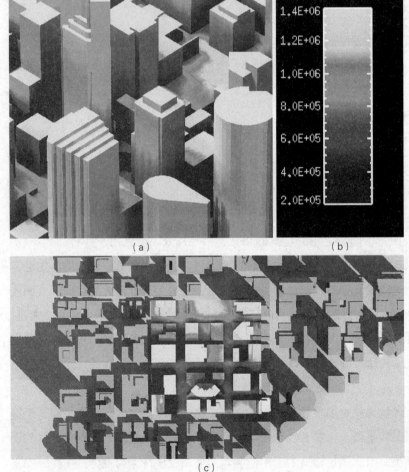

图12.3 旧金山的计算机模型鸟瞰图显示了一年内获取日照最多的建筑表皮，以及不同高度和形状的建筑在城市局部投下的阴影。(a) 旧金山建筑表皮的年度总日照辐射强度预测图 (b) 日照强度区间 (c) 旧金山3D模型俯视图，彩色部分为研究区域的年度总日照强度。

资料来源：John Mardaljevic, Institute for Energy and Sustainable Development, De Montfort University; see www.iesd.dmu.ac.uk/

允许某些建筑侵犯其他建筑的日照、光线、风和声音的著名案例越来越多。上海城市规划局已提议限制市内高层建筑的高度。过去十年中，中国的城市经历了一次非凡的建设浪潮——中国政府使上海取代香港成为东亚金融中心的计划正在逐步实现。城市的显著发展带来的结果就是地价飞涨，这反过来又刺激了城市中大批高层建筑的建设。现在控诉高层建筑挡光和使城市升温的民事案件越来越多，已有议案提出不准修建 30 层以上的建筑。开发商显然不会喜欢这个提案。因为地价已经涨到了每平方米 1500 美元（12000 元人民币）。另外，人们还担心某些高层建筑的质量不够高。

一般来说，下面两方面的因素容易导致高层建筑采光困难。一方面是进深，即两面外墙之间的距离，当建筑进深超过约 12m 时就会引发采光困难。除了建筑进深，室内采光量还取决于通过窗户可见的天空面积。从窗户中看见的天空面积越大，这个房间的采光量就越大。在建筑密度较高的城市环境下，高层街区中较低的楼层的窗户显然无法提供充足的采光。

## 防风建筑

Peter Blake 在《形式追随惨败》一书中从几个方面对摩天楼进行了批判。一方面是建筑表面会造成灾难性的乱流，另一方面，高层建筑一旦发生火灾，火势将难以控制。例如，南美洲的两座摩天楼上失控的大火。他警告全世界：

"现代思想的首要信条显然是暂缓高层建筑的建设。出人意料的是，尽管高层建筑这种结构形式对环境的影响还未知，但高于 100 层的摩天楼的建设仍然如火如荼。高层建筑可能造成的问题包括：道路、公共交通等服务设施永久性的拥挤、建筑侧面气流异常、周边建筑供水紧张、火灾、各种室内心理病以及邻里关系缺失……"

风可能是对高层建筑影响最严重的气候因素。建筑层数的增加会导致两个主要问题：

- 距离地面越高，风速越大，建筑表面所受气压也就越大。
- 建筑顶端所承受的压力越大，建筑顶端与底端之间的气压差就越大，建筑两端之间的风速也会随之增大。

空气压力的增大导致建筑表面的气流速度增大，通过开口和裂缝渗入建筑内部和背风面的气流就回随之显著增加。这大大增加了暴露于城市上空的高层建筑的制冷采暖负荷，而中低层建筑的负荷则相对较少。较高的建筑通常需要昂贵的空调系统来维持舒适的室内环境，然而气流异常最严重的影响可能存在于高层建筑周边的室外空间。我们许多人每天都会经历这种不适：例如，在伦敦市的某个普通夏日，人们经过毗邻某栋高层建筑的窄街时，突增的风速一定会使人们感触颇深。

速度超过 5m/s 的风能掀起衣衫、撩乱头发，使人感到不适。速度为 10m/s 的风能扬起灰尘和垃圾，使人产生厌恶感。速度达到 20m/s 的风就可能引起危险了。英国建筑研究院通过研究发现：在低层建筑开发区，风速高于 5m/s 的概率少于 5%；但在高层区，风速高于 5m/s 的概率超过 20%。随着极低压的天气系统（与气候变化和风速增加相关）越来越频繁的出现，对于高楼大厦附近的市民来说，城市街道上的地面风力湍流和较高风速可能变得令人越来越无法忍受。

街道内较高的风速会导致较高的风寒指数，使室外环境更加不适。现在的室外空气舒适度可能由高层建筑表面气流所产生的风影响，而随着未来气候条件的恶化，这种风可能会导致街道环境越来越危险。

英国有许多实验室能够通过风洞模型或者计算机模拟来测试风对新城市发展的影响，例如卡迪夫大学、谢菲尔德大学、剑桥大学、曼彻斯特理工大学的实验室和英国建筑研究所还有国家物理试验室。这类测试由地方当局及独立机构发起，只针对当前的气候条件进行实验而非未来的风环境。

2001 ~ 2002 年间英国有 85 人死于施工过程中从高处坠落。一份关于工地健康与安全的报告指出："设计师总是把减少高处施工风险的责任推到总承建商身上，而不是首先考虑如何通过改变设计使建造、清洁、维护过程更加安全。"随高度增加而增大的风速和多风的天气会大大增加工人的死亡风险，因此建筑公司在一年中的某些季节内可能不愿让工人冒险建造或维护高层建筑。

## 安全

高层建筑至少能从五个方面影响个人、企业或地区安全。其中，第一方面是显而易见的，标志性建筑或是著名企业进驻的建筑的安全很容易受到威胁。在当今反全球化的背景下，建筑越大其政治影响力就越大。在纽约，美帝国主义的最高象征成为了伊斯兰教徒的轰炸目标。在伦敦，爱尔兰人的轰炸机同样选择在代表"野兽之心"的金丝雀码头金融中心释放最大的炸弹。

第二方面可能不那么明显，但这一点与人们的日常生活更加息息相关。上文曾经提到，街道内越来越高的风速是导致人们远离街道的主要原因。人们出门越来越少，这会对沿街商业造成不利影响，也会导致人们生活质量普遍下降。美国有研究表明：街道上人烟稀少会导致犯罪与暴力增加，因而还降低了整个地区的安全系数。

此外，对高层房地产的研究表明：高层建筑中的犯罪率通常更高，这类建筑甚至可能对社会和文化造成灾难性的影响。目前，对于高层建筑的可达性问题和疏远人际关系问题的研究已经很细致、很深入了。1970年，休姆辞去南曼彻斯特城市住房办事处主席的职务，他所撰写的关于房地产可达性的博士论文就涵盖了以上内容。

第三点安全问题是生物侵害。使用固定窗扇和全覆盖式空气循环系统的建筑受生物制剂侵害的可能性更大。通风管道已被证实是传染途径之一，人们在五角大楼的空调粉尘中发现了31个炭疽孢子。许多高层建筑使用回风、加工、送风单元一体化的空调系统，这使得建筑更容易受到不同来源的有害物质的侵害。

第四点是自然界对我们发动的"生物战争"。例如，2003年希尔顿夏威夷度假村重新开放，此前它花了五千五百万美元维修费，并关闭了14个月。这是因为度假村中的某栋塔楼的送风系统受到了霉菌的严重污染，建筑内较高的空气湿度又加剧了这一问题。据说其罪魁祸首是曲霉真菌，一种常见于面包或奶酪的霉菌。它对大多数人来说没有影响，但是会对某些人的鼻腔造成轻微刺激，一旦这些人离开带有曲霉真菌的环境，这种症状就会减弱，但也有极少数人出现的相关症状会危及生命。这种问题不仅限于热带，近几年加拿大各地的医院也出现过与希尔顿度假村类似的问题。

希尔顿方面几乎起诉了与Kalia塔楼的建设相关的所有承包商，包括建筑师、设计院以及与项目相关的其他专家，甚至还包括阳台玻璃门的供应商。他们提出的理由是建筑的设计和施工使该建筑成为了一个霉菌滋生的温室。现在，整个暖通空调系统（HVAC）都已得到修缮，确保干燥的空气的流动更加频繁。保险行业随后从许多保单中撤回了"霉菌保险"，据说霉菌将取代石棉成为导致高额赔偿的罪魁祸首。一户受霉菌感染的住宅获得的高额赔偿金反映了该问题的严重性：2001年6月，德克萨斯法院在毒霉菌案件中判处农民保险集团向一户家庭赔偿3200万美元。在温暖湿润的气候条件下，霉菌感染更容易爆发，这就使得配备了大型送风系统的建筑更容易受到自然毒素的严重侵害。

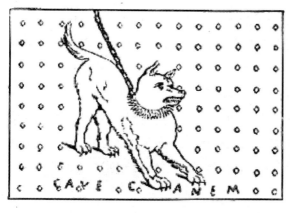

图12.4 正如融资人和养老保险持有人会大量买进"恶犬基金"，人们在许多建筑中会发现"小心恶犬"的信息，这样他们就能明白某栋建筑存在的各种危险迹象。
资料来源：www.moloss.com

城市绑架事件是抵制高层建筑的第五点强有力的理由。正如非洲海岸的海盗们仅凭小摩托艇和手持火箭筒就能劫持巨型油轮或游轮。与此类似，武装精良、态度顽固的小型绑架团伙也能劫持城市街区。一小撮人通过控制建筑的一两个出口和周边道路的街角要塞，就能绑架摩天楼里面的好几万人。圣保罗等城市特别容易发生此类暴行，其中最重要的原因之一就是这座城市里有大量高层建筑。

## 能源安全

建筑的高度会影响室内环境。建筑需要调节室内微气候，在自然浮力的作用下热量会从底层上升，使上方的楼层变热。建筑越高热分层现象就越严重，上面楼层的制冷制能耗也就越高。

在高层建筑中许多人都依赖机器生活，系统故障会对他们造成严重影响。如果某个冷冻机发生故障，而其中的某个零件需要从日本进口，那么整个建筑就会陷入危机。1998年2月，在新西兰的奥克兰市，通往市中心的四条电缆全部发生故障，致使办公室和超过5000户公寓停电。由于极端的夏季气温，备用电缆也失效了，城市建筑陷入了长达八个月的混乱中：气温上升至50℃以上，据说高层建筑的顶层气温超过了80℃，已不适宜人类居住。所以建筑更高意味着顶层更热，采暖降温的能耗更高。于是经过楼层因素计算，承租人必须支付各自楼层的能源费用。处于高风险建筑，尤其是表皮薄而封闭、没有可开启窗扇的建筑中的企业很容易受到能源短缺事故的影响。一旦发生停电事故，室内空气就不适宜呼吸，人们必须马上撤离该建筑。

假设在伦敦市中心有一座100层的高层办公楼，平面尺寸为50m×50m，使用常规设计，能效低下，则其在该地区每年的要消耗1000kWh/m$^2$的基础运行能源，可换算为大约115W/m$^2$ [1000/（24×365）W/m$^2$]。由于"高"这一特性，高层建筑用于将人员、货物、水等提升到建筑各层的能源是同等低层建筑的两倍。因此这座建筑的供电需求量峰值为250W/m$^2$，即62.5MW。当今一座典型的英国发电站的额定输出功率大约为1GW。比如要在伦敦新建16座高层建筑，相应就要增建一座兆瓦级发电站，其建设费用来自当地普通消费者缴纳的电费。"这公平吗？"人们会开始问，特别是在能源安全成为英国政府政策核心要求的情况下。

此类建筑是造成能源安全问题的重要原因之一，它们占用了当地太多的能源，可能会使周围建筑陷入供电危机，特别是在那些供电设施不完备的地区。在某些情况下，这类建筑必须熄灯或限制开灯数量，例如在限电期（电压急剧下降导致灯光昏暗的时期），上海的工厂和购物中心必须限制开灯数量。

现在，许多高层建筑都打着"节能"、"绿色"的旗号，但是这种口号值得怀疑。然而由于建筑表皮环保设计标准的持续下降，节能技术的作用被削弱了，而这些技术本可以用来减少空调使用频率。90年代的办公建筑和美国的商业住宅普遍倾向于使用薄而封闭的表皮和固定窗扇，这正是表皮环保设计标准下降的体现。此类建筑的外表皮隔热能力差，再加上室内储热能力差，加重了建筑的采暖降温负荷。随着建筑环保设计标准越来越低（例如允许大面积使用玻璃幕墙），人们对设备的依赖就越来越大，再加上电脑技术的飞速发展，都使得空调在高层建筑中变得不可或缺。

## 火灾

9·11事件爆发的后一天，双子塔的设计师之一在电视上解释道，如果他们为建筑设计足够多的安全疏散楼梯，余下的办公空间就无法满足建筑的经济可行性。越来越多的观点认为，在这类事件中，高层建筑着火层以上的每一个人都有可能面临死亡。由于高层建筑存在火灾隐患已经是公认的事实，英国建筑研究院已经开始敦促英国部长强化建筑防火法规，并在向交通部、当地政府和地区机关的致信中提及此事。当前的法规并不包含与违法行为、灾难性火灾、恐怖袭击相关的条款，也没有足够多的条款对超高层建筑进行指导说明。新标准中越来越严格的防火规范要求可能会影响到高层建筑项目的经济可行性。

9·11事件后，有关部门发出声明：没有哪一栋建筑能够承受两架飞机的冲击和坠机引发的灾难性火灾。然而从五角大楼受到的影响来看，造型稳健、设计安全的低层建筑里的死亡率毕竟会低一些。9·11事件后，防火专家完全改变了在火灾中计算生存风险的方法。以前他们提出的分段疏散理论认为，着火层、着火层的上一层和下一层必须优先疏散。现在我们认识到，一旦高层建筑里发生火灾，所有人就会同时全力逃生。但是有效逃生时间只有几分钟，高层建筑无论有多少个安全出口都不够。我们还了解到，防火专家关于加压疏散楼梯的理论是有漏洞的，因为当许多扇门同时向楼梯间开启时，楼梯间内压力很难得到保证，也就无法确保人们都能成功逃生。

纽约消防部门认为：一位全副武装的消防员最多只能对十层左右的人员实施有效救助，所以十层以上的人们要知道他们可能永远得不到救助。

在遇到灾难性火灾、爆炸或者停电时，自动喷淋系统和消防电梯就会失效。由于夏天越来越热，城市内外火灾破坏力也越来越大，而灾害通常还伴随着大规模的停电。可能导致火灾的因素很多，不安全因素会使火灾更容易被触发。1974年2月，在巴西圣保罗，一家银行的上面几层发生了一起由电力故障引起的火灾，致使189人丧生，其中许多人都因被迫跳楼而死亡。1986 年 12 月 31 日，在波多黎各首都圣胡安的杜邦公司广场酒店，三名员工纵火引起 96 人死亡，很大程度上是因为，建筑里面的人在火球爆炸产生飞弧的瞬间砸开窗户，这导致许多受害者立刻死亡。1991 年 2 月 23 日，在费城的一栋名为 One Meridian Plaza 的 38 层建筑的第 22 层发生了火灾，起因是工人丢下的一团浸了油的抹布。大楼燃烧了 19 个小时，8 层楼被烧毁，牺牲了三名消防员。2003 年 8 月，纽约大停电时，市消防局接到了多起由照明蜡烛引起的火灾的报警电话。

高层建筑的防火问题不容忽视。9·11 恐怖袭击事件发生以后，防火系统得到了极大改善。2007 年 8 月 19 日，就在世贸中心遗址旁边，曼哈顿的德意志银行大厦失火，两名消防员牺牲。我们都知道，在某些火灾中，高层建筑是不安全的。设计师、开发商和业主被火灾遇难者家属投诉只是时间问题吗？在消防策略中，建筑疏散楼梯必须依靠负压状态保持疏散环境的安全，而当两扇以上的门被同时开启时，消防通道就无法维持负压状态。如果业主们知道上述事实，情况又会怎样呢？设备管理人员通常会把问题归咎于业主，否则他们就要自己承担责任。而业主是选择变卖财产然后离开，还是将责任推给疏散系统工程师或是建筑工人呢？

## 面临绝境的城市

高层建筑是一类对环境影响极大的建筑，有时会被强加于没有足够的能源和基础设施的城市和地区。这可能使该地区在环境方面面临绝境。以下列出的就是一些可能面临此类绝境的地区，以及它们的具体情况。

### 拉斯维加斯

拉斯维加斯是世界上能源最匮乏的城市之一。不仅因为它处于干燥炎热的沙漠地理环境中，无法获得大量能源来供给西部人口，还因为这个带状地区里的建筑类型可能是世界上能耗最高的。

尽管能源和水资源越来越紧缺，纽约仍计划在未来十年内建设一批价值超过 300 亿美元的新项目，第一项就是新市中心建设，该项目将于 2009 年完成。它位于 MGM 公司原址，新建设的七座塔楼将耗资 70 亿美元，建筑面积达 180 万平方米，包括宾馆、赌场和住宅等功能。它将容纳 8000 位游客，并且还需要额外 12000 名员工提供服务。此计划建立在劳动力缺乏、高房价、无免费学校、供电供水紧张的城市背景下。

每一位新住户的年耗电量为 20000kWh。于是每年需要额外的 400000MW 的发电量，耗资 4000 万美元，将产生 16000 万吨二氧化碳。

2005 年 4 月该项目正开始动工的时候，全球原油价格突破了每桶 60 美元，这时全世界的人们才意识到"石油峰值论"的存在。2006 年 4 月墨西哥湾的卡特里娜飓风酿成灾害时，原油价格突破了每桶 80 美元，显然全球生产和提炼石油的能力不能满足短期的石油需求。2005 年，美联储主席 Alan Greenspan 说："近年来石油和天然气市场出现了前所未有的紧张局面。"从那以后，市场情况变得更加糟糕了。

2005 年 4 月，华尔街高盛集团的股票分析师 Arjun N. Murti 在报告中对此作出了进一步说明：到 2007 年，原油价格极有可能升至每桶 105 美元，"超级牛市即将降临"。Murti 论证这个问题时说，石油输出国组织的石油储藏量已经基本消耗殆尽，全球的炼油厂正在全速运行，并且暗示 2015 年原油价格可能升至每桶 300 美元。如果那样，到 2015 年，仅市中心开发区每年的能源费用就可能高达 2 亿美元，到时候，中等收入的游客很可能再也无力支付抵达这座城市的航班费用。2008 年 6 月，原油价格突破了每桶 147 美元，300 美元的预估似乎更加可信了，这使得继续运营这些高层建筑的前景更加不利，因为经济形式会随飙升的石油价格而动荡不安。

然后是水资源问题。每年仅新 MGM 公司就需要 23 亿加仑的水。这还是根据开发区的 1 万人口乘以拉斯维加斯约 23 万加仑的人均年耗水量进行的保守估计。事实上，拉斯维加斯对水和能源的需求却越来越大。

内华达州与邻近的犹他州已经掀起了水资源之争。因为后者企图通过在蛇谷等北部地区钻井窃取前者的地下水资源，于是律师们似乎又将大赚一把。

亚利桑那州每年要从科罗拉多河中抽取 280 万英亩－英尺的水，加利福尼亚抽取 440 万英亩－英尺，墨西哥抽取 150 万英亩－英尺。内华达州抽取仅仅 30 万英亩－英尺的水，而仅拉斯维加斯就占了其中的 90%。1 英亩－英尺约等于 32.6 万加仑。据乐观估计，胡佛水坝后面的米德湖水容量为 13958KAF（千英亩－英尺），该估测值并未考虑大量渗入湖底的水。这一数值相当于 4550308 百万加仑，大约占了米德湖最大容量的 54%。2005 年米德湖足够给新市中心开发区的两万人提供两千年的用水，但它是否能为计划中的另外五个大兴开发区以及拉斯维加斯渐增的 160 万人提供充足的用水呢？更糟糕的是，米德湖正在逐渐干涸。

气候变暖导致落基山脉的积雪骤减，这些积雪是科罗拉多河及其水坝的水源。2007 年，经过圣地亚哥加州大学的斯克里普斯海洋研究所的专家 Barnett 和 Pierce 的计算，米德湖有 10% 的可能性在 2015 年前干涸，50% 的可能性在 2021 年前消失不见。

## 科威特

科威特与拉斯维加斯有许多相似之处：都处于沙漠之中且缺乏天然水资源。科威特人开悍马、戴劳力士，像拉斯维加斯人一样住在用借来的时间和钱建造的装配了空调和玻璃幕墙的建筑里。科威特自 1913 年起才开始成为一个国家，几十年来，该国都为市民补贴电费，刚刚建国时，电费每度约为 0.05 便士，这样的价格在今天低到令人难以置信。可在十年前原油价格大约为每桶 10 美元，当地的人口也较少。1995 年，科威特有 180 万人口，2005 年达到了 240 万。据科威特政府估计，2025 年当地人口将升至 420 万，2050 年将升至 640 万。

科威特侨民通常都住在装有空调的大房子里。如果他们根据英国现行的比率缴纳能源费，按照 2008 年的价格，一个中型家庭一年就要支付大约 12000 英镑的电费。当地教师的平均工资约每年 4 万～5 万英镑，他们花费在居住上的费用却非常高。由于全球能源价格在未来几年内会翻两三倍，到时候住宅降温的费用可能就占了家庭收入的四分之一。另外，只要停电水泵就无法工作，正如 2006 年 8 月 22 日的一条博文所写："像科威特这样的国家将如何熬过缺水缺电期？它是世界上最富有的国家之一，经历过剩余价值达到顶峰的经济黄金期……但凭什么叙利亚等人间地狱要在年中最热的时期限电、停水？50℃的高温，交流电器停止工作，人们没法淋浴，于是到处都可以闻到用来掩盖体臭的浓郁香水味！"

安享石油财富的科威特人可能是世上受石油峰值论影响最大的人群。他们逃避谈论可能取消电费补贴的问题，声称这会引发革命。每年夏天，气温可以升至 54℃以上，这使科威特都会因为电力负荷超过发电能力而发生停电。尽管如此，科威特仍在建设更多的玻璃幕墙高层建筑，包括第一座通过规划审批的超过了 20 层的高层建筑———座 100 层的全玻璃幕墙塔楼。2008 年，科威特的国内动乱导致首相换人，这位首相曾推行降低本国的能源补贴的政策，国内的动乱和他所推行的政策有关吗？我们不得而知。在迪拜，如果人们必须按市场价缴纳能源费用，他们可能就不会居住在这个需要消耗大量能源才能保持舒适的国家；他们还可能放弃最浪费能源的建筑类型，其中玻璃幕墙高层建筑可能就是他们的首选目标。

## 伦敦

国家建筑机构组织 Gensler 于 2006 年 6 月在伦敦发布了一份报告，指出了高层建筑对城市的危害以及需要解决的问题。其中他们对商业地产投资者发出严重警告：75% 的房地产开发商认为，即将生效的给建筑能效分级法（以此响应《欧盟建筑能效指令》）将会对低能效建筑的价值和可转让性造成负面影响。他们声称：

> 地产基金经理实际上正坐在定时炸弹上。能效认证制度的引进将会缩短这次革新之前建造的商业建筑的生命周期，我们希望，低能效建筑的资本价值将会最终下降。我们期待一次市场动荡：投资商处置效率低的股票，对可改建的建筑进行更新，对新建筑提出更高的节能要求。根据该组织的研究，可持续性办公室能为企业节省 27% 的与房地产

相关的能源消费，相当于每年节约 1.55 亿英镑。报告还显示，72% 的公司的物业管理部门认为企业正在为糟糕的设计和低能效的建筑买单，26% 的公司的物业管理部门认为恶劣的办公环境降低了英国生产力。盘旋上升的能源费用将能源效率问题推上了议程，许多企业都对建筑分级制度表示欢迎，并且致力于在未来五年内将与房地产相关的能源消费减少 12%。然而，有些开发商觉得企业不需要绿色建筑，于是他们没有兴趣承包更环保的建筑。这项研究表明这种悲观主义是错误的，企业已经认识到了节能建筑的好处，并且愿意为设计和建造更节能的建筑多付 10% 的房租。

2006 年时，伦敦计划在未来十年内新建 25 座玻璃摩天楼。然而在 2008 年经济危机过程中，许多项目都被搁置了，因为开发商们认识到，他们支付不起这种建筑的投资金额，这类建筑已经成为了许多主要发展与资助机构的沉重负担。他们知道危机即将发生。2008 年夏天，华尔街的主要银行之一"雷曼兄弟"在英国的建筑投资组合贬值了 28%，这证明《错误的高层》这一报告是多么及时而正确。我们也应该明白，本书的第一版的预言也即将应验。

## 迪拜

我们并没有必要阐述迪拜面临的问题。它是世界上"奥兹曼迪亚斯的综合征"（见本章末尾的诗歌）的最大受害者。和科威特一样，该地区能源的缺乏和高成本问题是不可能获得解决的。迪拜建设梦幻之城的理想受制于一个简单的事实：如今再多的钱都不可能换取充足的能源，当前的或规划中的基础设施也很难为呈指数化扩增的城市提供服务和保障。仅迪拜的伯格塔（The Burg）就需要大约 500MW 的电力用于降温，再加上其他负荷，它成为了世界上第一座兆瓦级的建筑。而整个苏格兰的能源需求仅在 6 ~ 7GW 的范围内。在迪拜生活的人们将会损失大量资金。有富豪参与的国内动乱将会以何种形式出现？这真的非常有趣。

## 烂尾楼综合症

当你经过世界各地的火车站时，透过车窗，你能看见越来越多的废弃建筑。它们一般建在火车站附近，二战后的建设时期（1950-1970）那里是城市和乡镇的金融中心。Gensler 将它们称作"错误的高层"。这些建筑的性能很差，肮脏闭塞的风道系统经常出现故障，破碎的混凝土和单层抛光的表皮看起来也十分丑陋。市中心已经转移，但这些空荡荡的建筑只能坐以待毙，直到化为碎片，另外，这一区域的地价也不足以抵偿拆除和重建所需要的费用。这种情况会一直持续到英国政府颁布新的地税条款，该条款规定无论土地是否闲置，持有人都必须缴纳同等税款。这会给许多建筑的业主和投资商带来巨大的困难。在英国，这种废弃的建筑随处可见：我现在正坐在火车里写这本书，刚刚就经过克鲁火车站旁边的一栋荒废了的大型建筑。我们看见以两层建筑为主的默尔亨普斯特德（Hemel Hempstead）镇中心正在修建另一座高层建筑，似乎当地政府审批这个项目时并未考虑到这座没有实墙的玻璃高层在未来十年内就可能荒废，并且他们还得支付维修或拆迁的费用。这些规划部门到底在想什么？想在赫特福德郡（Hertfordshire）打造一个曼哈顿？那些被永久遮挡了日光的穷人们又会怎么想呢？有没有机构准备补偿他们？因为冬日的阳光再也无法温暖他们的房子，也不能提供免费、清洁的能源。

在北美的铁锈地带，钢铁、汽车、铁路、码头、打字机、洗衣机、农用机械等产业在几十年前孕育了财富，然而现在，它们已经衰亡或搬迁到了中国大陆或台湾，砖石结构的美轮美奂的高层建筑甚至已闲置已久。在俄亥俄州的克利夫兰市，18座高层中有8座已经彻底闲置，其他几座也只是部分被使用。这些建筑中的几座称得上是世界上最伟大的建筑之一。但如今它们也失去了经济效益。

如今有许多城市正在建造没有明确经济职能的高层建筑。在利兹、曼彻斯特和利物浦，租房市场由于缺乏贷款而紧缩，导致很多建成不久的高层建筑被完全或部分闲置，使许多年轻人和老年人陷入了慢性负债状况。在容易申请贷款的时候，开发商的贪婪是无止境的，这才是导致了现在的局面的真正原因。哈萨克斯坦的新首都阿斯塔纳（Astana）位于西伯利亚大草原，城市网格里布满了玻璃高层建筑。成千上万的价值 20 万 ~ 100 万美元的公寓伫立于严寒之中，然而当地一位普通教师的年薪只有 1.5 万美元左右。由此可见，这些建筑是没有经济前景的。

## 高层建筑是否破坏了城市的历史原真性？

每座城市都有它的规模、形式和历史，这些历史反映在建筑材料里，反映在每一条街甚至是每一扇窗户里，城市的每个细节都含有那个时代的烙印。对于历史上伟大城镇或城市而言，努力保持其黄金时代的原真性，不仅能为城市保留一个独特的旅游卖点，还能让后代对以往时代有一个鲜活的认识。只有这样，人们才能在半木结构的切斯特看到都铎王朝，在贝斯看到佐治亚时代。对游客和普通居民而言，破坏这些地方独特的历史氛围似乎是一种伤害，有的居民可能正是因为一座城市独特的历史背景和氛围才搬到这里的。

在爱丁堡，人们也有相同的体验。由于保留了中世纪历史古镇和十八世纪新古典主义新城镇，该城在 1995 年被授予世界遗产的称号。在爱丁堡，两个截然不同的历史片区和谐共存，各自都有其重要建筑，联合国教科文组织和世界遗产组织认为这是该城市的独特个性。"爱丁堡保存了大部分重要建筑和空间，且保存状况比其他大多数同等价值的历史城市都要好。"2008

年 8 月，联合国教科文组织理事长 KoïchiroMatsuura 在呼吁停止爱丁堡的主要开发项目时如是说，当时一项关于该市的世界遗产地位的调查正在进行之中。Matsuura 警告说卡尔顿大门（由 Allan Murray 作总体规划，Gensler 设计，耗资 3 亿英镑）这类方案会破坏爱丁堡的天际线，应该暂缓修建，该组织正在研究是否应该把该城市列入濒危古迹名单。联合国教科文组织的研究成果对这座城市来说非常重要，因为世界级遗产的地位对城市来说至关重要，三分之二的游客来这里都是为了欣赏历史古城。这个结果对整个苏格兰也很重要，因为该国是一个以旅游业为主要产业的国家。整个事件的关键还是取决于贪婪的开发商是否粗鲁的进行开发，是否追求过快的工程进度，是否置人民的更大利益及场地本身的原真性于不顾。若这样一个历史中心给人带来的独特感受消逝了，那将是一场悲剧。

一些中国城市面临着同样的抉择。有着两千年历史的古城杭州位于中国东部的浙江省，有着中国最美的城市的美名。12 年前中国就开始为西湖周边地区申请世界遗产的称号，以刺激旅游业。在旅游旺季，这里常常挤满了国内游客，但并不为外国游客熟知。由于联合国教科文组织要求古迹必须完好无损，杭州最近正在实施一项 4 千万元（400 万英镑）的修复计划，试图美化这块区域。北京大学建筑系教授王传越认为，数量与日俱增的高楼大厦使西湖显得更小，减弱了它的美感。现在，规划部门还打算移除湖边的某些小型商业建筑。这一切，都是杭州为世界遗产的称号付出的努力。

《中国日报》称，湖东岸的所有高于 24 米的建筑都会被拆低。市政府网站上的一则通知说，湖边的楼层的拆除工作将会很复杂，香格里拉酒店的七层高的东翼也将被拆除，而那里的套房价格高达每晚几千英镑。获得世界级遗产地位将会对城市和地区带来巨大的经济影响，使之成为国际和国内旅游业的焦点。

## 未来高层建筑路在何方？

在这个越来越危险的世界中，我们真的只能住在受气候变化威胁日益严重、能源费用逐年增高的房子里么？最佳建筑高度到底是多少？

- 不要成为"目标"建筑——高度维持在城市天际线以下，远离暴风，且不会遮挡邻近建筑的日照——这取决于特定城市的区域环境。
- 全副武装的消防队员能够爬上去营救火灾中的人们，所以不超过 10 层。
- 任何人都能在 15 ~ 30 分钟内逃生。
- 能够舒适自然地通风，即 15 层。
- 在停电状况下人们能够安全地在楼梯内上上下下搬运包裹和水桶，即 3 ~ 6 层。

图 12.5　在未来几十年内，由于气候变化和能源价格上涨，能耗极高、饱受风吹日晒的建筑可能是进化过程中最先淘汰的建筑类型之一。

图片来源：Sue Roaf，digitally produced by Claire Palmer.

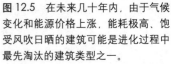

　　所以综合结果是 6～8 层，但这只是个人臆断和推测。巴黎已经作出了限制建筑高度的合理选择。所以有趣的是，有着学院派传统、几乎没有显著节能建筑的巴黎可能是低风险城市的典范。在未来几十年内，市场将如何从限高政策中受益？每一座城市都必须确定自己的性质、未来的形式和建筑高度。掌握话语权的不应该是开发商。必须让银行家在不受股东约束的情况下决定利润的大小。

　　大小重于一切的时代可能已经过去了。未来选择建筑时，我们可能都希望自此以后它们影响力最小、寿命最长，更不必轰动一时。无论未来我们选择何种形式的居住或办公建筑，有一点是确定的：即使停电，人们也能在其中生存。因为在化石能源时代的最后几十年里，能源危机会主导我们选择的生活方式。这正是我们下一章的话题。

## 奥兹曼迪亚斯

雪莱，1792 ～ 1822

我遇见一位来自古国的旅人

他说：有两条巨大的石腿

半掩于沙漠之间

近旁的沙土中，有一张破碎的石脸

抿着嘴，蹙着眉，面孔依旧威严

想那雕刻者，必定深谙其人情感

那神态还留在石头上

而斯人已逝，化作尘烟

看那石座上刻着字句：

"我是万王之王，奥兹曼斯迪亚斯

功业盖物，强者折服"

此外，荡然无物

废墟四周，唯余黄沙莽莽

寂寞荒凉，伸展四方。

（杨绛译）

---

### 框图 12.1 "9·11 事件"的影响

在 2001 年 9 月 11 日恐怖袭击事件发生之时及以后，曾经激动人心的高层建筑变得让纽约和全世界的许多人望而生畏。9·11 事件摧毁了 7 千万平方英尺的办公空间。事件发生两个月以后，曼哈顿下城区的办公空间需求量都微乎其微，因为商业和工业企业已经搬至市中心以外，他们认为那里更安全、建筑更低并且名气可能更小。

纽约的主要地产之一"帝国大厦"已经变得不那么赫赫有名和令人神往了[1]。它再次成为纽约最高的建筑，但从 2001 年 9 月开始它失去了 880 位客户，还未搬走的其他客户表示正在考虑迁到新的地址。曼哈顿下城区的许多企业都拥有很多员工，由于害怕恐怖袭击事件再次发生，他们把备用信息中心设在了别的地方。不打算迁移的企业则正在因为地理位置而亏本。

在纽约，受害的不仅是地产市场的大玩家，花店、杂货店和餐厅也因蒙受损失，正准备迁至别处重新开始。由于恐怖袭击事件和从业者的迁移，商家们失去了几个街区内的几万名高端消费者，这块区域已经没有多少生意可做了。纽约市中心已经发生了经济大转移。

"世贸中心和五角大楼的袭击事件改变了一切——人们对企业地产的重视程度立即提高了。"太阳微电子公司的职场资源总监卡茵·吉尔布特说[i]。这说明经过911事件，企业都十分重视"工作场所安全与业务连续性策划"。现在，"企业生存策划"包括了明确的风险缓和措施，内容如下：

- 不再按传统业务发展计划选择标志性建筑，而是选择分散的或不那么有名因而较隐蔽的建筑。
- 选择低层建筑而不是高层建筑以取得较低楼层的办公室。
- 不起眼的外部招牌。
- 更强调建筑的安全性，给房地产部门施加更多压力确保他们已经尽力为员工提供了安全可靠的工作环境。
- 偏向中型城市（例如英国的曼彻斯特、伯明翰、布里斯托尔、纽卡斯尔和利兹）。

伦敦的企业也因为预见到恐怖袭击的风险，在选择高调的高层建筑时谨慎了许多。从2003年开始，金丝雀码头的租金就在持续下降，夏天，这里大约15%的办公空间都是空着的，一些房客正商议在不受经济处罚的情况下退租，尽管中东投资者的注意力正从美国市场转向英国和欧洲[iii]。半空的瑞士再保险大楼是业主的心头大患：由于位于伦敦市中心的圣玛丽斧街，建筑上半部分的60万平方英尺的建筑面积很难租出去（瑞士再保险公司已经租下了建筑的底层）。这是由多方面原因造成的，其中有这些楼层空间形状不实用的原因，无疑也有人们对高调的目标建筑的畏惧，当然另一个原因是，它的租金是当时这座城市里最高的。如果没有人肯租建筑的上半部分，每年125万英镑的出租成本就发岌可危（整栋建筑租金为每年250万英镑）。当时伦敦市中心大约有2千万平方英尺的办公空间可供出租，这进一步抑制了以高层建筑为主的建设项目的发展[iv]。

就像金融家们不能卖掉一夜之间变得分文不值的"恶犬基金"，我们现在似乎也有了一批"恶犬建筑"。让我们从宏观角度看待这个问题，它已经不再是建筑管理系统如何工作或者墙体导热系数是多少这种微观层面的问题了，而是推动销售的市场基本形象问题。只有领悟到这一点我们才有利可图。

[i]  http://www.newsday.com/business/local/newyork/ny–bzcov182469047nov18.story.
[ii] www.corenetglobal.org/pdf/learning/9_11_impact.pdf, loaded on 2 October 2002. 这个网站显示了9·11事件后，企业是如何重视"工作场所安全与业务连续性策划"和"企业生存策划"的。还有很多网站也提供了宝贵的意见，包括美国国土安全局也在《How to Make Buildings Safe》一书引言中给出了建议，例外还有些网站的信息也很有价值，例如 www.gsa.gov.
[iii] Observer, Business, 24 August 2003, p.4.
[iv] Evening Standard, 19 March 2003, p.20.

### 框图 12.2　空中贫民窟

不同的贷出方有不同的政策决定给谁提供贷款，全行业通用的提供抵押贷款的政策尚不存在。当考虑是否给某一公寓提供贷款时，贷出方考虑的问题一般包括这片区域和楼房是否主要是业主自住，是否可能有良好的市场前景，短期和长期的维护费用多少。

昂贵的维护费用是塔式公寓面临的重要问题。许多贷款者在大楼开始进行主要装修时需要支付3万英镑的账单。一旦贷款者面对这种订单，他们偿还贷款的能力就会受到严重影响，借贷安全也就随之受到威胁，所以贷方通常不愿贷款给保养状况较差的旧楼盘。

由于某些地方的房地产需求量很小，贷出方就不接受地产抵押。

结构类型也是个问题。个体贷出方对他们准备放贷的房产对象的结构类型有他们自己的政策。混凝土预制板结构在过去已有诸多问题，包括冷桥作用和围护结构密闭性问题，于是许多贷方不愿给该类房地产提供贷款。然而如果结构类型不常见或者建筑耐久性令人怀疑，贷方通常会要求一份近期的结构报告。如果贷款申请人不愿为此花钱，即使地产获得了认可，抵押申请也会遭到拒绝。保险业在某次事件中支付大量赔款的经历也提高了相关风险，例如伦敦 Ronan Point 的某栋单身公寓的煤气爆炸事件，导致了楼栋坍塌，随后整栋高层都被拆除了。

格拉斯哥的低收入者很难将国有高层房产作为抵押，这就是控制了格拉斯哥天际线四十多年的几座著名高层建筑正在被拆除的原因之一。2008～2009 年经济下滑之后，这种情况更加严重。在英国一些城市，高层公寓成为了犯罪、贫穷以及城市衰败的代名词，未来十年内苏格兰最大的城市将要花去几十亿英镑改造衰败的地面景观，这里是欧洲公有住房最集中的地方。250 座高层公寓中的大多数都要被拆除让位于新的特建房，到时该市的 94000 套公寓将从国有制转为社区信托制。按计划，格拉斯哥住房协会将获得 60 亿英镑的预算用于处理包括高层在内的废弃的房地产。

房地产顾问估计，如果按可再用 30 年的标准翻修格拉斯哥红路的公寓，就意味着开发商需为每家每户支付 7 万英镑以上的费用。他们认为拆除后重建更为便宜[i]。

因为同样的原因，英国其他城市也在销毁高层建筑，例如伯明翰计划拆除 315 座塔楼。官方证实改造经费是基于在未来 5 年内拆除 100 座高层、在 2018 年之前拆除剩余的 215 座高层的规划估算出来的[ii]。

尽管某些贷出方有兴趣也有能力贷款给相对风险较大的楼盘，而且可以为它们投保，但是只有少数贷出方肯在市场中冒这样的风险。这对潜在租房者来说十分重要，他们必须了解购买高层公寓带来的额外风险，以及将来售房时会遇到的问题。

一些地方政府可能愿意依据 1999 年 4 月 1 日出台的"回购计划"行事，计划允许政府从租赁人或卖房困难者手中买回房产。这使得当地政府能够重获房地产然后再出租，但众多政府是否会回购高风险的房地产还值得怀疑，这就是格拉斯哥选择拆除高层地产的原因。与此同时，业主们也可以寻找持有大量现金或有意投资房地产的人，因为投资者可能会对风险有不同的看法。建筑结构中的石棉成分使得拆除费用非常高，一些高层建筑因此得以保留。

然而，英格兰西南部住房太少，导致房价过高，这意味着普通工薪家庭无法购置工作场所附近的住房，有时他们不得不花几小时上下班。越来越多的地方政府要求提高所有开发项目中的"社会保障房"或"经济适用房"的比例，在一些地方该比例高达 40%～50%。

开发商们从社保房中获利较小，所以不愿建造更多的社保房。2003 年 4 月，麦宝蓝建筑设计公司因为在沃克斯豪尔设计的一座 50 层的公寓楼未能达到 25% 的经济适用房比例[iii]，收到了当时的伦敦市长 Ken Livingstone 的发出警告。他提出了一项名为"Kenculator"的公式，声称将一系列因素带入公式，就可得出每个新开发的项目中低价房应占多大比例的合理数据，该比例达到 50% 以上。开发商不愿损失如此大比例的利润，因为低价房的销售利润不高，特别是在当前的经济环境下。更何况如果社保房单元的比例较高，贷出方就不愿意借钱给人买非社保房，因为他们的经验法则要求借贷的房产里的自住用户必须达到一定比例。

然而一些六七十年代的高层公寓得到了修复。利物浦康威街上的两座 15 层高的塔楼破得似乎只适合拆除，但一位曾成功修复曼彻斯特维森豪的两座类似建筑的开发商看到了提供经济适用房的契机。他以每栋 100 万英镑的价格买下了这两栋高层，然后花 8 倍的价钱将这些 60 年代的塔楼改造成公寓，再以 49500 英镑的价格起售。这里的修复费用有悖于格拉斯哥房地产顾问所提出的 70000 英镑，所以我们有必要提出疑问：修复后大楼的有效期是多久？这些楼盘是否在不久后又会变成贫民窟。在当前衰退的经济局势下，如此高额的改造成本对开发商来说是个经济上的挑战，毕竟他们还在房价的灾难性下跌的浪潮中挣扎。

[i] http://society.guardian.co.uk/housing/story/0,7890,565387,00.html
[ii] http://society.guardian.co.uk/housingtransfers/story/0,8150,632697,00.html.
[iii] Building Design, 17 April 2003, p.6.

### 框图 12.3　视听信号干扰

1997 年上议院驳回了伦敦东部 700 位居民的一项起诉，在这项起诉中他们认为金丝雀码头的建筑严重影响了他们的电视信号。虽然法院承认这些建筑确实对居民的生活娱乐造成了严重影响，并且降低了住房的市场价值，但如何判处赔偿尚无法律基础[i]。然而由于法院的判决有违《人权法案》的导则，广播和电视信号受遮挡的居民仍有胜诉的希望[ii]。如果高层建筑的崛起使得视听品质降低，对居民的娱乐生活构成了"严重影响"，那么这个问题确实应当予以着重考虑。议会在法律上有义务与居民协商。因为议会未能履行义务，因此受影响的居民可以起诉议会。

[i] All England Law Reports：1992, p.426；Hunterv. Wharf, available from：http://www.lib.nus.edu.sg/linus/96oct/llbcdnew.html.
[ii] Guardian, Money, 16 February 2002.

# 第 13 章　化石燃料危机

## 引言

2008 年，全世界见证了一场由贪婪、债务和银行信任缺失造成的全球经济"大萧条"。这场混乱持续不止并向各方蔓延的原因是经济前景与能源价格的不确定性，以及人们对廉价能源时代即将终结的恐惧。每一个由内华达州或亚利桑那州的沙漠平原推出的次贷火柴盒住宅 MacMansion，都是由能耗巨大的机器和生产线制造出来的。居住在沙漠中的家庭只有依赖于廉价机器提供的冷气才能安居。

当能源价格飙升到美国中产阶级无力承担的数额的时候，这些高耗能住房就会滞售。在那些气候炎热的州，空调成本的升高更是加剧了这一现象（图 13.1）。这场经济危机已不单单是债务问题。它反映了目前建筑的高能耗现象，以及高能耗所带来的经济负担问题。

能源成本将决定建筑与城市的生死，而保持建筑温度的被动式技术将会在节约成本方面发挥积极作用。廉价能源时代的结束标志着高能耗建筑的终结，原因在于，我们将最终无法承担运行这些建筑的费用。

如今，我们面临的挑战是如何重塑我们的生活方式，以摆脱我们对化石燃料能源的依赖。在英国，建筑仅仅在热工、光源、烹饪以及设备运行四个方面，就消耗了我们生产的能源总量的 46%，这其中并不包括制造及运输其建材的能源成本。

2003 年，酷暑让能源短缺问题暴露无遗。同年，由英国贸易和工业部出版的能源政策白皮书列出了几项英国政府的关键能源目标：

- 保证英国的节能减排措施在 2020 年前取得实质性进展，并在 2050 年前削减约 60% 的二氧化碳（$CO_2$，全球气候变暖的主要因素）排放量。

图 13.1　位于美国西南部沙漠中的地区性住宅安置区因为空调的出现才得以存在。
资料来源：Sue Roaf from Raf from Solar Cities 2006。

- 保持能源供应链的安全可靠。
- 促进英国市场的良性竞争，加速可持续产业的发展，提高生产力。
- 确保英国家庭充足廉价的供暖服务。

自 2003 年起，某些权威人士陆续指出，大部分地区的石油产出高峰已经过去。然而中国和印度这样的新兴经济体对化石燃料需求量却不断飙升，全球各地对化石燃料的需求也正在急速增加。化石燃料的供需差距日益扩大，这种差距使得能源市场极度不稳定，油价的大幅波动就是一个很好的例子。比如，在 2008 年 1 月每桶原油价格超过了 100 美元，之后持续走高至 2008 年 7 月的每桶 147 美元，又于 2008 年 11 月暴跌到每桶 60 美元。

2003 年，当这本书的第一版完成的时候，英国汽油、柴油的价格大约为 75 便士／公升，然而到 2008 年 7 月，柴油和汽油价格已分别猛增至 127 便士／公升和 123 便士／公升。原油价格上涨拉高了发动机油泵中的汽油价格，2008 年英国拥有两辆汽车的家庭的平均油耗支出比 2007 年增加了 400 英镑。与汽油车相比，柴油车更加省油（虽然其排放的微粒会导致更高浓度的污染）。然而柴油价格受到的冲击更大，原本更便宜的柴油反而比汽油贵 8 便士／公升。2008 年 7 月，司机走上街头进行抗议，声讨高昂的油价。但直至 2008 年 11 月，汽油价格才逐渐回落至 90 便士／公升。

能源成本的上升，不仅对公路运输产生巨大影响，对航空运输也造成了阻碍。世界各地的航空公司争相取消飞机订单，停用和加速淘汰老化的飞机，或者大面积地停飞航线、取消航班。仅在 2008 年 5 月，世界上最大的航空公司——美国航空公司，就废弃掉 75 架飞机，取消了 12% 的航班，并明确指出其大量员工将面临失业的危机。英国航空公司也预计 2008 年将会是零利润年。其他的航空公司也正努力降低飞行速度、削减载重，甚至为此开发了更加轻便的饮料推车。

截至 2008 年 6 月，美国航空公司已将其航班规模及配套服务裁减了五分之一，即约 455 架飞机，以及多达 1600 名员工。少数几家航空公司甚至已经倒闭，如：Maxjet、Eos、Aloha 航空公司和 ATA。2007 年 7 月，David King 教授谴责了修建西斯罗机场第三跑道的计划并指出随着经济逐步"脱碳"，出行方式将会更加多样，低碳和实惠的公路运输和铁路运输将代替航空运输，成为人们的首选。他向英国政府提出增加碳排放成本的建议，该提议得到英国政府的首肯。根据他的提案，再加上燃料成本的增加，高昂的费用会迫使人们最终放弃航班出行，因此在修建新跑道上的投资是毫无意义的。尽管如此，英国政府还是显得很固执——他们依然支持在受洪水威胁的泰晤士河口平原上建设新机场，也支持新建更多的跑道以应对不断增长的客流压力。

自 2000 年以来，化石燃料危机已经重塑了我们经济结构，这背后的原因如下：

# 石油

目前石油储量大概还能供人们使用 30 ～ 40 年，但是石油储备、开采和预测都是复杂的。Colin Campbell 在他极富趣味的《问题的核心》一文中，对石油行业中，各方力量的博弈给出了一些独到的见解。他的许多书和文章为我们清晰描绘了石油供应机制的运作。他已成为"石油峰值"论运动之父。

20 世纪 70 年代末石油危机时期，某些学者基于相当粗略的实地调查预测警告人类：石油将会耗尽。但石油相关行业在确定油点位置、定量分析及开采利用等尖端设备和技术使用方面却十分自信和成熟。现在，该产业已经能够利用新兴的扫描设备和测试钻井技术进行石油钻探，这一看似"大海捞针"式的难题已经被攻克。使用新的电磁场绘图技术，可定位深达 3000m 的油田和气田。然而海洋钻井平台现在的成本是日均 70 万元，并且这一成本还在不断攀升，面对这样的形势，人们需要无比的信心来开展石油钻探作业。

## 还剩多少石油?

通常定义下，石油和天然气的来源有两种：
- **传统来源**——但这并不被视为石油和天然气的全部来源
- **非传统来源：**
  ——来自煤和"页岩"（未成熟的烃源岩）的石油

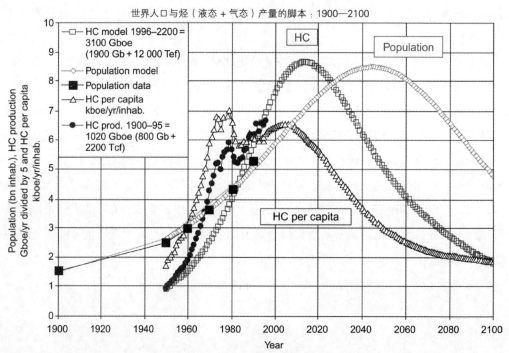

图 13.2　世界人口的增加，以及从目前化石燃料可用性的降低，将会导致能源价格的飞涨。Gb= 十亿桶　Gboe= 十亿桶油当量　Tcf= 万亿立方英尺（5.5 Tcf=1 Gboe）　HC= 碳氢化合物

资料来源：www.energycrisis.com.

——沥青和超重油（100API）

——重油（10 ~ 17.5API）

——极地石油和天然气

——深海石油和天然气（深度 500m）

世界各地尚有约 22 万个传统油田。虽然随着知识的积累，我们对油田大小的技术性估计越来越精确，但是这一数值却是相对恒定的。由于只有在前期的机密估值得到钻探的验证后，一个开发油田的计划才能够启动。所以石油公司会谨慎地在油田储备量预估报告中将其规模减小，以确保正式开采后不断上升的产油量给投资者留下深刻印象。储备量报告是一种微妙的平衡过程，也是一个容易出错的过程，英国石油公司和壳牌公司都深知其利害。2001 年，前英国石油公司首席执行官 Brown 勋爵宣布：相对之前一年，本年石油产量只会增长 3%，而不是承诺的 5.5%。这已经是他在一年中第三次下调他的预估，而他个人的市场信誉也因此大打折扣。2004 年 1 月，壳牌传出一个令人震惊的消息：该公司将其已探明的石油储量下调 20%。消息一出，其市场价格就迅速下跌。同时，该事件还降低了人们对石油报告机制的信任程度，许多人认为这仅仅是误报事件的冰山一角。人们缺乏对该机

图 13.3　图片来自于 Colin Campbell《石油和天然气枯竭的本质》的封面。Campbell 是突出〝石油峰值〞的全球性问题、并提醒世界即将到来的能源危机的第一人。他准确地预测到这场危机将发生在 2008 年，并与全球经济衰退相关联。

资料来源：Bill Hughes，Multi-Science Publishing Co.，Brentwood，Essex．You see，it is all coming true.

制的全面、确切的了解。资者们无法确定石油开采后的售价，因此，他们现在对昂贵的钻探投资更为谨慎了。

客观而言，任何油田的石油储量都是有限的，石油的产量大致遵循一条钟形曲线，该曲线的最高点就代表这片油田产量的峰值。过去几十年间，我们应对的主要挑战是开发尽可能多的开采技术以获得更多的石油，在此期间石油的提取方法也有了显著的提高。然而，我们不能指望新技术能使油田再次释放出大量的常规石油。

能源价格的飞涨导致廉价开采原油越来越困难。所以在巴西近海和墨西哥湾出现了一次深水钻井的热潮，同时引发了全世界对阿萨巴斯卡焦油砂的疯狂掠夺。这些每桶 70 美元以上的油曾被认为是经济的，但加工这种原油的工序复杂且容易引起污染，需要经过油页岩挖掘、粉碎、热水提取后，才能制造出油浆：再将油浆与石脑油混合，以去除残留的矿物质和水：然后加热沥青并脱脂，用以生产更轻的合成原油，这些原油最终会发送到传统炼油厂。大约每 2 吨焦油砂才能生产一桶石油，而每生产一桶半石油，又需要消耗一桶石油提供的能源。然而不知为何，这些数字经常被忽视，生产商还声称，在此过程中，二氧化碳的排放量只比传统石油生产过程多出 15%。然而，在加拿大的焦油砂提炼过程中，大量的污染液体作为生产的副产品，被排放出来，而其对环境造成污染和修复该地区环境的成本并未被计算在每桶

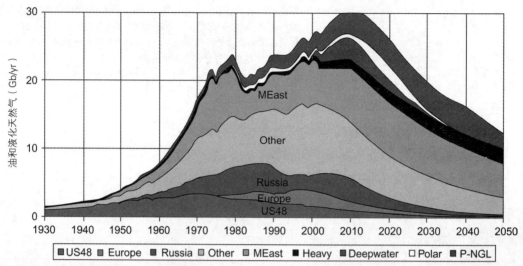

图 13.4　上图显示了可用的全球化石燃料储量（2003）年，并说明了在股市萎缩的美国和欧洲，情况有多严重。
GB= 十亿桶

资料来源：www.peakoil.net.

油的成本中。加拿大政府将如何使得该地区再次变得适宜居住呢？我们无从知晓。如今加拿大的绝大部分"心脏"地区，看起来活像是一个环境重灾区，但人们对此似乎并无抱怨！我们不禁要问：这是为什么呢？难道加拿大人乐意将这断壁残垣留给自己的子孙后代吗？

　　另一个主要问题是，现在的常规石油剩余储量大多数位于世界上对其需求不大的地区：中东，欧亚大陆，非洲和拉丁美洲。其中全球一半的剩余石油分布在 5 个中东国家:阿布扎比，伊朗，伊拉克，科威特和沙特阿拉伯。某些情况下，当石油供求之间的矛盾因为这些产油国的供给得到缓解、达到平衡时，也意味着我们（非产油大国但对石油有大量需求的国家）的石油生产和自我供给间的差距被拉大。而市场可能会按照当前的供求比例分配石油资源，实现过渡。这一系列的反应可能最终引发石油危机，而不是导致石油供应量的逐渐下降。正如 Bartsch 和 Muller 在 2000 年的预言：

　　　　我们并不是没有足够的石油支撑到 2020 年，只是获取石油的道路很可能会因受到数次经济和政治冲击而坎坷不平。

　　另一方面，西方用户也很担心石油储量丰富的地区涉及的地缘政治问题。即使是美国，也碰到了问题，大部分问题出在石油供应量和运输设施方面。在拉丁美洲、亚洲、中东和非洲，公民意识和政治力量已经觉醒，其民意之强烈，已经到了超级大国也无法压制的地步。中国也加入了这场博弈，并通过其对非洲和亚洲的大量石油的控制，提升了自身的影响力。这必将使过分依赖石油进口的北美人的处境更为不利。

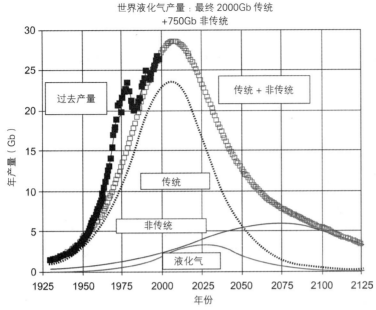

世界液化气产量：最终 2000Gb 传统
+750Gb 非传统

图 13.5　1925－2015 年全球传统和非传统的液态天然气及石油产量的年度记录和预测
Gb= 十亿桶
请注意生产的"峰值"
资料来源：www.energycrisis.com/

2008 年以来，化石燃料危机日趋严重，而石油行业依赖于市场流动性和稳定性来维持合理的石油勘探及开发项目的现象也引起了人们的注意。尽管利润再创新高，大型石油企业却开始实施更加高成本的运作模式，正如壳牌前任主席罗恩·奥克斯伯罗勋爵在 2008 年 10 月最新版的英国能源安全报告的引言中提到的那样：

石油并没有短缺，但是长久以来我们视为理所当然的廉价石油，正面临着真正的短缺。

甚至连极其保守的国际能源机构都发出警告说：2013 年将出现石油危机。对此，2008 年 10 月的石油危机报告的作者，提出了以下三种可能出现的情况：

1."平衡产量"的情况。正如壳牌所预见的那样，全球石油将会在 2015 年左右保持较高产量，并一直持续到 2020 年。常规石油产量的下降，将通过非常规石油产量予以弥补。（这意味着能源的价格将更加昂贵。）

2."产量下滑"的情况。全球石油产量稳步下降。新油田的出油量依然难以弥补接近枯竭的旧油田的产油量下降带来的差距。

3."生产崩溃"的情况。紧随石油"产量下降"状况，一些（或很多）原本为全球石油产量贡献巨大的、历久的、超大型和大型油田产油量一再萎缩，加剧了全球产量稳步下滑的趋势。

在权衡利弊轻重后，由杰里米·莱格特率领的专家小组认为：第二种情况，也就是"产量下滑"的情况，是极有可能发生的全球性结果。他们亦担心"生产崩溃"的情况的发生。

像失控的气候变化一样，现在"崩溃"正逐步成为石油和天然气行业不可避免地结果。因此，我们最好快速适应石油枯竭的时代的生活。虽然，现今成熟的开采技术能将老油田里最后一滴油榨干，但这些技术价格昂贵，而且它们带来的产量对于日益扩大的供求差距来说仅仅是九牛一毛。我们常常问"谁来为新兴的碳捕获和储存技术买单？"类似的，我们同样需要问"谁有能力并且愿意承担这些采油技术不断攀升的花销？"从当前形式看来，我们可以响亮地回答：没有人。

## 天然气：新的石油？

天然气的储量远远大于石油，同时天然气具有更强的流动性，因此在开采过程中，其更易于从气井中溢出，这使得它的开采难度只有石油的四分之一。其消耗曲线表明，在天然气产量直线下降导致价格猛增之前，天然气能实现长时间的稳定供给。

模拟天然气的消耗模式是非常困难的，因为影响其消耗曲线走势的主要是市场力量，而不是储存量这一固定值。根据坎贝尔的估计，天然气产量的中间点将会在2020年左右到来。美国和邻国加拿大都面临着长期天然气短缺的困境。虽然欧洲与它们的境遇相似，但是相对北美却拥有一项优势——在政策允许的前提下，欧洲国家可以将自己的输油管道接入中东、前苏联以及北非，以获取天然气。

英国已没有足够的天然气供给量以满足其自身的所有需求了。2003年11月，当英国人开始使用通过管道运来的比利时的天然气时，其国内天然气价格随即大幅提高（相比几周前高出10%），使得英国的天然气价格一度高于其他所有发达国家。此前，天然气管道联网为欧洲大陆供气已久。然而即便在那时，英国的天然气价格仍然比欧洲其他国家和地区高出三分之一以上。

天然气是一种更加"清洁"的燃料。与煤或石油相比，天然气在燃烧供能的过程中排放出的二氧化碳气体更少，因此在政策上，它比石油和煤更受欢迎。然而，天然气也主要分布在政治敏感地区。

2003年11月，壳牌签署了一项历史性的协议——该公司将在沙特阿拉伯境内开辟天然气开采区。壳牌公司的信念是：天然气将取代石油成为世界能源的主要来源，天然气也确实在满足世界能源需求方面扮演着越来越重要的角色。2020年后，它也许会取代石油成为"首选"燃料，当然这并不是由于人们真的偏爱天然气，而是不得不这么做，因为到时候根本没有石油可用了。

然而，由于国内的天然气需求不断增长的，本土的供给却日益减少，英国的天然气进口

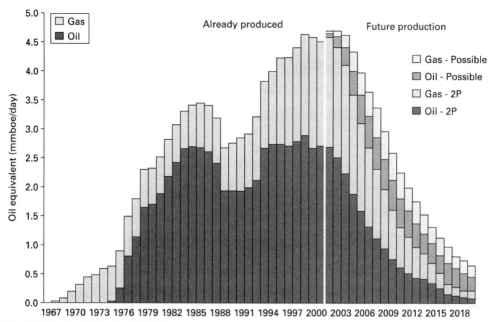

图 13.6　英国石油和天然气储备量的生产和预测
mmboe= 百万桶油当量
资料来源：UK Department of Trade and Industry，via www.peakoil.net.

需求量大增。这种情形下，保证天然气供应的难度就大大增加了。英国政府声称：一项由壳牌主导的，开发挪威 Ormen Lange 天然气田的计划正在进行，该计划的投资高达 58 亿英镑，将通过 1200 公里的管道，将天然气送到达约克郡的伊辛顿，以"确保"英国天然气的长期供应。但据正在开发这片气田的挪威海德鲁公司透露，该气田在结构上难以挖掘，且提取困难、花销昂贵，另外，开采出的天然气的质量如何还不能确定。在这个特定的天然气"篮子"里投入这么多英国"鸡蛋"，怎么看都不像是英国政府的"无风险"战略。

俄罗斯在欧洲天然气和石油供应市场上的控制权逐步扩大，这一现象引起了多方关注。2007 年 3 月，俄罗斯签署了一项协议：投资 6.19 亿英镑，建造一条长达 157 英里的石油管道穿越保加利亚和希腊。目前，欧洲 33% 的石油和 40% 的天然气均来自俄罗斯，同时由于印度和远东控制着像安哥拉和埃塞俄比亚等许多非传统的欧洲供应商，因此欧洲摆脱俄罗斯的控制，寻求供应商多样化的难度将越来越大。2007 年 1 月，欧洲爆发了一连串的危机：俄罗斯威胁要切断通往白俄罗斯的天然气主供应线，这将导致德国、波兰和乌克兰的天然气供应中断；同时人们越来越担心俄罗斯对欧洲石油和天然气供应上的专横态度会愈演愈烈。

液化天然气（LNG）被视为一种进口天然气的有效方法，英国政府已投入巨资用于该领域的基础设施建设。然而到了 2008 年，尽管来自欧洲管网的天然气价格不断攀升，英国的天然气进口量却几乎减小到零。不仅全球的液化天然气大量涌向亚洲市场，英国能源产业的重心也已不再是天然气，而是转向了一些更为"重要"的事情。大多数发电站往往花费数年时间建设才能投入使用，一个燃气电站大约需要 2 年时间建设，一个燃煤电站需要 4 ～ 8 年，而一个核电站则需要 10 年以上的时间。然而，为确保能源供应链安全，英国现已经放松了对于建设肮脏的燃煤供电站的限制，同时还鼓励能源供应商计划建设新一代核电站以及新的燃煤供电站。

目前，英国在减污技术上也有一些新的发展，即二氧化碳封存技术能减少天然气发电厂的温室气体排放量，尤其是二氧化碳的排放量。但事实上，这项技术需要消耗多 10% ～ 20% 的能源以产生等量的电力。所以我们提出了这样一个问题：是以快速消耗日益减少的化石燃料为代价，减少有害气体排放量，更容易让人接受，还是反之更为合适呢？

## 能源将更加昂贵

2003 年，我们预测上述因素综合作用必然导致天然气和石油价格的上涨。2003 年 12 月的消息声称：自 2004 年 1 月 10 日起，拥有一千五百万用户的英国天然气公司会将其天然气和电力价格提升 5.9%。事实上，在 2003 ～ 2008 年间，天然气价格已上涨 72%，电费则上涨了 64%。仅在 2003 年一年内，天然气批发价格和电力价格都史无前例地上涨了 15%，这也预示着更加难以控制的涨价势头。之后，反对涨价的人批评道：消费者尚未从过去几年的市场批发价格大幅下跌中获益。但在 2008 年，能源价格急速飙升的市场中，他们却迅速受到了影响。这一年，英国的天然气价格上涨了 54%，而很多公司的电费更是涨幅超过 20%。

能源价格上涨对那些无法负担家庭基本能耗的人群（燃料贫困人群）的影响最大，他们在能源上的花费已经超过其净收入的 10%。在 2001 年、2002 年和 2003 年，将近有 7 万个家庭被迫中断供能。1996 ～ 2001 年间，燃料贫困的人数从 500 万减少到 250 万，其中的 100 万人的脱贫归功于燃料价格下跌。但是使他们重回燃料贫困户的行列却并不需要大幅的价格上涨，从 2001 年至 2008 年，能源开销几乎增长了一倍，使得相同数量的民众重返燃料贫困户之列。2008 年全英国约有 20% 的家庭属于燃料贫困户，然而能源供给的费用却仍在上升。工党政府曾制订了一个目标：在 2010 年使弱势群体脱离燃料贫困的状态，并在 2016 年前使所有人脱离该状态。然而这个预期目标已经不可能实现。如果工党政府真的如此重视此事，那么他们就不会纵容这一现象：在英国，富人可以通过网络支付电费，而穷人则需多花 400 英镑（每户）购买电表。同样，政府应该正视这样的一个事实：垄断了英国能源供应的六大公司正在想方设法扼杀掉一切可能的竞争，其目的主要有两点，一是避免价格战，二是防止其他相关产业将免费的可再生能源作为替代能源（一旦安装完毕）提供给用户，例如微型可再生能源产业。至于同样依据燃料成本制定价格的运输行业，随着化石燃料储量日渐萎缩，其运输燃料成本必然上升，因此长远来看，政府只能通过立法来控制能源供应公司和他们的开销，以避免运输行业的危机。而另一种已被广泛讨论的方法是将能源供应及相关行业重新国有化。燃料贫困人群增长到令人不可接受的地步（40% ~ 50%？）是迟早的事情，因此可以想见，这些人既无力负担用以维持基本生活的能源开支，也无法为公用事业公司的股东利润来买单。

为了使更多的可再生电能加入到电力供应链，同时为了避免近年来日渐频发的用电中断事故，电力部门必须不断维护和升级其配电网络，这同样导致了电价的上涨。随着工厂日渐老化和维护不善，世界各地私有和公有的能源产业基础设施的服务能力正在降低。

这样的疏忽所带来的危害曾出现在一次爆炸事件中。1998 年，澳大利亚南部维多利亚州的埃索天然气厂被一次爆炸洞穿，酿成了员工两死八伤的惨剧，事件也导致该厂停止了全国范围内的能源供应，并持续至少一周。一位公会官员证实，为这栋 30 年老厂房进行维修的工人的数量在过去的 6 年间减少了一半，他还指出这可能是造成爆炸的原因之一。这种事故可能会给整个地区带来长期的负面影响。

泛欧游说团体——Ewelectric 声称：到 2030 年，欧洲将需要新增 520 兆瓦发电量，以满足不断增长的用电需求，届时，还需要约 1 万亿英镑用以升级欧洲各地的能源网络。请注意，据预测仅 2012 年英国伦敦奥运就会额外消耗超过 400 兆瓦的电力，所以，很难想象英国政府该怎么算清这笔账。如此雄心勃勃的计划将要如何应对欧盟会议上提出的日益严格的减排目标，目前尚不清楚。由谁控制欧洲能源市场和各级间的激烈竞争，以支配所有可能的投资，太关键了，这将决定大笔资金的走向。究竟是向大型煤炭和核能发电站投资还是向利用可再生能源发电站投资，这是一个特别棘手的政治问题。

## 煤炭

全球现有的煤炭储备量十分丰富。目前世界主要能源消耗量中的 26% 来自煤炭，该比例远低于 1950 年时的 59%。地表下丰富的煤炭储备，估计可供人类持续使用 200 年以上。其中有超过一半的储量分布在美国、中国和俄罗斯。然而煤炭业存在工作环境恶劣和运输成本较高的问题。2005 年法国几乎所有的煤矿都已关闭。

目前，煤炭的主要问题是，它属于有污染的燃料，其二氧化碳排放量占据商业燃料二氧化碳排放量的 38%。煤炭同时也是二氧化硫、氧化亚氮、大气粉尘以及其他污染物排放的主要来源。为满足欧盟下达的有关硫排放指令，英国政府绞尽脑汁，因为该指令威胁到英国煤炭行业的未来。欧洲其他地区的煤炭，因硫含量较低（英国的煤炭含硫量更高）所以符合欧盟的指令。

根据该项指令的要求，英国不得不将其二氧化硫的年排放量减少575000吨，而电力行业承担着减排的大部分任务。这项减排计划可能会造成英国大部分煤炭相关部门关闭，进一步威胁到能源供应安全。经过讨论，具体的减排方法是进一步加大对发电站烟囱排量的控制。然而，在这个问题上政府唯一的公开评论却是，他们会用对煤炭业而言成本最低的方式去完成减排目标，这意味着政府在做出该项决定时，并没有将国家能源供应的安全问题作为优先考虑的因素。

目前英国政府似乎在考虑开发新一代燃煤发电站，但在廉价信贷出现时，英国政府似乎已经打消了该念头。这一事件让我们深刻反思，在全球气候变化加速的局面下，尤其是冰盖融化带来的压力下，在全球推行节能减排的迫切性。关于这一点，我们已说的够多了，现在我们最需要的是实践。

## 核能

核能目前为英国提供大约25%的电力，官方声称这种发电方式不会造成二氧化碳排放。但是该说法并未考虑到与核电站相关的建筑和能源运输的成本。

在英国，老旧而破损的核电站已被逐渐淘汰，但其中已有一部分被抛售给了美国买家，这着实令人担忧。另外，英国核工厂仍存在泄露和管理不善的问题，从工厂泄露出的放射性废料至今仍未得到妥善处理。

核能的另一个主要问题是生产成本过于昂贵。英国政府，准确的说应该是英国人民，在数十年间已经为这项产业贡献了超过十亿英镑的资金。英国能源公司——核能发电的发起者，在政府调拨6.5亿英镑的帮助下，才勉强从濒临破产的绝境中走出来。但在2003年9月，该公司却由于其两座发电站的关闭，再度遭受了巨大的财产损失。英国能源公司为全英国提供20%的电力。2003年，一座位于萨福克（Suffolk）的Sizewell B发电站，由于两台发电机之间的焊缝中出现渗漏物而关闭。另一座被关闭的发电站是位于兰开夏郡（Lancashire）的Heysham 1电站，事故是由工厂涡轮机箱管道中的海水冷却失败引起的，该事故的影响持续了一个月以上。"地球之友"当时评论道："人们常说'核能保障未来是不可靠的'，这就是个典型案例"。天然气由于价格昂贵无法与煤炭竞争，所以巨大的能源供应短缺必定会由肮脏的煤电站供能填补。

英国核燃料公司宣布将于 2003 年 8 月 25 日关闭其位于塞拉菲尔德（Sellafield）的热氧化后处理厂（THORP），这无疑使英国的核能产业再次遭受重创。另据估计，消除该地区残留核废料所带来的安全隐患需要耗费大约 30 亿英镑。该厂成立于 1994 年，并计划于 2010 年关闭，稍早于另一座将于 2012 年关闭的后处理厂。据悉，后者是由国防部于 20 世纪 50 年代建成，用于分离出制造核武器的"钚"元素。随着这两处工厂的关闭，曾为全英国提供了 8% 电力的所有的老式镁诺克斯核电站将全部关闭。尽管目前这些核电站全部都处于亏损状态，但迫切的能源需求迫使英国不得不继续维持它们的运营。2003 年 8 月，塞拉菲尔德厂区，由于建筑物简陋破旧、重污染水的泄露以及建筑物结构带有放射性等原因饱受批评，被称为"危险"厂区。

虽然有人声称，2003 年夏天全世界范围的大停电意味着英国政府将被迫重新考虑核能在高层次能源供应、控制温室气体排放以及维持市政照明等领域中扮演的角色。但是，已有相关证据表明，气候变化造成的核电站冷却水短缺，已经威胁到了法国核电站的正常运行。

2003 年 8 月，法国一家核电厂因高温引起过热反应而被迫关闭。在斯拉特斯堡(Strasbourg)附近费森海姆（Fessenheim）的一家工厂，由于建筑物温度上升至 48.5℃，距离触发紧急关闭开关的温度点仅剩 2℃，工作人员被迫用水管喷水为其降温。

由于第二周法国各地仍然维持 40℃ 的高温，法国核电厂获准于 8 月下旬开始，将高于常规温度的冷却水排入附近的河流中，以保证工厂继续发电。同时，由于高温持续，人们竞相打开空调、冰箱，抢购电扇，致使用电需求猛增。在某些地区，河流水位下降以至于核电厂至关重要的冷却环节无法进行，而排放至下游的冷却水的温度也已超过了环境安全标准。

"英国不能依赖法国的能源供应度过困难时期"的说法在 2003 年 8 月的酷暑中得以证实。法国——欧洲最大的能源出口国，为了保留充足的能源供本国使用，于 2003 年 8 月 12 日，削减了一半以上的电力出口，从而造成了英国能源供应的短缺。这一现象还暗示着过度依赖跨国能源供应将威胁本国能源供应安全。

如今，我们已渐渐习惯效率更高的发电方式，新的节能方案也在出台，核能也许能堵住能源的缺口，尽管如此，我们仍然不能指望核能成为我们奢侈的高能耗生活的救世主。目前，英国政府已经将一些老旧核电站的退役时间推后了 5 年，以给予它们更多的时间来实现其温室气体排放量的目标，但英国还没有计划建立新的核电站。与英国的做法类似，德国已承诺将在 20～30 年内逐步淘汰其现有的核电站。降低对核能的依赖已经成为全球性的普遍趋势。然而，石油危机的即将到来，英国政府可能要重新审视这项政策。很难想象在没有核能的情况下，我们将如何应对这场能源危机。但是眼下，若将核设施以高价抛售给竞标者，就可能导致在未来，政府将不得不用更高的价格回收它们。而偷工减料则会对整个行业带来灾难性的后果。2003 年 4 月 15 日，在一系列事故和安全程序存在漏洞的丑闻曝光后，东京最主要的能源公司——东京电力公司（TEPCO）关闭了其 17 个核反应堆以接受安全检查。调查方面认定东京电力公司隐瞒了工厂存在建筑结构问题并阻挠政府检查，同时责令其停业整改以接受安全复查。此次事件后果严重，因为东京电力公司负责为东京地区提供 40% 左右的用电量，且全日本约 30% 能源来自于核能。

已经放弃使用核能的国家包括：意大利、丹麦、爱尔兰、希腊、卢森堡和葡萄牙。西班牙也已经停止了核电站的建设。然而，世界上包括美国、俄罗斯、日本、和法国在内的大多数工业强国，依然或多或少地依靠核能发电。这一举措是否明智还有待商榷。而声称"将要关闭其所有核电站"并以此借题发挥的瑞典，在发现它不得不从丹麦进口由肮脏的煤炭产生的电能后，就改变了原来的政策。

2007 ~ 2008 年，英国核电站遭遇了一系列长期性故障，其后果严重威胁到整个电网的正常运作。在人们心目中，核能一直保持着创新型清洁可靠能源的形象。但与此相反，如果我们考虑到核能与人类生活的密切相关性，核能就会成为能源安全中的危险因素。英国政府面对的问题是，其核电站在目前英国能源结构中占据重要地位，因此即使是关闭核电站，也会引起人们的关注和担忧。2007 年 11 月，英国国家电网发出"传输系统警告"，同时请求立即增添 300 兆瓦的额外能源以应对意想不到的用电需求。然而该事件过后，英国政府却公众宣布"一切正常"。这简直就是一次"欺诈性"声明。实际情况是，英国能源公司出于"安全考虑"，一次性关闭了至少五个核反应堆，该举措导致额外的能源容量全部耗尽。同样的事件也曾出现在北海天然气产量意外缩减时，以及天然气和电力价格猛增 30% 时。

此外，由于接二连三发生的重大核泄漏事故，2008 年对于法国核工业而言是艰难的一年。同年 7 月，有报道称，位于亚维农附近的 Tricastin 工厂 [法国电力设备公司（EDF）旗下] 的 100 多名员工已受到低水平核辐射影响，同时铀泄漏导致附近的两条河流被污染，而市民们却一如既往地饮用已被污染的河水，直到第二天才被告知真相。同月下旬，听到警报声响起，又有 120 名工作人员从该工厂紧急疏散。Areva 公司作为争夺塞拉菲尔德综合体（英国最大）经营权，10 亿英镑／年的合约的竞标商，同样由于铀泄漏事故受到来自监管机构的制裁和压力。

近年来，清理现有英国核电厂的成本已经上涨到每年约 100 亿英镑。据估计，这一数字在 2009 年一年内将突破 700 亿英镑大关。

英国核工业从未能够说服历届政府理性地投资核能，因为核能发电是一种本轻利厚的能源生产方法，但与此同时也是迄今为止最昂贵的发电方法。然而在英国政府白厅深处的密室中，一些政治家已经被核能在国防工业和英国的"能源供应安全"方面的价值征服了，当然并不是他们当中的所有人都懂得科学又掌握着统计数据。目前，核能及其技术正以"长明之灯"的姿态走向未来。而事实上在所有能源供应当中，核能供应或许是最容易出现故障的。将所有筹码都押在核能上的风险是：当核能供应出现问题时，整个能源供应系统都将崩溃，如 2003 年法国遭遇的"热浪"事件，还有 1995 年的芝加哥，成千上万人因停电死亡。如果 2003 年法国的核电站没有因过热而关闭，可能会有更多的人存活下来。相反，我们应该建立适应性更强的建筑物和社区，即便大部分用电器都被迫停止了工作，也不会引起人员伤亡，同时保证关键设施的正常照明。

## 可再生能源

可再生能源的好处是——它是取之不尽，用之不竭的。再加上它能提供清洁能源，人们目前发展可再生能源的呼声很高。2009 年 7 月，苏格兰政府制定了在 2050 年实现可再生能源占能源总量 50% 的目标。为了实现这一目标，我们需要将太阳能和风力发电机与建筑物整合，同时为提高利用率将这些建筑布置在农村。这些改变意味着一场英国能源供应方式的革命即将到来，因为如果我们决定利用太阳能，那么英国能源供应的网络就需要进行相应的改变，以接受数百万个小型发电站产生的电力，而不是 100 家大型发电站产生的。换句话说，重构英国电网是不可避免的。

2005 年可再生能源（RE）的发电量及 2020 年的目标　　　　　　　　　　表 13.1

| 欧盟可再生能源联盟 | 2005 年可再生能源（%） | 2020 年新目标（%） |
|---|---|---|
| 前五名 | | |
| 瑞典 | 39.8 | 49 |
| 拉脱维亚 | 34.9 | 42 |
| 芬兰 | 28.5 | 38 |
| 奥地利 | 23.3 | 34 |
| 葡萄牙 | 20.5 | 31 |
| 末五名 | | |
| 塞浦路斯 | 2.9 | 13 |
| 荷兰 | 2.4 | 14 |
| 爱尔兰 | 3.1 | 16 |
| 比利时 | 2.2 | 13 |
| 英国 | 1.3 | 15 |

2007 年 1 月，欧盟能源政策白皮书提出通过加大对可再生能源的利用，在 2020 年实现二氧化碳排放量减少 20% 的目标，具体任务是在 2020 年使得可再生能源占据能源总产量的 15%，至 2050 年达到 30%，其中风力发电占可再生能源量的五分之一左右。英国制订了雄心勃勃的目标，即在 2020 年前，将可再生能源所占比例从目前的 5% 提高到 35%。微可再生能源利用是英国政府正在积极推进的一个项目。一系列报告显示，该方式嵌入供电网络比较容易，同时还可以使本地发电对常规发电站的能源需求减少 5% 以上。

法国政府在 2008 年 11 月宣布：在 2011 年前，将在每个地区建立至少一个主要的光伏（PV）发电中心。根据最新结果，这些中心的最小发电量已达到 300MW，且在阳光充沛的地区，其发电量将会更高。2008 年 6 月，在法国的各主要城市安装的光伏发电机的发电总容量为 18 兆瓦左右，仅次于德国、西班牙和意大利，排在欧洲的第四位。目前，法国已有 12000 个光伏发电连入电网的申请获得通过，并已实施到位，最多可额外增加 400 兆瓦的发电量，光伏市场目前正以每年 130% 的速度在扩大。

可再生能源行业的迅猛发展证明国有独资的电力行业是拥有特殊优势的。由他们推广的对客户和选民有利的新技术，总能得到更积极的应用和更迅速的发展。这种发展趋势也反映了人们越发深入地认识到了核能发电局限性，即当人们最需要能源的时候，例如在酷暑中需要电力来降温时，也正是核电站出现过热现象和停止运作的时候，这种情况在 2003 年就发生过。那次热浪天气就导致 15000 人（多数为老人）死亡。而另一方面，夏季用电高峰期正是光伏系统发电效率最高的时间段，因此光伏发电还可强化国家电网夏季的供电能力。在整个能源供求的关系中，光伏发电技术在某些特殊时期中具有很高的利用价值，比如在夏季的用电高峰时期。与之类似的是，在英国冬季的早晨或晚上，风力可能成为另一个重要的补充能源。因此，根据不同的需求，相关方面应制定与可再生能源特性匹配的能源供给解决方案，以在天气急速变化的情况下，确保能源供应。

可再生能源对于能源供应结构的重要性正受到越来越高的重视。这一观点在一份由英国商业、企业和改革管理部起草的报告中得到了承认。这份极具影响力的报告在 2008 年 6 月正式出版，其中明确指出：配备太阳能电池板、小型风力涡轮机和其他可再生能源设施的建筑的年发电量相当于 5 个核电站的发电量。而大规模地利用微可再生能源，则可以减排 3 千万吨的二氧化碳，相当于英国因发电而排放的二氧化碳总量的 5%。据估计，在英国有近 100000 个微可再生能源单位，包括 90000 个太阳能热水系统、光伏发电机以及其他设备，如生物质锅炉等。报告称，如果政府根本不采取任何行动，那么英国将有约 500000 台微型发电机在 2015 年前安装完成，到 2020 年这个数字将达到 2 百万～ 3 百万台。但如果政府运用正确的奖励机制进行正确的引导，到 2020 年，就会有五分之一的英国家庭，也就是 500 万

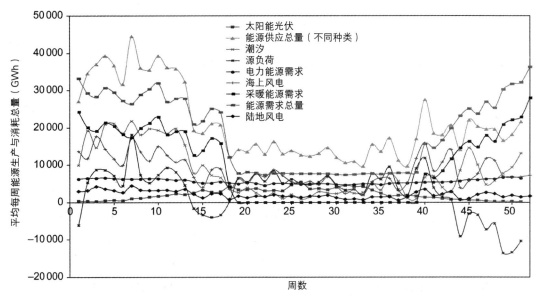

**图 13.7** CREST 可再生能源中心的研究报告表明：随着时间的推移，可再生能源可以满足我们一年中的大部分能源需求。

资料来源：Catherine Streater, by courtesy of David Infield, CREST, Loughborough University.

个家庭（共 2500 万家庭），配置微型发电机设备。 政府奖励可以以补贴安装费、入网费和低息贷款等费用的 50% 的形式开展。已经有人呼吁，到 2020 年实现 50% 的英国家庭拥有太阳能系统的宏伟目标，这个目标极有可能实现。政府可以与公众达成合作，支付每年安装 100 万套太阳能热水系统费用的一半，共计每年约 10 亿英镑。而英国的六大公共公司每年在欧盟排放交易计划中就可以赚取相同的数目。每套太阳能热水系统平均每年可以节省目前用于加热水的天然气约 1000kWh，并额外减少 100 万吨的二氧化碳年排放量。仅仅这项策略，便可在 12 年以内使 50% 的英国家庭用上太阳能热水系统，并将全国二氧化碳排放总量降低 4%。微可再生能源的效果可能十分简单明了，但是它的最大缺点是：对于大型公用事业公司来说，很难永久地通过出售可再生能源而获利。这也在某种程度上解释了政府不愿意在此项目上投资，而更偏向以高污染的燃煤发电的原因。

2008 年 7 月，随着一股资助和参与可再生能源项目的"绿色热潮"的到来，英国可再生能源部门被誉为"新克朗代克"，该部门的股价也在 2008 年的夏天一飞冲天。仅在 2007 年，风力发电项目就吸引了超过 500 亿美元的投资，新太阳能项目也获得了约 290 亿美元的资助。中国将欧盟和美国市场上的太阳能项目的投资上调了 25 亿美元，印度也将风能的投资上调了同样的数目。

## 水电

水电是目前世界上最大的可再生电能的来源，占据全球能源供应的 6%，或者说全球电能的 15%。加拿大的水电非常充足，它满足了全国 60% 的电力需求。就传统意义而言，水电是一种廉价和清洁的电力来源，但目前正在筹划当中的大部分大型水力发电计划，正遭到大量的环保团体和当地人民的反对。从长远角度来看，大型水坝所带来的泥沙淤积也是一个亟待解决的重大问题。

水电特别容易受到气候变化的影响,干旱和洪水对它而言都是灾难性的魔咒。2001 年 3 月，巴西遭遇了大规模停电，其原因是在两年干旱后，水力发电厂水库的储水量还不到总蓄水量的三分之一。巴西每年能生产约 70000 兆瓦的电力，但其用电量已达到发电量的 95%。巴西 90% 的电力都来自于水电，所以虽然巴西能从阿根廷进口额外能源，但是该国除了限量供给能源和接受滚动停电计划以外，别无选择。类似的情况也出现在依赖水力发电维持经济发展的塔斯马尼亚岛和新西兰等地。

## 太阳能

将太阳能作为建筑物的首选能源有许多优点，其中一条就是：我们已经能够非常简单地将太阳能整合到建筑和城市之中。光伏发电系统在提供清洁电力的同时又不产生二氧化碳，据估计，光伏系统每发出 1 度（kWh）电就能减少 0.6 公斤的二氧化碳排放量。当光伏系统取代离网型柴油时，这个数字会上升到 1kg/kWh。例如，在普通的英国住宅中，光伏发电系统已被证实是能减少 60% 的二氧化碳排放量的高能效措施。若同时使用光伏系统、太阳能热水系统和被动式太阳能系统，二氧化碳排放量就可以减少 90%。在英国皇家环境污染委员会看来，如果能在建筑行业实现这样的减排效果，就可以使气候变化趋于稳定。

光伏发电可以就地发电、就地使用，从而避免了电力传送带来的损失，因此能源供应的可靠性更高。光伏系统还可以为远离传统电网的地区提供电力。光伏供电系统可以独立于传统电网，所以在传统电网故障期间可以作为可靠的后备能源。这一特点的意义十分重大，因为现在有超过 30 亿人正依靠传统的电力供应系统，一旦系统出现故障，光伏系统就能及时充当用户的后备电力。当然光伏系统的并网机制目前还有待开发。因此，在传统电力供应可靠性下降的今天，太阳能就变得越来越重要。

世界上的很多地区都已在用电高峰时期出现电压过低导致的灯光昏暗甚至是大规模停电现象。其中最典型例子就是在一些气候炎热的国家，夏天午后电力需求激增，随即停电，最终导致空调系统瘫痪。而低能耗建筑能够合理地应用太阳能制冷技术，比如利用光伏发电启动电扇，并与被动式降温结合，使得建筑室内舒适度不受天气影响。尽管光伏发电不足以支持大型空调系统的运转，但是人们在太阳能降温技术方面却已取得巨大进展。太阳能系统运行往往安静而稳定，几乎不需要维护或修理。它们往往会成为建筑表皮的一部分，从而减少了安装费用。当太阳能系统与建筑完美整合时，它们表现形式多样，能够发挥不同的作用，如雨幕、屋面、遮阳板、雨篷、百叶窗、屋顶瓦片系统或太阳能石板，或者集成于高速公路的路障中。光伏系统往往极少有甚至没有活动构件，因此是非常耐用的系统。在气候变化中，有很多连锁反应可能是很非常重要的，某些改变可能带来一连串的优势，例如太阳能房屋的屋顶比传统屋顶"更陡"，所以在易遭受大雪侵袭的地区，这种屋顶可避免积雪，从而节省了大量加固和修复屋顶的建造费用。此外，由于每个光伏构件与屋顶间有非常稳固的连接，所以它抵御风暴的破坏的能力比传统屋面更强。

事实上，测试表明当环境温度上升至 25℃ 左右时，光伏发电效率会降低，因此，尽管光伏发电系统接受的太阳辐射越多，发电就越多，但该系统在高温环境下光电转换率一般。

最近的研究工作证明，由于太阳能可用性的提高以及气候变化强度的增强，英国其实非常适合利用太阳能技术，而且会变得越来越适合。英国节能信托基金宣称：家用太阳能光伏发电系统每年可以为每个家庭节省一半的能源需求，即年均 100 英镑的能源消费。它还能满足一户家庭 25% 的冬季总能源需求。

太阳能市场在当地政策的支持下迅速扩大，其中最具代表性的是德国的马尔堡镇。倡导"绿色"的市长和议员在 2008 年 6 月通过了一项法令：不论新老业主，每家每户每 $20m^2$ 的屋顶将被强制性安装至少 $1m^2$ 的光伏电池板，其成本至少为 5000 欧元，但业主能在 15 年内收回成本。

在能源供应图谱的另一端，葡萄牙在欧洲可再生能源利用的市场中一路领先。2004 年，葡萄牙政府决定启动一项宏图大计：大力发展可再生能源，减少国家对石油和天然气的依赖。他们制订了 2020 年，可再生能源占据能源总量的 31% 的目标，这些可再生资源中的 60% 来自风能、水力发电、海洋能和太阳能。作为这项计划的一部分，他们已经在 Alenjeto 平原上建立了价值 2.5 亿英镑的太阳能光伏阵列，其发电量高达 45MW，能为 30000 家庭提供足够的电力。

## 风能

风能已成为当今发电领域的主力，随着未来几年风能的市场份额增加，它将变得更加重要。2003 年 12 月 18 日，英国贸易和工业部协同皇冠地产宣布：12 个开发商已经成功地得到了 15 个风能发电厂的租赁权。它们所拥有的潜在离岸风能发电能力合计 5.4 ~ 7.2GW。到 2010 年，新的风能发电厂应该能够为约六分之一的英国家庭提供电力，这将有助于英国，在 2010 年实现其可再生能源占能源总量 10% 的目标。英国政府希望，到 2020 年能有 20% 的电力来自于可再生能源。这不仅使电力公司积极地推动风力发电产业，而且政府还预测这将为当地就业带来福音，因为据估计，风力涡轮机的制造、海上风力发电厂的建设和维护将提供约 20000 个就业岗位。

那些从未尝试发电产业的大型企业也开始在市场上跃跃欲试。为了满足完成减少温室气体排放的目标，英国电信公司（BT）正计划在公司土地上兴建风力发电机组，并投资其他的可再生能源。该公司认为，除非实行一些激进的措施，否则英国很难在 2020 年前实现可再生能源占市场份额 10% 的目标，所以政府应当采取必要的措施保证可再生能源的供应量。"未来论坛"是一个可持续发展的慈善机构，2003 年 10 月的一份由英国电信公司委托发表在该论坛上的报告称：政府推动可再生能源部门发展的方式需要彻底改革，他们必须吸引更多的公共资金的参与。该报告还建议该公司对其建筑物及场地进行详细审核，研究出场地中哪里最适合安装的属于自己的可再生能源设施，并敦促公司调查可再生能源技术领域的投资潜力，据悉，在过去十年中，该领域每年都以 20%～30% 的速度增长着。这是一个大公司运用热点且廉价的可再生能源，从根本上兑现其作为企业的社会责任的实际案例。

英国政府早先制订了，在 2020 年前实现其可再生能源占总能源 15% 的目标，风力发电成为达成目标的中流砥柱。该目标还要求至少 35% 的电力由可再生能源产生，这是一个相当大的挑战。因此，英国政府计划：所有新增风力发电量的 45% 将来自苏格兰，18% 来自威尔士，10% 来自北爱尔兰，剩下的 32% 来自英格兰。在计划中，仅仅刘易斯岛上的一个风力发电厂就将拥有 154 台涡轮机，并产生约 550MW 的电力，这就满足了整个苏格兰地区能源需求量的 10%。虽然该计划在 2008 年 4 月被撤销了，但在风力发电领域迅速发展的今天，它向我们提供了一个颇具规模的理念。在 2007 年，葡萄牙利用西班牙边境沿线的 130 个涡轮机，建成了世界上最大的风力发电厂，然而，不久后却被 Renfrewshire 发电厂超越，该电厂由 140 个涡轮机组成、可为 10 万家庭供电。一些地中海国家（法国、希腊、意大利等）的可再生能源利用技术并不发达，同属该地区，西班牙政府却制定了宏大的风能和太阳能计划。在英国，一系列庞大的离岸风力发电厂将在 2020 年前建成，英国政府认为，此举堪比当年北海的"石油崛起"。可再生能源产业美好的发展前景是显而易见的，它指明了未来几十年里，风力发电的主导下的真正的燃料安全之路。

## 波浪能

英国有漫长得令人难以置信的海岸线。苏格兰的一个小县城阿尔盖比特的海岸线就比整

图 13.8 OpenHydro 是拥有六米涡轮机的公司之一，该公司通过了位于奥克尼的欧洲海洋能源中心试验场的各项测试。这种模式将被用在奥尔尼（海峡岛屿之一）的沿海水域进行发电，产量可达 1～3GW。资料来源：Richard Northwick，Alderney。

个法国的还要长。虽然波浪发电要看天气的脸色（虽然与风能和太阳能相比，它受短期天气变化的影响较小），且相关技术尚未成熟，但在未来，波浪确实有可能提供一种重要能源。尽管现有的政策和经济限制并未支持其发展，但是随着常规能源成本的迅速增长，现状将会有所改变。

对可再生能源行业雄心勃勃的葡萄牙政府已委托爱丁堡的 Pelarmis 公司在波尔图附近为他们建立世界上第一个波浪能发电厂，并由葡萄牙的 Energus 公司出资 10 亿英镑建设完成。该发电厂将为 450000 个家庭提供电力能源。

第一批主要的波浪能发电厂目前正在奥尔德尼岛周围汹涌的海浪中进行测试。奥尔德尼可再生能源公司于 2008 年被正式授予发电大师执照（MPGL），这赋予了该公司在至少未来50 年内，独家使用奥尔德尼 50% 的海域的权利。该公司希望在近几年内产生 3GW 的能源，并出口到法国，其收入将为岛上居民平稳渡过未来能源价格飞涨时期提供保障。

## 潮汐能

1976 年的石油价格危机之后，英国政府设立了赛文河堤坝委员会，以评估在赛文河上建设跨河潮汐能大坝的可行性。该委员会和气候变化议会专责委员会在 1999 年 3 月的调查取证显示，仅仅建设这一个大坝就能产生巨大的能源贡献。大坝的建立将耗资约 100 亿英镑，但它能够提供英格兰和威尔士年电力需求量的 6%，同时能将年温室气体排放量减少 16 万吨。如果该计划再大胆一点，该项目就可能生产出更多的能源。

潮汐堰坝将在赛文河口创建更加良好的生态环境，最近一项有关赛文河的报告预测，堰坝的建立还能为当地带来 40000 个就业机会。获得资金支持后，堰坝可在 15 年内投入运营。虽然为了防止来自布里斯托和卡迪夫的污水的过度淤积，以及保护湿地野生动物，政府需要采取必要的措施，但建立一个横跨塞文河的潮汐堰坝有利于减少上游遭受的洪灾风险。

推广这类项目最大的阻碍就是巨额成本导致投资回收期较长，但随着"清洁能源"需求压力的增大，这类项目将变得越来越具有吸引力。

## 热电联产

大型热电联产（CHP）工厂通常会根据其服务对象（建筑物或区域）的需求来决定工厂的规模。他们的整体效率和商业成功很大程度上取决于传热效率与发电效率的结合以及电与热的需求周期。因此，热电联产无须在效率上与单机产热和电网供电竞争。当电网供电的价格过高以及工厂燃料（例如天然气）的价格过低时，热电联产是最具吸引力的。

在这个极具革命性的发展阶段，世界上第一家商业化的家用热电联产机——WhisperGen，已由新西兰的 Whisper 技术公司和英国的 Powergen 公司联合开发完成。它适合放置于厨房的台面下，就像一台洗碗机，同时能够像普通锅炉那样提供热水。不同的是该机器包含一个由斯特林引擎驱动的发电机，其动力同样来自于天然气。其富余的电力都将反馈到国家电网，并被 Powergen 的客户买回。有预测称，到 2020 年微型热电联产系统将为所有家庭提供高达 20% 的电力。尽管前景被看好，但这一领域的发展仍不如原先预计的那样迅速。

## 生物能

在 2003 年年底出版的本书的第一版中，我们指出：就英国目前的技术水平而言，生物能源作物无疑是所有无核可再生能源中最有发展潜力的。由于用于种植粮食作物或饲养牲畜所需要的耕地越来越少，更多的耕地将被用于生物能源作物的种植。此外，据英国生物能公司评估，目前大量不适合传统农业的土地却可用于生物能源作物的种植。

采暖建筑的生物能包括木材（尤其是柳树）或其他可以采集能源的植物。林业和农业残余物同样可以在这里得到运用。英国在这项技术领域的水平是世界一流的。虽然生物能物质的燃烧会产生温室气体二氧化碳，但其排放量也少于其生长过程中吸收的二氧化碳量，或者少于该材料自然腐烂时产生的二氧化碳量，所以利用生物能可以实现碳的零排放。由林业委员会进行的"短期萌芽转换"实验表明：生物能可以为当地的小规模发电站持续供应燃料。相对风能和太阳能而言，生物能对天气的依赖要小很多，并且在短期内，生物能植物的种植能够给予政府更多的喘息空间，以达成在"京都议定书"中承诺的二氧化碳减排目标。在新建筑中使用生物质锅炉是实现地方政府苛刻的可再生能源目标的手段之一，然而，这一技术的使用和推广太迅速了，因此设计师们已经开始忧虑，未来能源供应的限制会使得生物能的价格不再经济合理。例如，在英国爱丁堡地区，市议会制订了10% ~ 20%的可再生能源目标，而目前供应给建筑的生物能每吨仅花费40英镑，但将来，这一价格就可能上涨到让人无法接受的水平。

本书现在无法囊括生物质能的全部，因为这一领域中许多自相矛盾的事实正被接二连三地提出，而问题的答案在很大程度上取决于生物能作物的种类和产地。关于这一新兴领域，我们将在本书的第三版中深入讨论。

另一方面，生物能在私家住宅中的流行已成为当地环境的潜在威胁。2008年10月27日的《卫报》指出，2008年10月27、28日在索尔福德，$NO_2$的含量超过了政府限制，空气中颗粒污染物也呈上升趋势。这正好与当地遭受的一次寒流和随即增加的固体燃料使用的时间吻合。肮脏的煤炭曾经带来浓雾天气。这一历史经验提醒着我们，如今对生物能物质的大量利用同样可能导致我们重新回到雾都时代。

## 乙醇和生物柴油

乙醇（酒精）的重要性在于，它只需要一点小小的改变（仅仅在燃油系统中置入计算机芯片和一根用略有不同的材料制作的燃料线），就能用于发动拥有汽油和柴油发动机的车辆。相比于汽油，它是一种相对清洁且辛烷含量更高的能源，其火灾危险性也更低，并且任何可以生长植物的地方都可以生产乙醇。乙醇的燃烧会导致植物里的碳的大量释放，但是这也远远好于释放蕴含在数百万年前化石燃料中的碳，因为这是真正意义上的能源可再生形式，植物可以年复一年地迅速生长，乙醇就可以不断被生产出来，而不是像石油或天然气那样属于不可再生资源。

但本书第一版中已经提到，一场生物能的革命已经展开，在全球范围内大规模地利用生物能作为交通运输的能源被指责为2008年粮食价格飞涨事件的原因之一。为了达成英国2010年生物能占据5%的目标，自2008年4月起，英国所有汽油不得不含有至少2.5%的生物能燃料。欧洲目前也正在考虑制定2010年生物能占10%的目标。

第一代生物燃料运用了玉米、油菜籽、棕榈油和大豆等作物。而第二代则使用了可以在更贫瘠的土地上生长的非食用性纤维，以降低对粮食生产造成的威胁。然而，燃料生产代替粮食生产的问题依然严重，以至于在2008年7月国际货币基金组织（IMF）承认生物能作物的生产导致当时粮价上涨了20% ~ 30%，这一事件促使联合国粮农组织（FAO）不得不出台一整套国际标准，以确保乙醇或生物柴油的生产不会对食品供应产生危害。

## 能源的未来：黑暗城市的时代

化石燃料时代后的任何时代，都会受到能源价格上涨的影响，首当其冲的将是在过去半个世纪中建成的建筑，那时能源还很丰富，建筑物的规模和能源消耗量的大小是其成功的标志。然而"大即是美"的时代早已过去，正如我们在第12章中所看到的，精明的投资者已经将他们的视野移出了高楼大厦以及建筑密集的城市中心区。

在英国，能源紧缺时你很难居住在一栋高层建筑内，同样，你也很难完全依赖太阳能为整栋高层建筑供能。但是你可以在一个结构坚固、设计精致、尺度合理的建筑中使用可再生能源生活。利用光伏发电运行暖通空调系统并不适用于炎热地区的表皮紧薄建筑。但可以在相同的气候条件下，利用精心设计的被动式自然通风技术和光伏所发电运转的吊扇来为建筑降温。我们正在进入一个化石燃料和核能成本越来越高的时代，与此同时，新兴的可再生能源产业已开始主导能源市场，这是一个向技术投资的好时机。

2008年11月，国际能源机构出版的年刊《世界能源展望》提到：据预测，到2030年全球能源需求将增加45%，届时油价将上涨至每桶200美元。该报告声称，2008年7月油价上涨到近150美元的事件，已经凸显出了石油和天然气储量的极限。由于世界将会面临由投资缩减造成的能源供应紧张，报告呼唤一场全球燃料"全面脱碳"的能源革命的到来。《展望》还补充说道："我们需要用一系列高效低碳的能源技术大规模替换现有技术，以应对气候变化。"而比技术更重要的则是高效低碳的建筑。

我们必须加快改变的脚步，以创建崭新的21世纪深度被动式建筑的典范，因为世界各地的居住区都已遭遇断电现象，而被动式的建筑却可以在很大程度上使用可再生能源。有人说："我们现在正站在新的黑暗城市时代的门槛上。"我们无疑正开始步入化石燃料的终结时代。

# 第 14 章 燃料安全：灯光何时熄灭?

## 引言

　　燃料为人们的生活提供能源，因此当前能源市场的关键挑战是如何保障其安全性，使燃料在最极端的条件下依然能正常供电。表面上看来，正是这日益严峻的挑战推动了世界各国政府相继启动有污染且价格昂贵的核电站计划，与此同时，还建设了一批新一代高污染的燃煤发电站。然而，这些由政府推动的计划无法奏效，许多人都对此深表关切。以上结论在由 Patten of Barnes 勋爵主持的牛津大学工作组于 2007 年 6 月完成的报告得出。报告称，英国的政策是一个大杂烩，不能带来提高能源安全的措施，不会提供有关气候变化的对策，亦不会为社会中的弱势群体服务。

　　2007 年 1 月，欧盟委员会公布的能源政策白皮书指出：到 2030 年，欧盟（EU）84% 的天然气和 93% 的石油将来自海外。然而借此推广核电站的建设是有争议的，一个欧盟范围内的民意调查显示，只有 20% 的人支持核能。委员会还提出具体措施以打破大型能源集团垄断的束缚，比如法国的 EDF 市场和德国的 Eon 市场。然而，反过来说，许多人现在质疑：从经验看，能源市场的自身监管都时常不力，依靠这样的市场是否能够有效地加强国家的燃料安全。

　　许多发展中国家时常发生的电压不稳和停电现象，这是可以被接受的。该现象通常发生在电力需求的高峰期，比如在炎热国家通常是午后（这是一天或一年中最热的时候，是空调需求的高峰期），或者发生在气候寒冷的早晨和傍晚、工作时段前后。如今的情况是，各地区停电的原因正越来越多，许多经济体和政府都在维持供电平稳的挑战中力不从心。

## 天气造成的停电

近年来最严重的停电事故发生在 2003 年炎热的夏天。英国出现 7 次"系统利润不足"，这是由于缺乏电力储备来应对激增的用电需求，每次只能通过加强发电机以补充额外的电能。2003 年冬天，关税高峰期，供应商每天都要为电力进口支付高达 1000 英镑每兆瓦时的费用，而正常的批发价格仅为 17 英镑，这都是因为英国能源供应体系根本不具备应付恶劣天气的能力。

一份在 2002 年 5 月，由前贸易和工业部部长布莱恩·威尔逊委聘，发自英国国际电力独立顾问公司的报告警告称：一些英国公司或许不能应付波及范围巨大的风暴天气，因为这类公司依赖的承包商同时也提供移动发电机、架设高空线路的工程师以及用电量激增应对技术。然而承包商在某一段时间内只能回应一个问题，因此，如果风暴天气造成了多方面的破坏，承包商将就不能同时解决所有问题。这份报告紧随着一次风暴发表，这次风暴造成二十万以上的 24Seven 客户供电中断超过一个礼拜。24Seven 主要为伦敦和东英吉利地区提供服务。虽然他们声称，电力供应瘫痪是其所在地区的大风造成的，但导致供应瘫痪的原因其实是公司裁员和管理不善。最终，24Seven 向客户支付超过 200 万英镑的赔偿款，但同时监管机构也受到了指责，因其在 1998 年规定了能源价格的上限，公司不得不削减开支，进行裁员和树木护理计划。

天气往往是供应中断的主要原因之一。2003 年 9 月底，飓风伊莎贝尔登陆华盛顿地区，卷起城市中的树木砸坏电缆，使 450 万人陷入黑暗之中。

由于炎热的天气和空调使用需求的空前增加，意大利在 2003 年 8 月中旬经历了大规模停电。2003 年 9 月 28 日，天气原因还造成另一次严重的停电事故，意大利有 57 万人陷入黑暗之中。在瑞士，一棵树在一场暴风雨中被连根拔起，砸坏电源线，造成 3000 ~ 4000MW 的电力供应中断，并波及意大利，使得整个意大利的电网出现故障。而其影响是灾难性的：

- 飞机停运
- 约 110 辆火车停运，有的停运超过 12 小时，共造成 30000 旅客滞留
- 电梯停运
- 商店和地下停车场的安全门无法打开
- 电动旋转门停转造成人员被困建筑物中
- 交通信号灯出现故障，导致多起事故
- 手机故障
- 数百名老人在黑暗中跌倒后住院

- 咖啡、食品、冰淇淋等价值 5000 万欧元的销售额损失

- 价值 70 万欧元的速冻食品在冰箱中腐坏

- 医院应急发电机的燃油耗尽

- 抽水系统停滞造成城市供水问题

- 污水处理厂停工造成污水泛滥

　　小范围的局部停电也同样具有破坏性。一天早上，苏格兰的一所学校发生电源故障，没有人知道该怎么办，因为应急预案和紧急联络号码、家长号码等储存都在计算机上，孩子们不得不滞留在学校里。学校无法提供午餐，而孩子们也无法使用他们通常用来购买午餐的磁卡，因此他们甚至都无法去商店里买一份三明治充饥。由于火灾报警没有备用电池，所以孩子们

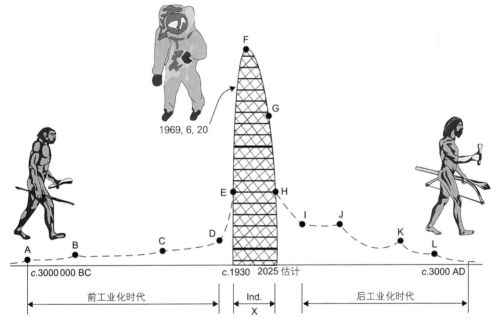

1. Pre-Industrial Phase (c.3000 000 BC to 1765)
   A 工具制造（公元前 300 万年）
   B 火的使用（公元前 100 万年）
   C 新石器时代农业革命（公元前 8000 年）
   D 瓦特在 1765 年发明蒸汽机
2. 工业化阶段（1930~2025，预计）
   E 人均能源使用占峰值的 37%
   F 能源使用的顶峰
   G 现阶段的能源使用
   H 人均能源使用占峰值的 37%
3. 后工业时代（公元 2100 年以后）
   I, J, K 和 L= 未来经常性地处于工业化尝试的失败

图 14.1　断电的时代。图片显示了世界各地许多政客的担忧：未来十几年内，断电对个人消费模式的影响
资料来源：www.dieoff.org

不得不离开校舍，在操场上待了几个小时，直到供电恢复正常。在这个故事中天气良好，但如果恰逢一场风暴呢？我们的生活处处依赖着电力供应，以至于一旦供电发生故障，任何东西都可能无法运作。

## 极端事件

2008 年 2 月 28 日，一家污水处理厂发生火灾，造成位于诺福克贝克屯的英国最大天然气站大部分停运。这个天然气站从欧洲大陆进口的天然气占英国的 13%，这次火灾引发的对能源供应安全的担忧，导致英国油价飞涨。由于主要的天然气站和仓库发生火灾的情况并不鲜见，因此一旦出现火灾其后果不堪设想。

2005 年 12 月，位于伦敦以北赫默尔亨普斯特德镇附近的邦斯菲尔德油库发生了一次大爆炸，油库上空充满了羽状的有毒黑烟，遮挡了英格兰南部大部分阳光。事后，健康与安全执行委员会（HSE）在基于大量调查于 2008 年 1 月 30 日出版了社会风险咨询结果。经过 HSE 和英国环境局（EA）彻底而繁杂的刑事调查之后，对 Total 英国有限公司、哈福德郡石油仓储有限公司、英国管道代理有限公司、TAV 工程有限公司和马瑟韦尔控制系统 2003 有限公司的刑事诉讼已经正式开始。这次事件之后，英国就建立了相关法律判例，以确保在评估陆上重大危险源的安全管理措施，以及评估此类站点周边地区的土地使用发展的规划申请时，应当将社会风险纳入考虑。该事件产生的严重后果为全球能源安全建立了一套测评标准，并且表明因过失犯罪或人为失误造成的陆上能源供应的中断是有可能发生的，也是能够提前防范的。

2007 年夏季的一场洪水同样给能源供应行业敲响了警钟。在 2007 年 7 月 20 日至 8 月 2 日间，伍斯特郡和格罗斯特郡之间遭受了一场重大洪水灾害。为英格兰中部的 5 万套住宅、商业和工业提供电力的英国中央网络，在此时起到了关键作用。它是英国第二大的电力分配公司，其区域网络在 20 世纪 50 年代迅速扩大，旗下许多资产都超过 50 年历史。这种设在高处的电力网络特别容易受到极端天气的影响，如强风、冰、雪和闪电。人们曾经认为，对于供电系统，洪水仅仅只是额外风险，甚至在传统意义上，是次要的。然而这一切都在 2007 年 7 月 23 日前后的两天内改变了，因为约 50000 人受洪水影响，供电中断。

人们通常认为，保护每一个变电站免受潜在的洪水灾害威胁是不切实际的，特别是那些本身就选址不利的变电站。因此保护的重点对象是服务范围较大的变电站，通常它们需要为超过了 10000 个客户服务。因而防洪设施在新建站点时的重要性日趋增大。其中的一个例子是位于格罗斯特郡的波特汉姆的一个新变电站，它采用"吊脚楼"的方式建成。该区域内有

113个变电站存在着遭遇千年一遇洪灾的风险，其中的81个站点更是可能遭受百年一遇或两百年一遇洪灾的风险。在英国某些地区，洪水引发的能源中断现象必须被视为是日常生活的一部分，与此同时公共设施也需要具备应对未来更加极端的气候的破坏的能力。

## 系统故障

发电产生的碳排放量占全英国碳排放总量的40%，其中许多大型发电站建在远离需求中心的地方，然后通过延伸的电网将电力输送到需要的地方。化石燃料发电过程伴随着大量放热，燃料中蕴含的60%的能量都被浪费了。而远距离传输和配电的过程又带来进一步的能量损失。现在，分散式供能系统正在发展，该系统能就地发电就地利用，减少了传输中的能量损失，其产生的预热还能在建筑中被重复利用，为降低碳排放和减少成本提供了潜在的可能性。此外，这种地方性的自给自足的供应模式能大大减少了大型电网的供电负荷，因此，电网升级的费用也得以降低。总之大型电网通常是一种投资成本巨大而又容易瘫痪的系统。

2003年8月28日傍晚，英国25年来最大的停电事故袭击了伦敦的大部分地区，造成长达37分钟的电力中断，事故原因是用电量激增产生的高负荷电流使一部精密设备停止了运转。肯特郡的变压器也出现了问题。此次事件造成了伦敦20%的电力损失，而法国EDF电网公司对用电量激增应对不力，也同样遭到了指责。反过来说，停电原因一方面是炎热天气导致的用电负荷猛增，另一方面则是由于核反应堆在过热的环境下发电效率不佳。

这对于傍晚，处在下班高峰期的伦敦产生了可怕的影响。地铁和铁路系统完全瘫痪。试图寻找其他方法回家的人们同样无计可施，因为自动取款机停止运作，人们无法取现以支付像出租车一类的交通工具。但城市中的酒吧从中获益不少，因为很多乘客为了避免因电网维修而封锁的街区和拥挤的公交车，选择在漫漫回家路上享受一杯啤酒。

正如2003年8月15日（周四）美国能源部长亚拉伯罕所说："可靠的电力是美国和加拿大的经济命脉。……这不仅仅是个人方便的问题，这更是涉及两国公民健康和安全的至关重要的问题。"

共有5千万人经历了美国和加拿大最严重的停电事故。受其影响最大的是纽约、克利夫兰（俄亥俄州）、底特律（密歇根州）、伊利（宾夕法尼亚州）以及许多加拿大城市如多伦多、渥太华和尼亚加拉大瀑布这样的地区。

下午四点时，纽约市各办公楼内的工作人员被疏散，此举造成市民的恐慌，2001年"9·11"事件的阴霾未散，很多人因而错误地以为恐怖袭击再次来临。周四晚上，数以千计的滞留乘客宁愿睡在大街上、公交车站和火车站里，也不愿意冒险长距离步行回家。酒店里，因为没有电，房间的电子钥匙无法使用，客人们只好睡在过道上。这一事件的连锁效应还包括：

- 周四到周五这一晚，纽约遭受了 60 起严重的火灾，大都是因为人们在黑暗中点燃蜡烛导致的。
- 美国四个州的九个核反应堆被迫下线，对燃料安全问题的担忧更甚于其恢复运作的问题。
- 美国联邦当局暂停了六个机场的航班——三个位于纽约，一个位于克利夫兰，另两个位于加拿大。
- 报道称在加拿大首都渥太华，至少四个地区出现了抢劫事件，而在纽约的布鲁克林，26 人因抢劫被捕。
- 停电事故使得连接美国和加拿大的底特律－温莎隧道被迫关闭，该隧道每日运输量达 27000 辆次。
- 在加拿大的萨德伯里矿区小镇，约 100 名矿工被困井下，直到电源恢复才升井。
- 底特律的 15 个主要的汽车厂一直关闭到 2003 年 8 月 18 日。

美国和加拿大政府对东北部大规模停电进行的联合调查显示，服务于俄亥俄州北部的第一能源公司，因其一系列的操作失误、电脑故障、违反电网规则以及设备维护不当等原因，造成了此次北美历史上最大停电事故。

2007 年 7 月，在西班牙巴塞罗那的一场大范围停电，致使在这个一年中最热的时候，约有 35 万个家庭陷入黑暗之中，这同样带来了危险：

- 地铁系统崩溃
- 操作被迫取消

图 14.2　在前所未有的全球性热浪袭击的大背景下，2003 年 8 月的纽约大停电和世界各地城市的大停电情况。

资料来源：Associated Press

- 交通全线瘫痪

- 自动存取款机失效

- 抢劫事件频发

- 市中心发生"更多的光－更少的警察"抗议

- 主要变电站发生火灾

- 移动电话失效

停电所造成的反响是强烈的，尤其是最近，一些本来拥有效应良好的被动式建筑的中型城市在其边缘地区允许大量修建新型玻璃幕墙表皮的办公和住宅塔楼，致使许多高层建筑在热潮中遭遇严重的供电瘫痪。一年后的 2008 年 7 月，加泰罗尼亚政府被一场历时 56 小时 42 分钟的停电事故激怒了，他们向为此事负责的两家西班牙公共事业公司索赔，每家 850 万英镑共计 1700 万英镑。这两家公共事业公司称这样的要求太过分并提出上诉。

这个"全电动世界"越来越依赖电力制冷，其后果之一就是：建筑物和车辆变得过热。建筑物中的人员可以被疏散，但如果是车厢中的呢？早在 20 世纪 60 年代，弗格斯尼克尔就对英国铁路公司进行了一项研究：一旦受困于炎热天气中，一节车厢达到过热需经过多长时间？这与建筑中的情况是类似的，可能在半小时到 2 个小时之内，车厢内的温度就能上升到足以令人丧命的程度。达到过热的具体时间视车厢内的人数和室外温度而定。毫无疑问，在这样的情况下，我们需要再翻看一下手动开窗安全手册，所有的建筑和公共交通设施中都配备有针对此情况的标准安全手册。

## 能源供应管理不善

能源供应管理不善可能造成大范围用电困难甚至致人死亡，加州或许是这一问题的最典型的例子了。近年来，加利福尼亚整个州的能源供应都受到间断停电的影响，其中部分原因是电力行业私有化导致的管理不善以及僵化的立法制度。建筑对能源的需求量巨大，因此在像 2000 年那样炎热的夏季里其用电量猛增。6 月，一些私企刚刚得知价格上限被取消，随即就在接下来的几个月，将价格提高了 3 倍。在 Enron 公司和加州的部分地区，管理不善导致许多城市和定居点供电中断。这些故障的原因包括：

- 在能源需求的高峰期消耗过多，这在很大程度上与空调在炎热条件下使用率有关
- 建筑物和设备中缺乏节能措施
- 能源税收制度管理不善
- 工厂在紧急情况下缺乏协调

- 缺乏电量储备

- 部门管理不佳

- 私营企业的腐败

相比之下，美国新英格兰地区的电力供应问题有所不同。当地试图将天然气供电站生产电力的百分比由 1999 年的 16% 增加到 2005 年的 45%，然而该计划最终被证实为妄想。这不仅是因为在美国天然气的成本高居不下，更是因为：

- 在能源需求的高峰期，一些先进的燃气轮机发电厂需要用后备石油来替换天然气，以避免临时断电，但其切换速度不够快。

- 该地区现有的天然气管道的运力不足以应对高峰时段天然气发电厂突增的 45% 的能源需求，事实上，自 2003 年以来天然气供应的问题一直都存在。

- 管道建设公司和发电公司并不是同一家公司。

有人担心新英格兰地区的供电系统会同加利福尼亚州一样无法满足未来几年内的需求，尽管具体原因与加州不同。波士顿地区是最为脆弱的地区，因为该地区的电网同美国其他地区的电网一样正在老化，并处于系统瘫痪的边缘。原本竞争激烈的市场也由于供应商的退市而走向衰弱。2000 年的春季，一场突如其来的高温席卷了波士顿地区，电力公司被迫请求客户减少用电量以防止出现大规模停电。其他城市也有类似的问题，例如 1999 年在纽约，2000 名居民遭遇断电，这促使市政府建设了 10 个小型发电厂作为支援电网主线的后备电力——然而这一举措在 2003 年的大规模停电中收效甚微。

这样看来，为提高燃料安全性，美国需要减少能源的使用量以及建设更好的基础设施。

眼下无论是哪个国家都不能奢望能源供应百分之百的安全可靠。在英国的卡彭赫斯特，曾经用于开展优化电力供需的老旧研究设施已经被关闭，而这类研究也不再由英国政府以合作的方式介入。这导致了我们在能源供应上缺乏长期深入的、理论性、技能性以及规划性的思考，而这也将我们的能源供需系统置于气候变化和能源短缺的双重压力之下。

英国政府将英国能源供应市场全部私有化的举措，加重了能源安全局势的恶化。例如，2003 年 8 月的交通运输系统瘫痪事故致使成千上万的旅客被困于隧道，公众指责已部分私有化的伦敦地铁公司加剧了事态的恶化。2002 年，伦敦地铁公司 97 岁的独立电站——Lot's Road 关闭了。该电站负责的地铁管线供电任务，也已经以私人融资交易的方式移交给了一个新的财团——Seeboard Powerlink，使得现在地铁只能从国家电网得到其所需的所有的能源。Seeboard 在伦敦南部的格林威治设置了一个备用电站，以备在紧急情况下使用。但是这一安排未能奏效，几十列火车依然滞留。工会以及许多民众不得不再次质疑由私人财团承包商负责管理对城市运作至关重要的公共服务业的做法是否可取。在 8 月 28 日下午 6：30 左右，正值下班高峰期，停电开始了，但 Senior Seeboard 的高层管理人员决定不启动格林尼治的发电机，他们希望能从国家电网还在运作的其他部分得到能源供给。随之而来的问题是：为什么曾经经受住伦敦大轰炸并正常运作至今的地铁系统，被认为需要改变。

远离国有发电公司的运动使得世界各地的能源价格在过去的十多年里持续暴跌，直到 2007 年，石油和天然气价格的飞涨带动能源价格上涨到从前的两至三倍。私有公共事业公司尚未投资新的工厂或基础设施，因为他们认为自己的利润空间受到挤压，为维持利润，他们坚持关闭产能过剩的工厂。然而，当飞涨的石油和天然气价格触发新一轮能源危机时，建设新一代核电站和煤电站的提议很快就被白厅提上日程。较之于 2007 ～ 2008 年间，现在的政府不再阻拦建设这些污染环境甚至可能存在剧毒的工厂，而这仅仅只是为了保持英国的供电正常。危机的到来虽然可以预计，但其爆发后的影响是令人乍舌的。若以煤炭作为解决方案，英国将不能达成其节能减排的目标，并且会导致天气状况更加不可预测，进一步削弱政府应对电力需求激增的能力。所以，以煤作为动力的举措非但不能解决问题，反而加重了负面效应。

2003 年夏天，意大利的危机突出显示了该国对国外能源的长期依赖所带来的弊端。除了法国和瑞士，GRTN，意大利的电网管理者，还汇集了从奥地利、斯洛文尼亚和希腊的通过水下电缆传输的电力。意大利 16% 的电力都右境外供应。几个月来，一项能在一个季度内将意大利发电量提高 25% 的法案一直被国会晾在一边，而已经于 1987 年被公投否决的核计划又被再次提起，该计划剩余的四个核电厂目前正在拆除中。意大利 75% 的电力来自石油、天然气和煤炭，而它们排放的温室气体占意大利排放总量的 25%。出台能源效率措施，以抑制夏季空调用电的高峰，在这种情况下显得尤为必要。

2003 年 9 月底，丹麦发生大规模停电事故，据说该事故是由于连接丹麦和瑞典——丹麦的能源供应国——的输电线路遭到损坏造成的。有人甚至声称该线路是被恐怖分子破坏的。这种跨国界的能源依赖，增加了政治、物质和经济方面的风险。

私有化的公共事业正在努力确保能源供应，而公众的关注则成为该进程中的监督力量。美国总统布什有关开发阿拉斯加油田的计划，在 2003 年 3 月 20 日的参议院表决中以 52 票对 48 票早到否决，过去一年来，民主党和八个共和党人一直在致力于阻止在 600000 多公顷的阿拉斯加荒野保护区进行石油钻探。美国每年大约消耗 70 亿桶石油，而据政府估计阿拉斯加可生产多达 160 亿桶石油。眼下美国面临石油短缺，为满足美国人对石油的依赖日益加深，环境保护主义者不得不做出让步。而反过来，由电力问题导致的社会动荡已经出现了。

上海，一个人口迅速飙升至 2000 万的大城市，她走在中国经济改革最前沿，也正面临着能源危机。当前工人们年均净收入可达 2900 英镑，而随着人口从农村迁移入城市，城市需要建设更多的高楼来为这些人提供住宿和工作场所。然而，能源基础设施的建设无法满足迅速增长的能源需求，以至于 2003 年 12 月，因为能源供应无法满足日间的电力需求，市政当局下令将许多工厂的工作时间调至夜间。

中国经济的快速增长带来的电力短缺，迫使成千上万的工人在夜间工作。上海政府还敦促店主调高空调温度以节约用电。这样的举措不仅使政府官员感到难堪，同时昭示着一场亚洲范围内的能源争夺战。上海市居民汽车持有率以每年 25% 的速度上升，上海还拥有世界上第一列商用磁悬浮列车。但在 2003 年 12 月 4 日，上海市宣布：除非采取切实有效的行动来解决能源问题，不然磁悬浮列车将无法运行，路灯和高楼大厦或将断电。

随着隆冬的临近，上海市政当局的估算显示，对于冬季用电高峰期 1160 万 kW 的电力需求，上海市仍存在 200 万 kW 的短缺。尽管上海计划从新建的三峡大坝额外购买 100 万千瓦电力，供需矛盾仍然无法化解。上海市计划关闭小型能源密集型工厂，并将其工作时间调到午夜至 8:00。现在大部分人都能买得起电取暖器过冬，因而节能的主要突破口落在新建的大型商场身上，若适当降低其室内温度，就可以节约 40 万 kW 电能。能源价格的调整鼓励人们减少白天的用电量（强调在建筑中使用储热设备的必要）。

2003 年，中国的总耗电量增长了 15%，达到 1.88 兆 kW。且有超过一半的省份遭遇了电力短缺的困扰，政府警告说电力短缺可能已经对经济增长造成了影响。虽然为缓解用电压力，已经有更多的发电厂并入电网，但在 2006 年前，短缺问题将一直存在。30 年来，中国一直扮演着能源出口国的角色，但现在，中国是世界上最大的能源进口国之一。

不仅中国急需大规模地迅速降低能源消耗的措施，英国也同样需要。在回应 2003 年 8 月的停电事件时，英国国家电网公司否认，他们在这场冬季能源短缺的事件中有任何不恰当的行为。但他们承认曾在 2003 年 8 月致信几个最大工业用户，若他们降低用电量，将在新合同中给予优惠。几个主要的制造工厂都收到了这项建议，比如力拓旗下的铝生产商爱尔康和其他用电大户。接受了"中断"合同的用电大户同意在 24 小时内减少用电量，给当地即将到来的用电高峰让路。这项合约的价值约为每小时 56000 英镑。电力价格预期在明年将上升 30%，而这部分资金将被用来续约。

能源需求量达到顶峰时对澳大利亚的影响最为明显，尤其是南澳大利亚，其高峰时期的用电量是世界上最高：用电峰值是平时的两倍多。这就意味着在正常用电状态下，超过一半的基础设施在 90% 的时间内都是闲置的，加上南澳大利亚的居住区空调普及率高达 90%，这将导致南澳大利亚的能源现货市场出现巨大的价格波动，如果这里平均用电需求为 1400MW，那么在用电高峰期的需求量可超过 3000MW。在一天之内电力的价格波动范围从 10 美元到 10000 美元每兆瓦时不等，仅不到 1% 的能源交易就超过了市场份额 20%。其他地区的情况虽没有南澳大利亚夸张，但是也同样沿用了这个模式，而目前悉尼地区在电力需求峰值方面有超过南澳大利亚的势头。

对于解决用电量增长问题，政府似乎不够积极，其实解决这类问题的机会很多。首先从区域电网的智能化管理可以看出，例如，集成于建筑的、大规模的光伏发电系统，可以为午后的空调制冷提供电力，以减少对传统供电系统的依赖。能源储存设施在智能电网系统的指挥下，可以非常有效地进行用电负荷的转移或移除，尤其是当该设施与建筑相结合时，效果就更为明显了。同时，公司拥有大量潜在机会降低成本、实现盈利，例如，通过暖通空调运营商应对销售需求的能力。很多能源专家仍然粗暴地以供应可再生能源的基准利率花费为这类能源定价，他们不理解重新配置区域能源的供需关系所蕴藏的潜力，也不能在管理出色和表现稳定的独立发电系统以及微型电网中，将可再生能源高效经济地整合起来。忽略这种潜力，传统的电力设备在面对酷暑带来的用电高峰时，就会不可避免地继续出现大规模的故障。

## 无法控制的需求

英国政府似乎一直未能拿出令人信服的手段，处理过度的能源需求和法定减排目标的关系问题。他们为什么会纵容建设新一代的燃煤发电站？为什么他们会对机场扩容感兴趣？

英国政府对建筑实际的能源消耗模式缺乏正确的理解，这进一步证实了理想与现实之间的差距。如果他们真的希望完成减排目标，就需要了解哪些建筑形式是错误的，哪些定居点是不合适的，以及这些建筑对完成节能减排目标的影响。伦敦金融中心就是一个典型的例子，这一地区拥有众多闪亮玻璃表皮的塔式建筑，永远是英国能耗最大的地区，随着 2012 年奥运会的来临，其对碳排放的影响令人担忧。新城区的用电需求超过 1000MW，并预计将在未来的三到五年增长 80% 以上。仅多克兰就有超过 250MW 的电力需求，预计在未来 3 ~ 5 年内将增长 90% 以上，其原因绝不仅仅是因为信息服务产业需要大量的能源支持。

这些地区中，每个塔式建筑平均需要 5 ~ 6 兆瓦的能量来保证能源供应，这相当于位于牛津的迪德科特 B 的一个大型电站的输出量。据业内传闻，2012 年奥运会将需要 400MW 的电量，这意味着政府还需要铺设 100 公里的电缆、建设超过 100 个变电站。该计划面临的问题与核电站发展计划面临的问题一样：实际上英国根本没有足够数量的称职工程师能在计划时间内完成任务。

维持信息中心的运营需要大量且昂贵的能源支持，因此为英国提供大量能源的法国电力公司希望英国政府不要在多克兰或伦敦金融区内建立更多的信息中心。但是这显然不适用于独立数据中心提供商 Telehouse，这家曾经运营北京的数据系统的公司，将为 2012 年奥运会供应所需的 9000 个新的服务器空间。

面对这些数据，政府所谓的实现国际减排目标的宣言显得荒唐可笑。难以抑制的能源需求威胁着能源安全，当不断出现的新需求附加在原本紧张运转的基础设施上时，只会徒增系统失灵的可能性。

## 经济衰退

2006 年 11 月 21 日 LogicaCMG 公司代表英国贸易工业部（DTI）发布了名为"注意缺口——英国能源供应的黑洞"的报告，这一长篇报告旨在警告英国在未来几年即将面临天然气和电力短缺。报告声称，由于英国能源危机迫在眉睫，英国的能源缺口会比预料的来得更快且会更严重。该报告是正确的，并列举了 2008 年经济衰退的一些表现：国内能源价格在两年内上升了 93%，英国 30 年来首次彻底成为天然气进口方，并且在 2006 年 3 月，国家电网首次发布了"平衡警告"，提醒企业，国家有可能切断它们的天然气供应。这场危机主要是由于本土燃料储量下降以及落后的发电容量设计导致的。"能源缺口"，即能源供需不平衡的风险巨大，导致了电压不稳和停电。特别需要提出的是，LogicaCMG 的报告预计了各种情况，2010，2015，2020 的情况被认为是"乐观的"和"保守的"。实际上在 2010 年前问题会变得更严重。对 2010 年较为现实的描述是：

> "我们预测，2010 年在用电高峰期会有 5% ～ 15%（考虑到应急情况）的能源缺口。在此情况下，能源密集型的用户需要缩减产量。这些用户包括铝、钢、玻璃、炼油、砖、石灰和水泥、氯碱、造纸及类似的制造行业，它们消耗了全英国 5% ～ 6% 的天然气。从这些用户中分流出的天然气可以保证家庭和天然气发电站的需求量。报告还指出，在 2014 年之前，英国天然气进口量就会达到总用气量的 80%，这比平常引述的 2020 年早六年。"

上述现象已经存在很长一段时间了，请问政客们都在做什么？难道真的像一些人暗示的那样，他们受到了心怀鬼胎的人的误导？

## 导致电力中断的其他原因

现在还存在另外两个威胁供应安全的因素。第一是恐怖主义。炸毁电路和发电厂能有效地迫使某一地区屈服，并且造成严重的经济损失，因此对恐怖袭击的担忧会极大地影响政客们对未来能源结构调整的看法。第二个因素已为人熟知，就是国家无力承担发电厂的油气费用。目前，城市甚至国家濒临破产。全世界都会因此停电吗？由于能源紧缺以及基础设施跟不上，停电现象已经在巴西利亚、奥克兰、符拉迪沃斯托克，以及一些前俄罗斯国家发生了，不过持续时间较短。但是在经济混乱时期，如果无法支付能源费用且无钱购买新设备，难道停电要持续几个月甚至几年吗？

## 嵌入式发电

2003 年的世界性停电已清楚地表明，各国之间存在着高度的能源依赖，社会的正常运转建立在不间断的高质量的电力供应基础上。供应的质量取决于以下三个因素：

- 可靠性 — 是否会发生长期和短期的电力中断供应
- 电力质量 — 是否存在频率和电压的稳定性及波形的异常
- 服务 — 反应时间和存储时间的长短

不仅日常生活（例如街道照明和家庭照明这类可以适应多种电压的设施）需要不间断的电力供应，现代工作环境中的高级电子设备同样对输入电流的稳定性和可靠性有较高的要求。

例如，当今复杂的制造过程非常依赖微型电脑、变速驱动器和机器人设备来保证产品的高产量和高质量。因此，终端消费者常常怀着更高的期望，他们希望享受到更高质量的供应服务。供电质量测量与分析系统的巨大市场为上述期望提供了证据。

国家条例规定了供电质量的最低标准，只要满足该标准的要求，就能够满足大多数消费者的需求。对于有特殊需求的用户或者某些用电标准较高的地区，改善电力供应不足的方法也是存在的。然而，这些方法本身会对供应网络产生影响。

### 改变之风？

一些 20 年前被忽略的关于分流监管安排的问题，现今正被逐步提出。这个产业在变化，现在更加重视：

- 供应的质量
- 供应的安全
- 环境的改善

近十年来，英国几乎只依赖那些电压较高的电力，这类能源通常由大型传统式的发电站所提供，并由国家级传输系统输送。为配合这种配电网的设置，传输系统（低压系统）则主要负责将电力单向地传送至用户的家中。然而，未来电力系统会发生结构性变化，分布式发电系统将会得到推广，特别是利用可再生能源的小型发电机将会得到重视，这些因素都将支持英国的"重新布线"计划。

## 什么是嵌入式发电?

嵌入式发电（也被称作分布式或分散式发电）产生的电能将被连接到配电网而不是高压传输网。分布式发电机大多数情况下（也不仅仅是）能够利用环境友好型的可再生能源（包括小规模的水电、风力和太阳能）或是热电联产厂来发电。

早期，配电网的作用是将高压传输系统中的电力分配给终端用户。这种单向能源流动的管理方式被称为"被动式"。为了使网络与已经升级的分布式发电水平相适应，必须对其进行双向管理——无论是向用户端传输还是从分散式发电机发射。这是被称为"积极式"的管理方式。管理方式从被动式到积极式的转变是一个重大挑战。

当前的配电网没有针对小型分散式发电机连接到系统的设计，因此小型发电机想要接入电网存在着困难而且花费不菲。将单个家庭的光伏系统并入电网时所产生的积极意义可能很小，但是当整条街都拥有太阳能热水系统和光伏阵列时，太阳能就可以为整条街的房屋提供能源，这时就会变得意义重大。特别是如果房主只有周末才回家的话，使荷载分布与供电匹配才是真正的挑战。

涉及上述项目中的大型分配公司发现，处理少数大型发电机输出的电力比较容易，但是在气候变化和资源日益紧缺的双重压力下，最亟待解决的问题是确保能源安全，这也正是英国政府的能源白皮书中重点强调的，单独依靠超级电网来支撑未来能源的供应风险极高，这一观点已经被广泛认可了。

在建立未来电网时，我们必须考虑到可再生能源利益在城市、郊区以及街道中将会占据相当高的比例。在春、夏、秋季，为家庭提供电力服务的将是集成于建筑的太阳能热水系统、微型风力发电系统、热电联产系统以及光伏发电系统。这些小型设备的工作效能通常受到当天或者当月的天气状况的影响，因此他们所提供的能源具有间歇性。在设计这种小型嵌入式的发电设备时，我们考虑的重点是建立一个微型电网系统。用户的供需都由一个带有电源闸门的局部电网掌控，局部电网能在用电高峰时期通过闸门与主供电网断开，以确保主供电网的系统安全。

在微型电网的设想中，太阳能、风能、氢燃料电池、热电联产电厂、水力发电及其他不同发电来源可以集成于一体。这种系统适用于"校园"级别的用户。业主负责管理和控制局部电网内的能源供给和用电质量。威尔士马汉莱斯的替代技术中心拥有两个接入国家电网的电源闸门，它的微型电网中包括风能和太阳能等一系列嵌入式发电机。作为积极式能源管理系统的一部分，该系统拥有能够弥补供电短缺的蓄电池库，同时该系统能够缓冲电压不稳以及负荷超载带来的影响。

随着电网接入更大范围内更多元的电力，电网的设计变得越来越复杂。一个光伏屋顶的发电量可能是随机少量的，但是如果整个住区或整个村子都通过一个独立的电闸接入微型电网或者注册电力区（RPZ），那么这些分散的小型供电设备所产生的过剩电力就能被收集起来并输送给临近的房屋，而这套系统的整体效益并不在于利用 RPZ 为其他地方供电，而是在于极大缓解该组建筑群内部所承受的电力荷载。与此类似，一个完整的工厂或产业，像在威廉堡阿尔坎铝冶炼厂，其大部分生产和建筑用电可能都来自它自己的水力发电厂，这种供电形势也减小了其对电网的依赖。然而，分接并网模式的影响也是复杂的，微型和巨型电网控制系统以及带有分接开关的变压器设备能够就地控制输出电压，同时能够容纳各种形式的供应输入。但是不同来源的电力对电网造成的成本负担是不同的，如果不能在系统运行的早期制定好收费标准的话，那么即便是最高效的电网、最高级的配置也无法发挥应有的作用，而且从长期来看，由于石油和天然气涨价，用户可能会被收取更多不必要的费用。另外，如果因资金不足而错过最佳的投资时机，未来可能同样无法确保电力供应系统安全。

## 能源储存

可用的发电容量必须能够满足用电高峰的需求，然而，大多数时间内，用电需求量是低于峰值的，所以绝大部分发电容量是闲置的。据测算，发电容量的平均利用率大约为 50%。提高发电利用率的方法之一就是将"非高峰期"所产生的电力储存起来。

一些大型的计划正在实施，如威尔士的迪诺威克抽水蓄能的水力发电计划，在非高峰时间产生的电力可以用来抽水灌满水库，等到高峰期到来时利用水力再次发电。尽管有合适的技术，例如可再生的燃料电池，但是在现行的能源供应链里，利用闲置时期所蓄能量再次发电的比例还是很低。

利用可再生能源发电的类型一般分为两种：分派型的发电系统和随机型的发电系统。分派型发电系统，例如传统的水力发电或生物燃料发电系统，可以根据用电需求来发电；随机型发电系统，比如风能和海浪发电系统，其发电方式与用电需求无关。然而，随机型发电系统若与合适的蓄能系统进行组合，也能很好地适应需求周期，提供电力。

英国交易系统本是为了促进竞争激烈的市场发展而设计的，但批评者声称这套系统实施起来非常复杂，因此反而给用户带来了麻烦。

在从传统电网系统过渡到嵌入式发电机系统的过程中，我们需要攻克的主要技术问题是如何将不可预测的能源转换成不间断的高质量的电能。英国的现行系统中缺少后备的能源储存设备，当利用可再生能源技术（如风力发电和潮汐发电）的发电站增多时，储蓄能源的设备会显得更加紧缺。许多技术解决方案对消费者来说，意味着能源成本的大幅增加。随着化石能源价格的上涨，具有储存容量的能源供应系统的边际成本要低于电缆远距离输送所产生的成本。

对于许多发电站来说，因用电高峰导致的停工期，可能还包含着隐性成本，它可能意味着损失 5% ~ 10% 的年收入以及潜在的 30% ~ 40% 的年利润，停运优化制度的建立对于能源供应系统的管理十分重要，这样就可以避免由于机械故障或操作失误而造成不必要的停电。

## 新的电力模式的需求

未来，我们将不再拥有不间断的、可靠的、高质量的能源供应；2003 的诸多事件让我们提前体会了即将面临的情况。关键的问题是：

- **供应质量**。如果没有供应那么质量又有什么意义呢？英国的"重新布线"计划如何处理可再生能源应用带来的供应质量问题？我们必须适应低品质的能源，并且减少使用它吗？
- **供应安全**。在化石能源时代的末期，如何解决这个问题会是一项长久的挑战；在我们为尽可能长期保持能源供应努力的过程中，嵌入式发电、微型网络、私有化、放松管制、缺乏产业投资、地缘政治不稳定、极端天气以及众多其他因素都在考验我们的聪明才智。
- **环境因素**。这是一个驱动性因素：能源利用必须依靠环境。而我们越来越温暖，又越来越极端的天气被证明是这场扑克游戏中最大的变数。2003 年 8 月的大范围停电是炎热夏天的高峰用电需求造成的，这种炎热天气可能今后每一到两年都会出现一次。其他的关键因素是发电对全球环境的影响，化石能源的燃烧使气候发生变化。那些认为气候问题可以被更多能源解决的想法是错误的，他们以为只要有钱，高能耗的建筑依然能为负担得起的用户提供舒适的环境。

土木工程师学会（ICE）在 2003 年的国家报告中指出，英国面对的长期性结构问题如下：

- 该国目前超过 95% 的发电组合还是由煤炭、核能和天然气组成的。
- 控制排放意味着其余的英国燃煤发电厂会在 15 年内关闭。
- 2020 年后将仅剩一家核电站继续生产。

他们要求：

- 增加基础设施投资（包括知识基础设施）。
- 投资发展各种燃料。

其他问题包括：更长远的储备燃料需要。法国、德国和意大利有相当于 20% 的年度消费量的燃料储量——即超过 70 天的用量。而英国的燃料储量不足两周使用。

严格的需求方管理政策，以减少消费者的用电量。

在建筑物的热质中储存更多的能源，建筑物中的蓄热材料可以为建筑的供暖或降温提供能量。

另外，英国迫切需要重新布线以适应新出现的能源技术。

最后还需要设计一些即使在断电的情况下仍然能为人们提供生存环境的建筑，我们如今确实迫切需要一个新的电力模式。

## 能源的不安全性升级

### 飞涨的能源价格

世界范围内的能源市场波动幅度大、变化速度快。2008 年 7 月 11 日，原油到达到每桶 147 美元，而在一个月之后就跌到每桶 112 美元。现货价格大幅波动时，能源价格却没有同步波动。天然气和电力的成本的迅速提高使得一个家庭的平均能源成本已在五年内翻了一番。人们对于能源价格再创新高已经习以为常。英国天然气公司 2008 年 7 月宣布，天然气价格将进一步上涨 40%，其他公司也随即涨价。虽然之后世界能源价格急剧下降，但是房屋业主负担的能源价格并不总是同步下跌，因为市场通常通过是囤积商品以获取利润的。能源价格的飞速上涨导致其市场价格的猛增。反过来当市场价格暴跌时，能源价格是否也能像追随市场价格上涨是那样跟着迅速下跌呢？这一问题还有待观察。

### 燃料贫困与能源安全

在经济危机时期，保持能源供应不仅是对技术的挑战也是对社会和经济的挑战。飙升的油价和天然气价格使得 150 万人无法获取天然气，只能完全依靠燃油取暖。在 2007 年冬到 2008 年，燃气价格的增长超过了三分之一，这还意味着那些将收入的 10%，甚至更多花费在能源上的穷人的数量几乎翻了一番。在 2008 年冬天到来之际，五分之一的苏格兰家庭无力支付他们的供暖费用。2008 年 9 月英国六大能源发电厂承诺投入 10 亿英镑帮助最贫困的人支付他们的能源账单。这一行为被公众嘲笑，他们不理解，既然使用同样的标准单位，为什么这 20% 的家庭，要比其他家庭在能源上支付更多的钱，而收取这些费用的同样是这六家发电厂。

来自 2002 年的苏格兰家庭情况调查的证据显示，在调查的 28600 户家庭中，13% 的家庭属于燃料贫困群体，24%（69000 户）处于极端燃料贫困状态（即他们在燃料上的花费超过其收入的 20% 时，才能符合政府的最低采暖标准）。苏格兰政府于 2008 年 7 月公布的燃料贫困审查表明，从 2002 ～ 2008 年处于燃料贫困状态的人群数量几乎翻了一番，达到 543000 个家庭，即有将近一百万人被归类为燃料贫困人群。燃料贫穷人群的评判标准被不断提高，这是由于人们支付的化石燃料和核能费用在不断上涨。在英国，开出这些账单的主要是六大垄断能源供应商。

图14.3　以上是位于牛津郊区的低碳沃尔佛考特村的场景。这类社区的出现成功地将能源安全和社区自身不断提高的适应能力结合了起来。

利用良好的被动式建筑和微可再生能源供应系统，可以为个人住户的供电提供低能耗解决方案。作者的牛津生态屋证明了这类方案的可行性。2006～2007年间，一座拥有六间卧室的住宅，通过安装四kW的光伏发电屋顶，其当年的电费账单是负20英镑。建筑本身可以通过被动式设计和构造细节处理，满足大部分的热量需求。再利用光伏屋顶提供电力的电磁炉上做饭，这样简单的变化就能有效节能。再下一步是引入零碳冰箱，它白天制冷，期间绝热材料会储存的多余冷气，在夜间继续为冰箱制冷。在追求零碳住房的过程中，一些已有的以及新的社区正在探索成为能源独立体。成为一个自给自足的个体，是形成自给自足的社区和注册电力区的开始。

通过加入一系列的可再生能源运动，村庄、城镇和城市正在迅速行动起来，以应对气候变化和石油峰值等问题。另外，还出现了像阿什顿海斯村那样的零碳排放村庄，同时越来越多的碳减排（CRED）社区正在兴起。位于牛津的低碳沃尔弗考特就是这样的一个社区。当2007年的夏季洪水泛滥时，围绕着气候变化与太阳能社区发展起来的社区精神的优势就显现出来了，大家齐心协力确保弱势群体的安全。强大而低碳的社区是具有强大适应能力的社区。

这些可再生能源运动中发展最快是过渡镇，那里的社区团结一致正确看待石油价格高涨与气候变化的问题，并着手解决这些问题："在维持这个社区发展与繁荣的各个方面之中，我们怎样显著提高应对能力（来缓解油价高涨带来的影响）并且加大减排力度（来减轻气候变化的影响）？"过渡镇也认同以下重要的两点：

- 需要利用创造力、聪明才智和超强适应能力，以继续在化石能源时代崎岖的道路上前行，另一方面做好应对化石燃料枯竭的准备。
- 需要共同计划并创造出一种充满生机的、与环境紧密联系的生活方式，而不是我们如今枯燥无味的生活方式。

一些相距很远的社区，如托特尼斯、兰彼得和斯特劳德，都积极参与到可再生能源运动中，并取得了显著成果。在斯特劳德，城镇设立了许多工作组来处理各种事件，包括艺术、能源、建筑物和水、食物、生活方式、居住环境、新闻、奇思妙想、健康身心、运输业、纺织业、商业、政府和信息技术，几乎相当于这个城市的地方议会，从上至下都在为增加用电容量和提高应变能力而努力。这仅仅是未来几十年间将要出现的巨大电力需求和能源供应方式转变的开始。

## 新型燃煤电站会是解决方法吗？

2008年1月，在肯特郡的梅德韦理事会允许在英国建设第一个使用期限超过30年的新型燃煤电站，该燃煤电站也是五个新建计划中第一个获得批准的。斥资10亿英镑建立金斯诺斯发电站的计划是由德国独资的天然气和电力供应商Eon提出的，他们声称新型的清洁的发电站会取代旧有模式。土木工程师学会声称梅德韦理事会已做出明智的决定。2008 年 8 月环保人士抗议称，如果拥有最后发言权的英国商业部部长约翰·哈顿允许兴建电厂，那么他将会长期削弱政府实现法定减排目标的能力。他们还指出，如果 10 亿英镑用来与公众合资，为英国居民安装一百万个配备太阳能热水系统的屋顶，每个屋顶每年就可产生 1000 千瓦的热能，那么就可以节省相当于 1000 兆瓦的发电量。两种模式的区别是，后者使用可再生能源解决方案，使得居民有朝一日也许不必缴纳电费。金斯诺斯呼吁英国的公用事业国有化，确保对于英国电力行业和混合能源的投资，是出于对社会和环境效益的考虑，而不是为了优化股东的利润。

## 英国政府选择了核方案

2008 年 1 月戈登·布朗政府批准建设一批新的核能发电站，共有 10 座类似的发电站尚未建成就遇到了障碍，然而他们的设计产能将占据英国能源的 20% 并且将提高现在落后的发电能力。

那些参与核电站建设竞标的人都急于确保谈判结果能为他们提供一个安全的投资环境，否则他们不会推进下一步的计划。他们特别需要：

- 确定碳的价格，明确石油和天然气发电站的碳排放量处罚标准，这使油气发电的生产成本更高，刺激政府支持核能。
- 明确私营企业用于拆除反应堆的费用上限。如此一来，由于私营公司的能力有限，他们就把清理反应堆这一长期的责任永远地推给了纳税人。

建立新型电站面临资金不足以及长期缺乏技术纯熟的建站工人等问题，这些问题使得修建第一座新型电站的确切计划迟迟未能制定。除此之外，发展核电花费巨大，人们担心随着时间的推移，会没有足够的铀来支持核电。人们还担心，政府会将这种影响国家的能源安全的项目卖给外国企业，比如法国政府所有的法国电力公司。人们无法预计建立核电站的确切时间。苏格兰首席大臣 Alex Salmond 曾说，苏格兰不会建设也无需扩充任何新的核电站发电量，并且会争取依靠可再生能源来满足不断增长的能源需求。

## 国内动乱

2007 和 2008 年，汽油价格的快速上涨引发了司机们的不满，他们在街头举行大规模抗议。在英国，能源价格飙升的另一个不良影响是汽油和农用柴油不断遭到盗窃。埃迪·柯珀早上醒来，发现他在兰开夏郡的农场储存的 100000 升柴油被盗，他不得不负担超过 700000 英镑的费用，作为燃料费和清理费。全国各地的很多其他农民都遭遇了类似的偷窃。在加油站，越来越多的人加油后直接逃单。2007 ~ 2008 年，这类逃单事件发生率上升了 13.5%，给供应商造成 32500000 英镑的损失。另一类频发事件是从花园的油罐里盗窃燃油。

就像水资源一样，当其他资源变得稀少或昂贵时，它们就会成为非法行为或暴力抗议的目标。当苏格兰的燃料贫困群体从 20% 上升到 40% ~ 50% 时，人们是否仍然愿意为能源以及股东的利润埋单。现在的情况是，地方社区开始使用可再生能源系统，以减少他们对六大能源供应商的依赖。目前，当地的可再生能源合作社或 ESCOS（当地能源公司）已经在地方当局的协助下，逐步建立自己的社区供应体系，就像在苏格兰发生的那样。

这些由民间团体所作的贡献，对于大型能源机构来说是不小的挑战。当一个社区的居民有能力选择只为必须的能源付费时，他们又何必去为大股东的利益埋单。目前，困扰这些公司的问题就是如何扮演他们在新发展趋势中的新角色。他们真正需要担心的是为解决燃料贫困现象 而不断推进的国有化进程。实际情况是，新兴的微型电网在新型市场模式中具有巨大的潜力，能够发挥有益的作用。公共事业需要做的，仅仅是去投资新能源研究，不断开拓进取，长此以往就能为英国能源安全事业做出巨大贡献。

## 层叠式电网解决方案

英国政府错误地认为，新型燃煤和核电厂的建设是能源安全战略的两大支柱。事实上，这两个所谓的解决方案只是对当前供能模式的强化，它依然会加重人们在能源开支上的负担，使民众安全受到威胁，大型电网也会在极端条件下瘫痪。此外，在这种能源战略下，英国人民不得不为国家经济发展带来的巨大能源开支买账，他们不仅要为自己消耗的能源付费，还要满足大股东的利益。

现实情况是，新建一座属于大型能源公司的 XMW 级新型燃煤电站需要耗费 10 亿英镑，同样的将 10 亿英镑花费在提高能源效率、减少能耗需求的嵌入式可再生能源发电系统上，能够同样获得 XMW 的发电量。所不同的是，在第一种模式中，房主必须永远向 "大型能源" 公司支付他们所用的每一单位的能源；而在第二种模式中，房主可以永远免费地得到他们所需要的能源。两者的不同之处还在于，那 10 亿英镑目前掌握在 "大型能源" 公司和他们的伙伴——样样都管的政府手中。能源专家没有升格为议员，因为他们运营着一个地方上的能源合作社，但他们是一个大型企业董事长，他们就可以获得议员资格。许多能源监管机构的工作人员原本来自于 "大型能源" 公司。很多政界人士认为，"大型能源" 公司的意见对国家经济的良好运作至关重要。然而如今是时候从根本上反思我们该如何设计能源安全体系了。

一种想法就是回到以前的那种市政的电网模型，以一个支持电网连接用户。这个连着微型电网的独立电网将保护城市不受大规模停电的影响。层叠式电网包含一个或多个这样的微型电网，在极端情况下损失自身来保全整体，这种方式较为灵活。相比之下，单片电网式的解决方案可能会导致 2003 年 8 月美国东海岸的灾难性停电事故重演。层叠网络模型以多项原则为基础：

- **强化电网**。在现有电网的基础上，将较弱的供应线接入拥有巨大装机容量的可再生能源系统，以增强供应力。由于支线管路规模变小，可再生能源供应的规模可以更小。这样就不必大幅重建国家电网，因而将节省大量金钱。
- **层叠电网**。电网分解成较小的集成电网拼图。小的集成电网可以应要求连接或断开，如果当地电网出现故障，集成电网就可以断开连接独立运行。为此我们必须起草一个协议，其中的主要议题是在停电期间，微型电网需要自我牺牲多久。一些电网，如家庭电网，可以允许更频繁的停电，然而像医院这样的地方，就可能是最后停电的地方。极端情况

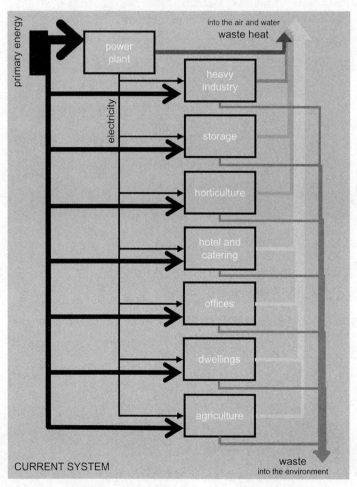

图 14.4 能源周期：现行的能源系统
资料来源：van den Dobbelsteen, A., Gommans, L. and Roggema, R. (2008)

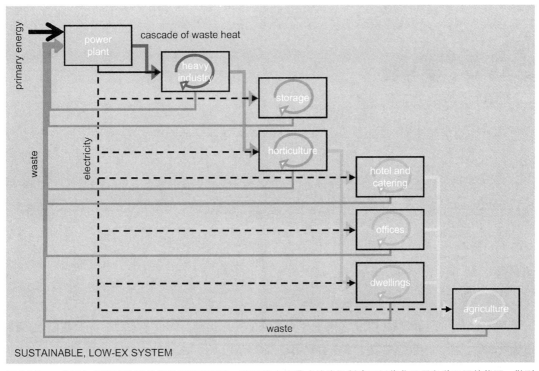

图 14.5 一个更加低能耗的可持续发展能源系统。该系统中层叠式的分级制度可以优化配置各种不同的能源，做到物尽其用。

资料来源：van den Dobbelsteen, A., Gommans, L. and Roggema, R. (2008)

下，人们通过科学的管理，可以有序地打开和关闭电网中的部分功能，这样电网就具有良好的适应力。一个层叠式电网可以产生不同质量的电源，并且将它们智能地优化配置以应对不同需求，这种电网系统能够将二氧化碳排放量和化石燃料用量都降到最低。

- **知识电网**。重新启动位于卡彭赫斯特的电力科研设施，并且由政府投入大量的资金，用于建立一个能够指导层叠式电网的设计、建造、操作、管理的知识系统。因为不需重建更大型的电路而节省下来的经费可以花在这个方面。

- **公平电网**。允许代表小型能源与可再生能源产业的人按同等比例进入半官方能源机构和监管机构的董事会（现在这些席位被"大型能源"公司占据），并让他们真正拥有向议会提议以及参与交易的权利。

总之，能源安全不仅仅只与电力技术相关，它更是社会本质和经济本质以及这三者之间关系的总和。英国未来能源供需关系的构架会与 20 世纪的情况截然不同，因为在这个瞬息万变的时代，英国政府正在逐步建立具有社会适应能力的电网系统。能源公平和新动力系统的建立就是社会适应力的试金石。

# 第 15 章　参与者

## 引言

　　建筑总是在与气候变化以及人类生存的抗争中身先士卒。如果不能随机应变我们就会输掉这场战争。所以，我们必须倾尽全力利用建筑来解决以下问题：

- 缓解：迅速减少温室气体产生从而降低其危害。
- 调整建筑及城市的设计，使社区最低程度地受到气候变化的影响。
- 保护最为脆弱的个体和社区，使其免受所面临的大量相关社会、经济及环境问题的危害。

　　没有平等的机会去有尊严地生存下去，任何人都不会有安全感。在世界上任何一个国家，无论阶级、信仰或是财富，建筑的设计必须更能适应将来的变化。因为终究没有人能逃离灾难的影响。

　　由于令人望而生畏的改修规模，很多以使建筑适应季候变化为主题的报道和书籍试图回避相关建筑的问题——往往这些也很容易被忽视。研究者常常侧重于研究一个问题的特定的单向方面：比如如何使一个微网格、建筑控制系统或是墙壁结构、玻璃类型在特定的环境下工作。它们带来的微小变化不断积累，但却始终不能触及最为本质的东西，即我们的城市、设计师、工厂及市场所认可的"今天我们如何做设计"的那些基本建筑模式。所以，面临周遭不断发生的灾难性事件，传统的 20 世纪的思维必须迅速转变。

## 概不退换，购者自慎

　　市场法则"得到你想要的"和"得到你应得的"只有一步之遥。"买方警告"提到要为自己错误的决断买单。时间将为建筑物的购置者们上一节有关未来与气候变化抗争的课。有谁愿意买一栋会被洪水淹没的房子？有谁愿意在一个出现状况不能逃脱的地方工作？有谁愿意待在热得彻夜难眠或一个能源费用难以承受的卧室睡觉？有谁愿意住在热浪袭人的高架桥下？又有谁愿意住在一下大雨就会污水横流的街道边？

由于那些深深根植于人心的有关建筑环境关键因素的观念，改变传统思维的建筑需要一场改革。这场改革需要对建筑环境中的政治、专业、商业、工业、学术和媒介等因素进行一次深刻的调整。由于一些大事件的发生，改革变化之快在写这本书第一版时就超出我们的想象。然而，不论是市场、监管机构还是整个建筑行业都似乎还没有意识到这一点。

那些聪明而位于高端的鼓动者、行动者已经开始行动，他们离开城镇，变得更加高效节能，他们减轻了他们的环境负荷并在质量上进行再投资。而与此同时，那些好老弟们还在给他们的哥们儿，给那些消息不灵通的人以及这个发展中的世界鼓吹新的"现代"观念和过时的商品。建筑行业的反应就像是美国的汽车工业，当日本制造商明智地进军小型节能汽车市场时，三分之二的美国制造商遭遇滑铁卢。同样道理，美国的空调产业仍然在大量炮制高能耗的单体中央空气处理器，就像SUV市场一样他们的市场值大量蒸发。建造行业的困境就像美国汽车、计算机等行业一样，不仅因为高层致命的麻木无知，也因为赚钱过于容易，使设计流于草率庸俗。

## 国际社会

京都议定书在理论上对达成温室气体减排有重要作用，而欧洲正领导着全世界强制达成温室气体减排目标。2008年12月9日在波兹南召开的第12次《联合国气候变化框架公约》缔约方大会（COP12）中，欧盟领导人赞成在12年内使至少五分之一的欧洲能源来自于可再生能源。这个协议被看做成是里程碑式的，并且是政治家和环保团体的一次突破。

2008年12月的协议为法律的执行铺平道路，使所有欧盟成员国在可再生能源的目标上达成一致。现在摆在政府面前的问题是如何将减少环境负荷的要求转变成履行减排目标的要求。快捷、低技术含量、高度特征性、私人拥有的化石燃料时代像蒸发的水一样已经一去不复返，化石燃料变得稀缺。对于普通人来说,企业的利润被不能接受的财物支出影响着。到2008年底，在苏格兰有35%的家庭被划分为能源缺乏。

为达成某个目标所需的"比率"变化也许会成为成功的绊脚石。在20世纪50、60年代，英国的城市改造势力摧毁了许多曾经深受喜爱的小城镇。这些小城镇被无情地铺上了一层混凝土和沥青的地毯。工党目前所宣布的在城市绿化带上建设新城镇的政策也受到广泛质疑。

在这些质疑声中，也包括理查德·罗杰斯。他表示，大跃进式的新城镇建设是错误的，我们曾经犯下类似的错误，我们必须全部拆除。他认为，新的发展应该集中在像伯明翰或米尔顿·凯恩斯这样的地方，要将引领全球的商业从伦敦这样的首都中心城市引导到省中心城市。而前副首相约翰·普利思科特——这个有名的糊涂外交家曾说："绿化带是工党伟大而成功的政绩之一，我们有意愿在上面进行建设。"

欧盟政府目前能够立即采取的措施是尽力加强和扩展建筑能效指令（EPBD）的实施。这项立法能够为现实中建筑具体优劣的评价提供性能评价证明。源于EPBD的能源认证（DECs）清晰简要，为投资者投资一栋好的、中等的或糟糕的建筑提供选择。那些起草EPBD的高瞻远瞩的人们现在正为欧洲建设和产业发展游说四方。就能源、碳排放量和抵御极端气候的能力而言，您已经看到本书中大多数"现代"建筑的表现将越来越糟。EPBD明智之处在于创造了一个可以阻止事态发展的立法框架。目前，在英格兰和威尔士，每一栋公共建筑必须放在DEC中去考量建筑物每年每平方米的碳排放量。相比之下，苏格兰只需要能效性能证书(EPCs)提供的一项基于建筑模型的理论性能信息，而这种做法可能存在30%、50%的误差甚至完全错误。同时，EPC的花费也是很大的，我们需要一个完整的建筑模型而不是一个简单的能源仪器读表，而这些增加了业主的额外花费。

2008年12月13日，欧盟委员会颁布了EPBD2，其中做出修改使以后仅有EPC有效。这种倒退将开发商建造和卖房者的既得利益置于使用和买房者之前。进一步地反思，社会被世界各地的决策核心层所简单代表了。不像英国政府采用EPBD2，他们坚持建筑物的实际耗能要通过DEC而不是EPC来展现，当然对于商业建筑仍有使用DEC的需要。如果人们知道建筑物将实际怎样运作，设计师、开发商和业主们认为他们将处于不利的地位，因为许多建筑将运作惨淡。然而英国建筑"漂绿"的消极面是建筑评级计划与系统理论相偏颇，普通老百姓在得不到建筑物如何运作的前提下必须做出人生中重要的支出决定。正如那些聪明绝世的银行家会被复杂的衍生工具所愚弄一样，即使是最精明的商人，也可能买入一堆垃圾建筑，用那些由空心墙和牢固的屋顶建造起来的坚实耐用的老房子，换来一批由刨花板、石膏板、火柴、乐高、玻璃和塑料建成的一次性办公室或住宅。欧盟和英国政府能做的最行之有效的事就是加强原有EPBD并坚持DEC。

## 仓促的公共事业私有化之路

第14章已经谈到私有制已经影响到能源市场的安全性。尤其是在美国，私有化破坏了稳定的能源供应。例如在加利福尼亚，以安然公司丑闻为标志，这种私有化滋长了企业的贪婪和腐败。政府快速推进核心产业私有化的趋势影响设计和管理建筑环境的各个方面。一个例子是一项长期理论研究中从公有到私有部门的损失。以前，诸如英国建筑研究院、英国铁路、电气及燃气产业研究中心等公共基金研究机构已经通过招标和附加产业的方式被售出，这样英国就失去了在未来几十年迫切需要的对于国家来说可谓无价之宝的专业知识重地。对他们来说，我们有一个"以产品为导向"的研究环境并依赖政府资助的短期研究项目，由于政府希望从这些研发投资中获得更多的附加值，所以偏向于支持能够与企业共同资助的研究。这意味着，首要任务是以测试产品来推进投资者投资的议程而不是调查理论或一般性问题。替代那些对于"大问题"有几十年经验的研究者的是一个混乱的研究市场，纳税人的钱被直接用于私有化的服务产业去做他们想做的事情。相比之下，庞大的跨国集团法国电力公司（EDF）是一个出色的研究和开发新能源的系统。

监管机构和研究团体必须处理和划分行业间的利益冲突，以及对这些违规信贷的制裁通过法院进行维护。

## 政府

在第11章，我们看到在既没有市场力量也没有专业指导及法律法规的状况下，如何对糟糕的现代建筑进行成功地管制。

英国皇家建筑师协会（RIBA）敦促其成员抵制对空调不必要的使用，而英国皇家屋宇设备工程师协会（CIBSE）也在其职业守则中指出在机械和自然通风允许的情况下避免使用制冷设备。然而在以上两个领域仍然任意地在大型建筑中普遍使用空调，同时那些获得英国皇家建筑师学会金奖的设计通常也是高耗能、主动式的建筑物。奖项并没有支持在实际中为减少环境影响而面临挑战的设计。

然而，我们希望其他一些新的举措将执行得更加成功，许多地方议会承认，他们已经在应对气候问题上起到了更大的作用。当地政府联合能源节约信托基金，为大伦敦当局致力于可持续能源和气候变化工作以及为制定更新相关政策的高级项目官员提供基金。政府能源白皮书要求2050年前达到60%的二氧化碳排放减少量。人们将逐渐意识到迅速采取行动的紧迫性，与企业的社会责任——在经济繁荣时期许多企业奉行"做好做强"的企业信条。一些大公司大谈可持续性，而那些处于低端的公司却很少热衷于碳减排。在一定时间内，能否让每个人忘记可持续发展的能力或者让20世纪建筑行业尘埃落定？能否开创一个低能耗低费用的住房新市场？

难以自圆其说的是《英国的建筑法规》更倾向于在高能耗的高层建筑中使用空调，而不是建造低耗能、自然通风及强环境适应性建筑（见222页）。在同一个法规中还许可了本不该被允许的玻璃盒子建筑的诞生，这些建筑具有明显的性能缺陷和巨大的能源消耗。这些法规到底保护了谁，既不是世界的公民，也不是英国人民，更不是环境。政治说客们获得了成功。

　　同样可以说有一双无形之手掌控着策划界的既得利益。约翰·普利斯科特非常成功地经营了泰晤士河冲积平原地区的泰晤士河口大都市区发展战略。由此看来，英国政府更偏袒开发商的利益，而不是投票给他们的群众。同样，我们许多人都为 Sir 迈克尔·皮特，这位公务员和政府支持者所炮制的 2007 年防洪规划审查惊得目瞪口呆，这个于 2008 年 6 月 25 日出版的规划告诉我们只能在河口平原继续开发，因为我们国家没钱采取别的做法（见 86 页）。然而，这些与斯特恩报告中调查结果相冲突，斯特恩报告中明确指出要控制人口和气候变化，早期要有必要的经济投资。

　　迈克尔·皮特在他的详细审查中没有真正回答的关键问题在于：在讨论冲积平原新开发区的决策会晤中，防洪的资金断在哪了？

## 谁受益？谁买单？

　　显然英国政府的资金并没有断。这个体系中没有明确的问责制度，如果泰晤士河口区洪水泛滥，为此负直接责任的既不是开发商，也不是策划者，也不是约翰·普利斯科特本人，更不是所有的前副总理。究竟是谁决定建起新的庞大的耗能建筑并谋取地区发展，在增加排量的同时每个家庭要为多出的能耗买单？这种大型建筑需要新的发电能力，过度扩张现有的发电能力同时在极冷或极热的天气增加照明的风险。为了应付城市开发地段一栋又一栋商业大楼的高峰负荷，伦敦市民将支付额外 5MW 的发电能力，规划阶段并没有考虑这一点。另外，同样没有考虑到的旱季饮用水需求增加已经是一个长期问题了。而这样的开发区居然被当作一个地区经济成功的标志！

　　当位于河口平原的社会住房充斥着整个开发区，我们知道有人要下台，但我们不知道是谁。尽管是政府下令将人们安置在那些位于河口平原区的护理院、学校、医院和社会住房，但中央政府并没有给洪灾受害者专款，也就是说地方政府将为受灾的穷人和没有社保的人买单，那为什么他们还能够容忍这些将让他们支付更多赔偿的造楼举措呢？

　　直到政府制定出明文规定，明确谁为决策和领导错误买单的问责制，我们才能拥有一个可以为人类以及气候变化负责任的财政支出，这些受益者将是老百姓而非政治说客。

## 规划者

　　专业的规划应站在应对气候变化的前线。不幸的是，虽然有许多规划者在这个问题上的态度非常积极,但他们往往都不具备相应的知识或法律的效力去处理这些"不可持续"的发展。那些最差劲的规划者,以及那些为之投票的议员们,他们承担的主要错误在于他们本可以却没有为成千上万的生命带来生机。最明智的规划者则引导人们在一个快速变化的气候下建设低碳的、低影响和低风险的社区。

但是,首先,我们必须解决这样一个重要问题:为什么规划者不理解在容易发生洪水的平原上开发危害性更大?它可能是各种因素的结合:

- 如果没有合适的地方,英格兰计划政策将在河口平原实施开发。
- 在英格兰东南部的许多地方都缺少用于开发的土地,那里的土地通常是一个区域的主要农业用地,一个具有特别科学价值的地点,一个保护区或绿化带或类似的区域。因此它为防止强大的利益集团进行开发提供了法律支持。
- 规划人员不需要担心因为设计或为了防御洪水融资的计划所引起的麻烦,因为他们是在苏格兰做这些。相反,他们把些麻烦抛给了环境机构。
- 规划官员处在财团、开发商的压力之下,他们经常受到当地或国家政党的影响。也许是巧合,开发人员经常成为一些政党资金的主要来源。
- 规划人员也经常处于地方选民的压力之下,这些选民希望在他们的发展委员会中看到更多的发展,带来更多的收入和财富。
- 规划人员几乎从来不咨询那些关键的股东,比如公布保险行业、房东、居民协会、洪水幸存者组织或苏格兰的为防范洪水风险组织,所以他们对问题的看法很片面。
- 许多规划人员和地方议会委员会的成员似乎不了解包含在其中的问题,因为他们没有呈现出比较充足的信息,同时也没有和诸如保险公司的关键利益相关者去了解当地社区的倾向。与此形成鲜明对比的是,在苏格兰的地方当局定期接受来自保险行业的建议并且作为回报,该行业帮助他们解决保险的可用性和购买力的困难。

然而,由于近期在英国一系列的洪水事件,保险行业正在采取针对冲积平原更加严厉的发展措施。由于新欧盟指令现在将洪水定义为"由不正常的水导致的对土地的临时覆盖(它与水怎么到达那里无关,而与它在哪里有关)",保险产业现在正开始通过法律先例,如泰特格瑞凡－杜菲建设有限公司在 2007 年试图探讨的可能性中涵盖了包括标准建筑工程保险的政策,使业主承担额外的保险,以支付洪水淹没后的抵押贷款。

在 2003 年,政府启动了"可持续社区"的计划,加速提供住房的步伐,主要集中在新的绿色发展区域,如泰晤士河口区、伦敦－斯坦斯特－剑桥发展廊道、阿什福德,以及弥尔顿·凯恩斯南中部,他们中的许多都是在冲积平原上。这些政客们真的在制造这些发展成果时无视各种风险吗?

国家环保总局，我们设想的用来抵御既得利益和具有偏见的政治判断的冲击的堡垒，好像能制定出更强硬的法律政策。在行政法院的案件在R（环境机构）诉讼汤布里奇和莫林区议会的例子中，理事会关于允许临时住所建立在冲积平原的决议广遭诟病，因为它没有充分考虑保证有效性。布鲁尔诉讼斯温顿区一案中也考虑了冲积平原全面发展规划政策的相关性，并且在2007年国家环保总局在高级法院的裁决中面对一个地方议会得以胜诉，该案件试图为63户位于冲积平原的住宅公寓提供新的发展，而该地区最近受到了严重的洪涝。委员会被证实未遵循试验下的计划政策指导。在像利兹、谢菲尔德和曼彻斯特这样的城市，那里的规划者鼓励将新的高层居民区建在平原上面，承租人因为家园不再得到保险而提出法律诉讼可能只是时间早晚的问题。洪水的受害者可以使用由Ryeford家诉讼塞文奥克斯区议会的法律先例，其中针对洪水是否是因为过度发展而引起的问题，受害者与规划当局的意见截然相反。这个案子意味着如果造成损失，可以将一个理事会或发展规划的官员告上法庭。

那些缺乏对基础系统能力与数量的理解训练的规划者在新的发展以及新工作在什么基础上开展上受到限制。正如我们在利兹、谢菲尔德、考文垂和布莱克本看到的那样，那些无法应付类似洪水的极端事件的城市，一次又一次地被允许更多的发展。在2007年的洪水中，因为没有足够规模的设施来处理这些污水，这些城市的污水处理系统崩溃，许多地区肮脏的污水横溢街心。但在建议是否有新的发展会被认可这一点上，这些议题并未被考虑在内。公共交通系统的能力、学校的位置、医院病床位的可用性、发电能力以及城市的水资源量都未被考虑。

在当前的规划过程中，通常没有关于一个拟建建筑物的热或环境性能的详细说明，这是因为议员们在对建筑考虑规划许可之前，认为这是理所当然。所以那些决定是否建设的规划官员，或能对以下问题参加投票的计划委员会的成员，可能能对建筑温室气体的排放或水的用量对环境的潜在影响一无所知。规划官员和当选的议员将根据建筑规划的视觉效果或者他们在区域或城市中对未来的构想来对建筑进行判断。委员会可以批准那些时尚的、无遮蔽的、所有都由玻璃构成的建筑，并且仍然盲目地忽视它们在运行过程中的风险。在这个过程中，对于建筑控制官员来说，他们努力符合英国建筑规范要求，而议会将推广使用那些薄的、紧实的、光亮的、稳固性差的系统代替那些坚固的、传统的结构，因为他们希望他们的城市看上去更加现代，而对其性能的可能影响嗤之以鼻。

如果政府想要迎合欧盟标准节能减排的目标，那么没有诸如规划者、议员或环境委员会等关键的决策制定者的话，这将很难实现。这些人受过良好的教育并懂法守法。建筑将不得不在它们被规划许可之前就达到符合的标准。由于气候变化，建筑将不得不通过遮阳设施、颜色太阳能系统雨篷甚至风力涡轮机等来应对太阳和风，并且对于规划机构来说决定他们的通用规则申请，并重新训练规划官员的相关能力是十分必要的。每一个规划部门必须有一个训练有素的官员来处理技术问题。

对新一代的规划工具显然有明显的需求，它可以被用来系统地评估基础设施的系统容量。一系列的工具现在正在被广泛用于评估定居点的碳排放量，特别是由规划者悉心经营并具备公共友好性的地区，其以地图的形式表现。其中之一是 DECoRuM 的模型，它提供了一种自下而上的工具来达到建筑节能和减少排放。使用这些工具将最终在发展过程中通过新发展地区对排放额度进行补偿来减少地方的温室气体排放。

也应该强制开发商提供一份关于在未来的最终翻新和拆除费用的报告。毕竟在装修问题上，高层建筑通常会配合理事会而取得小额收益。翻新会付出极大的代价。此外，一些建筑物无法进行有效的实施，因此永远不应该去建设。建筑应该被设计得能被有效拆迁并且规划者应该被训练在他们同意建设这些建筑之前就理解其拆迁的各种可能。

英格兰和威尔士的减灾服务也亟待修改某些条例来处理突发的气候事件（这个系统在苏格兰已经修订）。1920 年的紧急权力法案以及 1848 年的民防法案，它们都通过规划系统发挥影响，它们已经在冷战结束以来在英格兰和威尔士更新了。

在民用偶发事件法案中，英格兰和威尔士的地方议会，包括规划部门，将形成核心的"地方韧性论坛"，任务是紧急计划，提供资讯给公众，风险管理建议，并确保企业继续经营。在第一时间英格兰和威尔士的议会对突发事件将会有一个法定义务作为"第一层反应"，尽管许多人认为这项法案可能会潜在地侵犯公民自由。

不同于地方、郡县、都市、同伦敦自治区委员会接受以民防授予形式表现的直接资金援助，但是面对气候变化，其价值也越来越低。在 2000 年，它就从每年 500 万涨到 1900 万，并且一直以来在这个水平。研究表明,在英格兰和威尔士紧急事件的实际花费是这个的两倍多，而且洪涝地区是不成比例地被惩罚，尤其是洪水泛滥。这些金额投入到了许多设施如重大伤亡事故的评估团队、化学泄露和移动净化中心，后者因核电产业泄露得到发展。有些郡县处在运输网络的枢纽，也承受着紧急计划的成本这一不必要的负担。

## 互联网及媒体

因特网是世界上最令人惊叹的不会过时的思想、机遇、策略和经验的来源。它是如此无孔不入，传播十分迅速，使得新思想瞬间成为普遍适用的法则。它也可以在明显"高端"信息的保护之下兜售议程和隐蔽的谎言。这个问题也适用于真实环境，一个搜索引擎比如谷歌，根据其使用的模式对信息进行分类，这个系统可以被聪明的网络管理员所掌控。然而，随着坚定的质疑，比如浏览一个主题的所有页面，许多方面的讨论将被宣扬，并且可以使人们在自己的家里对其进行全面认知。

新闻界在以关键信息对公众进行教育的方面也非常重要，比如，当我们浇花园的时候，一个小时的喷头用水相当于一个四口之家一个多星期的耗水量。这些信息可以改变习惯。城市的喷泉可以用来减少热效应。在2003年巴黎的火车驾驶员对于暴露在低氧环境下有明确严格的限定。一个设施经理已经决定关闭在伦敦的财政部建筑，并将所有人送回家里，因为它太热了以至于人们难以在2003年夏季正常工作。我们都从此事件中吸取教训并因此扩大了我们的适应范围去战胜极端。

这本书中的许多参考资料都来自报纸、杂志和互联网。这是因为：

- *变化是发生得如此之快。这个领域中的许多发展是如此之快，以至于书籍和期刊已经过时的时候他们会碰上新闻界。*

- *真理比幻想更奇特。许多小的、显然是断开的事实纵向脱落、集中权限研究者也许不会注意到他们自适应工具简单可行的原因。但是它们可能是非常重要的。*

然而，不利的是，这种"意见形成"的记者必须非常熟悉掌握问题，如果他们想要在更永久且有效的方向帮助扭转公众的思潮和政府的观念，他们需要在这些问题上提供一流的拷贝。

新闻主要部门的建筑通信者一直很糟糕地对待我们。许多人甚至不能称之为建筑师，他们接受诸如哲学、艺术和历史等相关学科，却不知道建筑如何运作。记者观察到，仅仅根据建筑外观的"哲学"和"象征"意义来描述建筑并不罕见。教师和学生对设计提出意见。这些意见反映了建筑学校对工作的评估。许多建筑新闻界的正式出版物正为提供有关建筑环境可持续性的报告而努力。但所有报告的重点被放在了建筑物如何执行上，他们被人们所欣赏。

然而，为了维护其既得的利益，建筑界千方百计地掩盖大众的声音。其中众人皆知的例子是一位英国的建筑业记着被其编辑勒令禁止对建筑做出公正的评判。这是因为一位建筑界的"名人"在该记者对其最新的创作大肆批判后勃然大怒。众所周知，许多先锋设计师都乐于据理力争。著作《建筑如何学习》的作者史蒂芬·布兰德，为了维护英国市场必须得再版该书，因为他指出了一位著名英国建筑师的作品运行费用昂贵。布兰德被以法律制裁威胁并收购了这批书，修改后才能再版，尽管美国发行的版本已然未经改动而流向市场。英国的法谤法能够维护任何部门强势群体的利益，抑制相关出版社的发行以及关于现实中的建筑到底如何运作的公众舆论。由于缺少舆论作用，英国诽谤法使设计师、客户及公众无法从自身及他人的错误中学习经验。

## 非政府组织

在英国，有若干个与建筑相关的非政府组织。2003 年，政府投入大量资金发展建筑与环境委员会（CABE），并在 2 月份将年投入资金从原来的 440 万英镑增加到 1000 万英镑。因而该委员会被赋予了新的任务，要保证在社区规划中新增的 20 万户家庭可以享受高设计标准。该规划包括在泰晤士河门户计划中投资 4 亿 6600 万英镑的计划以及在米尔顿·凯恩斯、阿什福德和 M11 走廊 1 亿 6400 万的投资计划。首相布莱尔许诺要亲自监督泰晤士河门户计划的进行。既然接受了资金赞助，CABE 就要为该计划保驾护航。倘若该计划在不远的将来会如火如荼地进行，但是否能保证这种状态能够长久持续下去？这个问题曾经是否进行了讨论？如果没有，这部分系统且利己的基础设施建设是否就应被予以否认？

如今，CABE 涉及到了建筑领域。在建筑学方面有价值的建筑应当受到法律保护，因此在 2003 年 11 月开展了建筑列名进程。CABE 在该进程中日益增长的力量受到了英国景观、文化遗产保护机构和英国皇家建筑师协会(RIBA)中传统捍卫者的质疑。RIBA 的会长乔治·费格森驳斥了这样的观点并说道：

RIBA 认为这些建筑在建筑学、文化以及历史当中表现出的重要性才是列名的唯一标准。

同时，他还提出，CABE 带头提出这样的观点会"腐蚀"列名系统，也会使英国文化遗产保护机构的工作重心偏移，而它本应是致力于评估建筑的历史重要性的。但是，CABE 在吸引资金投入并提高建筑环境质量和与此相关的教育水平等方面体现了其价值。那么，好的设计应由什么组成？ CABE 通过综合其成员陪审团的意见提出了对此的观点。但不幸的是，陪审团只是由那些只着眼于伦敦的所谓的"现代"建筑师组成，他们有时会提出偏颇的观点。任何一个非政府机构都有可能受到既得利益的影响。尽管 CABE 是一个高知名度的非政府组织，由掌握财力的个体领导，并拥有一定的势力，但还是不可避免的要听命于政府的安排。

## 建筑师

建筑师应具备怎样的价值观与责任感才能设计出好的作品？伯纳德·鲁多夫斯在他 1969 年出版的《人们的街道》一书中写道，（这种价值观与责任感）在某种程度上无疑是对当时城市中心野蛮重建的一种回应：

和医师不同的是，当今的建筑师并不关心大众利益；他们不会为城市问题而担忧或不安。但同医学界一样，建筑师们也从未迫切地要求制定道德准则来指导他们的职业行为，更没有类似希波克拉底氏誓言这样的行业约束。希波克拉底许诺说："我的团队必将会为了患者的利益，并尽最大努力确保他们不受伤害与不公正的对待"，这在建筑师的著作中也没有找到类似的表述。而且，唯一可能将责任感在建筑师队伍中普及的方法也受到了他们自身行业准则的驳斥。在自我膨胀意识的驱使下，建筑师们举行了各式各样的比赛，互相奖励并授予勋章，却不在乎在行业内部是否形成了道德约束。

建筑师注册局（ARB）依法来录取注册建筑师，不同于RIBA，后者实际上是一个由职业人员组成的团体。随着建筑师的社会责任愈发重大，ARB在其行业行为规范中做出了对责任与义务的相关规定：

在将要开展的专业工作或是工作过程中，建筑师应维护任何一个可能使用或欣赏其产品的人的利益。

……虽然建筑师的首要责任是要面对客户，但是，保持并提高环境与自然资源的质量，建筑师同样责无旁贷。

这些问题在法律上尚无明确规定。由于缺少充分的专家意见，建筑师依法进行努力与尝试并履行职责，以避免损害他人人身与财产的安全或是造成财政损失。

## 设计的代价是什么？一个道德问题

在之前的章节我们已经得知，现代享有盛名的建筑通常会为环境付出高额费用，比如在能源消耗、使用者与业主可能面临的风险等方面，这包括建筑清洁与维护方面的花费。这种对于建设"成本"的无视，体现在建筑物随着时间的推移费用将远远超过预算的逐渐增长的趋势上。当英国人为10亿英镑的"千年穹顶"买单时，这种对于客户利益的无视震惊了英国公众。由于建筑师漫不经心的大胆创新，而造成的如此破费也许会有所意味。

新温布利大球场的750亿英镑设计费最终将不得通过昂贵的球票来填补。随着预算由原来的100万英镑到2003年9月的170万英镑，伯明翰大学不得不取消了其具有里程碑意义的图书馆的建设。是通过提高伯明翰大学学生的费用来支付高昂的设计成本吗？是由威尔士人来为加的夫地区的威尔士国民大会日益膨胀的花费来买单吗？那里无法控制的花销已经导致无法正常按月对设计师付酬了。审计署不得不开始调查为什么原来的12万英镑已经上升到了超过30万英镑，并且试图阻止一些被证实为涉及到这个建设项目的空头支票的实践。

最明目张胆的超支是由加泰罗尼亚建筑师昂里克·米拉勒设计的位于霍利鲁德的苏格兰议会大厦。这栋大厦的成本从37万英镑飙升至惊人的375万英镑，也就是说在苏格兰，每户承担150英镑。事实上，设计师对于英国气候、苏格兰的人与建筑行业毫不了解，这才增加了这些荒谬的成本和未来失败的风险。米拉勒设计了许多复杂的窗户，让人们站在建筑的对面就为之一振。然而，在每一处细节上都可能导致问题。此外之后对于结构维护和清洁的花销也将是巨大的,这些出众的窗子在多风多雨的城市会形成冷桥而且会糟糕得一发不可收拾。尤其是我们预计未来的气候将会更加潮湿阴冷或烈日炎炎。一个错误的建筑上错误的决定会使气候变化更加糟糕。

## 竞赛和展览

很多人质疑超支在"设计竞赛"中的比重。例如,在 2003 年 5 月,欧盟委员会收到有关苏格兰议会建筑的 20 页的起诉书,上面声称米拉勒赢得了竞赛却也非法地对弱势参赛者造成了不利,并暗示在对出租合同、保密以及选址的政治偏见上有违背欧盟法规的嫌疑。有些人相信这些完全是根据当时的苏格兰领袖、已故的唐纳德·迪尤尔先生的偏好,将这个项目交给了昂里克·米拉勒。

我们所拥有的是一个这样的系统,在时尚的竞赛中的评判者包括那些致力于将某种特定形式构筑成权威构架的时尚建筑师。能够反映他们自己风格的便成为他们选择的比赛优胜者。他们制定了一个"大师建筑"的标准。通常,"图标"越大,对环境的影响越大。环境性能的几个要求很少在这种比赛中提到,这往往会造成建筑物在施工后的评估中被评为"梦魇"建筑。

2003 年 10 月在伦敦南部的德普特福德,拉班舞蹈中心赢得了 20000 英镑的斯特林建筑奖。评委包括小说家 Julian Barnes,Elastica 乐队的歌手 Justine Frischmass 等等。这个设计由瑞士队的 Hertzog 和 de Meuron 完成,其胜出是众望所归。这是一个密封的信封,靠水边的全空调建筑可以轻松舒适地进行自然通风,至少是部分的自然通风。在评审过程中媒体和评委中没有人考虑到它的环保性能,以及它目前和长期的运行成本。

知名建筑师在最好的场地进行展览。这是一个不争的事实,因为某些设计师主导着建筑新闻,各种竞赛结果并且 20 世纪后期的时代精神认为这些就是"大师"建筑。事实上,名人坐在板子上去选择著名的工作室的设计仅仅来标榜他们是全球卓越的。这是要建一个会倒闭商场吗?

## 建筑教育

工程师对于解决那些有关气候变化的问题至关重要,但如果对工程师的培养和训练能够多包括一些有关全球生命维持系统的内容,这些问题是可以防患于未然的。正是基于这些系统,保证了我们星球于茫茫宇宙中的可居性。

*HRH Prince Philip,写于皇家工程学院期刊 2000 年 1 月版*

2008 年,在由莱斯利·马丁爵士主持的首次牛津会议召开的 50 年之后,一次关于建筑教学的国际牛津会议再次召开。这个会议的介绍在网上可以搜寻到。在会上似乎有这样一个共识，英国和世界各地的建筑学院应该作出认真而严肃的努力，建立建筑产学研一体化。RIBA 主席 Sunand Prasad 等人认为，建筑学院早已不再培养知悉如何设计符合 21 世纪目标建筑的学生了。经过五年的教学，学生在为最前沿的建筑设计做准备，然而他们经常对实际和真实建筑物的设计、建造和细节知之甚少。有呼吁希望在教学中多增加建筑使用后的评估环节，学生走出课堂去记录真实建筑的优缺点。会议中还有对于过度依赖工作室式教学方式的争论，往往是工作室老师的设计偏好而不是每个学生个体的一技之长影响到建筑设计成果。人们很担忧他们对保护并提高环境质量和自然资源这些更大社会责任的担当，以及对客户利益的理解。

世界各地建筑学校的学生大都缺乏对教建筑性能的学习。M. 莱哈的博士论文研究了挪威建筑师如何看待诸如能源效率这类环境问题，并发现在学科教学中这些问题并不被关注。建筑师被认为比工程师更具艺术感，更专注于设计和形式。她把这个问题部分地归咎于建筑教育，因为许多学校的能源和环境课程是选修的。20 世纪 90 年代是一个由欧盟资助的产生大量示范性建筑的十年。虽然也许会将更多的资金用于使用后评估，而不是应用更节约成本的方法，即预测建筑物的性能，她还是强调了严格的法规和对示范建筑资助的必要性。

建筑环境教育中心（CEBE）资助的一份报告显示，可持续性很少被考虑在设计课程中，即使被考虑，这个问题也仅仅是被视为一个一次性的项目，或者是附加在现有项目上的小问题。很多学校都只有一两个老师教给学生运用可持续设计方法，但是 RIBA 和 ARB，这两个学校评估机构认为，应该坚持这门课程加入到所有的设计项目中。某学校的负责人说，他认为可持续性是否应该成为建筑教育的原动力，是一个见仁见智的问题。他的这个观点也代表了很多英国的建筑学院领导的想法。

技术教学通常在建筑学院被降级，那些曾经有若干单独老师教授照明、服务、建设和结构等课程的学校现在通常由一两个通才代替。他们往往会教案例研究，而不是让学生掌握建筑性能和运作的基本原则。在建筑学院中，绝大多数设计老师并不把环境当回事。也许这是因为他们自己并没有牢牢掌握基础或者是因为启发式与工作室式互相补充的教学模式在许多学校流行造成的。

低质量教学的一个后果就是学生们往往对他们的法定职责知之甚少。建筑师不太明白他们在有关健康和安全的法律下的职责。2003 年 5 月 26 日，健康与安全执行局（HSE）发表了一项研究设计师对 1994 版建筑设计和管理法规遵守程度的调研，发现建筑师对其责任的认识程度非常不足。2001 ~ 2002 年间 85 起与建筑相关的死亡事件中，比例最高的是坠楼。报告得出结论说，设计师往往规避自己在降低高处作业的风险的责任，他们往往不考虑如何改变自己的设计以使自己的建筑物能在更安全的方式下建造、清洁和维护。

## 建筑学院教授什么?

一些关于环境问题的最好的讲授是在美国的一些建筑学院里，虽然这些内容通常不被学院的领导支持和鼓励。这个结论是由一个非常不错的网站给出的，网站展现苦恼的洛杉矶加利福尼亚大学的建筑系学生正在失去他们接触实践的教学，而不是理论型的教学。

许多这类建筑物反直观的形式已经在很大程度上被"解构主义"影响。以下部分对解构主义的灵感来自于一个最近由 Nikos Salingaros 所作的关于这个问题的一篇文章。

解构分析是基于语言内在的不稳定性的和不确定性的一种分析文本的方法，读者而不是作者是决定含义的中心。这个概念由法国哲学家 Jacques Derrida 在 20 世纪 60 年代末。

解构主义将一个特定的文本或建筑分解，然后重新组合，使观者问到建筑师为什么要设计成为这个特定的样子，而不是以建筑的正式功能来看待这座建筑。建筑是建筑师的"签名"。

解构主义最明显的表现是在建筑，在由破坏、锯齿和斜面以及唤起的物理破坏为特征的建筑风格中。Salingaros 表示建筑理论已经接纳了解构主义以扭转建筑的主要原因——提供住所。建筑的目的——美学、美观、实用、功能化、居住和生活，正好是 Derrida 反对的。这种方式所产生诸如科研部门、大学建筑和博物馆建筑的随机性是自然有组织的复杂体的对立面。这些建筑的作用就是以混乱的形式巩固和完善宇宙的秩序。这真是一个鲜为人知的讽刺。

除此之外，一些行内的客户（包括专业人士），已经被引诱去用结构的方式去授权那些奇怪的建筑，那些建筑被同行建筑师欢迎但普通人却觉得它们丑陋、奇怪并且无用。警察在一个行人投诉大厦将倾的时候用警戒线把好莱坞大道隔离起来，这是在由 Daniel Libeskind 设计的伦敦城市大学研究中心中引发的一次轰动。

Salingaros 建立了一个详尽的蓝图，怎么样才能使那些建筑以及它的不可理解性对于授权建筑的人是可接受的。人们总喜欢不懂装懂，那些渴望掀起一阵风格上的潮流并以此赚得名声和利益的建筑师，排斥对建筑内涵的渴望以及对一些被视为先驱和创新建筑师的渴望，这其中还掺杂着不规则形状、复杂性、突发情况、混乱和它们更加传统的、也许是更加潜在的具有问题的现代化术语，比如透明度。

在他们最初迷恋于结构的时候，一些建筑师转而投向另外更广阔的设计灵感源泉，比如圆形和折叠。这个事实反映了结构不是一个可以被采用或来迎合建筑变化需要的方式，并且这也已经过时了。

世界各地的城市正在迎接下一代的圆形建筑。在英国，最初最有名的圆形建筑是在谢菲尔德的国家流行乐中心的四个银光闪闪的圆饼，但他们跟周围砖铺的街道是极不相称的。十年中，这个房子依然存在，它因为当地的组织无法支付高额的清洁费用而变得越来越脏。这

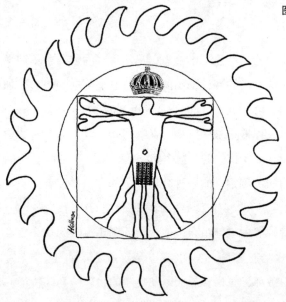

图 15.1 "皇帝没有穿衣服!" (© Louis Hellman, 2004)

个折叠的中心,尽管人们试图将这种可笑的建筑形式用于不同的活动,却没有一个活动令人满意。就像是圆屋顶,这些形状并不普遍适用。

英国最大的圆形建筑有四层楼高并且在表面装饰着 15000 块被涂成蓝色的铝制圆盘。它是位于伯明翰 BullRing 重点恢复区的基恩斯伯里超市,它由未来系统设计并在 2003 年的夏天开门营业。它被卫报的乔纳森·格朗希描述为"最顶尖的圆形建筑"并且它没有任何姿势去适应周围建筑物的背景。它被卫报誉为"建筑娱乐"。

所有建筑学校的年末展示都以圆形建筑和尖形建筑为主,很大程度上是因为许多教员都擅长圆形设计。这种设计与电子技术密切相关。圆形建筑的电脑图像让人叹为观止,许多计划标志着学校数字演示的质量,而不是它们是否说明了建筑能否正常运转,能不能被它的客户使用、喜欢,更不用说是否会影响到当地、区域性、全球的环境。很多建筑学校的老师不考虑它的必要性、适宜性或者并未提及实际施工或者建筑性能、建筑效益或功能。工作室教程在某些情况下使学生在五年的建筑教育之后几乎成为在实用性的基本科目方面的文盲。然后他们出现在不知情的实践者的办公室里。这些人希望在无聊的关于建筑是如何运行如何被建造的现实中教育他们,并赋予他们特权。

彼得·库克,巴特利特建筑学校的校长,本身也是个擅于作圆建筑师,他很担心他学生作品的晦涩性:

> 一些英国最有希望的学生正在创作连他们最有经验的导师都不能理解的作品,更别提客户、策划和公众……在上个夏天的展览中,我经常对默默的意愿和简短而自然的追求感

图 15.2　位于谢菲尔德的国家流行音乐中心
资料来源：Steve Sharples

到困惑和不解……和谁玩猜谜的可爱的东西……我们集体置身于晦涩难懂的设计怪圈中。库克说，他将在未来亲自检查学生作业以保证其水准和质量。

然而在英国，这可能会发生改变。一来是RIBA同ARB已经联合起来以保证教学标准达标；二来如果它们不能通过教育中的政策标准这一有效系统来取得学校的共识，也会促使其发生。

最有效的"排他性"技术之一是用来宣传传统建筑的不足、倒退、无创新性和守旧的。淘汰在教学工作室或市场上的传统建筑观念。

里昂·克里尔表达了与罗杰斯、福斯特相似的观念。英国传统"玻璃盒子"建筑的支持者手握大权，他们同意罗伯特·亚当的说法："这是如此教条式的攻击……他们相信未来是他们的，并没有其他的方法。如果你不同意他们就是对未来的背叛，而不能被宽恕。"不幸的是，适应性和灵活性是我们赖以生存的机制，而我们以白象建筑为终。而不断变化的气候也将促使白象建筑师的产生。

我们回到既定的传统设计概念之中。这种设计概念是以建筑学校老师的理论设计为代表的。

梅纳德·凯恩斯指出，我们被想法所左右，除此之外，束手无策……但这些左右我们的想法却只能在不变的世界里显得强大。这些想法天生保守，对其他想法不具攻击性，然而面对大规模冲击时，却无法抗衡。

玻璃房子周边的经济与环境背景正在迅速地转变。要应对这些变化，就要推动社会建立坚固耐用的建筑物而不是"游戏建筑"。因为前者可以适应这种变化而后者却不能。

鉴于证明未来建筑和城市应对气候变化的重要性，慢慢将会把建筑教育分为两个不同的部分。例如，设计低耗能建筑和低负荷建筑，一个是针对那些喜欢学习图形和数字技能的建筑师，一个是针对对那些更为务实的建筑感兴趣的。这些对学生将会变得很明确，他们将支付大学五年教育所需的钱，而他们会学有所值。

## 建筑行业的电力

在这个被政府、客户、新闻媒体、专业机构、争论不休的半官方机构所牢牢把握的建筑市场中，强大的企业主宰了2008年以前的建筑市场议程。在有政治影响力的关键岗位上的关键人物中，没有人比鼎盛时期的建筑师诺曼·弗斯特以及理查德·罗杰斯更有影响力。Rogers是政府前城市专责小组主席，也是伦敦市长肯·利文斯顿的建筑和城市化小组主席以及理查德·罗杰斯伙伴关系（RRP）的首席顾问。他起初在2001年4月被由建筑和城市规划部（A1UU）支持的小组任命为顾问。不幸的是，在他在任期间出现了一系列的"利益冲突"，其中包括他对首都未来的高楼大厦审议施加的压力。其他的利益冲突超出了他一系列项目的投标，尽管采取了一些特殊的照顾，以确保在议会冲突发生时，能确保他"置身其外"。任何人都不应低估如此一个人在市场力量的影响下依旧做"正确"设计的能力。

关于过多的设计集中在一小部分大型公司的现象被公平交易办公室关注，在2003年5月英国法规改良工作小组对公平交易办公室提出要求。由于他们声称中小型的设计和建造公司被排除在政府建造合约之外，必须质询政府的采购政策。这种垄断部分导致了已经大行其道的玻璃盒子的持续建造和对发展真正弹性、低负荷建筑的影响。当能源消耗表张贴在他们的大堂中时，那一大片失去生命的建筑将显得一文不值。

## 建筑设备工程师

在"居住机器"时代，工程师主宰建筑发展并不足为奇。建筑师们似乎很乐意将设计责任尽可能多地推给任何一个接手的人。他们经常将富于挑战性的设计给工程师，然后依靠他们"做设计"。

工程师试图利用原有的GLA总部建筑设计从而减少他们的工作量。他们设计屋顶玻璃，并试图通过上面的百页遮阳控制室内气温———一项只能通过使用较多能源来降低建筑物中室内热量的任务。问题是谁为建筑性能评级是F还是G承担责任：建筑师还是工程师？

当"现代"建筑在20世纪60年代开始过热时，工程师由于机械和管道工作而身价大增，能源问题几乎不存在，这对一些 20 世纪的工程师有了些许安慰。越是环保"创新"的工程，他们就获得越多报酬——他们可以有效纠正建筑师的基本设计错误。

如果我们曾经拥有过绿色建筑，就必须及时改变合约以确保工程师得到适当的报酬，以此来减少能源消耗，而不是通过合同鼓励增加能耗。工程师必须确保从建筑本身的形式和表皮的形式来减少成本和负荷而不是从昂贵的机器中减少。

由于建筑设备工程师的传统工作正在萎缩，他们不得不承受减少工程浪费 30% 的压力，工程师必须重新面对这样的商业氛围。而特里·沃尔特，这位 CIBSE 的前主席在 2003 年 4 月标题为"适应或毁灭"的就职演说中为这些工程师勾勒了未来令人兴奋的画面。他指出例如计算、测量、定位、协调、规范、造价、制造以及建造和装修这样的工作将会越来越少。他认为这是一个"填充三明治"的工作——一片面包设计简介、足迹设计、概念以及建筑预算，另一片是操作和维修工作以保证建筑的良好运行并应对未来变数。

他所代表的行业使建筑物得以运作。在建筑设计过程中，这种建筑知识将显得尤为重要。工程工作将在这个过程中变得越来越重要。他演示了如何使有远见的公司占据越来越多的市场地位，如 Colt 在遮阳方面，Nuaire 在特效空调系统设备上还有 Thermomax 在太阳能集热器上。工程师将成为提高建筑能效的关键成员。

他所见最大的机遇事实上是由于气候变化导致的政府在 2050 年前减少 60% 碳排量的努力，以及在未来的 20 年，能源效率和可再生能源将面临的目标。他将 2003 年的能源白皮书比成布下的战书。碳管理为服务顾问以及更广泛的行业提供巨大的机遇。建设设备行业有一个很

图 15.3 工程师试图利用原有的 GLA 总部建筑设计从而减少他们的工作量。他们设计屋顶玻璃，并试图通过上面的百页遮阳控制室内气温——一项只能通过使用较多能源来降低建筑物中室内热量的任务。问题是谁为建筑性能评级是 F 还是 G 承担责任：建筑师还是工程师？

大的机会，使其成为建筑管理的先锋。他建议将工程师发展成一个利用风能、太阳能、生物质能和水利水电相关可再生能源的专家角色。

CIBSE 通过高质量的年度会议与广泛地通知成员发展状况以及高效面对在世界变化中抢占先机的专家小组，来对他们的成员进行教育。其中之一就是开始计算未来气候下的建筑气候性能，气候变化小组开始为未来气候收集数据。他们希望能够为那些预计有 100 年建筑寿命的建筑测试未来的气候。

具有前瞻性的环境工程师或建筑师面临的另一个问题是目前国际标准中对建筑环境的定义。这些倾向于紧密控制和能源密集型建筑。这甚至适用于支持 EPBD 的欧洲标准。传统思想认为对环境的类似定义是必要的，但我们所需要的是稳定的低碳建筑，如 11 章所示的可预期的室内环境是人们乐意接受的。（见表 15.1）

（a–c）为室内气候制定的基于现有的国际标准（ISO），欧洲标准（EN）和美国标准（ASHRAE）标准的建筑分类。这个分类专为暖通空调行业而制定，鼓励主动式（和能源密集型）空调解决方案的使用。（d）鼓励从建筑物而不是高层次的节能空调系统上进行节能减排的分类系统　　　　　　　　表 15.1

| (a) ISO7730（为美国采暖、制冷与空调标准提出的建议） | | |
|---|---|---|
| 分类 | PPD/DR | PMV |
| A | <6%/<10%<br><3% ~ 10% | −0.2<PMV<+0.2 |
| B | <10%/20% | −0.5<PMV<+0.5 |
| C | <5% ~ 10%<br><15%/<30%<10% ~ 15% | −0.7<PMV<+0.7 |
| (b) EN15251：机械冷却 | | |
| 分类 | 适应性／预期水平 | PMA 范围 |
| I | 高：敏感的居住者高预期的建筑 | ±0.2 |
| II | 普通：新建筑 | ±0.5 |
| III | 可接受：现有建筑 | ±0.7 |
| IV | 低预期的临时建筑 | ±>0.7 |
| (c) EN15251：自由运行 | | |
| 分类 | 适应性／预期水平 | FR 温度范围 |
| I | 高：敏感的居住者高预期的建筑 | ±2K |
| II | 普通：新建筑 | ±3K |
| III | 可接受：现有建筑 | ±4K |
| IV | 低预期的临时建筑 | ±>4K |
| (d) 21 世纪的舒适标准 | | |
| 分类 | 可能性描述 | |
| A | 没有或较少利用能源进行空调调节却保证舒适的建筑 | |
| B | 一年中部分时间使用空调保证舒适性的建筑 | |
| C | 全年使用空调保证舒适性的建筑 | |

资料来源：Fergus Nicol

## 建筑的业主、住户和雇主

各组织有着一系列的策略以保证在未来气候变化和燃油短缺下的自身利益。所有企业，如今都有包括应对各种突发事件的应急方案在内的连续性计划策略。全球企业网络拥有他们推广的战略，列出一些如下：

- 对于较低楼层办公楼的偏好使建筑从拔高向低层转变。
- 不太明显的外部标识。
- 精心的大堂设计。
- 停车场的策略。
- 包括楼梯间位置和设计在内的疏散设计。
- 租赁和保险政策的安全术语。

极端气候和 2003 年夏天的停电，增强了企业和业主应对此类事件的能力。

根据英国法律，如果雇主没有制定适当的应急计划，他们可能会面临 HSE 的调查和起诉。设想一下，事故可能会出现电灯熄灭、电梯停止、或在炎热的气候条件下空调系统失灵。尤其当人们不明事故原因时，还可能造成恐慌性踩踏。特别是如果员工怀疑有恐怖袭击，会给人们精神上带来压力。很多雇主有应对火灾以及恐怖袭击的应急策略，同时这些被看做是很有必要的。这个领域的专家们根据 1999 年的健康和安全法规，认为有一个针对突然停电的应急方案也是必要的，法规中要求雇主对于工作场所的风险要有恰当和足够的评估。在极端炎热的 2003 年夏天的停电事故等类似问题需也考虑到未来的业务规划中。

当然，由于突然而持久的停电，还有一些其他的危险。更广泛的电力故障是可以预见的。人工光源、发电机和疏散程序被列为了主要选择，但为一栋高耗能建筑长时间使用的空调提供一台单独的备用发电机是不可能做到的。发生在停电中的事故，部分或全部会引起诉讼。HSE 对于起诉显得十分担心，因为责任对于合理的实用性是绝对有保障的，并且雇主也许会争辩他们所作的一切是合理的。有一种可能，那就是如果雇主按照 HSE 的指导来做，但仍旧发生了严重的意外事故，雇主很可能会要求 HSE 补助由此造成的亏损。

律师们评论了另一个层面的问题。根据建筑条例，消防安全管理规定使那些修建或改建建筑首当其冲。近年来，这意味着在发生火灾时要有合适的逃生手段，即在所有关键时刻都能安全且有效使用消防通道。但其中应急照明并没有被提及。虽然很难说，当电源出现故障时逃生线路不能正常运行是"合理的"。

雇主也有根据 1997 年的消防注意事项（工作场所）规例去提供应急照明的责任。违反这个规定是种过失但不触及民事责任。应急照明的质量可能取决于灯具的使用，当然，雇主的努力将确保法规得到遵守。那些办公楼的较低楼层由于缺少必要的自然采光，比起较高楼层需要更多应急照明。电池系统的定期保养也很重要。格雷厄姆·埃克隆警告说立法限制了电力供应局由于疏忽造成的停电事故的责任，这样很有可能难以对由于疏忽造成停电或电力故障而形成的经济损失进行掩盖。在 2003 年 8 月纽约的停电事故中显示了建筑中不论是简单还是复杂的应急照明系统都通通失效。

当建筑物被遗弃在极端天气中时，法律就会出现问题。2003 年 8 月，滚滚热浪下财政部大楼空无一人。我们已经知道自从 20 世纪 60 年代开始，某些建筑类型过度使用玻璃将会造成过热现象。毫无疑问，由于在学科公共领域的相关信息数量上的原因，在炎热的天气里，设计者对温度环境不舒适的建筑负有责任。这些将在法庭上做进一步的测试。同样，对于洪水事件造成的生命损失来说，由于重视不够，设计阶段的设计者们将再次被判有罪。

## 商务

全球市场在急剧演变的、灾难性的环境变化中不堪一击。各国政府不仅寄希望于银行，同时希望"传统的"能源型工业，比如汽车制造业或者航空工业（不包括石油工业）在提供工作岗位（和产业）的基础上得以保留。与此同时，又有来自"凯恩斯主义"的呼吁通过发展新型低碳工业来刺激经济复苏。如果建筑工人面临失业，为什么不让它们去给老式保温性能差的建筑安装保温玻璃呢？为什么不组织多余的汽车工人去修建风力涡轮机，就像在第二次世界大战中制造吉普车和坦克那样？政府的职责在于修建奥林匹克设施和更多有声望的建筑；无论如何它们都是行业的舵手。

商业联盟同样需要扮演他们的角色，他们不仅需要保证其成员对于新兴发展的绿色工业的兴趣能够维持，同时也需要保证他们工作地点的舒适。金属顶棚在夏季的过热、冬季的冻结或者超负荷的使用既不健康也不安全。一旦失去供应，过度依靠能源来保证其舒适和安全的办公室就无法继续维持。每个工作单位都需要有一位环保主管来负责向管理部门施压，以此来敦促其严肃对待气候变化和能源稳定供应的问题。

工商业在气候变化中对于一件事情似乎做得很好——回应市场。简单来说就是在暖冬玛莎百货出售的大衣比较少。2003 年米兰 7 月热浪来袭之时水的用量比同期飙升了 50%，同一周特斯科预计酷热中冰淇淋的销量将增长 100%，并派出了 500 辆卡车来保证全国的货物供应。同年英国的热浪使瓶装水的销量比前一年增长了 11%，这让制造商的年零售额达到了创纪录的 1 亿欧元。像供水工业一样，很多产业已经在准备各自的 50 年计划。小一点的季节性瓶装水供应商，其五年计划需要建立在良好的气候数据之上并慎重考虑。对于大的产品经销商，包括建筑行业在内，在对极端气候的应对时可能会使供应方式转变成就地即时供应，比如在交通堵塞之时，大型超级市场配备的应对冰淇淋大量需求的即时供应设施。

工业，包括建筑工业在内，需要对短期、中期和长期进行仔细计划，满足需求并从中获利。问题在于要预测天气非常的困难，所以对于这些工业来说掌握最好的资讯、预报和信息将使他们在快速变化的市场环境中保持盈利。

## 保险人

保险方清楚地知道症结所在；他们负责赔偿。面对水浸他们做好了特别的准备。记录洪水和暴风损害程度的系统已被研发。这套系统在一些试点上已经测试了洪水事件，并且由精算师、建筑师和学者来计算和评估。该系统也被用于协助建立英国国家洪水损失索赔数据库。

这套系统叫做 FASTER（洪水与暴风事件报告）。它不仅简化了资产损失的评估过程，并且为建立易损数据库提供了所有所需的数据，这一做法已经得到了所有保险业机构的认可。

虽然行业内的债权方显然不愿意这样，但是，由于改变现有系统的主要损失将在于流失理算员，消费者和技术担保人这些有关速率设定的群体，所以个别保险公司的索赔部门效益也将减弱。

英国的保险业可能会通过雇佣自己的观察员，或者培训政府机构的观察员来效仿英国国家建筑委员会和美国的商业及家居安全机构。在澳大利亚，保险业和抵押放贷机构在对于特定建筑物类型的标准设定上有更为独到的方式。这套称为"蓝皮书"的标准对于政府制定标准冗余起到了作用，因为所有建筑人员都知道必须服从这套标准，否则建筑将得不到保险，银行也不会给予贷款。

另一种方法是将新的建筑根据其质量和规格进行分类，这将使保险公司能根据其对风暴、地陷和洪水的抵抗程度来设置不同的赔率。这与一些汽车保险使用不同的分组方式类似：它将更好地反映风险，并提高改善公共环境。

保险业是气候变化带来的损失的主要承担者，不仅是因为其负责的、不断增长的赔付，另一方面也反映了其投资的大部分已经在于那些归类为高风险的建筑物。很多大城市的建筑都归属保险业，这其中也展现了显著的"信誉"发展。越来越多的人认为房地产是市场的高风险端。这是系统中的"阿基里斯之踵"。保险公司根据邮政编码规定办公室的赔率，忽视了独立建筑物或者空间自有的风险。对于位于一栋"标志性建筑"顶层的办公室的保险费用可能和一间中等城市普通办公室的相差无几。所以居住在有弹性的建筑物内的人在为那些最容易受极端天气影响的建筑物买单。这一不公平的现状只会持续到政府决定立法，规定建筑物必须为面临的风险支付费用，或者直至第一个明智的保险公司从无价值和高风险的建筑物抽身以致其能完全摆脱高风险建筑物的约束，根据实际的风险来面对面地谈论可能遇到的极端天气状况或断电事件，来提供公平、低保险额给低风险的业主。

9·11动荡之后，2003年3月，保险业要求建筑师不再为客户提供有关如何防止恐怖袭击以及安全撤退路线的建议，因为专业的保险赔偿政策不再包括这一内容，并且保险业界认为这已经超出了建筑师的职责。许多承保人在其对建筑的保险条款中已不再包括针对恐怖袭击的担保，因为他们认为除非专门制定，否则其不适合保险。

在2008年的金融危机中，英国保险协会采取了谨慎的措施来避免危机，并在2008年11月协会成员在泛滥平原上有义务承包的财产有一个大幅的下降。保险公司在财政困难时期会逐渐抽身，因为他们自身的生存能力也变得更加不确定。所以那些想在有风险的地址上开工的业主必须明白他们这样做可能得不到保险。不幸的是，邮政编码直到建设完工并且许多人购买后才得以分配。买房者需要注意这一容易误读的地方。

## 房地产经理

房产泡沫可部分归罪于不动产投资组合经理。但是，也许"价格升得越高，跌得越惨"。积累了高档次、高信誉的建筑组合的大公司已经面临着直线下降的价格。仅在2008年10月商业地产价格就下跌了4.3%，市场总值从2007年6月的峰值下降至近30%。10月投资物业资料库的月度指数显示商店、办公室和工业价格创22年历史最大跌幅。零售物业资本价值在10月下降了4.7%。截止到2008年末许多房地产中介机构已经倒闭，犹存的机构也缩减至骨干成员。在之后萧条的新市场中，建筑性能在销售中将起到至关重要的作用，正如建筑风格（样式）一样。这个行业需要更加关注诸如能源使用、建筑弹性、耐用性以及长期投资的问题，当前房地产市场急于提高质量证明了这个趋向。奇怪的是，地产代理把客户引入越来越有信誉声望的办公楼，而当信贷紧缩时正是这些办公楼因客户无力支付而空置。有多少公司、多少家庭因为选择了他们支付不起的建筑而在金融深渊中翻船？而房地产行业，若以房产价格为度量，又在多大程度上对把人们推入不负责任的投资（组合）而负有责任？

## 总结

令人沮丧的事实是如今我们设计和居住的建筑正变得日益耗能。问一问当地的医院、政府机关或者学校的设备管理者就能知道这一情况。但是我们拥有建造零耗能建筑的技术。这种状况非常复杂并且相互关联。但是状况已经显而易见，我们周围的环境正在急剧的变化。是该做出根本性改变的时候了。

- 这项改革必须由政府主导开始，通过颁布法律来做出快速、根本的改变（如同在二战中政府做的那样）
- 这一举措必须被所有人监督——个人和企业，建筑师和工程师——如果有必要的话，否则政府的努力将会被忽视。
- 为了保证改革的成功，还必须保证公平（就像战争中的供给），否则人们不会合作。
- 在这一进程中建筑行业将被彻底更替，各方面都有自己需要扮演的角色。表15.2给出了各方的行动建议。这一时刻就要到来。

## Omar Khayyam 创作的诗文

于1048年5月31日出生在伊朗的尼沙布尔，1131年12月4日去世

手指移动，划下字迹，

一直在创作，也将继续写下去……

不是你的虔诚和机智

能够让它停止，或者让字迹消失。

即使是你的眼泪也不能冲洗掉任何一个墨迹

以下是为了实现21世纪对建筑的彻底变革而从各个方面给出的行动建议　表15.2

| 参与者 | 行动 |
| --- | --- |
| 政府 | 1. 在气候变化中，政府需要对那些对人群有影响的政治决定负责并建立责任机制。<br>2. 对于气候灾难带来的损失，需要列出清晰的赔偿方案。<br>3. 建立国家规划机构，为例如2020年，2050年和2080年的气候变化作出准备。<br>4. 政府垄断委员会对建筑业的能源基地进行检查来避免利益冲突和垄断。<br>5. 在政策决定机构中给予当地团体和非政府机构等广泛的利益相关方席位。<br>6. 修订建筑规范，规定建筑必须自然通风，除必须使用的地方外，规定英国禁止使用空调机，规定所有建筑必须有拆除方案、应对极端天气方案、停电应急和撤退方案。<br>7. 以低耗能和零耗能为目标，通过推进提高建筑标准来鼓励低能耗方案。 |
| 计划者 | 1. 所有计划者必须接受建筑类型和建筑性能的培训。<br>2. 所有计划制定部门都有熟悉建筑性能、建筑能源、碳排放计量、系统运能（包括能源、污水、自来水和雨水、学校、医院等运输系统）、会计和再生能源等的专业人员。<br>3. 在颁发施工许可前，规定建筑在计划申请阶段必须递交能源效能认证说明。<br>4. 对新修的建筑进行预计整体性能和实际整体性能的对比。<br>5. 所有建筑必须递交翻新和拆除方案。<br>6. 所有建筑必能够自然通风。<br>7. 所有建筑必须在设计阶段就有对洪水、断电和极端热、寒潮等状况的紧急应对措施设计和全面撤离计划。<br>8. 在洪灾中，所有部门应有对可预见未来的修理支出计划，并且明确责任归属。<br>9. 每处建筑在允许施工前都必须分配邮政编码，并且保险费用应该作为计划申请的一部分。<br>10. 发明新的方法来评估目前和以后天气状况下的基础结构性能。 |

| 参与者 | 行动 |
|---|---|
| 网络和媒体 | 1. 赞美 21 世纪的建筑，雇用懂行的人来对建筑在天气变化之中的表现进行生动的描绘。<br>2. 争取对建筑性能报道的言论自由。对于在报道中、展览中和奖项中表现差劲的建筑，必须不惧怕对那些有影响力的设计师而诚实地报道。 |
| CABE | 1. 委员会的大部分收入应该用于对能力建设的专业设计和落实在对业主占有资产的评估上。 |
| 建筑师 | 1. 所有欧洲能效认证的建筑必须分别按照排名、设计师和建筑类型在 RIBA 网站上予以公布。<br>2. 所有建筑的设计必须能够自然通风，并且能在极端天气状况和停电之时提供足够的避难场地。<br>3. 所有设计竞赛都必须要求评判者对建筑性能有充分的考量。<br>4. 整合包括皇家艺术学会的夏季展览在内的所有展览和竞赛中郊区与城市部分的讨论与判断。 |
| 建筑专业教育 | 1. 所有学校必须强制开展面对实地条件和客户要求的建筑业务学习。<br>2. 所有职教人员必须长期接受校方开展的最低程度的关于建筑性能和可持续性的培训。<br>3. 所有学生需理解人体舒适度、居住者满意度，掌握建筑的能源使用和对老建筑的评估。<br>4. 学校应该用有真实用途的建筑类型，比如学校、办公室和医疗服务站等实例来进行教学。<br>5. 所有学生应该参与至少一个低碳建筑的设计。<br>6. 所有学生应该接受有关建筑正面开窗面积比例、如何使建筑自然通风的学习和设计对于极端天气事件和能源中断有弹性应对能力的建筑。 |
| 建筑工程师 | 1. 鼓励签订根据建筑系统性能表现而不是建筑的暖通空调设备数量来给予设备维护工程师报酬的强制合同。<br>2. 为了使当下的建筑能够适应未来气候，设计师应拥有充分的未来气候预报数据。<br>3. 相比于给建筑安装那些可能没有用途的设备，建筑安装工程专业的学生应该照惯例学习被动式建筑安装工程，包括自然通风的用处、保温隔热效应和嵌入可再生能源系统和低碳设备模式。 |
| 业主和经销商 | 1. 把需求向发展低耗能、低碳和对极端天气和能源供应中断有弹性应对能力的建筑转移。通过更多的初期投资来获得那些循环投资、长期获益的建筑。<br>2. 投资并且推动新型低耗能产品的发展。<br>3. 商业联盟需要严肃对待气候变化带来的危险并保证其成员的工作。 |
| 保险业 | 1. 为每个地方机构的计划部门研发一套中央系统来使他们了解各个地点的保险适用性和风险评估，保证每一份申请计划都清楚包括这些内容并公之于众。 |
| 房地产代理商 | 1. 利用欧洲效能评估来理解并宣传低碳建筑的发展和走向来提升其价值。 |
| 建筑产业 | 1. 改变赢利模式，回归价值。投资那些具有可重新装修的建筑。<br>2. 在每个项目中按惯例进行碳消耗计量和周期循环成本核算。<br>3. 与各方面共同合作。<br>4. 重新雇用过剩的员工来对建筑进行整修以减少其能源消耗。 |

# 第16章 基于3℃气候变化的建筑和城市设计

## 引言

我们可以清楚地看到，气候变化对人类的影响正在逐步扩大。当今社会，人口急剧增长、资源消耗日益增加、环境污染问题越来越严重。对于能源供给、食物生产、材料制造、客运和物流、供暖和降温来说，石油和天然气都扮演着不可或缺的角色，而且，随着能源短缺和分配不平衡的问题愈演愈烈，石油和天然气将会显得越发重要。2008年7月，石油价格飙升到了150美元每桶，但是在食物和能源价格疯长的同时，房价却在急速下跌。过去的石油帝国成就了我们于马斯洛三角顶峰的追求，然而现在我们正在见证帝国的衰退！这个国际化现象正在发出警告：我们最终会从马斯洛三角（图表16.1）顶端坠落。在最后一章中，我们将会根据整本书的内容，重审我们的期望、重建已有的基础设施、并改进欠妥的生活方式，让我们可以更好地适应这个全球变暖的后燃料时代。

2008年的10月，罗斯·戈瑙特发表了一篇较有影响力的报告，报告指出了气候变化对澳大利亚经济造成的影响。在2005年，英国的斯特恩也做了类似的报告。戈瑙特警告说，是时候面对现实了。他指出我们必须要清楚地认识到目前全球变暖的程度，而且我们应该努力在接下来的众多决定性行动上达成一致，否则将会造成"永远无法弥补的"伤害。

这些专业的报告和演讲让我们了解到地球环境的现状。建筑设计师和开发商本应该为21世纪的社会和经济提出一个可行的转变模式，但是，他们由于一些"潜规则"，仍建造出更加裸露、更加脆弱的高耗能建筑。我们应该理解这样一个悖论——建筑本身产生了大部分的温室气体，而且在面对气候变化带来的灾害时，建筑是我们第一道也是最重要的一道防线。

即使是在最新的建筑规范和建筑评级标准里，一些高耗能建筑也被堂而皇之地被冠以"绿

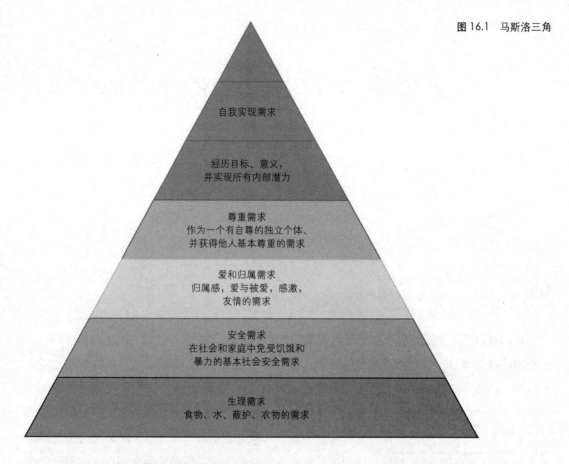

图 16.1　马斯洛三角

色建筑"之名。我们鼓励在有洪灾风险的平原开发新的项目，理由是"我们担负不起放弃这些地方的损失"。我们为一代又一代的有着"高效、绿色"机械设备的"可持续"建筑颁发设计奖状，但却从未想过，若从一开始就对建筑进行精心地设计，即使是最基本的实墙和窗户也能取代这些设备。

人们期待建筑可以低碳并且低调，简单而且健康，但是这种建筑却迟迟没有出现。我们常常吹嘘新建筑的节能与环保，而事实是这些建筑的实际碳排放量和能源消耗比预期高出 10%～50% 或更多。在这些建筑的运行模式中，人的行为阻碍了整个系统的正常运转。但是，就像船需要人掌舵一样，被动式建筑也需要人们理解其运作方式并更好地控制它。船没有了舵手便不能航行，飞机没有了飞行员也不能飞行，一个配备了复杂系统的建筑又怎能独自运作呢？建筑不是居住的机器。和飞机、轮船一样，建筑与人和自然环境（包括气候）组成了一个复杂的系统。

据拉雅·古普塔估算，只需要 2000～2500 亿英镑，英国的每个家庭住宅便可完成被动式建筑升级。如此一来，这些建筑就可以降低超过 60% 的矿石燃料能源消耗量和碳排放量。

此举还可以促成低碳工业的持续进步，为社会和经济的健康发展打下坚实的基础。如果这2000～2500亿英镑由政府和公共投资共同承担，那么英国政府每年只需要拿出120亿英镑，持续十年，便可使得每个公民过上本应有的高品质生活，实现我们对后代的承诺——为他们留下一个更安全、可持续发展的世界。为了让大家对这一数额有更清楚地认识，我们列出了如下数据：2008年，美国银行支付给高层的奖金是150亿英镑，而这一年大多数机构正在金融风暴中挣扎；诺贝尔和评奖获得者约瑟夫·斯蒂格林茨指出，2008年，伊朗战争中，美国单方面就耗费了1.1万亿英镑；2008年，为了填补很多因不合理投资导致的财政黑洞，英国纳税人向英国银行缴纳了460亿英镑的税款，在未来，这个数字预计会增长到750亿英镑；2008年，英国财政基金中，小型投资者总共流失掉了200亿英镑；英国核退役管理局（NDA）在清除现存的核电站时，需要大约为800～1000亿英镑资金，那些核电站大多分布在苏格兰的敦雷和坎布里亚的拉斐尔得。目前NDA的储备资金为700亿英镑，这笔资金仅够2009年一年的花费。他们声称核电的价格会变得非常低，而事实是每个新一代核电站将会花费100亿英镑。我们花费了这么多的资金去确保有害工业的安全，而且我们对处理核电站大量废燃料存储的问题还束手无策，更没考虑燃料长期储存的花费。

在通往可持续发展的未来世界的道路上，我们应该如何做出正确的抉择呢？问题的关键在于了解我们在未来的定位，然后制定有效的策略去实现它。

## 我们应该制定什么样的目标？

我们需要在建筑和城市的重新设计中投入多少金钱与精力呢？这取决于气候变化的程度。如今，虽然气候的急剧变化在这个后矿石燃料时代造成了很大的影响，但是无论是政府决策者还是普通家庭成员，很少有人明白问题的严重性。在气候急剧变化的后燃料时代，这个问题关乎我们的生死存亡！

为了阐明这种问题的急迫性，我们根据斯特恩在2007年的气候报告，重新绘制了一张表格（见347页）。图16.2简单标出气温的升高分别在建筑、社区、地域和国家层面上产生的影响和后果，同时表中还强调出我们必须抓住稍纵即逝的机遇，以建立对抗气候变化的恢复系统。气候变化有可能造成灾难性的影响，千里之堤，毁于蚁穴，我们要谨记这个道理。

IPCC在第四次评估报告中，提出过一个全球温度上升曲线模型。该模型的制定参照了A2中高碳排远景（见348页表16.3），并以常规温室气体排放量为预测依据，利用它，我们可以看到未来全球变暖的残酷程度。如今全球平均温度已经比1860～1990年升高了1℃左右，而且到2045年，全球平均温度将较现在再升高1℃。在过去要经过150年气温才能上升

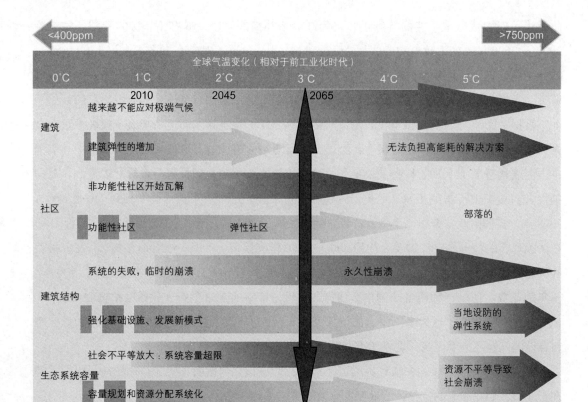

图16.2 建成环境中快速增长的风险：在资源约束下，面对气候变暖对建筑、社区、建筑基础设施和生态系统造成的后果。表中结果综合了几项多领域研究的成果，显示了气候变化造成的影响。箭头反映了特定影响所对应的大致上升温度，箭头颜色渐变表示了风险和影响逐步增大的变化过程。表中温度已经包括工业化后升高的0.5～1℃。如果我们继续无视这种变化，我们很有可能会让气温上升突破5℃。
资料来源：Sue Roaf after Nicholas Stern

1℃，也就是说，再过30年左右，全球平均气温便会高出2℃。我们暂且把这一时期定义为危险期。按照这一规律，到了2065年，也就是说紧接着再过短短的20年，全球平均气温将会比1860～1990年高出3℃，这时候，我们已经进入了警戒期，而且随后，气温上升会更快。

在对未来的计划里，我们有很多种方法来设定可行的目标。第一个方法是预测（第2章）。我们已经经历了温度上升1℃的时期，根据目前所面临的危机，我们可以对未来情况进行合理的预测。第二个方法是反推。我们首先确定一个未来的日期，考虑规定范围内所有可能利用的资源，推演出我们在那时所处的状况。为了使下面的讨论富有意义，希望读者们认同我们做出的假设，即：将到达2℃升温的大致时间定为2045年，将到达3℃升温的大致时间定为2065年。如果我们打算在接下来的几十年里，在建筑、城市和社会之中建立真正的弹性防护设施，那么现在就迫切需要着手计划了。计划应该利用2℃和3℃升温警告作为标志，进行两

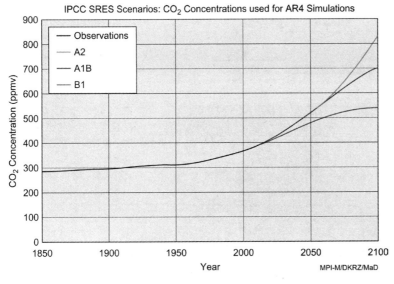

IPCC SRES Scenarios: CO₂ Concentrations used for AR4 Simulations

图16.3 根据 AR4 IPCC 报告中的 SRES A2 远景，粗略的计算得出的全球平均温度比1860—1990年平均温度分别高出1℃、2℃和3℃的时间。
资料来源：Sue Roaf and www.ipcc.ch/SPM6avr07.pdf

个阶段的改进。虽然目前建立的气候模型情况良好，但也不是绝对可靠的。它不能预测一些具体的气候事件，例如火山爆发、地震或者山体滑坡。不过气候模型可以让我们对温度的上升程度做一个大致的估计，帮助我们为以后的生存制定适应性策略。

从9～11章中，我们可以看到，在极端气候条件下，不论是在建筑还是生活方式方面，人类所表现出来的应变能力都是非常惊人的。但另一方面，在"现代世界"里，我们被机械支配、严重依赖于矿石燃料，却常常忽略了设计的重要性。我们也知道，从生理角度上来讲，人毕竟也是动物，只有在一个有限的温度范围内才能生存。该范围的限制虽然在不同地域有很大的差别，但是一旦温度超过一定的界限，无论是对于当地的适应性群体还是其他个体，体温过高甚至死亡都可能发生。

我们是承前启后的一代，有很多知识需要学习，也需要重新审视和改进那些曾经用于保护自己的传统被动设计技术。我们面对的挑战是如何在21世纪地方性的适应性建筑设计中，结合最优的新兴低负荷设计技术。根据预测结果（温度变化的近似值和变化幅度）我们需要明确一个方向，尽量减少这些气候变化带来的损失。可如今我们还在增加温室气体的排放量，显然我们还没有走上正轨。如果这种情况继续下去，当我们的子孙长大，我们给他们留下的只有混乱的气候环境。

一些建筑服务业的成员们在为空调设备销量继续高涨的前景而高兴，因为他们可以从中获益，然而他们却并未慎重的考虑这些空调设施最终带给他们子孙的将会是怎样的环境系统；现在，由世界上的建筑学校培养出的年轻的建筑师，都没考虑过自己设计出来的建筑会对我们子孙的未来带来什么样的影响；政府的放任主义更关心的是少数权势的利益而不是其公民

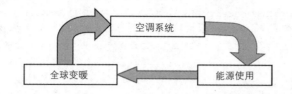

图16.4 空调设施、温室气体排放和气候变化三者间的反馈循环
资料来源：Fergus Nicol

图16.5 一个巨大的复活节岛石像，在拉帕努依岛上。这个图腾暗示着复活岛已不堪重负。
资料来源：Cliff Wassman

的利益。如果这些情况不被及时改变，不论是政府还是我们都将会更早地遭受到大自然的报复。现在，银行部门弄得自己声名狼藉，我们的情况也和银行类似，在我们身边的建筑设计、买卖和建造过程中，也到处都存在这种拉帕努依恶性循环模式的迹象。

拉帕努依，或者叫复活节岛，是一个位于太平洋的小岛，面积仅为166平方千米，人迹罕至。它距离最近的城市塔西提岛也有2000英里。当小岛的资源无法满足持续增长人口的需求时，由于他们没有找到合理的应对方法，自己毁灭了自己！比如，当小岛农业用地不足时，他们决定砍掉所有的树木，而这些树木却都用做了燃料；又如，他们醉心于创造巨大的石刻图腾，却从未想过建造独木舟离开已不适生存的小岛。最终，他们开始自相残杀。很多理论家认为复活节岛上发生的事情是对我们的一个警告，他们把这件事称为拉帕努依式恶性循环（图16.5）。

## 针对3℃气候变化的设计

为了更清楚地表达我们对未来建筑设计发展方向的建议，我们将根据气候变化的程度，分三个阶段进行讨论，具体如下所示（表16.1）

预测：通过粗略的趋势分析，我们在这里提出建成环境的温度升高时，

不同地域可能会出现的功能缺失和可能的适应性方法（阴影处）    表16.1

| 温度 | 建筑 | 社区 | 基础设施 | 系统容量 |
|---|---|---|---|---|
| **上升1℃** | 一切照常 | 一切照常 | 一切照常：集中的 | 一切照常：全球市场 |
| 拒绝承认 | 糟糕的建筑形式/空调推广 | 强迫集中居住<br>社区不平等 | 道路扩建/航空事业膨胀<br>设施维护不良 | 缺乏约束<br>市场渠道不平等 |
| 低碳建筑 | 低碳建筑<br>材料发展<br>嵌入式可再生构建 | 气候变化应对计划<br>太阳能/低碳城市<br>转型城镇 | 新型公共交通<br>当地能源服务公司<br>本地水处理 | 本地食物运动<br>碳排放计算<br>社区模型 |
| **上升2℃**<br>功能失调 | 濒死建筑<br>建筑舒适度差<br>安全问题 | 公民抗议增多<br>社会崩溃<br>群体冲突 | 道路/桥梁失去作用<br>空中旅行减少<br>公共交通负担过重 | 资源短缺<br>交流困难<br>机会不均等 |
| 意识+科学 | 零碳建筑<br>水利能源储备<br>正确而有力的规章制度 | 保护脆弱群体<br>社区投资<br>建设暴露 | 地区网络<br>基础设施当地所有<br>维护其优先权 | 资源计划<br>资源收获多<br>平等渠道 |
| **上升3℃**<br>崩溃 | 大量建筑废弃<br>区域不安全<br>避难所不合适 | 气候加重民众动乱<br>政府崩溃<br>地区冲突 | 系统衰竭<br>气候破坏<br>机会不平等 | 不平等渠道<br>资源短缺<br>人口 |
| 建筑作为触发器和存储器 | 厚重、原始、高质量的建筑与可更新构建整合<br>被动制冷，<br>自然通风，可移动，<br>遮阳 | 避免不平等现象<br>凉爽的城市小气候<br>适合步行的城市 | 强化核心设施<br>分散式<br>本地控制 | 在建筑和城市等级存储水和能源<br>平等分配 |

资料来源：Sue Roaf.

# 1℃：否认与逃避

目前，全球平均温度比1860～1990年高出1℃。但是大多数设计师和决策者仍然漠视或者否认从本质上改变建筑的发展进程的必要性。许多人看似支持"可持续发展"，但他们的言行却明显不一致。英国政府和相关行业一方面吹嘘自己的可持续社区和零碳建筑，另一方面，在制度和政策的制定和实施上，还是倾向于开发商和制造商的利益，对他们的廉价建筑和在泛滥平原上建造行为放任自流。推广某些法定和自发设计安装的设施（例如空调系统）阻碍了被动式、低能耗、自然通风的建筑的发展。我们明知减少温室气体排放需求的迫切性，但仍然在不断建造产生更多温室气体的建筑（就像希斯罗机场第三跑道）。类似的悖论也是我们在2008年之前金融市场调控失败以及英国机场盲目的扩大的症结所在。这种情况就像在房间里有一头大象，但却没人注意到它。这是因为贪污？还是资本主义体制问题？亦或是决策者的愚蠢、自私？还是他们故意忽视、玩世不恭？最近曝光的政府高层官员们之间的买卖行为告诉我们上面列出的所有原因都存在。

在可持续发展领域，强调任何单一方面的重要性的行为都是可笑的。我们可以看到，在英国可持续性住宅的评价标准里，能源利用和二氧化碳排放的情况应该从"建筑围护结构热损失降低参数"，转动支架情况，外部能源照明设施效率三个方面来评价（各占 2.5 分）。如果把低能耗建筑设计比作七巧板的话，那么建筑外围护结构设计则是其中最重要的一块，而转动支架和外部照明设施是最廉价的一块。根据美国的 LEED 评价系统，建筑必须安装中央空调设施，才能满足规范中"能源高效利用"的要求。与图 16.2 类似，表 16.1 也列举了可能的适应性发展和功能失调情况。难道这些问题还不足以敲响警钟吗？

事实上，即使是一些极富声望的"绿色"模范人士、群体或组织仍没有真正地触及到建筑节能问题的核心，他们似乎名不符实。在全球范围内受到盛赞的生态斗士 Bono，最近打算在贝尔法斯特中心建造一个新的高耗能玻璃盒子大厦；还有所谓的生态环保先锋肯·利文斯顿，一方面在伦敦运输业上实施了最前缘的节能策略，另一方面却想在伦敦建立成群的玻璃高楼。我们对机场和燃煤发电厂持有明确的反对立场，却对一座座浪费能源和水源的建筑无动于衷：如果要在城市中建立一个 10MW 功率的玻璃高楼街区，可能没有人会站出来反对。阿拉伯投资商妄想建造一个"超越过往"的建筑，以满足自己的虚荣与野心，于是便有了夏德大厦（The Shard）。伦敦并不缺办公楼，该建筑给伦敦市民所带来只是能源短缺与环境恶化。再进一步说，为了解决这些能源和环境问题，伦敦市民又会花费巨额费用以建造新的交通站、水厂和电厂。

对上述事例，决策者和一般公众似乎一无所知。另外，我们必须强调，如果这栋恐龙式的建筑从未被建造，如果英国的每一栋建筑都消耗尽可能少的能源和水，同时收集和储存自己的一部分能量，那么，我们就不再需要开发新的燃料，不再需要建设新的核电厂和水库。同时，我们还可以用节约下的资金拆除或者更换低效、危险的建筑物。我们必须了解，破坏建成环境的真凶并不是那些政府要求拆除的北方连栋建筑，而是矗立于城市中心的玻璃高楼！在未来，谁又会为拆除这些玻璃高楼买单呢？毫无疑问，仍然是建造他们的伦敦人。

使用欧洲建筑能源效率指令（EPBD）对建筑实际性能进行测验，是目前最权威有效的建筑节能评估方法，其先进之处在能够对使用中的建筑的节能表现进行整体评估。这种评估方法能揭下许多所谓的"绿色建筑"的面具。然而，说客们又出动了。经过他们的游说，伦敦政府放弃了 EPBD，这种正确的评估方法，仅仅要求对建筑运行结果进行模拟，把模拟结果作为评估指标。事实上，这种做法变相的降低了节能标准，其目的只是为了吸引建造和设备公司的投资，以满足少数人的个人利益。

我们必须尽快建立正确有效的知识体系，以应对日益严重的环境危机。留给我们的时间已经不多了，所以我们行动的速度和效率显得尤为重要。然而，许多从事英国公共事业（水利、交通、天然气、电力）研究的相关机构已经进行了私有化，这大大削弱了我们应对危机，提出有效方案的能力。英国建筑研究所在 20 世纪 90 年代的关闭，是一个巨大的倒退。这座研究所被视为当时世界上最好的建筑研究组织之一，它着力于基础科学的研究。而当它被关闭后，取而代之的私立研究公司却把主要精力集中在短期产品开发上，不再支持基础科学的研究。英国很多相关方面的科学工作者都在这一阶段中慢慢流失了。但值得庆幸的是，一些国家仍然保留着国立研究机构，比如位于澳大利亚的联邦科学与工业研究组织（CSIRO），该研究组织仍致力于全球范围的研究，同时也对当地需求做出积极回应。

## 1℃：过渡一代的回应

尽管在许多地方，保守势力仍牢牢控制着建成环境未来的发展方向，但是还是有有识之士看清目前我们所处的局势，积极投身于相关事业之中，包括推行绿色建筑和社区设计，提倡水的高效利用和再利用，设备运行高效化，注重提高人们的生活质量且降低能源消耗，推广与发展运输业和城市农业等。我们对那些非政府组织工作者们表示深深的感谢，其中包括地球之友（Friends of the Earth）、绿色和平组织（Greenpeace）、反对气候变化运动组织（Campaign to Stop Climate Change），特别还要提到世界自然基金会（WWF）（前身为世界野生动物基金），这个组织建立在 Ralph Rookwood 和城市与乡村规划联合会的基础之上，并且为发展低碳可持续建筑、社区做出了重要贡献。其他年轻的新兴组织，像人与地球组织（People and Planet），激励学校和大学生在未来发展中成为引领变革的先驱，它们的影响也非常重要。目前，一系列的城市运动也正在展开，比如低碳城市（Low-Carbon Cities）和京都城市（Kyoto Cities）运动，太阳城市运动（Solar Cities Movements）；在英国，发展最为迅速的是城镇转化运动（Transition Towns）。这些运动在小组团中、组织间甚至城市范围内都进行得非常成功。我们的建成环境在建造之初，并没考虑它可能对全球或当地环境、经济或社会造成什么样的影响。那时，我们目光短浅、固步自封、利益至上！

当个体在独自面对强大的政治手腕时，常常会觉得有心无力（在金融世界可能也有相似的情况），但当个体联合起来形成组织时，情况便大为改观。如果这些小型组织能联合起来，组成一个高度可信的过渡联盟，共同制定行动的路线和计划，一定会比那些依靠公共资金运行的政府部门和半官方机构发挥更强大的作用。这些部门和机构仅仅实施当前的政府项目、评价系统和规章制度，只能永远停滞于一切如常的模式之中。面对强大传统力量的束缚，平时毫不起眼出版物、组织和网站反而能扮演特别重要的角色，能在传递知识和信息方面发挥巨大作用。

## 2℃：功能失调的社区

当升温接近 2℃时，燃料危机、资源短缺、成本上升和政府无作为等问题会逐渐凸显，世界范围的社会环境也会更加的动荡不安。2008 年 10 月 24 号，数千名 70 岁以上的老人涌入了都柏林的大街，因为他们被告知以后必须自己承担医疗护理费用，他们对此非常不满。与他们并肩游行的还有许多学生，因为学生们不得不开始支付大学学费。20 世纪早期，外国政府打压都柏林"布尔什维克主义兴起"，造成很多工薪阶层死于饥饿。所以目前城市中传统资本主义的衰落，激起了年轻人和老一辈的共同愤怒。

2008 年 12 月，希腊首都雅典爆发了长达几个星期的暴力冲突事件。事件最初只是个别不满的青年们的闹事，后来逐渐就演变成了愤怒的公众的罢工和游行。游行爆发后，在雅典以及欧洲其他城市，年轻人也制造了多起事件。整个 2008 年，社会动荡席卷全球。在美国，金融危机导致许多产业和公司崩溃；在中国，玩具厂工人们失去工作，游荡街头，这也归咎于美国市场的萎缩；在孟买，面对恐怖分子的频繁袭击，政府和安全服务机构束手无策，社会公众毫无安全感可言。不稳定事件的名单还在不断增加，然而这样的事件不仅在欠发达地区发生，在发达国家的核心地区也屡见不鲜。随后，在 2009 年 1 月，冰岛成为第一个政府破产的国家，紧接着其他国家也开始有了类似情况。追根溯源，这些现象其实都和社会不平等有关。在一个不平等的社会里，公众总会找到方式表达他们的不满。

里查德·威尔金森在他的《不平等的影响》(the Impact of Inequality) 一书中指出，社会不平等对于社会健康影响恶劣，所有的社会都是因为社会不平等问题而逐渐走向衰落的。他同时也指出，缓解社会不平等程度是应对社会挑战和解决社会危机的普遍方法。例如，二战时期，政府正是因为很好地缓和了社会不平等问题，才使得社会群众在大战面前精神振奋、斗志昂扬。

我们也能在欧洲找到同样的例子。在二战期间，英国的收入差距大幅度降低。一方面，这可能是因为战争的影响，使得失业率的下降，就业人员收入差距减小，另一方面来看，政府在战争时期实施了许多针对性的政策，促进"大众团结合作"，这也是收入差距减小的重大原因。在此我们可以引用 Richard Titmuss 的文章《战争与社会政策》的结束句，他写道"不平等现象必须被减少，社会等级金字塔必须被推翻"。二战时，为了确保平等分担战争的负荷，并保证平均分配战时资源，政府的策略是：对于富人，大幅度增加税收，并规定奢侈消费也必须纳税；对于穷人，则补贴必需品，并开始限量供应食物和其他货物。1941 年的贝弗里奇报告（该报告为福利国家的战后发展拟定了计划，包括国家卫生服务组织的建立等）的目的也在于：展现一个人人平等的未来，为战争时期的所做的努力赢得更多人民的支持。尽管战友之情部分源于面对共同敌人时的团结，但它其实也来源于人们对社会公平的认可。如果人们感觉到战争的负担更多地被分配到普通劳工的身上，而富人们没受到什么影响时，那么合作的友谊将肯定会被愤怒所代替。

社会各个收入阶层之间的联系毫无疑问是非常重要的，但是我们同样也应该意识到社会贫富极端之间关系的重要性。历史上，严重的社会两极分化导致了许多民事冲突。随着能源价格的上涨，个体和社区的孤立性越发凸显，边远的地区将会更加边缘化。另外，基本社会资源也会由于地域、距离和花费的不同而分配不均。城市居民享受着商品市场和服务设施带来的便宜与舒适，而对于乡村居民来说，这种享受却是奢望。迄今为止，尽管存在很多有关城市的资料，但是描述城市与城市、城市与郊区间相互交流合作的文献却很少，而且大多学术研究都习惯以城市为对象，但是面对目前的情况，决策者们更应该试着理解社区之间的联系，并探求减少它们之间的严重差距的方法。值得庆幸的是，执政者们正在努力尝试让资源流动更加模式化，让资源在国家、地区或是社区更宏大的环境中合理分配。这让我们有理由期待一个更有机、更标准化社会，在这样的社会中，日益稀缺的资源将会被更公平地分配。

面对社会的种种问题，公民的不满日益积累，最后公众情绪的爆发就会造成社会的动荡。社会动荡中往往还会出现人员的伤亡现象，但是这种结果不是抗议者的本意，不合理的法律和制度才是罪魁祸首。抗议行为其实是一种施压，它的目的在于迫使执政者做出改变。相比越南战争和公民权利问题，在面对 2008 年经济危机时，美国公众是比较冷静的。或许，面对美国经济崩溃带来的严重损失，民主政治的变革和总统选举投票才是表达不满情绪的更为合理并且合法的形式。

社会的公平问题与就业问题与人们的生活息息相关，一旦人们连最基本的生活需求都得不到满足，他们一定会反抗。所以，每个政府都应该努力寻找最合适的方式应对不平等现象，使百姓安居乐业。当今社会本身就存在着诸如资源匮乏、阶级分化、管理不善、经济衰退等一系列问题，而日趋严重的气候危机、燃料危机和粮食危机毫无疑问将使我们的处境更加危急。在这种情况下，我们更加需要积极行动起来，保卫我们的生命和财产安全，避免社会的崩溃和文明的覆灭！

苏格兰燃料贫乏问题特别严重，每个家庭在能源上的花费占到了他们收入的 10%以上。在 2007 年，250 万家庭中大约有 10%的家庭存在着能源短缺的问题；在 2008 年中期，由于天然气和电能的价格飞速上涨，困难家庭的数字上升到 20%；在 2008 年年末，有报道称这个数字达到了 35%。其实很多种方法都能够降低建筑供暖设备的燃料花费，包括安装隔热空心墙、使用低能耗照明、在散热器上安装恒温阀，增设隔离阁楼以及安装双层玻璃窗户和门等等

图 16.6　在 2009 年 4 月举行的 20 国集团峰会期间，至少有一个人死于警察包围控制示威者的过程中。在全球经济衰退时期，世界各国的国内动乱日益加剧。

资料来源：Reuters

| | 双层玻璃安装项目的益处 | 表 16.2 |
|---|---|---|
| 环境 | 提高能源利用效率<br>减少碳排放 | |
| 社会 | 提高室内热舒适度及减少和极端天气相关的死亡率<br>改善能源匮乏及提高居住者的幸福度<br>改善居住者健康状况，降低室内湿度和发霉的可能性，降低相关成本<br>改善房屋隔音效果，由此提高居住者生活质量<br>针对窃贼设置可见的障碍物和栅栏，保证弱势群体安全 | |
| 经济 | 提高就业／地方技术基础<br>社区内小区域循环经济 | |

资料来源：Sue Roaf

（表16.2）。在普通住宅中实施这些措施仅需要 5 天时间。当然，苏格兰也有一系列更加"难处理"的家庭类型，比如分租合住的经济公寓。目前，因为燃料贫困问题的加剧，苏格兰政府正极力投资改善当前的能源情况。

采取类似的节能减排措施需要多少费用呢？Rajat Gupta 在 2005 年的研究发现，倘若要使英国的全部建筑减少 60% 的能源消耗与温室气体排放，将会耗费大约 2000 ~ 2500 亿英镑。英国国内生产总值最高可达 1.7 万亿英镑，如此一来，在未来的十年里，每年用于降低建筑的能源消耗与温室气体排放的投资将占据国内生产总值（GDP）的 1% ~ 2%。

科林·查林是一名致力于发展低碳改革运动的国会议员。他曾举例说，英国铁路运输行业起步相对较晚，1832 年才开通第一条客运火车线路。1844 年，"铁路狂热"开始兴起，国会收到了 240 封关于修建新线路的建议书，需要大约为 1 亿英镑资金，当时英国的每年国内生产总值也差不多是这个数字。但是，到了 1850 年时，英国已经新建了 6000 多条铁路线。建造这些铁路线的资金都是从哪里来的呢？由此，他指出，钱从来都不是问题，我们不能把缺乏资金当作不作为的借口。

汽车制造商们向银行借贷了数十亿的美元和英镑，以维持其勉强发展，我们可以把这么多的资金投入到已经过时的产业中去，为什么没有人投资改造传统住宅呢？毫无疑问，对传统的住宅进行改造，可以使之满足生态环保的要求，更好地适应未来社会的发展，是更富有战略意义的事情。在对每一栋建筑进行低能耗和低负荷改造的过程中，当地相关产业也将会发展起来。对于实现能源高效利用和可再生能源的利用所需要的投资，权威人士的评估都是不太准确的。比如，他们直接把光伏（PVs）发电成本与煤、核电厂发电成本进行对比（见 298 页）。然而在城市环境中，光伏电能可以承担一部分商业建筑空调设施的能耗，也可以降低夏季制冷能耗。风能也可以有效承担冬日夜晚的能耗。这些长远利益都是建设低碳经济的附加价值。

在最近 5 年，光伏市场急速扩张，每年的平均增长率达到了 40%。由此看来，光伏产业比汽车产业更具发展潜力，但是，政府还是在向汽车产业投入巨额资金，结果只是维持其勉强发展。在两次世界大战中，汽车工厂在一夜之间被转变为坦克制造厂和军用工厂，在北美"铁锈地带"（rust belt）濒死的城市中，这样的现象可能会再度发生，汽车工厂被改造为一些风力涡轮机厂和潮汐发电厂，以维系城市对能源的基本需求。当地经济的发展对居民住宅质量和健康质量的提高有很大的帮助，因此也节省很多医疗费用。最后，还有一点被权威们也未考虑到，那就是不科学投资引发的社会损失。2009 年，希腊出现抗议活动，抗议所造成的商业损失、公共物品损坏和保险支出让希腊至少蒙受了 2400 亿欧元的损失，这使得希腊本就发展缓慢的经济危难重重。连续两周的暴力事件更是使得 600 家商店和更多的住宅被毁坏，这不仅有损了消费者的消费热情，也对旅游业产生巨大的消极影响，而且值得注意的是，旅游业贡献了希腊国民生产总值的五分之一。希腊国内的大罢工和经济萧条很快蔓延到了其他相邻国家。在 2009 年 1 月，英国由于就业问题也出现了大规模的工人罢工，带来了巨大的经济损失，但这是发生在经济大幅度下降之后。在变化如此之快的时代，有远见的政府应该知道如何使人民团结一心。

## 2℃：理性与科学——适应性方法

有很多人强调理性与科学结合，提倡用科学技术解决问题，其中最为人所熟知的恐怕就要数艾莫里·拉文斯了。他在自己的资源节约"四要素"的讨论中提出：在环境与能源问题突出的社会背景下，人类社会生产力的进步可以为低碳经济打下坚实的基础，使社会资源得到高效利用。然而，关于怎样利用生产力进步应对气候变暖问题仍有待探讨。

在一篇名为《战胜炎热》的报告中，杰克·哈克和史蒂芬·贝尔彻说明了如何理性、科学的解决问题。这份报告对多种类型的建筑（包括房屋、学校、医院等）在未来气候中的适应性情况进行了系统地建模和分析。他们通过一轮轮的模拟与改进，比较不同的气候适应性策略在能源消耗和资金花费的优劣，得出了的最优方案。通过对这些建筑的热吸收和损失、通风、温度、湿度、风速、集热能力、隔音效果、结构性能等方面进行评估，他们认定这些建筑在合理的适应性策略下能够适应未来的气候环境。这些建筑外形合理，有蓄热装置，能自然通风，并利用自身构造遮阳，基本实现能量的自给自足。机械设备当然在其中起到一部分作用，但是更为重要的是利用建筑本身的朝向、造型和构造形成舒适的环境，这些被动式设计策略才是我们应对未来挑战的有力武器。

理性和科学的治理方法亟需实践，并可以从建设工业、政府和研究机构得到资助，这也将会为应对3℃气候变化铺平道路。除了应用理性与科学的方法，我们还需要系统地解决建成环境中存在的问题，尽快建立起21世纪的新建筑模式，以应对气候变化带来的挑战，这部分内容已在15章末论述过了。目前，不论是商业，服务业，还是各个社区，或是每个公民都应该重新审视我们目前所面临的问题，思考解决这些问题的方法，并考虑自身在其中处于什么样的位置，应当担负起哪些责任。这样，我们才能更好的应对气候变化所带来的挑战。

理性和科学治理方法，要求我们广泛从相关书籍中汲取经验，不断完善我们的策略。在石油经济逐步走向衰退，资源消耗殆尽，污染现象越来越严重的背景下，执政者们也一定会逐步看清我们所处的形势，他们会着手重新设计建成环境，寻找应对策略。他们应该说是最重要的人了，因为，他们的决定关系着我们的生死存亡！

理性和科学治理方法，要求我们深刻地认识我们所面对的危机。这是个人、社区、商会、民间组织和政府正在做的事情，他们相信不久后很多危机就将会在选举和政治策划碰撞中，在工程和职权范围的冲突间应运而生。我们不仅要认清危机的程度，还要重视责任的分配。面对目前的危机，如果决策者的应对策略是坐以待毙，那我们一定要弄清楚是谁做出的这个决定，而他必须为他所做出的决定承担责任；如果决策者缺少对目前处境的清醒认识，同时他的不作为也导致了负面的结果，那么他也要为自己的无知付出代价。

理性和科学治理方法，意味着我们不允许玩忽职守或者危害全球生态系统的行为发生。我们需要提高法律的约束力，规范人们的不良行为，迫使决策机构接受各方面提出的批评和建议。这意味着我们要重新制定一些法律，比如规定相关行动（如在洪水泛滥的平原上从事建筑开发）责任人。这样，我们就可以起诉做出错误决定的当地规划师和批准建造的政府官员，瑞典和法国现在正在这么做；我们还可以起诉建筑师或工程师，因为他们的无知大意，致使建筑无法自动散热或被水淹没。然而，目前英国讨论最多的却是诽谤罪相关法律的修订，虽然这类条例保护了决策机构的权威性，但同时也让他们听不到了群众正确的呼声。

## 3℃时的解决方法：坚固的社区后盾

本书已经描述了气候变化目前所造成的影响，据此读者大概可以推测出我们未来的处境。对于适应未来气候，我们面临巨大的挑战，政府和社区必须共同努力。表16.3和表16.4显示的是一系列我们必须实施的策略。如果我们要建造真正节能的建筑，要改变我们的工业结构，建立低碳、无化石燃料的未来产业，那么，我们需要一个强大而有远见卓识的政府。

人口急速增长，能源危机加剧，我们的经济也面临着崩溃的危险。此时此刻，我们讨论的是诸如改变我们目前生活方式，转变社会发展方向的重大问题。这意味着我们需要建立一个机会均等，资源共享的社会，让各个部门、每个公民共同进退，携手迎接挑战。

过去的经历常常能指明未来的发展道路。在化石燃料时代的伊始，运输业的落后致使社区之间很难互相交流，社区的发展只能依赖于周边的生产供应。这种模式让我们社会流失了很多东西，Richard Putnam（曾写过美国衰退的首都）的著作可以说明我们的社会到底损失了什么。2000年，在《独自打保龄》一书中，他谈及了公民参与、社会合作等问题，并巧妙地揭示了在19世纪最后的30年中的一些根本的社会转化：

提高社区对极端天气事件的抵抗能力，研究资料来源于澳大利亚保险委员会　表16.3

| | 保险行业一般采取的措施 | 政府采取的措施 | 个人和企业采取的措施 |
|---|---|---|---|
| 1. 社区对气候相关的风险了解 | ● 针对极端天气事件的具体情况，为政府和社区提供行业信息和研究成果 | ● 基于特殊气候变化现象的影响和区域极端气候对社区的影响，有关部门组织简明的公共教育活动<br>● 对于风险信息的揭露和验收进行强制要求，使其成为产权转让的国家法规和财产相关风险预测的一部分 | ● 利用已有的教育信息，对于资产和运营做出合理的风险评估，作为企业或个人年度资产和管理循环风险评估的一部分 |

| | 保险行业一般采取的措施 | 政府采取的措施 | 个人和企业采取的措施 |
|---|---|---|---|
| 2. 控制土地利用规划和分区的风险 | ● 针对特殊发展项目在极端天气发生情况下的风险，向政府和社区提供信息和指导 | ● 在国家范围内，实施的合理的土地利用规划法规（风险可控），避免在洪水易泛滥区的不当开发，特别是<br>——在曾经发生洪水或者预计在未来50年处于洪水重现区的地方，不应规划或建造住宅和商业建筑／区域，除非防护工作已经完成，可以把地区被淹没的风险降为100年一次<br>——在曾经发生风暴潮或者预计在未来50年处于风暴潮重现区的地方，不应规划或建造住宅和商业建筑／区域，除非防护工作已经完成，可以把地区被风暴潮影响的风险降为100年一次<br>制定相关建筑规范，抵御向南扩张的飓风风暴袭击。在国家范围内执行立法协调，搜集所有已知信息、国家风险预测数据和财产转让过程中的地方政府财产认购者信息 | ● 利用已有的教育信息，对于资产和运营做出合理的风险评估，作为企业或个人年度资产和管理循环风险评估的一部分 |
| 3. 控制防护措施的风险 | ● 针对防护措施的明显优势，例如雨水排放和洪水储集，为政府和社区提供产业信息和研究成果<br>● 对于已对社区造成损害的失败或低能效防护基础设施，提供产业数据和产品观察评估报告 | ● 重申目前的减灾工作资助和资金审批机制，扩大资金投入，使得防护工作在减灾优先区域更迅速的开展<br>● 国家减灾项目正在扩充，目前已经囊括了洪水和排水系统的升级和维修 | ● 依照澳大利亚标准与地方发展方针中的建议，在私有财产上实施适当的缓和防护措施 |
| 4. 合理控制财产保护标准的风险 | ● 极端天气事件和气候变化影响下，防护措施对财产带来的风险，为业主和发展方提供最好的实践指导<br>● 分析风险降低的发展项目，为其提供价格奖励，刺激其发展 | ● 在澳大利亚的建筑规范增增订版中，财产保护被纳入建筑设计和施工的基础条例 | ● 业主或发展方对现存可行的财产保护措施进行批判式分析，根据财产生命周期预测风险，实施相应措施 |
| 5. 社区中的财政风险缓解措施 | ● 发展和实施公共教育及财政扫盲计划，帮助个人规避财务风险<br>● 持续进行产品开发，解决因为人口增长带来的需求增加问题<br>● 进行保险产品的持续创新，缓解极端天气风险，奖励对气候变化做出贡献的可持续性或者"绿色"行为<br>● 继续进行灾难模拟和发展资本化，维持保险市场的健康稳定<br>● 继续参与保险市场周期的国际管理，提高竞争有效性，提高澳大利亚保险的水平 | ● 免除所有普通保险产品的税款，以此鼓励采用更好的个人财务风险缓解措施 | ● 极端天气对重要资产有损害，对依赖这些资产的外部资源或市场有影响，社区中的个人和企业实施业务持续性计划，其中应包含了与上述危害相关的考虑<br>● 社区中的个人和企业对资产的风险进行实际的评价，找到合适的方法降低风险 |
| 6. 社区应急和恢复计划 | ● 行业对灾难的承受能力应确保与社区需求和国家恢复能力相一致 | ● 由于极端气候本质的变化和新的应急及恢复需求的出现，澳大利亚应急响应和恢复机构持续对社区实践进行审核和能力培养 | ● 在极端天气事件发生前，个体和企业进行适当的灾难准备和恢复计划 |

资料来源：Kerrie Kelley, CEO.

将气候变化的危害根据气候暴露性、弱点（不利因素）、解决方法以及主题进行分类，
各类别分别对应其风险缓解策略，列表如下　　　　　　　　　表 16.4

| | 危害原因 | 气候暴露性 | 应对灾难的弱点 | 解决方法 | 主题 |
|---|---|---|---|---|---|
| 海平面<br>危害等级 1 | 2100 年达 70 厘米或者 4/7 米 | 沿岸地低<br>风暴路径<br>海洋上的重要节点地带 | 所有建筑／定居点<br>缺乏警告和信息<br>疏散受到限制<br>贪婪未受管制的开发商 | IERC，MP，MR，SC<br>加强防御<br>规划／找出受灾地区，IP，PS | 良好的规划<br>国有化／投资<br>教育<br>新的法规 |
| 洪水<br>危害等级 1 | 更猛烈的降雨 | 冲积平原<br>水坝、运河、堤防的隐患<br>附近低洼地区 | 所有建筑／定居点<br>疏散受到限制<br>老旧的排水系统<br>缺乏警告和信息<br>社会动乱<br>贪婪未受管制的开发商 | 基础设施投资 | 国有化／投资<br>新的法规 |
| 火灾<br>危害等级 2 | 强度提升<br>更热，更强的风 | 定居点边缘<br>低密度定居点 | 储水不足<br>木质房屋<br>灭火资源／设备贫乏<br>疏散受限<br>缺少警告和信息 | 增加水资源储备<br>规范建筑<br>IERC，MP，SC<br>加强防御<br>找出着火受灾区域，IP，PS | 国有化／投资<br>起决定作用的政府<br>良好的规划<br>国有化／投资<br>教育 |
| 高温<br>危害等级 2 | 2℃ ～ 6℃ | 特殊地形位置<br>热岛<br>城市或建筑中某一位置<br>典型温度范围 | 糟糕的建筑；PS<br>脆弱的社区<br>低水平的健康服务<br>能源供应不足<br>依赖能源作出反应<br>缺乏警告和信息<br>社会动乱 | 建筑规范<br>降低热岛效应<br>教育建造行业<br>发展经济可靠的能源<br>减少能源需求<br>IERC，MP，MR，SC，CR<br>引进措施 | 起决定作用的政府<br>教育<br>教育<br>国有化／投资<br>教育<br>良好的规划<br>起决定作用的政府 |
| 暴风雨<br>危害等级 2 | 严重的低气压 | 风暴路径改变<br>特殊地形地区<br>城市／建筑中某一位置 | 糟糕的建筑<br>疏散受限<br>缺少警告和信息 | 找到受灾位置，IP，PS<br>建筑规范<br>IERC，MP，MR，SC，CR | 教育<br>起决定作用的政府<br>良好的规划 |
| 严寒<br>危害等级 2 | 寒流，冰暴 | 特殊地形位置<br>典型温度范围<br>城市／建筑中的某一位置 | 糟糕的建筑，PS<br>偏远／孤独<br>较差的健康服务<br>能源供给不足<br>依赖能源做出反应<br>缺少警告或信息 | 建筑法规<br>引进解决措施<br>教育建造产业<br>发展经济可靠的能源<br>减少能源需求<br>IERC，MP，MR，SC，CR | 起决定作用的政府<br>教育<br>教育<br>国有化／投资<br>教育<br>良好的规划 |
| 干旱<br>危害等级 3 | 常年<br>冰川融化 | 缺水，短时性资源短缺 | 人口过多<br>水质低下<br>储水能力不足<br>社会动乱 | IERC，MP，MR，SC<br>洁净水计划<br>增加水资源储备<br>引进措施 | 良好的规划<br>国有化／投资<br>国有化／投资<br>新的法规 |

资料来源：Sue Roaf.

IERC：提高应急反应能力；MP：人口转移；MR：受控制的撤退；IP：保险定价；PS：建筑／社区模式转换；SC：增强
社区适应能力；CR：气候难民.

- **公民参与**：选举和草根政治活动的热度逐渐下降，政府公信力也持续降低，公民的政治知识越来越匮乏。和前一二十年相比，向政府诉求的请愿人减少了30%，参加消费者抵制活动的人数也减少了40%。公民对于政治活动的参与在无政治因素影响的社区生活中也逐渐走低，各种地方性俱乐部、宗教组织活动也渐渐偃旗息鼓。在20世纪70年代中期，美国人平均每个月都会参加一些俱乐部活动，但是到了1998年，他们参加类似活动的频率减少了60%。

- **人际交往**：在1975年，美国人每年在家中接待朋友15次，现在（1998）这个数字降低了一半。事实上所有涉及到和其他人一起参与的休闲活动，不论是打排球或是室内娱乐，都离我们越来越远。

- **宽容和信任**：尽管美国人可能比以前更宽容一些，但他们彼此间的信任程度却越来越低。我们不仅能从调查数据上看到，人们之间的信任程度越来越低，从其他方面，我们也能得出相同的结论。社会对警察、律师这类治安保卫人员的需要量和公民之间的信任程度息息相关。从整体来看，20世纪这类工作的就业并不景气，1900～1970年，美国律师总数还在下降，但是，随后20年，这类工作的需要量激增，这也反映出，这段时期内人们之间的信赖程度在急速下降。

正如M.K.史密斯所指出的那样：

我们讨论这些，并不是为了怀念20世纪50年代的生活状态。而是因为人和人之间的关系本身就对整个社会的健康状态有着巨大影响。教育质量、公共卫生、慈善事业、社区发展、经济活力、种族矛盾、犯罪率、公民精神健康状态都受到我们谈论的三方面因素的影响。

社会之间的联系越来越疏远，社区之间交流越来越少，公民之间的关系越来越疏远，这些现象已被多位作家反复强调过了，如简·雅各布斯、乔纳森·尼尔。目前看来，我们还很少在应对气候变化的策略中对社会结构进行反思。但是在2008年发生的经济危机带来的惨状和资本主义体制软肋的逐渐凸显也许会改变这一点。

现在又到了为我们的社区投资的时候了。我们不应该为了眼前利益将我们的运动场和社区空地卖掉，而应该将这些地区建成社区交往的枢纽，这样一来，我们才有可能建立更紧密的社区联系。现在，是时候让每栋建筑成为名副其实的庇护所了，让居住于其中的我们免受极端气候的影响。另外，这些建筑也需要能收集和储存能源，以应对日益严重的能源危机，这才是我们真正的避难港湾。在其中，我们可以消耗最少的能源而得到相对舒适的生活。现在也不是在社区中拉响洪水警报的时候，而是建设相应防洪设施的时候。面对未来挑战，我们需要建立富有适应能力的社区，倡导低碳生活，保护弱势群体，使社区能相对独立的发展，将未来灾难可能会带来的损失降到最低。为了实现这一目标，我们需要重新寻找、重新学习、重新思考、改造、协调经济、社会和环境三者的关系。我们迫切需要两种专业技术人才，一种能计算我们的生态系统和市场的容量与极限，另一种能向公民公平地分配资源，就像奥伯利·梅尔在他的国际学院的研究工作中，为全球二氧化碳排放量问题所做贡献的一样。当然，我们还需要一个强有力的、有清晰目标和富有远见的政府为大众的利益服务。

## 总结

为了让我们的子孙能在气候快速变化的后燃料时代中体面地生活，我们有责任以一种合适的方式改造与重建这个世界。20世纪，为了满足人类的需求或者说是贪婪，我们的透支了各种能源，这使得我们的挽救工作越发艰难。暗流在涌动，从现在开始一切将会变得不同，对许多发达国家而言，"美好"的日子已经走到了尽头。面对挑战，我们的核心任务还是改变我们的建筑和城市的发展模式。

我们已经经历了气候变暖1℃的时期，是时候抛开旧策略了。我们需要撇开20世纪的旧观念，重新理清思路，改变已不适用的建筑规范，让各行各业都积极行动起来，建设一条合适的建筑与城市的发展道路。

防止温度上升2℃的解决办法涉及到理性、科学、低碳建筑、技术、社区、经济和社会等方面的内容，要求我们系统地重新审视我们建成环境中一贯的形式和功能，反思我们遵循的政策、指导方针、规范和标准。

现在我们必须马上开始思考和制定应对3℃气候变化的措施，这些措施旨在于建立富有适应性的社区和推广低碳建筑。我们应当以社会公正和资源共享作为基础，重塑社会结构，这样才会给公民以安全感，才能让群众在气候迅速变化的世界中携手应战。为了保证社区设施的健全和社区群众的健康，我们需要投入巨大的资金，将气候变化带来的危害降到最低。

根据我们的粗略估计，为了改造英国原有的住宅，需要英国政府在未来十年中，每年投入100～150亿英镑。但是，与花费在战争和银行的资金不同，这些资金不会被白白浪费。它们可以刺激社区居民的消费，从而促进英国经济增长。最重要的是，低碳建筑的普及和私人运输的减少会大大减少化石燃料的消耗，加速可再生能源的发展，降低我们对本身就不稳定的国际燃料市场的依赖。相比于依赖于煤炭和核能的发展路线，这样的策略无疑是一条更切合实际的道路。

在3℃气候变化下，设计需要很严谨的计划，和多层面的细致考虑。规划师、建筑师和工程师们都需要和政府、社区合作，提出必要的、具有深度的建议。RIBA、CIBSE和RICS之类的专业结构需要修改其推广计划，组织一些严谨有效的培训活动，确保大众能既科学又理性地理解和应用相关知识。建筑设计师们也一定要摆脱目前建筑的固有模式，虚心接受与学习可持续建筑设计的理念与方法。

我们大家应当共同承担所有适应性策略的花费，共同享有可持续社会的成果，因为只有共享的社会才是一个安定的社会，只有公平的未来，才是光明的未来。

在埃及的沙漠里独自一人沉默，矗立着一个巨大的腿，远抛出一个阴影，Desart 说："我是伟大的奥西曼迭斯，"石说，"王中之王，这个伟大的城市显示者我们不知道的奇迹"，城市不见了，但腿依旧在，这个被遗忘的巴比伦帝国，和一些猎人说的像我们这样的奇迹，当穿过伦敦站在旷野在蔡斯狼，他遇到了巨大的一些片断，并停止猜测，一场恢宏的不被记录的比赛，全军覆没的地方。

# 缩略语表

ABI： 英国保险公司协会

AGCM： 大气环流模型

ANSI： 美国国家标准学会

API： 美国石油组织

AR4： 第四次评估报告

ARB： 建筑师注册局

ASHRAE： 美国采暖、制冷与空调工程师协会

BGS： 英国地质调查局

BKCC： 气候变化下的建筑知识

BMS： 房屋管理系统

BRE： 建筑研究机构

CABE： 英国建筑与环境委员会

CDM： 清洁发展机制

CEBE： 建成环境教育中心

CEN： 欧洲标准化委员会

CFC： 氟氯碳化物

CHP： 热电联产

CIBSE： 英国皇家注册设备工程师协会

CII： 英国特许保险学会

$CO_2$： 二氧化碳

COP-1： 第一次缔约方年度会议

CRED：　　　灾害流行病学研究中心

DEC：　　　大型公共建筑能源认证

DEFRA：　　英国环境、食品、农业事务部

DFID：　　　食品与国际发展部

DTI：　　　英国贸易工业部

DU：　　　　多布森单位

EA：　　　　环境局

EC：　　　　欧洲委员会

EPBD：　　　欧洲建筑能源效率指令

EPC：　　　能效性能证书

ESCO：　　　能源服务公司

ETS：　　　减排交易计划

EU：　　　　欧盟

GCM：　　　大气环流模型

GDP：　　　国内生产总值

GWP：　　　全球变暖潜能值

HC：　　　　碳氢化合物

HFC：　　　氢氟碳

HSE：　　　健康与安全执行局

HVAC：　　　采暖、通风与空气调节

ICE：　　　英国土木工程师协会

IEA：　　　国际能源署

IMF：　　　国际货币基金组织

IMO：　　　联合国国际海事组织

IPCC：　　　政府间气候变化专门委员会

ISO：　　　国际标准化组织

ITPOES：　　石油峰值与能源安全特派小组

IUCN：　　　世界自然保护联盟

LEED：　　　美国绿色建筑评估认证

LNG：　　　液化天然气

MPGL：　　　电力生产许可

NC：　　　　国家合格证

| NDA： | 英国核退役局 |
|---|---|
| NGO： | 非政府组织 |
| PCB： | 多氯联苯 |
| PFC： | 全氟化合物 |
| PFI： | 私人财政计划 |
| PLEA： | 被动式低能耗建筑 |
| PMV： | 预测平均投票数 |
| PPG： | 规划政策指导方针 |
| PV： | 光伏 |
| RCEP： | 英国皇家委员会关于环境污染的报告 |
| RIBA： | 英国皇家建筑师学会 |
| RPZ： | 注册电力区 |
| SBSE： | 美国建筑科学教育协会 |
| SBSTA： | 附属科学与技术咨询机构 |
| SCEP： | 紧急环境问题研究　简单证书注册协议 |
| SEPA： | 苏格兰环境保护局 |
| SET： | 标准有效温度 |
| SMIC： | 人类气候影响研究 |
| SSMI： | 特殊传感器微波成像 |
| STP： | 标准温度和气压 |
| SUDS： | 可持续排水系统 |
| TUC： | 英国工会联盟 |
| UKCIP： | 英国气候影响计划 |
| UNESCO： | 联合国教科文组织 |
| UNEP： | 联合国环境规划署 |
| UNFCCC： | 联合国气候变化框架公约 |
| UNHCR： | 联合国难民事务高级专员公署 |
| UPS： | 不间断电源 |
| USGBC： | 美国绿色建筑协会 |
| UV： | 紫外线 |
| WHO： | 世界卫生组织 |

# 译后记

人们普遍认为人类活动影响气候变化，而在所有的人类活动中，建筑行业占全球年温室气体排放的 30% 并且消耗了 40% 的全球能源。鉴于目前转型经济国家建筑行业兴盛，以及世界范围内现有建筑物的效率低下，如果不实行任何措施，未来 20 年内建筑行业的温室气体排放量将达到现在水平的两倍以上。为了抑制气候环境持续恶化，同时让人们能在都市环境中绿色并且舒适地生活，近年来，国内外众多学者都将目光投向了气候适应性建筑与城市的研究。

本书所关注的正是这类问题，作者眼光独到，另辟蹊径，以严密的逻辑，深入浅出的论证得出了极具借鉴与警示意义的结论。本书作者休·罗芙（Sue Roaf）教授现执教于苏格兰赫瑞瓦特大学，作为一名出色的建筑师、学者、教师及作者，她的工作与研究领域涉及气候适应性建筑与城市设计、传统技术研究、低碳绿色建筑设计、光伏建筑、人体热舒适研究等多方面内容。她在美索不达米亚平原等地长达 7 年的实地考察和研究，这使得她对气候适应性的传统技术有了深刻的认识。本书是她在近 25 年来研究工作基础上的力作，能为国内在该领域的研究探索与工程实践提供了有益的帮助。对于无论是建筑师、规划师、该领域的专家和学者、政府部门相关政策的制定者和决策者，还是关心人类及气候未来的普通读者，本书都是一本值得细细品读的优秀书籍。

本书的翻译工作首先要感谢中国建筑工业出版社的委托与信任，感谢程素荣编辑的理解与支持。作为从事该领域相关研究工作的团队，我们的工作得到了国家自然科学基金（项目编号：51008136）和中央高校基本科研业务费（HUST：编号 2012TSD44）的支持，在此也表示谢意。除了封面中列出的译者外，本书的翻译工作得力于马郢晶、姚冲、林冰杰、刘思威、桂梓期、陈融升、龙舜杰、张立名、黄怡平、陈晗、肖路、车轩、郑伟鹏、罗可均、别非伊、蔡喆、温馨卉、曾甜等参与，他们付出了大量的时间和精力完成了诸多辅助工作，感谢他们付出的热情和努力。希望以后能有更多同类的国外优秀外文学术著作引入中国，为国内建筑与城市的发展提供更多的参考与借鉴，也希望更多的建筑师、规划师、专家学者参与到这方面的工作中来，为推动适应气候变化的绿色建筑与生态城市的发展贡献力量。

译者

2014 年 5 月